信用制度固有的二重性质是：一方面，把资本主义生产的动力——用剥削他人劳动的办法来发财致富——发展称为最纯粹最巨大的赌博欺诈制度，并且使剥削社会财富的少数人的人数越来越减少；另一方面，造成转到一种新生产方式的过渡形式。

——卡尔·马克思

切记，信用就是金钱。如果有人把钱借给我，到期之后又不敢取回，那么他就是把利息给了我，或者说是把我在这段时间里可用这笔钱获得的利息给了我。假如一个人信用好，借贷得多并善于利用这些钱，那么他就会由此得来相当数目的钱。

——本杰明·富兰克林

E

伦理学前沿丛书 编辑委员会

伦理学前沿丛书

丛书主编 ◆ 万俊人

E

之 应用伦理研究系列

APPLIED ETHICS SERIES

郭建新 ◆ 等著

财经信用伦理研究

人民出版社

E

本书系国家社科基金项目(04BZXO53)最终研究成果
南京审计学院资助出版

深入研究财经信用
伦理，完善财经信用
机制，大力推进社会
主义市场经济建设。

为《财经信用伦理研究》
题

罗国杰
2005年11月

罗国杰教授题词

走在道德生活世界的前沿

　　哲学被称为后思之学,哲学工作也因此被看做是一种"事后诸葛亮"式的理论反思工作。作为哲学的一个构成部分,伦理学当然也具有这种"事后"反思的理论特点,更何况诸如恩格斯这样的哲学家还曾特别指出过,人们的道德观念总是或多或少地滞后于人们的道德生活实践。从人类心理(意识)发生学的意义上看,这样说不无道理。然而,康德的研究告诉我们,人类的道德观念或道德思维并不一定总是"后验的",某些"先验的"观念形式或理论原则常常是保证人类道德行为之普遍正当性和合道德性的前提条件。一个完整的"道德形(而)上"理论图式(伦理学基础理论)的建构,应当是从特殊的道德经验中抽演出具有普遍实践意义的道德原理(原则),然后再将后者贯彻落实于前者的一个往返循环的过程。更为重要的是,在人类既定的道德文明和文化(包括道德理论)事实面前,人们的道德生活实践和道德理论思考都不是从零开始的;相反,我们的思想和行为总是从某种既定的东西开始的。再用康德的话说,现代人类社会已然成为文明的社会,而现代人则已然成为文明化了的人。因此,在人们的道德实践或行为与人类的道德观念或原理之间,或者,在人们的道德生活世界与道德观念世界之间,界限、次序、互动或转换实际已经难以割裂,难以截然两分,因而也就难以分出先后。这就是说,观念或者理论并不总是落后于行动或生活实践的。

当然,我们并不能因此否认人类生活创造之于人类道德观念或伦理学理论所具有的持续不断的挑战性和前沿性,更不能因此否认这两个方面始终存在着一种张力,甚至是由于当代人类道德生活及其世界图像的日趋丰富与复杂所带来的日益增长的张力。恰恰相反,承认这两个方面或领域之关系的复杂性,与正视人类道德生活实践日益丰富、复杂、具体、乃至日趋技术理性化所产生的理论挑战,正是我们认识、理解和重构现代新型道德观念,进而理解和重塑我们道德的行为方式和行为规范所必需的前提。

人类文明的年轮已经进至21世纪。自20世纪后期以来,人类的道德生活同其社会生活的其他方面一样,发生了值得关注的变化:科学技术尤其是信息网络技术、生命科学技术、公共(行为)管理科学等新型科学技术的迅速发展;经济全球化趋势的日趋凸显及其给全球政治秩序与文化发展所带来的崭新挑战;以及由上述社会基本因素的刺激或变革所导致的"现代性"文化价值危机——诸如,经济实用理性对人类价值理性(尤其是道德推理)的严重挤压,民族—国家政治意识的过度强化所滋生的"文化政治"对现代民主政治的严峻挑战,后现代意识对整个"现代性"观念意识形态(尤其是对"现代性"道德观念意识形态)的强烈冲击甚至瓦解;"终结""国家意识形态"与"强化""社会意识形态"的两极争端,以及由此所带来的当代宗教观念和社会一般价值观念的分化与紊乱;等等,都对当代人类道德观念与道德行为方式产生了异常复杂的影响。

在某种意义上可以毫不夸张地说,今天的道德生活世界已然呈现出前所未有的困局:传统道德文化资源已不足以料理今天的所有道德问题——尽管无论如何它依旧是我们赖以应对道德生活问题的基本资源之一;新的道德文化资源又尚待创造、尚待获取普遍有效的价值认同;更为严重的是,现代道德文化本身的生长已经因西方启蒙运动之"道德谋划"的破产和当今文化多样冲突的加剧而遭受肢解,成为某种"支离破碎"的文化"碎片"和软弱乏力的语词"修饰"。要走出这一道德困局,显然首先需要重建我们的道德文化和道德理论,而要实现这一双重的重建目标,则首先需要我们的伦理学工作者走向当今道德生活的前沿地带。因此,走在道德生活世界的前沿就是我们编辑出版"伦理学前沿丛书"的基本理由!

就当代中国社会生活世界和中国伦理学知识世界而言,伦理学的前沿焦点主要会聚于三个领域:伦理学理论本身的前沿开拓或创建;应用伦理学研究;以及域外伦理学研究的前沿视野。毋庸讳言,中国伦理学的知识现状已经远远落后于我们的道德生活实践,其知识开拓和理论创新已是迫不及待。对于我们的伦理学知识来说,面对大量道德现实问题而无能为力,实在是值得当代中国伦理学界认真反省的首要课题。在今天的知识社会里,由于伦理学作为一门特殊人文学知识的文化局限和功能限制,我们也许不能再期待一种全能的伦理学知识体系,但是,探索和建构一种或诸种具有现实解释力和价值约束力的道德理论或伦理学类型,却不仅是可以合理期待的,而且也是当今中国伦理学界的一份不容推脱的理论责任。应用伦理学的产生和凸显本身就是一个"现代性"的道德事件。由于现代知识的专业化、专门化、专家化和专利化,以及由此带来的技术应用性知识对现代知识社会的宰制,道德伦理问题越来越多地表现为专门的行为技术问题,比如:生命医学伦理(克隆技术作为其前沿实例)问题;网络伦理问题;公共健康伦理和管理伦理问题;等等。这一切都使得许多实际的道德问题牵涉到甚或内含着大量的专业技术难题,尤其是具体的行为技术与一般道德伦理原则之间的冲突问题。而且,随着当今知识社会的发展,这类问题还将日益增多、日益复杂。这就意味着,具有技术实用特征的应用伦理问题将会或者已然成为当代伦理学研究的重要领域,其重要性与紧迫性只会强化,不会减弱。还应当承认的是,国外特别是西方发达国家和地区的伦理学界在伦理学基本理论创新和应用伦理学探究两个方面,都已经远远走在我们前面。因此,当代中国伦理学界的另一个亟须探究的前沿领域,就是弥补和加强我们对当代域外伦理学发展的前沿了解,并努力创造出足以与域外伦理学界展开对话和交流的理论资源。就此而言,开放的学术姿态与独特的学术理论资源是至关重要的。在一个开放竞争的知识社会里，没有开放的学术视野和姿态，一如没有自身独特的学术资源和理论特色，都不可能参与当代社会的知识竞争和文化创造。而仅仅是上述这些课题领域便已经足以显示编辑出版"伦理学前沿丛书"的理论价值与实践意义。

　　是为序。

万　俊　人　谨记

公元二〇〇四年十月于北京西北郊悠斋

目　录

自　序

　　在现代性的经济社会,一国财经信用体系的健全与完备,不仅标志着国民经济体的健康状况,也标志着该国持续的经济增长潜力与社会发展前景。在近半个多世纪的世界经济发展史中,财经信用体系无论从政府监管、制度建构、企业市场化等方面来看,均已取得长足的发展,国际化的程度也越来越高。然而,在全球财经信用体系飞速发展的同时,也伴生着许多负面问题。20 世纪 70 年代以来,信用丑闻不断地冲击着以美国为首的西方发达国家的财经信用体系,引发了一次又一次愈演愈烈的信用危机。与此同时,随着信用市场的国际化程度的不断提高,地域性的信用危机很容易就能演变成全球性的金融动荡,危及的程度也越来越深。2008年下半年,由美国次贷危机所引发的全球性的金融海啸就再次印证了这一问题。

　　如果要用一种简明的方式由表及里地刻画出 2008 年这场金融危机的缘由,那么我们大致可以作如下勾勒:“金融危机”→“次贷危机”→“信用危机”。从全球范围来看,这次金融危机对社会经济生活所造成的破坏力和负面影响是巨大的:企业举步维艰、金融体系动荡不安、信用市场混乱不堪、实体经济出现低迷和萧条以及个人经济生活受到程度不同的消极影响。尤其是,在我们这个以经济生活为中心的时代,经济体系的运转不良所造成的后果必然会延伸到经济领域之外。一如美国耶鲁大学经济学家罗伯特·希勒在《终结次贷危机》一书中所言:“这场危机已经开始引发一些根本性的社会变化——那些影响我们的消费习惯、价值观及人与人之间相互关系的变化。从此以后，我们所有人的生活及工作交往的方式都会与以往有所不同。"①正是在这个意义上，当我们面对这场危机和随之而来的社会变化时，分析视角就不能仅仅局限在经济体系内部，而是要作出全面审视和考察。更何况，任何一种大规模的社会经济动荡都不可能单凭一种逻辑理由（尤其是经济逻辑）解释清楚。换句话说，引发这场金融危机的原因除了经济因素以外必定还有其他的社会因素。而社会伦理道德尤其是财经信用体系中的伦理道德因素无疑是需要我们重点考察的要素之一。

由次贷危机所引发的这场席卷全球的金融海啸从实质上说是滥用信用的必然后果。首先，抵押贷款人过分冒进，明知许多申贷人不符合贷款条件还坚持放贷。其次，负责信用评估的机构和公司丧失原则，为了赢取和放贷方的"合作利益"睁一只眼，闭一只眼。最后，借款人自信满满、盲目乐观，在不考虑自身还贷能力的情况下透支着未来的"希望"。当原本就不具备还贷能力的借款人出现断供的时候，整个看似繁荣且盘根错节的信用体系便轰然倒塌。当然，由次贷危机所引发的信用危机自有监管不力、制度缺损等经济运行方面的因素，但是，为什么在信用关系发生的全过程中，无论是授信方、受信方，还是信用关系的监督者，都对显而易见的高风险置若罔闻呢？许多学者和分析家们认为，这是"人性的贪婪"在作祟，是利益的驱动，是为了追求成功而不惜代价的必然后果。诚然，这种对危机的解说方式或原因归结是十分重要的一个方面。但是，如果我们更为全面地审视信用关系，那么就不难发

---

① 参见［美］罗伯特·希勒著，何正云译：《终结次贷危机》，中信出版社 2008年版。

现，大多数人在事实上忽视了一个关键问题，即信用关系中客观存
在的"伦理责任"已缺失殆尽。并且，更为重要的是，这种伦理责任
的缺失并不仅仅停留在信用关系的某个环节或某个方面上，而是
发生在整个财经信用体系当中。

　　就拿这次金融危机的策源地美国来说，其信用体系的发展已
有160多年的历史，目前是世界上最为发达的征信国家：联邦政府
及各州政府都有相应的信用监管机构，如财政部货币监理署
（OCC）、联邦储备体系（FED）、联邦存款保险公司（FDIC）、司法部
联邦贸易委员会、国家信用联盟办公室、储蓄监督局等；涉及信用
管理的法律体系比较齐全，如《公平信用报告法》、《平等信用机会
法》、《诚实租借法》、《公平信用结账法》、《公平债务催收作业法》
等；信用服务企业的市场化程度很高，规模也很大，如目前美国从
事资本市场信用评级的公司主要有三家，即穆迪、标准普尔和惠誉
公司。这三个公司是世界上最大的信用评级公司，据国际清算银
行（BIS）的报告，在世界上所有参加信用评级的银行和公司中，穆
迪涵盖了80%的银行和78%的公司，标准普尔涵盖了37%的银行
和66%的公司，惠誉公司则涵盖了27%的银行和8%的公司。[①]
但是，在现实的信用生活中，又会是怎样的一副景象呢？让我们选
取其中的一个剖面进行观察：

　　众所周知，华尔街上的CEO们最关心的事情莫过于任期内的
公司业绩。财务业绩的增长和公司业务的发展壮大不仅意味着个
人在行业中的声誉和地位，同时也意味着丰厚的薪酬和股票期权。
所以，要想在有限的时间内名利双收，那些踌躇满志、雄心勃勃的
CEO们就会想方设法地刺激利润的增长，其后果往往是：在制定决

---

　　①　参见陈文玲：《美国信用体系的构架及其特点——关于美国信用体系的考察报告（一）》，《南京经济学院学报》，2003年第1期。

策和开发经营项目的过程中,追求最大限度内短期利润的快速攀升以及公司股票价格的快速上涨。至于企业未来的长期规划和发展前景,则抛给下一任 CEO 去"施展拳脚"。在这种情况下,公司的经营管理往往会铤而走险,而为了掩盖"不光彩"的财务业绩,伙同会计或审计事务所进行信用欺诈的情况也时有发生。从表面上看,一方面,企业的高管层并没有辜负股东的信任,因为他们以业绩的增长和股票的增值去回馈股东;另一方面,对客户或消费者来说,公司新开发的业务项目无疑也满足了他们的投资需求和消费需求。但是,在这些表面上健康合理的信用关系中却隐藏着潜在的祸根。

从利益相关者理论来看,一方面,在股东和公司高管层之间的信用关系中包含着受托责任(Fiduciary Responsibility)。这种受托责任完全建立在股东对企业高管层的信任基础上。因此,企业的高管层不仅要为企业带来利润,还要对股东的信用托管负责,也就是对企业全面的经营管理尤其是长期的发展负责。但是,那些将受托责任抛之脑后的企业高管层,正如马克思所形容的那样:"因为很大一部分社会资本为社会资本的非所有者所使用,这种人办起事来和那种亲自执行职能、小心谨慎地权衡其私人资本的界限的所有者完全不同。"①由此可见,如果单从信用的经济效用来看,似乎没什么问题,但若没有建立在信任基础上的受托责任,所谓的信用关系其实是形同虚设。另一方面,在企业与客户或消费者之间信用关系中也存在着相应的责任要求。企业对客户或消费者的责任在于满足其真实的投资需求和消费需要,而非诱导其非理性的投资需求和消费需要。在这次由美国房地产市场所引发的次贷危机中,许多企业甚至是怂恿那些信用记录不达标,甚至是信用

---

① 《马克思恩格斯全集》第 46 卷,人民出版社 2003 年版,第 500 页。

记录很差的人申请按揭贷款。这实际上是在诱导消费者而非为消费者服务。从表面上看，企业是在帮助大量无房户实现"居者有其屋"的理想，两者在自愿的基础上所建立的信贷关系也毫无问题，但是，这实际上只是企业为了自身的盈利目的而不顾消费者死活的自利行为。所以，倘若缺乏对伦理责任的承诺与担当，这种信贷关系也只不过是空中楼阁罢了。

　　由此可见，完全意义上的信用关系应当是由利益关系与伦理关系共同构成的。经济目的是引发信用关系的首要条件，而伦理关系是维系和支撑信用关系的必要条件。但是，在现实的经济活动中，信用关系的这两重维度往往会发生冲突，即经济目的要求之"利润"和伦理关系要求之"责任"之间的冲突。事实上，在信用关系发生的开始，经济目的作为首要条件只提供诱因，而促成信用关系缔结的基础却是信用双方的相互信任。这说明，信用关系从一开始其实就存在着客观的伦理责任。但是，自2001年开始，继美国的安然公司、安必信公司、世通公司等世界级的大企业频繁爆出信用丑闻之后，信用危机就一直困扰着美国商界。与此同时，公众要求企业在更大范围内履行社会责任的呼声越来越高。那些唯利是图、漠视社会责任的企业越来越受到人们的唾弃与不耻。作为回应，企业不得不在"利润"和"责任"之间作出权衡，也即所谓的"相互制衡"（Checks and Balances）。然而，现在看来，更大规模的危机爆发似乎说明：问题至今仍没有得到很好的解决，情况甚至还在进一步的恶化。如何控制这一局势的蔓延？如何达到"利益"和"责任"的相互制衡？我们认为，除了调节经济关系本身的运作以外，要对整个财经信用体系中的伦理关系有清醒的认识。在此基础之上，应该给财经信用体系植入相应的伦理机制，从而维系和支撑信用关系中的健康合理的利益流动。

　　正是在这个意义上，研究财经信用体系中的伦理机制就要着重关注以下两个方面:其一,要从"体系"意识出发,全面而细致地梳理和分析财经信用体系中错综复杂的各类信用关系,并从中理出相应的伦理关系,明确相应的伦理责任;其二,要从针对性和实效性出发,在理论联系实际的基础上,设计并规划出合理的实践方式与操作路径,并把它们有机地整合起来形成一套机制,为实际运行中的财经信用体系建设提供思路和对策。

鉴于此,研究财经信用体系中的伦理机制应从观念形态、规范原则、制度建设和运作机制四个方面进行系统的构建:第一,以新的道德理念作为支撑点,把确立信用观念、培养良好的信用习惯和规范市场行为确立为信用制度建设和财经道德建设的出发点。第二,针对我国信用运行机制中"信用与风险成反比"的不良状况,把资产信用原则、道德信用原则、社会警示原则确立为对信用制度的约束原则,从而使其成为信用制度化建设的依据,成为道德调节制度化和刚性化的依据。第三,通过对道德责任法治化和政府管理职能道德化的研究,分析出有利于规范市场行为的法律、行政、道德等综合监督机制,为创造符合经济可持续发展的目标提供保障。第四,提出与我国财经发展状况相适应的会计伦理、金融伦理原则和道德规范,提高财经人员的职业道德素质,塑造规避道德风险的责任意识和社会环境,为倡导信用文明、完善财经伦理的实效性提供思路与对策。

从上述四个方面出发,我们主要从金融信用、会计信用、财税信用、审计信用、企业信用等方面就财经信用体系中的各类问题进行了伦理相关性分析,并就各领域内的信用伦理建设提出相关的对策性建议:

1. 金融信用伦理。金融在本质上是货币与信用的融合体,信用是履行金融契约的基础。金融契约的履行不仅依靠信用制度的保障,同时也要依靠以诚信为原则的道德价值及其规范来维系。

随着金融工具和金融产品的不断创新,信用已成为现代金融业的核心。作为信用在金融领域内的延伸,金融信用同样具有信用的经济和伦理之双重属性,它既是金融领域内资金借贷关系的表现,又是金融领域中市场主体相互之间信守承诺的伦理原则。金融市场上所有的金融关系本质上都可以归结为一种信用伦理关系,信守契约、遵守交易规则是金融伦理原则的必然要求。当前,中国金融信用领域内的失信现象较为严重,其中尤以银行业和证券业为最。对此,需要从以下六个方面进行规划建设,即优化社会道德环境、奠定坚实的产权基础、约束政府的越职行为、健全信用管理体制、完善法律法规体系和构筑行业职业规范体系。

2. 会计信用伦理。会计活动是一种会计信息共享活动,它强调的是把会计信息成果传递和传播给所有与会计信息相关的关系人。认识各关系人需求在伦理上的合理性和正当性是寻求各种会计活动的伦理理念和原则的依据。会计活动的伦理特性以会计信息如何适应使用者的合理需求为前提,并以此探究会计信息所谓的"应然"状态,从而推导出具有评判和指导会计计量和信息传递等会计行为功能的职业道德规范。会计活动的伦理特性包含如下三个原则:和谐原则、诚信原则、独立性原则。当前,会计信息失真是会计信用领域中的主要问题。针对这一现象,需要从以下几个方面着手,即:建设企业诚信文化,塑造诚信形象、完善法规建设、加大违规成本、强化审计的约束和监管功能、完善公司治理结构、改革会计人员管理体制、完善会计职业道德规范体系等。

3. 财税信用伦理。财税伦理的发展和完善关键就在于有效地消减财税风险。降低财政风险,应以发展和完善与市场经济适应的公共财政体制为要旨。公共财政的伦理维度既表现为在私人品性质的市场配置领域内维护市场经济的效率和机会均等原则,又表现为在公共品性质的市场配置领域内展现高效率、协调分配的社会公平。构建、发展和完善体现伦理和谐性的财政体制及其相关的制度系统,并以高效的约束力和规制力来提高政府与社会公众的道德能力及其实现程度,是减少当前转轨期财政风险的必要途径和重要环节。公共财政系统的制度建设主要包含以下四大方面:首先是预算管理体制及其外围实体财政运行制度的完善;其次是财政支出和财政收入绩效评估制度的健全;再次是财政运行监督制度的优化;最后是财政运行信息的通畅。

4. 审计信用伦理。从经济伦理的立场来看,所有审计行为,不论其类型和对象发生多少变化,最终审计的都是信用。在这个意义上,审计实际上是对被审计主体信用的审计,是为了查实被审计单位表象信用与实质信用之间的差异,并理清其根源,呈报给委托主体。审计伦理的基本原则、基本范畴和行为准则、职业道德,都是以信用为出发点又是以信用为归宿的,各项原则及其具体表现和要求无不是信用在各个不同方面、不同层面的体现。审计伦理遵循着这样三个原则,即独立、公正、诚信。审计风险是当前审计信用领域中所存在的主要问题。审计风险是指在审计业务或审计活动过程中将会发生的一种可能性的利益损失。规避审计风险,加强审计信用伦理建设,需要从以下几个方面着手:构建审计行业文化、加强审计行业监管、提高审计从业人员的道德素质、建立和完善审计行业的职业道德规范体系。

5. 企业信用伦理。企业信用是企业与各利益相关者在以实物和资本的借贷与融通为主要特征的经济活动中所形成的一种经济伦理式的关系。从这个意义上讲企业信用不仅是经济关系的载体,同时也是伦理关系的载体。它既是一种基于权利和义务之间对等性承诺的契约伦理,同时也是一种基于个体自律的德性伦理。道德在企业信用方面的实现主要体现为以信誉为核心的资本形态的道德、以共享理念与价值为核心的文化形态的道德、以规范建设为核心的制度形态的道德以及以个体德性为表征的道德四个方面。道德在企业信用领域内主要发挥着强化经济伦理式的激励方式、协调企业与各利益相关者之间的信用关系、形成制度道德去约束和指导行为人等方面的作用。

6. 广告信用伦理。信用是现代广告伦理的核心。广告遵循以诚为本、真实可信的道德原则，不仅是市场经济道德的内在要求，也是整个广告运作过程的成功基石与广告业健康发展的根本保证。广告诚信符合公众的利益，它有利于稳定市场经营秩序，提升企业的良好形象，增强自身的媒介权威性。当前，广告失信现象较为严重，主要表现以虚假性广告、遮蔽式广告、夸大性广告为特征的广告内容失信和以广告主、广告经营者、广告发布者为特征的广告主体失信。对此，需要建立具有伦理相关性的广告信用管理体系，主要表现为：完善广告法律体系，健全广告的监管机制，加强社会舆论监督，培养广告人的道德修养和道德意识，提升经营者道德选择的自觉性。

总之，财经信用体系中的伦理机制研究和建设需要从实际出发，以针对性和实效性为重点，注重体系建设、机制建设以及实践对策，同时，还要批判性地汲取发达国家在相关建设领域的成功经验和历史教训。实际上，美国及其他一些西方发达国家的信用体系已经相当完备，许多成功的经验值得我们借鉴和学习。不过照搬西方的信用制度体系也不是明智之举，因为照搬的可能不是成功而是危机和风险。对于中国这样的发展中国家来说，信用立法与监管体系并不是很完备，征信体系也很薄弱，信用服务企业的市场化程度也并不高，很多企业甚至还缺乏信用意识。这样，中国的财经信用体系建设就有可能面临着底子薄、压力大、要求高的问题。所谓底子薄，就是基础比较薄弱，很多工作还得从头开始；所谓压力大，即市场经济的发展对信用经济的要求越来越高，这就使得原来基础薄弱的信用体系建设面临更大的压力;所谓要求高,是说信用经济的国际化程度越来越高,像我们这样的发展中国家既要迎头赶上,又不能照搬照抄,这就需要我们在快速的学习、消化中不断提高。不过,挑战同时也意味着机遇和发展,意味着我们可以从发达国家信用体系的缺陷和不足之中汲取经验、少走弯路。我们认为,厘清财经信用体系中的伦理关系,进而通过各种途径和方式促成财经信用体系中伦理机制的形成,是当下建设、优化和完备财经信用体系的重中之重。在这本书里,我们较为全面地分析了财经信用体系中可能出现的各类伦理关系,从不同的专业领域出发,分析和提炼出了各类信用关系中客观存在的伦理责任,并提出了在机制建设方面的思路和对策,希望我们的研究能对我国财经信用体系中伦理机制的构架和建设提供有益的帮助。

郭建新

于南京龙凤花园隽凤园寓所

2008 年 12 月 20 日

第 一 章

财经信用的伦理维度

　　本世纪初,美国安然公司,安必信会计事务所,世通公司等世界知名的大企业相继爆出信用丑闻。一时间,公众对企业的信用活动纷纷产生质疑,要求企业在更为广泛的意义上履行企业社会责任。然而,仅在很短的时间,2008 年危及全球的金融海啸,又一次把"信用危机"这一字眼带入了人们的视线。面对一次比一次规模更大、一次比一次"杀伤力"更强的信用危机,人们似乎已经开始意识到:整个资本主义的信用体系中存在着挥之不去的痼疾。众所周知,美国是世界上信用征信最为发达的国家,其信用体系的发展已有 160 多年的历史。那么,为什么一个信用制度体系如此发达的国度,会成为信用危机的"重灾区"呢? 固然,美国的信用危机有其资本主义制度中根深蒂固的问题,然而,我们认为,除此之外美国整个信用制度体系中的伦理机制也已经失灵。任何一种信用体系,若是伦理机制不再有效,那么维系和支持信用体系的信任基础就会崩溃,从而,找到信用体系的伦理基础并探寻和发展相应的伦理机制就成为发展信用体系的关键。为此,我们首先就应以财经伦理的眼光和立场来研究信用体系。

宽泛地说,财经伦理就是经济伦理。因为财经就是财政和经济的统称,它几乎涉及社会经济职能的大部分领域。只不过,财经是一种较经济且更为务实的称谓,它更多地是从经济职能部门的角度来考察经济实践问题,诸如会计、金融、贸易、工商、财政、税收、审计、统计等都属于这个范围。因此,财经伦理往往也被看做是一种职业道德规范体系,是不同的社会经济职能部门的职业道德要求。从而,研究财经伦理,也就是系统研究财经体系的伦理内涵和道德基础,并为财经职能部门的职业道德规范提供正当性和合理性的说明。因此,当我们在讨论财经伦理中的信用问题时,可以从这样两个方面来把握的:其一,从经济伦理的意义上对财经活动中信用问题的伦理维度和道德基础提供理论说明,分析其正当性与合理性。其二,在规范性的层面上,为违约不同财经职能部门的职业道德规范提供思路与途径。其目的在于,把具有正当性和实效性的伦理机制引入财经信用体系,使信用在财经活动中能够持续、稳固地发挥作用,从而规避财经领域内的失信风险。

一、现代经济信用及其道德反思

信用作为一种交易方式,区别于实物交易与货币交易,在很早以前就已经出现。而我们在日常生活中所经常提及的信用概念,实质上只是对个人品性的评价,两者不可混为一谈。所以,我们这里所谈的信用,首先是从它的经济意义上来说的也即经济信用。并且了解经济信用,把握其本质和规律,将有助于我们对其他信用形式的理解。

(一)经济信用的现代性特征

我们认为,在现代性的社会,经济信用的特征在以下三个方面与传统信用有所不同:

其一,现代性的经济信用是一种以市场经济为基础的具有普适性的交易方式。经济信用最初源于商品赊销中的商业信用,伴随着货币信用的发展,现代信用体系逐渐演变为以银行信用为核心的金融信用体系。然而在传统社会,经济信用只维持在惯例经济当中。信用局限于小团体、商业联合会和熟人圈中。由于传统的信用交易无法超出自然经济的樊篱,它的实施和保障还主要依靠个体的伦理道德的作用。因此,信用只是作为实物交易与货币交易偶然的补充,并不具有普遍性的意义。并且,此时的经济信用基本上靠私人间的相互信任来维系。因此,这似乎也部分地说明了,为什么自古以来信用的经济含义和道德含义经常被混淆在一起。然而,资本主义时代的到来,却真正地解放了信用。市场所要求的统一性,使"过去那种地方的和民族的自给自足和闭关自守状态,被各民族的各方面的互相往来和各方面的相互依赖所代替了"①。如果说,信用在传统社会中只是实物交易和货币交易的偶然补充,那么在资本主义时代,实物交易和货币交易就开始逐渐地让位于信用交易而降至补充的地位了。并且,随着现代信息技术的发展以及交通工具的便利,信用活动在地域上的局限逐渐被打破。信用的发展与信息技术、经济增长之间的关系,越来越密不可分。

其二,现代性的经济信用是由一个体系完备、职能明确、划界清晰的制度体系为座架的。它不仅有市场经济的支撑、信息技术上的支持、法律上的保障、社会信用体系的维护,更为重要的是,维系经济信用的这些社会要素彼此之间保持着高度复杂的相互依赖,在现代社会的信用生活中,任何一种类型的信用形式都很难孤立地存在。我们无法想像没有技术支持的大规模的信用交易,尤其是在金融市场中。同时,缺乏相关的信用立法和法制监管,我们也很难想像如此复杂的信用生活如何才能有条不紊、井然有序。从这个意义上讲,在现代信用生活中,信用的任何一种形式都必须依赖一定的信用体系才能发挥作用。反过来说,信用形式也受信用体系的牵制和左右,从社会性的角度来说,没

---

① 《马克思恩格斯选集》第 1 卷,人民出版社 1995 年版,第 276 页。

有信用体系,也就没有各种类型的信用形式。

其三,在整个以经济信用为基础的现代信用体系当中,缺乏与之相契合、相适应的道德体系。尽管在惯例经济当中,信用的维持和发展主要靠小范围内的伦理道德来维系;但是,从另一方面讲,那时的伦理道德虽然在信用生活中有积极作用,但却限制了信用生活的规模和活力。然而,不幸的是,现代信用体系在突破了伦理局限的樊篱之后,也随之掩埋了信用的整个道德基础。技术中心主义与法制中心主义充斥着现代信用市场,人们越来越热衷于追求信用体系在技术上的改良和法制体系上的健全做外在的约束和监管与内在的信任和责任愈发成为互不相干的"两张皮,从而在统一的制服下,各自怀着一颗不同的道德良心"。

(二)现代信用危机所引发的道德思考

在全球性的信用危机尚未爆发之前,人们对经济信用的自我发展能力是普遍乐观的。危机引发了人们的深层次思考,它无疑将使人们对经济信用的理解与把握更加成熟。在所有的反思中,道德考量是最为明显的,从某种意义上讲这也说明了,在现代信用体系中道德的基础是何等的脆弱,道德与信用生活中其他类型的因素相比是何等的"营养不良"。

在对现代信用危机的缘由说明中,有些人倾向于把一些经济失信现象单纯地归咎于道德上的原因。但是,对某些经济信用问题的道德批判似乎并不具备某种知识的正当性。学界对此问题也早有洞见。①然而,这是否说明了,在一定意义上,经济信用与社会伦理道德之间的

① 宋希仁教授曾对作为经济关系的信用和作为道德良心与人格的诚信作过严格的概念区分,并认为:"不能只把信用理解为道德概念,那样就会缺乏从客观的经济规律方面对信用的把握;但是也不应该把诚信说成是客观经济关系,那样就会模糊道德与经济的区别。"以此为例。参见宋希仁:《论信用与诚信》,《湘潭大学社会科学学报》2002年第5期。

确存在着某种内在关联呢？20世纪，福山在《信任》一书中曾通篇表达了这样一个观点，即"人类的经济生活其实是根植于他们的社会生活之上，不能将经济活动从它所发生的社会里抽离出来，并和该社会的风俗、道德、习惯分别处理。简言之，经济无法脱离文化的背景。"①福山在这里所说的文化的背景就是一种以信任为内涵的社会伦理文化。相似地观点，我们同样可以在韦伯的著作《新教伦理与资本主义精神》中发现。不过，在财经伦理的语境中分析信用时必须保持学术谨慎。一方面，在现代信用体系中，经济信用无疑是基础与核心，这一地位是社会伦理道德所无法取代的。另一方面，完全抛掷经济信用中所不可或缺的伦理维度和道德基础同样也是不明智的。关键在于，道德是否能够在适当的维度内说明信用中的财经伦理问题。

一般认为，经济信用是一种契约性的交易关系。简单地说，它是指信用双方根据一定的交易对象，以契约的形式规定各方的收益。在信用关系中，交易的全过程必须依赖明晰的产权基础、合法的契约保障、有效的制度安排、对称的信息传递、公共权力的维系。可以说，满足以上条件，即可以构成一个相对完备的信用制度。然而，这种完备通常只体现在理论上。正如波普用没有士兵的城堡比拟形同虚设的制度。理论上一个完备的制度体系并不意味着相应的实际结果。对于经济信用来说，利益的不确定性是它的首要特征。从这个意义上讲经济信用所带来的利益是一种风险收益。在利益交换的过程中，受信方把自身利益的一部分让渡给对方。相应地，他事先履行了交易的义务而给予了授信方先行占有全部交易对象的权利。这里，有一个时空间隙。对于授信方来说，他可能在这一时空间隙内做如下的考虑：（1）在独占全部利益或享有合作利益之利益区间内，如果基于利益的最大化考虑，那么

---

① ［美］弗朗西斯·福山著，李宛容译：《信任——社会道德与繁荣的创造》，远方出版社1998年版，第20页。

他可以选择:A. 在单次信用交易中,在制度有缺损或信息不对称的情况下,尽可能地占有更多的利益甚至占有全部的利益。此时,受信方将一无所获。这种情况多数体现在信用制度不完备的条件下。B. 在多次信用交易中,倘若制度完备且信息相对充分或是完全充分,只能占有合作利益,但不排除在一定条件下对利益的更多占有或独占,尤其可以利用受信方的信任来达到目的。① 此时,信用交易形式稳定,但隐藏着潜在的风险。(2)同样是在独占全部利益或享有合作利益之利益区间内,如果不仅仅基于利益的最大化考虑,而是从内心深处尽力真诚地履行信用承诺,那么,只会有一种选择,即便是在信用制度不完备或信息不对称的情况下,无论是单次交易或是重复多次交易,履行契约并获得合作利益是唯一的结果。在(1)情况下,对于个人来说,可以实现利益的最大化,并且在缺乏有效的公共权力的监督下,此种情况的可能性会增大。即使是在(1)B 中,信用交易所存在的失信风险依然存在。但对于整个社会来说,信用就会成为一种稀缺资源,这势必会使信用的交易费用不断递增。相比之下,人们会把道德当做昂贵的信用品而更加依赖于通过法律的途径或是制度的安排来解决这一问题。② 然而,法制过程往往滞后于信用生活的变化,制度安排也并不能覆盖社会生活的全部领域。何况,法律规范或制度要求的约束总是外在性的,且维护成本较高。更为重要的是,它们会"硬化"社会生活,僵化社会关系,缺

---

① 尤其在信息技术发达的今天,信用交易的手段和过程愈发的信息化和虚拟化。许多网络信用交易利用某种技术手段在小宗交易中积累信用积分而等待在大宗交易中进行信用欺诈。

② 韦森教授曾在这里保留《文化传统中的个人道德与社会演化》一文中,评介过格雷夫教授基于 11 世纪至 12 世纪地中海周边两大"商贸社会"商人群体内部文化信念的差异,利用历史比较制度分析所得出的结论:那些讲诚信、美德的集体主义或社群主义社会往往停滞于习俗经济而未发展成现代商业体系。而那些不讲诚信且每个人自私自利地追求个人利益最大化的社会却更容易衍生出一个法治的现代市场经济体系来,是为反例。参见韦森著:《制度分析的哲学基础——经济学与哲学》,上海人民出版社2005 年版,第 237—250 页。

乏对生活创造性的激励。① 相对地，较为理想的是情况（2），无论是在信用制度完备或是不完备的条件下，对于整个社会信用体系的维系与运作来说都将是积极的。但是情况（2）也必须满足这样一个条件，即在整个社会范围内，都具有充分的道德资源和伦理环境作为价值支撑和有效供给。反之，就会发生如金融学里的劣币驱逐良币的现象。

实际上，上述情况相似于博弈论中的"囚徒困境"。之所以说是相似而非相同，是因为在"囚徒困境"的策略选择中，理性最大化始终是一个推理前提与判断原则。而在这里，利益前提中加入了道德因素。在经济学中，客观利己主义可能是经济学知识所能容忍的极限。但这并不能说明人类在理性选择的历史演化过程中不会自主地超越这一原则。现实是，我们并没有生活在一个"人人是豺狼"的社会中，也从没有经历过"世外桃源"式的道德社会。现代生物进化学说在揭示了人的"自私的基因"的同时，也说明了协作进化的人类本能。② 既然人性是复杂的，而经济学又是以一定的人性假设为前提的，那么经济学就没有理由不考虑其他的人性因素。倘若讲求均衡的经济学同样也能关注人性的均衡，或许将使自身更有说服力。回到经济信用问题上来，这里需要指明的是：其一，从道德功能主义的立场来看，社会伦理道德无疑是信用交易成功有效的价值支撑与基础资源。没有起码的道德条件，即使是最为简单的信用交易也难以完成。其二，在信用交易过程中，交易双方基于相互信任的个人美德，能够提高交易效益。在这个意义上，道德是一种可资本化的资源，体现为一种

---

① 福山曾指出美国人爱打官司的习惯不利于社会关系的和谐与人际交往的发展。相似地，施密特也认为法制程序的复杂与繁琐使生活失去了应有的本位。相关内容请参见[美]弗朗西斯·福山著，刘榜离等译：《大分裂——人类本性与社会秩序的重建》，中国社会科学出版社2002年版；[德]赫尔穆特·施密特著，柴方国译：《全球化与道德重建》，社会科学文献出版社2001年版。

② 参见[美]麦特·里德雷著，刘珩译：《美德的起源——人类本能与协作的进化》，中央编译出版社2004年版。

道德资本。其三,信用交易的成功有效以及信用体系的良性运作是制度安排、道德价值精神的支撑以及个人德行的综合结果。这其中,社会伦理资源的充分供应是不可或缺的内在条件与基础。总之,从道德实践的角度来看,道德理性可以结合审慎推理而有益于信用交易。

二、伦理视阈中的现代经济信用

对信用进行现代性的道德反思,无疑将牵涉到道德在经济信用中的合法问题。换句话说,道德是否有介入经济信用的正当性理由。这一问题的解决将有助于我们更为成熟地理解现代信用危机。

(一)道德介入经济信用的正当性理由

经济信用关系与道德关系、经济价值①、道德价值之间具有内在的关联性。考察这一问题,需要把经济信用放置于现代性的社会背景与历史境遇下,并在经济社会的历史变迁中说明经济和道德的相互作用。

经济信用作为一种普遍性的交易方式是以现代性的经济特质——市场经济的确立与发展为基础的。市场经济体制不但变革着传统的经济关系,同时也连带性地变革着其他社会领域。现代社会结构的组织与功能都以市场经济为中心进行相应的调整与安排。一方面,经济关系的变革是造成社会政治系统、法制系统、道德文化系统变革的根源,后者的样式都体现在"趋市场经济"的态势中;而在另一方面,经济系统实际上只能带来其他社会系统的"依附性",而无法按照自身的逻辑完全同化其他社会系统。其结果是,经改组后的社会系统并不会朝着经济系统

① 这里的经济价值不是单纯的经济学领域中的一种货币化的价值形态或是可货币化的经济价值含义,而是在狭义经济哲学的立场上,以经济事实或经济知识中所形成的观念在价值领域中的一种普遍性意义。相关内容请参见俞吾金:《经济哲学的三个概念》,载《中国社会科学》1999 年第 2 期。

预先设定好的逻辑发展下去,而是成为偏离原有逻辑的混合物(如图1所示)。

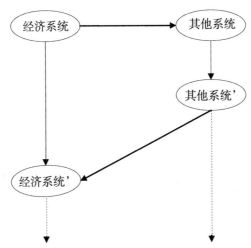

图1中由经济系统所引发的其他社会系统的变革,由于后者的相对独立性而呈现出其他系统的变型(其他系统')。此时,其他社会系统与经济系统之间并不是一对一的直接反应关系,而是在经济系统的自身变革与其他系统的变革条件下产生新型的经济系统(经济系统')。虚线表明变革的延伸样式。

就经济信用而言,市场经济扩张了在整个市场范围内的经济关系,它使得信用关系随着市场体制的延伸而在更为广泛的意义上影响着其他类型的社会关系。从信用关系与道德关系的联系来看,经济信用要求信用双方在以权利—义务的对等性承诺中来完成交易过程。这样,一种伦理关系也就随之建立。它基于信用交易的形式,在客观上要求信用双方应该履行相应的道德责任。由此,不难看出,信用关系不仅是一种经济交易关系,同时也是一种道德关系。相应地,作为信用关系中的产权实体,同时也就是道德实体。从而,信用关系中就不可避免地包含着两重维度,即经济关系中的利益维度和道德关系中的责任维度。事实上,这两重维度缺一不可。由上文所论述的社会各子系统的关系可以推证,在信用关系中,尽管"责任"对"利益"具有相当的依附性。但"利益"无法同化"责任",换句话说没有责任承诺的保障,信用关系形同虚设。

历史地看,信用关系中的"利益"和"责任"两重维度经常发生冲突,而每一次冲突都可以被看做是又一次对"责任"的强调。这说明责任在信用关系中的客观实在性。然而,不幸的是,这一点在西方经济学的知识体系中并不被承认。现代制度经济学流行利用演化博弈来解释和说明社会制度的生发、型构及其变迁过程。然而在制度变迁的演化博弈中,大多数学者所推证的结果几乎都是一种道德无涉或道德虚无主义的观点。他们认为,经济关系及其制度的生成与运作是一种基于人类理性博弈的均衡结果。而在这种自发性的演化过程中,道德推理与实践理性只不过是一种次要性的策略选择。换句话说,道德在人类历史的制度变迁中,尤其是在经济关系的历史形成过程中并不具有独立地位。即使是宾默尔在《博弈论与社会契约》一书中所提到的"道德博弈"这一概念,也"只不过是一个在生存博弈中进行均衡选择的协调装置"。他认为:"一项社会契约要想具有可行性,它必须是一个生存博弈的均衡。……那些与我们人类一同发育的道德博弈的规则只不过是包含在我们文化中虚构的内容,人们完全可以说服自己和他根据那些与生存博弈不相适应的规则来博弈。"①依宾默尔的观点来看,生存博弈的历史演化是社会结构、制度等生成的唯一真实的过程。而道德,即便作为一种策略选择,也只不过是人们在意识形态中所虚构的,从而是不真实的。但是,演化博弈中的人性论假设是站不住脚的,从而这种推理逻辑是有问题的。在宾氏那里,人并不是作为现实的社会关系的

---

① 宾默尔还举例说道:"他们可能会允许作出承诺的道德博弈创设规则,但是我们马上会发现自己陷入理想和激情所产生的麻烦之中,而这种情绪正如斯宾诺莎所言,只有在'诗人的黄金时代'才具有意义。作为结果,人性是卑微的而我们身处其中的世界是不现实的。"([英]宾默尔著,王小卫、钱勇译:《博弈论与社会契约》第1卷,上海财经大学出版社2003年版,第55—56页。)

人而存在,人仅仅是一种理性最大化的单向度的个体。由此,不是社会关系塑造了人而是抽象的人通过一定的抽象推理创造了社会关系。可见,宾氏的结论似乎总是带有某种"无情"的社会进化论痕迹。他似乎缺少了他在书中一直作为靶子批评的康德和罗尔斯的那种休谟或斯密式的道德感。

　　上文对于宾氏观点的论说实际上旨在提出这样几个问题,即经济生活只单纯围绕利益问题而与道德无关? 经济价值中就没有道德价值? 即便是在精致的博弈分析的框架内,在理性个体的策略选择中就没有道德推理的可能? 再以经济信用为例,信用交易无疑是基于经济利益的考虑,然而在利益的选择与实现过程中,虽然理性的自利假设可以作为信用制度设计的一个参考方案,但是在有道德价值介入或支撑的情况下,结果将会是一个更好的方案。人类社会的制度规范之所以有可行性与实效性,正是因为人会将一些规范要求内化为一种自律行为。换句话说,信用交易对信用双方的守约要求既是一种外在的经济要求,同时也可以内化为人的一种责任担当。一种和谐的社会关系并不是一种社会力量所能穷尽的。而人类社会的结构、制度、规范通常是在社会生活基础上的一种历史同构。① 同样,经济信用及其制度体系能够发展到今天,也是在经济社会的历史变迁中,经济关系及其价值与道德关系及其价值相互作用、互为支撑的结果。更何况,获得经济利益是一回事,而以经济利益为工具从事其他社会生活又是另一回事。以获取利益为手段去实现生活目的,不能说完全但至少会影响利益获取的选择手段与实现方式。总之,无论是在静态的关系中,还是在动态的行为选择过程中,财经信用体系中的道德基础都是举足轻重,不可或缺的。

---

　　① 　韦森教授也曾认为"在习俗经济和惯例社会中,社会的伦理原则与外在的(显形)习俗的和惯例的规则往往是同构的",并认为,即使是在现代商业社会,这一惯例与习俗依然存在并影响着经济活动。参见韦森著:《经济学与伦理学——探寻市场经济的伦理维度与道德基础》,上海人民出版社2002年版,第65—67页。

（二）现代信用危机的道德诠释

研究现代信用问题的一个最为重要的现实题旨就是要化解现代性的信用危机。20 世纪的后半叶,在全球领域,不同程度、不同规模的信用危机曾爆发在不同的财经领域。无论是在市场经济体制较为完备的发达国家还是市场经济体制尚在建构的发展中国家,隐性危机或潜在风险都普遍存在。自然,不同的社会特质与历史文化背景是不同地域内信用危机形成的一个重要原因。然而,如此大规模信用危机的爆发则说明整个财经信用体系内的伦理机制已经失调。一方面,现代性的经济信用是以市场经济体制为基本座架而展开的。由此,这是否说明了在市场经济内部本身就存在着一种反信用的危机要素呢?① 另一方面,如果说信用危机是市场经济体制自身所不可遏制的一个顽疾,那么暂且撇开现代信用构成的某些外部条件(如制度的有效供给、法制的健全完善、公共权力的实施等),是否存在着除经济因素以外的其他内在原因呢? 基于以上考虑,我们认为主要有以下三大原因。

其一,虽然我们说市场经济有其伦理维度和道德基础,但是,这并不等于说市场经济就没有趋利性的一面。从生存本体论的意义上讲,获得经济利益是市场主体的一种在场性的根本需要。在场性意味着,在市场经济的利益氛围中,人的观念及其行为的确可能存在着一种偏执性的利益冲动。因此,正是在这个意义上,人们总是强调对社会总体生活趋利化的有效遏制。即经济生活只是人类总体生活的一个层面,它并不能覆盖全部的生活领域而只把人限定在一种单向度的逐利空间内。然而,在现代性的社会,经济生活的殖民化(哈贝马斯语)倾向愈

---

① 高兆明教授对此曾做过相关分析,他认为市场经济的价值精神内生着一种价值悖论,即"市场经济内在地要求信用关系,市场经济内在地存在着违背信用的倾向"。参见高兆明:《经济信用危机的社会伦理解释》,《江海学刊》2004 年第 3 期。

发严重。它不仅使人际交往的范型趋经济化,同时也把这种关系中所含有的经济逻辑强迫性的衍生到其他社会领域。① 由此造成的直接后果即是人对经济利益的一种不自觉的内在冲动以及支撑这一冲动的价值观念的强化。并且,经济系统在当今对社会结构、制度安排以及价值观念的可塑性极强。这不仅强化了人在一定社会中的自利逻辑,同时也弱化了其他社会系统对其有效的干预功能。因此,在市场经济领域内,背信弃义有潜在的可能。即便是在信用制度相对完备的条件下,这种可能依然存在。这就是马克思所说的资本的本性及其人格化的一种体现。②

其二,现代性的信用危机是经济关系及其价值与道德关系及其价值的一种失衡。这种失衡从实质上说是经济关系及其价值的增强与道德关系及其价值的衰退造成的。虽然道德是经济信用所不可或缺的一种内在基础,然而在现代性的社会,道德显然正在失却与经济相互博弈而达于均衡的条件与能力。在惯例经济中,经济生活的道德基础是相对稳固的,两者之间所体现出的均衡态势在整个社会生活领域内都能以零散的、但却是相似的方式随处可见。而在现代经济生活中,制度化的经济形式显然对法律规范制度较为青睐而开始日渐冷落道德化的制度体系。此外,自近代以来,对道德知识合法性问题的质疑使得道德在干预社会生活、影响人类行为的正当性问题上始终受到怀疑。因此,在经济信用中,信用关系由于缺乏道德关系的协调和道德价值精神的支

---

① 实际上,自近代以来,许多人文主义学者都曾以各自不同的视角和立场批判过这种现象及其他的哲学根基。如雅斯贝尔斯的《时代的精神状况》、胡塞尔的《欧洲科学危机与超验现象学》、海德格尔的《技术之追问》、萨特的《存在与虚无》等。

② 马克思对资本主义信用制度的分析结论是:"信用制度固有的二重性质是:一方面,把资本主义生产的动力——用剥削他人劳动的办法来发财致富——发展成为最纯粹最巨大的赌博欺诈制度,并且使剥削社会财富的少数人的人数越来越少;另一方面,造成转到一种新生产方式的过渡形式。"马克思当时对信用制度的剖析在如今看来,仍有很强的说服力。相关内容参见马克思著:《资本论》第 3 卷,人民出版社 2004 年版,第 493—500 页。

撑而愈发走向单纯的趋利化路径。它在固化和内化经济行为方式及其价值的同时正淡化和祛除着财经伦理关系及其价值,并且,这一趋势正随着市场经济自身的发展而在逐步强化与深化。由此,在现代信用体系中,必须明确财经伦理的责任要求并植入其价值精神。它必须使道德与经济保持均衡的相互关系。对现代信用危机的有效遏制,也就是这种新均衡的开始。

其三,如果说,上述两点是对信用危机的一般阐释,那么中国的信用危机在此基础上还有其特定的社会原因与历史缘由。一方面,在经济系统内部,正如张维迎在《信息、信任与法律》一书中的观点,就制度而言,造成目前中国信任危机(可以理解为信用危机)的两个最为主要的原因是,财产制度的破坏和政府行政权力过大。① 前面已经说过,信用关系中的产权实体同时也是道德实体。因此,财产制度的破坏在一定意义上也就是对信用关系中道德基础的破坏。不过,这是我国在由传统的计划经济体制走向市场经济体制过程中所必须经历的一个历史过程。而政府行政权力过大的问题还需加强社会公共权力的有效监督。另一方面,虽然中国的伦理道德传统历史悠久,然而,自近代以来,现代与传统之间的历史性断裂使得社会道德资源显得格外匮乏。由于现代性的中国道德知识随着中国社会的现代转型也尚在发展与成熟之中。② 因而,就整个社会而言,经济信用关系中必然会缺少充分的社会道德资源供应及其内在的道德价值支撑。正是由于经济体制转轨过程中经济变革的历史波动以及道德资源环境的现状,构成了信用危机发生在当代中国的两个主要因素。

---

① 参见张维迎著:《信息、信任与法律》,三联书店 2003 年版,第 21 页。
② 参见万俊人:《三维架构的"中国道德知识"——21 世纪中国道德文化建设前景展望》,载《在二十一世纪的地平线上——清华人文社科学者展望 21 世纪》,东方出版社 2001 年版,第 53—82 页。

第 二 章

信用与诚信伦理

　　健全的信用关系在伦理学的意义上是要构建一套诚信的制度体系。美国从 2007 年 8 月开始引发的、波及全球的金融海啸，实质上所反映的就是信用体系内缺乏这种诚信的制度体系。在现实的财经活动中，虽然市场主体通过信用承诺和契约使双方的主观意志客观化，形成某种意义上的共同意志，但是由于个体的主观性和任意性，还仍然可能在信用双方的心里隐藏着失信与不法，信用的实现仍然可能受到破坏。所以"有了信用制度也还要重视道德诚信的作用"①。不讲道德，没有诚信，也就没有信用。因此，把握信用的本质和信用道德的内在要求，探讨信用与诚信、道德的关系，对于从道德上重塑信用，从精神层面上造就符合现代市场经济发展要求的具有诚信品格的信用市场主体，最终建立良好的信用秩序是十分必要的。

----

　　①　宋希仁：《论信用和诚信》，《湘潭大学社会科学学报》2002 年第 5 期。

一、信用及其本质

信用,以其深厚的理性色彩和强烈的实践品格,形成了独具魅力的丰富内涵,有着伦理学、政治学、经济学、法学等多方面的广泛意义。因此,准确把握信用的基本内涵及其本质,是我们进行信用道德体系建设的基本前提。

(一)信用的内涵解析

信用一词,古已有之,最早出现于春秋战国时期。《左传·宣公十二年》中有曰:"其君能下人,必能信用其民亦。"《史记·陈涉世家》中也有"陈王信用之"的说法。由此可见,从最原始、最一般意义上讲,信用一词的词源学意义就是"信任使用"[①],相信和利用。后来信用一词又延伸为得到信任,即指"遵守诺言,实践成约,从而取得别人的信任"[②]。

1. 信用的伦理解释

从严格意义上来说,信用最早是一个伦理学范畴,是要求人们自觉遵守承诺、履行义务的道德准则。"有所许诺,丝毫必偿;有所期约,时刻不易,所谓信也。"[③]伦理意义上的信用其基本含义是指诚实不妄、遵守诺言的品质,包含着两个方面的统一:"其一是主客观的统一。不仅要求把自己掌握的客观情况真实地表达出来,言符其实,言不背实,也要求真实地表达自己的主观想法,做到不隐瞒、不夸张、不虚报。其二是言行的统一,要求人们所宣扬和倡导的某种观念、信条必须通过身体

---

① 在罗竹风主编、香港三联书店 1987 年出版的《汉语大词典》中对信用一词的解释就是这样的。
② 夏征农主编:《语词辞海》,上海辞书出版社 1991 年版。
③ 袁采:《袁氏世范》。

力行而付诸实施。"①

2. 信用的道德内涵

不容忽视的是,随着社会的进步和商品经济的发展,信用最早的道德内涵逐渐弱化,信用已被边缘化为经济意义越来越强的概念。根据2000年8月商务印书馆出版的中国社科院语言所词典室编写的《现代汉语词典》中的解释,在现代,信用已具有以下四个层面的含义:(1)能够履行跟别人约定的事情而取得的信任,讲信用;(2)不需要提供物质保证,可以按时偿付的信用贷款;(3)指银行借贷或商业上的赊销、赊购;(4)(书)信任并任用:信用奸臣。在信用的四个含义中,第四个因是书目语,现在已很少使用;其余三个含义,第二个和第三个都与经济有关,第一个应该说有道德因素也有经济因素,因为履行跟别人的约定,包含了诚实的道德,而履行的约定则既可是经济的,也可是非经济的。因此,我们可以说,信用其余的三个含义都与经济、货币有关。可见,在现代,信用一词更多的意思是与经济相联系。

3. 财经信用

财经信用,包含在经济信用之中,其含义有广义和狭义之分。广义的财经信用,是指一种经济交往关系。这是建立在契约基础之上、以承诺及对承诺合理期待为核心的一种交互主体性的规范性经济关系。具体而言,它是经济主体之间为谋求长期的经济利益,以诚实守信为基础,以法律制度为保障,在约定的期限内践约的意志和能力,以及由此形成和发展起来的行为规范及交易规则。它形成于古代而广泛流行于近代商务与金融领域之中,成为现代文明社会不可缺少的、相对独立的经济范畴和社会生活现象。狭义的经济信用则是指一种经济活动中相对于现金交易的、建立在授信与受信基础之上的经济交易方式。这种意义上的信用所标识的是一种与效率、资本直接相关的现代经济活动要素,是实现交换价值的重要手段,是一种特殊形式的价值运动,即资

---

① 石淑华、李建平:《论现代信用文化建设》,《福建论坛》2003年第1期。

本信用。

然而值得注意的是,经济意义上的信用作为一种制度、一种交易方式,并不是一个没有"含德量"的纯经济范畴。能遵守契约,按时还钱,这本身就是经济主体诚信守诺道德品质的表现,因此,信用的过程同时也是讲信用美德的展现过程。由此我们认为,财经领域中的信用既不是一个纯经济的概念,也不是一个纯道德的概念,而是一个兼具经济意义与伦理品质双重特性的范畴。

(二)信用的产生及其历史演化

从社会历史角度来考察,信用很早就出现在了人们的经济生活之中。作为一个具有深厚道德底蕴的经济范畴,信用反映的是一种社会经济关系及其蕴藏的伦理品质,并伴随着社会经济形态的变化而处在不断的演化发展之中。

1. 原始经济时期的信用

马克思指出:"信用作为本质的、发达的生产关系,也只有在以资本或以雇用劳动为基础的流通中才会历史的出现。"①但信用在经济领域作为一种社会意识,一种行为规范,一种道德要求,却是在原始社会就已经产生了。原始信用最初产生于原始群体内部和原始群体之间的生产和生活需要,前期发展以血缘为特征,信用行为与血缘关系相关联。原始社会的中后期,随着社会生产力的发展,"人们的劳动成果除了维持自身的生存以外,还可以有少量的剩余产品"②,这使得交换的发生成为了可能。在部落之间甚至部落内部,偶尔的、零星的互换剩余产品的活动开始出现。正是在这种交换过程中,产生了原始的信用意识和信用观念。因为剩余产品的交换是剩余产品所有者借物的外壳而进行的不同劳动的交换、不同所有权的交换,交换本身就是一个相互信

---

① 《马克思恩格斯全集》第30卷,人民出版社1995年版,第534页。
② 卫兴华主编:《政治经济学教科书》,中国人民大学出版社1990年版,第479页。

任的过程。在这一过程中,交换双方只有遵守诺言、言而有信、诚实不欺,才能赢得对方对自己以及所需产品的使用价值的信任,交换才能完成。所以,交换的需要为原始信用的产生提供了经济利益基础。尽管此时的信用意识、信用观念还处于社会潜意识形态,并往往通过传统、风俗、习惯、禁忌等非理性形式加以表现,但它有效地规范和约束着人们的经济交往和社会交往行为。反映原始风貌的《腾越州志》中就有关于古时黎人"夷有风俗,一切借贷赊佣,通财期约诸事,不知文字,惟以木刻为符,各执其半,如约酬偿,毫发无爽"的记载。

我们应该承认,原始信用还处于一种潜意识的状态之中。从历史的角度来看,潜意识形态的信用规范是较低级的社会评价活动中经常运用的信用规范形式。在原始社会,人们用习惯和禁忌作为社会群体内的信用评价标准,同时也辅之以社会舆论。可以这样说,习俗、禁忌与社会舆论相结合,是原始社会最基本的调节信用关系的工具。原始信用以其特有的方式推动着社会经济的发展和人们经济交往的扩大。到了原始社会末期,已经出现"日中为市,致天下之民,聚天下之货,交易而退,各行其所"①的繁荣景象。②

2. 农本经济时期的信用

随着社会生产力的发展,人类社会进入到了农本经济时代。农本经济是一种自给自足的自然经济。在这样的社会中,"民各甘其食,美其服,安其俗,乐其业,至老死不相往来"③。因而,农本经济是一种封闭的内向型经济,其发展受狭隘的时空限制,依赖于人与人之间的家族亲情纽带和"熟人社会"进行生产和消费。人们在一个熟人的世界里生活,相互知根知底,信用对交易行为和利益置换行为的规范,一般情况下完全可以依靠"人情"。在人情社会中,习俗、传统和舆论的力量

---

① 《易·系辞》。
② 这是原始社会末期神农氏时人们交易状况的描述。
③ 《史记·货殖列传》引老子语。

是十分强大的,足以成为规范人们行为的主要方式,而不必依靠契约和法律。农本经济社会的信用更多地表现为一种以"人格信用"为保障的道德约束,①而非以契约法律为基础的制度约束。在这样的"乡土社会中法律是无从发生的。'这不是见外了么?'"②。因此,熟人之间的经济往来是极少签订契约的。熟人之间强调的是"券在心,不在纸"③。契约只会发生在不熟悉的人之间,并且即便是不熟悉的人之间签订的契约往往也只是一种"君子协定",其主要的功能"在于界定人际关系的具体内容,起到关系备忘录的作用,而不是私人关系的替代物"④。然而,这种"券在心,不在纸"的人格信用并不具备真正普遍适用的可靠性,超出了特定的范围,此信用即会反转为一种猜忌和怀疑。这是人格信用所固有的局限性。真正普遍可期的信用还需要契约(制度)的支撑,需要商业信用、人格信用和社会伦理信用的维系。

此外,农本经济的产生和发展的条件之一就是要求确定身份和社会的等级秩序。身份等级的不同,人们在社会交往中获取利益的权利和为此所要支付成本的义务就不同,信用调节的内容、方式和强度也不同。不同身份的人,受不同信用规范的约束。如同样是违反约定,违约所受到的惩戒就会因身份等级的不同而有轻重不同;人们交往中的信任程度和范围,主要取决于亲缘关系、家族身份和社会等级的相同或相似。

总之,在农本经济社会,自给自足的自然经济、以家庭宗法制度为核心的社会关系以及家国一体、由家及国的社会结构,决定了信用只是"一种建立在血缘亲情、朋友情义、社会人情和封建国家宗法关系基础

---

① 人格信用的道德基础是个人的诚信美德以及基于这一内在人格美德所养成的诚信自律。参见万俊人:《信用伦理及其现代解释》,《新华文摘》2003 年第 1 期。

② 费孝通:《乡土中国》,三联书店 1985 年版,第 6 页。

③ 《清稗类抄·敬信类》。

④ 郑也夫、彭泗清:《中国社会中的信任》,中国城市出版社 2003 年版,第 87 页。

上的道德精神"①。而且这种依靠"熟人社会"的"规矩"所建立起来的信用交易秩序是:"……存在于传统社会中的一整套人格化的交易规则,……是一种建立在个别主义信任基础上的合作秩序。"其致命的弱点"是信任的个人伦理性和非工具性所导致的交易的非公正性"②。换句话说,囿于亲情人伦或"熟人关系"而无以洞开的传统经济信用,其内在固有的亲缘等级关系结构的特殊性质,决定了它根本不可能保证普遍的人际平等和社会公正的实现。事实证明,这种"内外亲疏有别、讲究尊卑差等的诚实和信义"③,既排斥陌生人之间的经济关系、偶然的市场交易关系,也妨碍熟人之间的公平交易。

3. 商品经济时期的信用

商品经济是一种古老的经济,最初是作为农本经济的补充而存在的,但其本质与自然经济是对立的。在其发展的后期便成为一支冲击和瓦解农本经济的强大力量。恩格斯说过,欧洲封建"骑士的城堡在被新式火炮轰开以前很久,就已经被货币破坏了"④。

商品经济在冲击农本自然经济的同时,不可避免地也冲击了农本社会原有的信用体系和道德规范。商品经济是一种交换经济,人们生产物品就是为了交换,为了出卖。商品交换打破了狭隘的时空限制,"商业是在血缘之外发展起来的"。在广泛的市场交易中,人们相互之间不可能再知根知底,商品交换的信用就不能依靠"人情"、"规矩"来维系了,必须"白纸黑字"、"签字画押",即必须依靠契约,契约是商品交换的产物和形式。因此,一个商品经济社会必然是"契约社会"。

契约社会的信用是一种调适对象广泛一致,在内容上明确具体,操作性强,在形式上带有某种强制性的信用规范体系。随着契约社会的

---

① 吕方:《"诚信"问题的文化比较思考》,《学海》2002 年第 4 期。

② 转引自万俊人:《道德之维——现代经济伦理导论》,广东人民出版社 2000 年版,第 119 页。

③ 郭英兰:《"诚信危机"的伦理思考》,《湖南第一师范学报》2002 年第 1 期。

④ 《马克思恩格斯全集》第 21 卷,人民出版社 1965 年版,第 450 页。

进步,信用规范也从潜意识形态发展到了显意识形态。显意识形态的信用规范一般是通过规范、契约、条约、政策和法律等理性形式来加以表现。例如,1804 年拿破仑颁布的《民法典》明文规定了诚信条款,确立了市场经济是信用经济的法律基础。《德国民法典》著名的第 242 条规定:债务人应依诚实与信用的原则,并参照交易惯例,履行给付义务。随着资本主义从自由竞争走向垄断,以银行为代表的金融系统和金融体系得以发展与壮大,信用经济作为一种经济形态正式确立,信用的规范要求被广泛融入到了各种信用制度之中。20 世纪以来,随着资本主义市场经济发展到现代市场经济阶段,信用所具有的道德内涵及其作为一般条款的工具意义,更加得到了立法的高度认同。1907 年,《瑞士民法典》第 2 条明确规定:"任何人都必须诚实、信用地行施权利和履行其义务,明显地滥用权利,不受法律保护。"这条规定第一次把诚实信用原则作为基本原则在法典中加以明文规定,并开创性地把诚实信用原则扩张到一切民法关系中权利的行使和义务的履行。① 这种适应了现代经济及社会发展需要的立法方式,随后即被西方各国所纷纷仿效,从大陆法系领域扩展到海洋法系领域,从国内法域扩展到国际法领域,从私法领域扩展到公法领域,道德原则与法律原则合二为一的诚实信用原则逐步成为被世界各国公认的"帝王条款"或"帝王规则"。到如今,很多西方国家已逐步形成了众多的社会信用制度,严密的信用规范体系已成为西方人在经济活动中遵守信用原则的有效的外部制约机制。在美国,有关涉及社会信用方面的立法多达 17 项。在英国,严密的法律约束、完善的金融体系成为英国人"诚信纳税"的最可靠保证。

总之,信用作为人类社会交往的基本行为规范,与市场交易行为有着内在的密切联系,并随着市场交易的发展而变化着自己的不同形态。

---

① 参见上海市经济学会:《关于诚信体系建设的几个理论问题》,《学术月刊》2003 年第 12 期。

追溯信用的历史演变,有助于我们今天对信用这一重要行为规范的深层理解。信用这种社会现象,是由人们的社会交往、商品交换的需要所产生的。市场交易发展越是复杂化、成熟化,信用在人们经济生活中的地位和作用就越是重要。在市场经济的条件下,信用规范已越来越从道德上的自我"软约束"转变为外在的法制化的"硬约束",这是一种历史的必然。今天的信用已经具有了以下三个方面的基本特点:其一,信用具有人格性。这种人格性不仅是指伦理道德人格,而且从伦理道德上升到了法律人格,将道德规则法律化,故信用既是道德义务又是法律义务。其二,信用具有财产性。信用的人格性与信用人所拥有的财产、资本密切相关。在现代社会的经济交往中,判断对方的信用状况仅仅依据他的道德品格是不行的,必须以其财产资本作为基础。其三,信用具有责任性。在现代交易过程中,一方倘若违约,不但会受到道德的谴责,而且还要承担法律的责任。

(三)信用本质的一般探讨

信用是市场经济发展的必然结果,是市场经济的内在要求和基本准则,体现着利益置换过程中经济主体的契约精神与伦理品格。

1. 信用是市场经济发展的必然结果

信用作为一种特定的经济关系和经济交易方式,其出现具有经济规律性。信用的这一本质特征,我们可以从马克思有关资本主义"信用制度"的论述中得以证明。

在马克思之前,许多经济学家已经对经济领域中的信用问题作了大量的研究,得出了一些重要的结论。比如,英国经济学家托马斯·图克认为:"信用,在它的最简单的表现上,是一种适当的或不适当的信任,它使一个人把一定的资本额,以货币形式或以估计为一定货币价值的商品形式,委托给另一个人,这个资本额到期后一定要偿还。"[①]法国

[①] 《马克思恩格斯全集》第25卷,人民出版社1974年版,第452页。

经济学家沙·科凯兰指出:"在任何一个国家,多数信用交易都是在产业关系本身范围内进行的……原料生产者把原料预付给加工制造的工厂主,从他那里得到一种定期支付的凭据。这个工厂主完成他那部分工作以后,又以类似的条件把他的产品预付给另一个要进一步对产品进行加工的工厂主。信用就是这样一步步展开,由一个人到另一个人,一直到消费者。批发商人把商品预付给零售商人,他自己则向工厂主或代理商人赊购商品。每一个人都是一只手借入,另一只手贷出。借入和贷出的东西有时是货币,但更经常的是产品。这样,在产业关系之内,借和贷不断交替发生,它们互相结合,错综复杂地交叉在一起。正是这种互相借贷的增加和发展,构成信用的发展;这是信用的威力的真正根源。"①相比而言,图克所阐述的是资本主义信用制度的一般形式;科凯兰所描述的则是资本主义信用制度的具体运行过程。马克思在《资本论》第3卷中论及"信用"问题时对他们的观点作了正面的引述,这在一定意义上表明了马克思对他们信用观点的认可态度。

然而,马克思并没有停留在图克和科凯兰所描述的现象上,而是透过现象揭示出了资本主义信用制度的本质和秘密。马克思指出资本主义信用制度的"自然基础"在于货币充当支付手段的职能,这一职能,使得商品经营者之间债权人与债务人的关系,随着简单商品流通而形成。商品经济不但创造着对信用的需求,而且"随着商业和只是着眼于流通而进行生产的资本主义生产方式的发展,信用制度的这个自然基础也在扩大、普遍化和发展"②。这里,信用制度的基础虽然仍然在于货币的支付职能,但这种职能在资本主义商品生产中,发展到一定阶段,则会被"虚拟化"为"信用货币"——汇票。因此,马克思说,"真正的信用货币不是以货币流通(不管是金属货币还是国家纸币)为基础,

---

① 《马克思恩格斯全集》第25卷,人民出版社1974年版,第452页。
② 《马克思恩格斯全集》第25卷,人民出版社1974年版,第450页。

而是以汇票流通为基础"①。在商品交换的这一阶段上,商品不是为取得货币而卖,而是为取得定期支付的凭据而卖,因而更以信用为保障。这是货币的支付职能从简单商品经济发展到资本主义商品经济即资本主义市场经济的必然结果。

从马克思的分析中,我们可以得到极大的启示。资本主义市场经济中的信用制度的运行,从其约束作用来看,表现为法律(合同、契约等)和道德(信誉、诚信等),但这只是现象,或者说是"流",而不是本质,不是"源"。信用制度的建立,信用之转化为法律制度、道德规范,根本的动力来自于资本主义生产方式的运动。生产力的极大发展和形成时间市场,"使这二者作为新生产形式的物质基础发展到一定的高度,是资本主义生产方式的历史使命"②。而信用制度的出现,正是适应了加速生产力的物质上的发展和世界市场的形成的客观需要。正是在这个意义上说,资本主义信用制度是与资本主义市场经济紧密相连的,它的产生是资本主义生产方式运动的必然结果,不以人的意志为转移,③因而具有经济规律的性质。

不容忽视的是,伴随着资本主义市场经济的发展,市场竞争机制的完善,资本主义商业道德水平包括信用道德水平也会取得一定的进步。诚如恩格斯所指出的:"现代政治经济学的规律之一……就是:资本主义生产愈发展,它就愈不能采用作为它早期阶段的特征的那些琐细的哄骗和欺诈手段……的确,这些狡猾手腕在大市场上已经不合算了,那里时间就是金钱,那里商业道德必然发展到一定水平。"④亚当·斯密也指出:"一旦商业在一个国家里兴盛起来,它便带来了重诺言守时间

---

① 《马克思恩格斯全集》第 25 卷,人民出版社 1974 年版,第 451 页。
② 《马克思恩格斯全集》第 25 卷,人民出版社 1974 年版,第 499 页。
③ 夏伟东:《论诚信与市场经济的关系》,《教学与研究》2003 年第 4 期。
④ 《马克思恩格斯全集》第 22 卷,人民出版社 1965 年版,第 368 页。

的习惯。"①但是"其所以如此,并不是出于伦理的狂热,而纯粹是为了不白费时间和劳动"②。换句话说,资本主义商业道德之所以发生这种变化,并不是由于这些人的道德良心发现,而是经济规律本身使然。

在资本主义大生产方式下,残酷的市场竞争"使资本主义生产的内在规律作为外在的强制规律对每个资本家起作用"③,不守信用者必定会失掉商机,受到惩罚,甚至破产。因此,随着经济的发展和经验的积累,早期资本主义发财经的那些琐细哄骗和欺诈手段就逐渐被比较人道的、比较诚信的手段所代替,人们会"尽可能把事情做好"④,诚信也就会成为"经济行为主体之间自然而然的事情"⑤。商业道德也就必然会发展到一个新水平。

2. 信用是市场经济的内在要求和基本准则

什么是市场经济?美国著名经济学家萨缪尔森的观点是:"市场经济是一种个人和私有企业制定关于生产和消费的主要决策的经济。价格、市场、盈利与亏损、刺激与奖励的一套制度解决了生产什么、如何生产和为谁生产的问题。"⑥它以商品生产占统治地位,"体现的是一种交换关系或机制"⑦。市场经济是一个时时处处需要交换的经济制度。在市场经济条件下,人们生产的产品主要或完全不是为了满足自己的消费需要,而是为了满足市场的需要。"一切商品对它们的占有者是非使用价值,对它们的非占有者是使用价值。因此,商品必须全面转

---

① [英]坎南编著,陈福生、陈振骅译:《亚当·斯密关于法律、警察、岁入及军备的演讲》,商务印书馆 1962 年版,第 260 页。

② 《马克思恩格斯全集》第 22 卷,人民出版社 1965 年版,第 368 页。

③ 《马克思恩格斯全集》第 23 卷,人民出版社 1972 年版,第 300 页。

④ 《马克思恩格斯全集》第 3 卷,人民出版社 1960 年版,第 427 页。

⑤ 宫敬才:《诚信的经济规律性质》,《求是》2002 年第 15 期。

⑥ [美]萨缪尔森著,何宝玉译:《经济学》(上),首都经贸大学出版社 1996 年版,第 37 页。

⑦ 罗肇鸿、张仁德主编:《世界市场经济模式综合与比较》,兰州大学出版社 1998 年版,第 3 页。

手。"①"劳动产品只是在它们的交换中,才取得一种社会等同的价值对象性。"②市场经济中人们利益的实现依赖于自愿交换的成功。而商品交换实质上是商品所有者借商品"物的壳"而进行的不同劳动、不同所有权的交换。在交换过程中,商品所有者对自己所持商品使用价值的信用只有转变为商品所需者的信任和信用,交换才能进行。因此,可以说,商品交换实际上是借使用价值实现的信用或信任的交换,诚信是交换的基础。作为交换主体的双方如果有一方以自己没有或很少使用价值的商品去进行交换,其结果必然是对等价交换的破坏。实践证明,这样的交换行为往往是一次性的,并极大降低人们之间的信任程度。如果所有的交换主体都采取不守信的策略,其结果必然导致大家都不愿或不敢进行交换,那么市场的交换功能将会丧失,市场经济也就不复存在。可见,信用是市场经济健康发展的内在要求,是现代市场经济的生命线。

德国社会学家马克斯·韦伯认为,市场经济所要求的是最为非人格化的、实际的生活关系,只认物不认人,人们在市场交换中所结成的共同体并不是出于血缘亲情或友情,而是出于实在的利益关系和相互的信任的基础上的。"交换伙伴合法性的保证,最终是建立在双方一般都假定的这样的前提之上,即双方的任何一方都将来继续这种交换关系感兴趣,不管是与现在这位交换伙伴的关系也好,也不管是与其他交换伙伴的关系也好,因此会信守业已作出的承诺的,至少不会粗暴违反忠实和信誉。只要存在着这种兴趣,这条原则就适用:'诚实是最好的政策'。"③韦伯在大量调查实证的基础上进一步指出,"对所有购买者都相同的价格,以及严格的诚实无欺","既是资本主义经济一定阶段即早期资本主义经济的一个前提条件,又是它的产物。凡不存在这个阶段的地方,就没有固定价格和诚实无欺这种要求。此外,对于所有

---

① 《马克思恩格斯选集》第 2 卷,人民出版社 1995 年版,第 143 页。
② 《马克思恩格斯选集》第 2 卷,人民出版社 1995 年版,第 139 页。
③ [德]马克斯·韦伯著,林荣远译:《经济与社会》(上卷),商务印书馆 1997 年版,第 708 页。

那些不是经常和主动地、而是仅仅偶然和被动地参与交换的等级和集团来说,这种要求也是不存在的。"由此可见,信用是市场经济主体实现自身利益的根本保障,这既是市场经济得以产生的前提,也是它的一个产物。恪守信用参与市场活动的基本准则,只有在各方面都恪守信用原则的条件下,市场主体之间才可能建立起长期和较为稳固的经济联系,市场竞争才有效率。总之,只要市场交换是长期的、经常的和主动的,而不是偶然的,那么,对参与交换的各方来说,恪守信用就是维护各方利益的最好策略和最基本的行为准则。

3. 信用是市场经济主体在利益置换过程中契约精神和伦理品格的集中体现

正如马克思所深刻指出的:"人们奋斗所争取的一切,都同他们的利益有关。"[1]利益的需要和对物质利益的追求,成了人们一切活动的原始动因。现代市场经济正是以人们对经济物质利益的追求为动力的,而信用规范人们的行为,也主要源于人们的利益交往和置换的需要。"离开了利益关系,信用既无从产生,也无以存在。信用正是在对人们的利益置换活动进行调控的过程中,体现其存在依据,表明其自身的价值。"[2]信用的最高任务是平衡利益。而在现代市场经济社会中,人们之间的利益置换关系也即交易关系都是通过一定的合约或契约来确定和维护的,实际上任何一笔交易的完成都是交易双方完成或订立了一个契约。因而,信用在一定程度上也即表现为一种契约关系和契约精神。

契约是市场经济体制建立和运行的关键。契约以交易各方的合意为基础,并给交易各方确立了明晰的权利义务关系。具体而言,在契约活动中,交往各方通过在商谈基础之上的承诺及其合理期待,相互交换权利和义务。这种承诺中的权利和义务的交换,既是平等的(这里暂不考虑由于信息不对称所造成的不平等转让情况),又是自愿的,且各

---

① 《马克思恩格斯全集》第 1 卷,人民出版社 1956 年版,第 82 页。
② 谢名家主编:《信用:现代化的生命线》,人民出版社 2002 年版,第 58 页。

承诺主体在作出承诺时是真诚的,即从内心深处而言是愿意尽全力履行自己的承诺,并相信对方也是,故双方根据这种承诺作出合理预期。① 由此可见,契约是"一种自由合意的意志关系"②,这一关系"以允诺为构成要件,它既体现了对各方当事人意志的尊重,同时又把承诺的履行、兑付奠基于道德的基础之上"③。交易各方只有恪守诚信原则,忠实地履行其义务,行使其权利,才能保证彼此利益的实现。换句话说,既然契约是一种自由合意的权利义务关系,那么,它的交易当事人之间的"中介"作用就在于在表达各自诚意和愿望的基础上形成双方的共同意志,履行共同意志,最终使双方的需求得到满足。因此,契约的缔结和履行过程,也是诚信道德原则和道德精神的贯彻实现过程。

与市场经济相适应的现代信用是以市场经济为基础,以私法(民事法)为保障,以市场社会中的自然人和法人的自由选择为前提的,"它所体现的是公民法人间的一种契约精神,是对契约、规则、法以及自身人格的忠诚和信誉的保证"④。具体说,现代信用是公民和法人在经济活动中对自身承诺的履行和责任的承担以及对自身信誉的珍惜和维护,是公民和法人"责任伦理"⑤意识和经济理性精神的彰显。

---

① 高兆明:《经济信用危机的社会伦理解释》,《江海学刊》2004 年第 3 期。

② 这包含三层意思:其一,契约反映的是契约各方意志关系的和平自愿关系,而非暴力强制关系;其二,契约是一种自由意志关系,各方意志是自由的,意志的自由在于它是可选择的;其三,在契约中,各方意志都得到充分表达并达成共识。

③ 蒋先福:《契约文明——法治文明的源和流》,上海人民出版社 1999 年版,第 11 页。

④ 吕方:《"诚信"问题的文化比较思考》,《学海》2002 年第 4 期。

⑤ 信仰伦理与责任伦理是德国社会学家马克斯·韦伯提出的两个概念。信仰伦理主要指主体的信仰、信念这样的伦理意识,如中国儒家的"仁"、"义"等都属于信仰伦理的范畴;责任伦理则是指主体实现功利目标中对功利目标合理性的认识、行为的正确选择和对后果承担责任的伦理意识,市场公平、社会公正、诚实守信、权利与义务的一致性等都属于责任伦理的范畴。具体参见苏国勋:《理性化及其限制——韦伯思想引论》,上海人民出版社 1988 年版。

二、信用与诚信

信用与诚信在现代人的话语中经常会被混用,实际上信用与诚信是两个既有联系又有区别的不同范畴。大体说来,"信用体现的是双方共同意志建立的客观关系,诚信体现的是信用者诚实守信的德性和人格"①。在现代经济生活中,信用体现的是经济关系,表现为制度体系;诚信体现的是道德良心,表现为道德规范。信用的本质在于经济规律,诚信的本质在于内心之善。

(一)诚信:一种道德规范

诚信是一个表述人的基本德性和精神状态的道德范畴。"诚信作为道德规范的本质,在于道德主体的心善,品德正。"②诚信既可看做是一个完整的德性或德目,也可看做是两种德目"诚"与"信"的辩证。在古典伦理中,诚与信合用比较少见。在亚里士多德的《尼各马可伦理学》所论述的诸德目中,以及康德与黑格尔伦理学中,诚与信都未并用。中国汉代以后的"五常"之中也只有信而没有诚。"四书"虽有关于二者关系的论述,但也未见二者并列。这说明在古典伦理学中,诚与信被认为是两种不同的德性或德目。

1. 真心诚意

"诚"在我国先秦时期就已经是一个重要的哲学和伦理学范畴。作为哲学本体论的概念,"诚"是世界的本源。"诚者,天之道也","诚者,物之始终","不诚无物"。③ 朱熹注曰:"诚者,真实无妄之谓,天理

---

① 宋希仁:《论信用和诚信》,《湘潭大学社会科学学报》2002 年第 5 期。
② 宋希仁:《论信用和诚信》,《湘潭大学社会科学学报》2002 年第 5 期。
③ 《礼记·中庸》第二十章。

之本然也。"①明末清初的王夫之也认为："诚者，实也。实有之，固有之。"②"诚"就是实际有、实际存在、真实无妄的意思，是天、自然固有的状态和规律。作为道德规范的"诚"，表述的是人的基本德性和精神状态，是诚心、诚言、诚行的统一，强调言如所思、行如所言，既不欺人，也不自欺。"诚意，只是表里如一。若外面白，里面黑，便非诚意。"③"诚者，合内外之道，便是表里如一"④；"诚者何？不自欺，不妄之谓也"⑤。总之，"诚"是个体德性和精神的内在实有。其含义有三："其一，诚是与天道本质特点紧密相联系的人的真诚无妄的德性；其二，诚是人的自我统一性，是身心内外的合一不二；其三，诚是诚敬严肃的精神和心理状态。"⑥

2. 信守承诺

"信"在古代最初是指在神灵面前祈祷和盟誓时的诚实不欺之语，后经春秋时期的儒家提倡，"信"逐步摆脱宗教色彩，成为经世致用的道德规范。孔子在《论语·阳货》中，将"恭、宽、信、敏、惠"作为体现"仁"的五种重要道德品行。孟子将"信"作为处理五种人伦关系的规范之一，提出"朋友有信"⑦。西汉董仲舒则在总结孔孟思想的基础上，将"信"与"仁、义、礼、智"并列为"五常"，使之成为具有普遍意义的最基本的社会道德规范之一，从此确立了"信"德在中国传统道德体系中的重要地位。作为道德规范的"信"，在其基本要求上有内在的根据与外在的表现两个重要方面。从"信"的内在要求和它的价值本源意义上来讲，"它的核心内涵是真实无妄，即对某种信念、原则和语言出自

---

① 《四书章句集注·中庸》。
② 《尚书引义》卷四。
③ 朱熹:《朱子语类》卷十六。
④ 朱熹:《朱子语类》卷二三。
⑤ 朱熹:《朱子语类》卷一一九。
⑥ 焦国成:《关于诚信的伦理学思考》,《中国人民大学学报》2002 年第 5 期。
⑦ 《孟子·滕文公上》。

内心的忠诚。"①所以,《尔雅·释诂》释"信":"信,诚也。"班固在《白虎通·情性·论五性六情》中也讲:"信者,诚也,专一不移也。""信"的外在表现则是遵守诺言,言行相符,说到做到。"或问信,曰:'不食其言。'"②因此,为了能够守信"不食言",老子告诫人们不要轻许诺言,"轻诺必寡信"③。

3. 诚信至义

诚与信联结成一个词——"诚信",其表述的是人们诚实无妄、恪守诺言、言行一致的美德,具有三个不同层次的要求:(1)内诚于心,即诚实信仰、忠诚信奉,这是诚信道德的最高形式。也就是说,从内在要求来看,应当有一种恭敬、尊重、诚实信仰、忠诚信奉的心理和道德品质。(2)外化于人,即诚实信用、真诚守诺,这是诚信道德的基本要求。诚信不仅是一种道德品质,更是一种道德能力,要求内在的品质外化为一种对人的行为,即守信用、重诺言、真实不欺、不妄不伪、言行相符。(3)忠诚信义、真诚负责,这是诚信道德的最终归结。诚信作为一种内在品质和外在行为的统一,必须与信义、道义相结合,才能真正体现为忠于职守的责任感和义务心。所以,作为"良信"、美德的诚信以善为标准,追求道德的正当。④ 古人曰:"诚之者,择善而固执之者也。"⑤即认为努力去追求达到"诚"的人,就是择取善事善理而坚定执著地去做的人。孔子在《穀梁传》中说:"信之所以为信者,道也。信不从道,何以为信?"信是否为信,是由其中是否载道或是否合道决定的。北宋张

---

① 唐凯麟、张承怀:《成人与成圣——儒家伦理道德精粹》,湖南大学出版社1999年版,第201页。

② 《法言·重黎》。

③ 《老子》六十三章。

④ 这是因为讲"诚信"的基本要求是言合其意(诚意)与"言必信,行必果"。不但"诚"的核心是本真,而且"信"也要求要符合本心,所诺要符合本意。但若对此不问道德原则,不加任何限制,只管贯彻自己的言行的话,就有可能由追求本真、本心而导致恶。

⑤ 《礼记·中庸》。

载在其《正蒙·中正》中也提出"诚善于心之谓信",意谓恪守善德即为信。程颢、程颐也认为,能固守住善者,才可以称之为诚。朱熹提出"实于为善,实于不为恶,便是诚"①。诚信与道、善甚至义(信义)紧密相连,并受制于它们,这既注重其诚信的实质内容,又避免了仅仅注重于诚信的外在形式而可能导致的某些道德上的流弊。② 因而"我们要使我们的信立于内心之诚的基础上。同时我们也要使我们的诚不脱离客观之信,也就是说,不脱离道德正当的范畴"③。我们要坚持道德对于诚信的制约性,大力提倡善的正当的诚信,坚决反对恶的不正当的诚信。

(二)诚信:信用的基本价值精神

恰如有学者指出的,每一种经济活动方式中都会事实上灌注着一种基本价值精神,正是这种基本价值精神决定了这种经济活动方式的基本类型。④ 这种基本价值精神存在于这种经济活动过程中并成为这种经济活动内在基本原则,它们渗透并存在于这种经济活动的每一个环节与过程。信用作为经济活动方式的一种,其灌注的基本价值精神就是诚信。

1. 诚信道德包含了信用的基本要求

诚信作为一个道德概念,其最基本的含义就是诚实、信用。诚信道德包含了要有信用、信誉和信任他人的基本要求。换言之,讲信用是诚信这一道德规范的题中应有之义,是诚信品质的外化、深化和扩大化。在现实中,一个人通过实践诚信,就能确立起良好的信用,赢得极高的

① 朱熹:《朱子语类》卷六十九。
② 这在当代西方存在主义者那里表现得很明显。存在主义者,尤其是无神论的存在主义者,最重视"真实的存在",比如萨特就曾不遗余力地反对过"不诚"。于是,某些惊世骇俗的行为,其中包括某些明显伤害到他人和社会的行为,就可以因其出自"真诚"、出自"本心"而得到解释甚至称赞,个人也可以在"真诚"的名下放任自己的行为。
③ 何怀宏:《良心论》,三联书店1994年版,第139页。
④ 高兆明:《经济信用危机的社会伦理解释》,《江海学刊》2004年第3期。

信誉,从而获得他人和社会的广泛信任;反之,一个缺乏诚信品质的人,他的欺骗和谎言有可能会一时得逞,但正如林肯所说:"你确实可以在某一个时候欺骗所有的人,你甚至可以永远欺骗某些人,但你却不能在所有的时候欺骗所有的人。"①谎言总有被戳穿的时候,谎言一旦被戳穿,你将陷入名誉扫地、无人信赖的尴尬境地。所以,亚当·斯密强调在市场经济条件下,"背信弃义将无可挽回地蒙受耻辱。任何情况任何恳求都不能使其得到宽宥;任何悲痛和任何悔改都无法弥补这种耻辱。"②因此,自爱、自律、劳动习惯、诚实、公平、正义感、勇气、谦逊、公共精神以及公共道德规范等,所有这些都是人们在前往市场之前就必须拥有的。

事实上,没有诚信道德的人,不可能真正做到守信用、讲信誉,也不可能真正、持久地使人信任。③ 信用并非无源之水、无根之基的东西,其建立、生长的根基与土壤就是诚信道德。诚信是一条初始性道德原则。坚持诚信道德原则,其目的就是为了"建立个人和群体的信用和信誉,在此基础上,建立社会成员间普遍的信任关系,进而建立信任系统,促进社会良性运行"④。失去诚信,整个道德体系都要动摇。当然,讲信用、讲信誉的需求及其带来的利益好处以及获取他人信任的欲望渴求,又会反过来强化行为主体的诚信品质,使之更加诚信。诚信与信用的关系,简言之,"诚"是里,"信"是表;⑤"诚"是神,"信"是形;"诚"

① 转引自何怀宏:《良心论》,三联书店1994年版,第158页。
② [英]亚当·斯密著,蒋自强等译:《道德情操论》,商务印书馆1997年版,第44页。
③ 尽管从长远来说,必须自己诚信才能真正使人信任,但"使人信任"与"诚信"之间还是有区别的。因为单纯的"使人信任"则不一定是道德的。"使人信任"的重心主要是在他人,关心的重点是一切如何"使人信任",这中间就可能包含欺骗、谎言等非道德手段,而且"使人信任"的目的也可能主要是给自己带来好处,这回到了自我,但不是道德的自我,而是功利的自我。这不是我们真正意义上所讲的诚信。
④ 马尽举:《诚信系列概念研究》,《高校理论战线》2002年第4期,第22页。
⑤ 这里的"诚"指的是诚信,"信"指的是信用。

是"信"的根基,"信"是"诚"的外貌,"信所立由乎诚"①。

2. 诚信精神是建立信用关系主观价值的前提

信用关系的建立与维护要求个人或法人要有诚信精神,诚信是维系信用关系的纽带,是建立信用关系的必要条件和主观价值前提。

在现实的经济生活中我们不难发现,缺乏诚信精神支撑的信用关系只是在外部经济利益和契约法的强制下形成的,其动机和目的是为了增值的货币,即如马克思所说的,其"动机和决定目的是把 G 转化为 $G+\Delta G$"②。在这种动机和目的支配下建立的信用关系是十分脆弱的。当信用关系中的一方在违背信用可以带来巨额利润时,他就有可能甚至会毫不犹豫地弃信用如敝屣,严重伤害相关方的利益。比如我们日常生活中所见一些企业为了垄断市场订立价格同盟,但往往墨迹未干,就有订立者利用降价获得商业先机,就属于这种情况。

在现代市场经济社会,信用的主要载体是契约。但我们应当看到,"契约关系骨子里是一种利益关系"③,而且,这种利益的置换与获得是预期的、非现实的。因此,只有立约各方本着诚实守信的原则来订约,并以诚信合作的态度来履约,才能保证其契约各方利益的实现。反之,如果订约者出于恶意或欺骗,从根本上违背订约初衷,背离诚实守信的基本要求,契约各方的利益就很难实现,契约也就成了一纸空文,交易将无法进行。正式的契约虽然有相应的法律规章制度作保证,违约将得到法律的惩罚或救济,④但是,随着现代市场经济的充分发展,市场交易关系变得错综复杂,对此,法律的作用也日益暴露出其局限性。再有,无论法律条款和契约条款规定得多么严密,出于恶意的立约者,总能找到规避的办法,总可以破坏契约的实现。这时,诚实守信的主观精

---

①　陆贽:《陆宣公文集》卷三。

②　《马克思恩格斯全集》第25卷,人民出版社1974年版,第365页。

③　张凤阳:《契约伦理与诚信缺失》,《南京大学学报》2002年第6期。

④　美国律师学会的《合同法重述》中说:"合同是一个诺言或一系列的诺言,对于违反这种诺言,法律给予救济。"

神就显得尤为重要了。作为维系市场交易关系纽带的契约,没有了诚实守信的道德基础和诚信精神,极易成为"美丽的陷阱"。因此,可以说,诚信是契约的道德灵魂,是信用的价值精神。

三、信用的道德之维

信用是整个社会价值取向、道德水平在经济领域中的集中表现。如果社会价值取向失衡,整个社会存在着严重的道德水准下滑,必然导致信用的缺失。近年来,在市场体系和信用制度都很发达的美国及西欧国家,接连爆发了诸如安然—安达信财务造假事件之类的经济失信丑闻。例如摩根士丹利,这家在 20 世纪 70 年代有着很高声誉的投资银行最近却被屡屡爆出损害客户利益,不顾职业道德,不择手段地推销金融衍生品之类的黑幕。显然,2008 年爆发的金融危机都与这些大公司赚钱不择手段,恶劣地转嫁金融风险有着直接或间接的关系。① 这从另一方面又启示我们:法律、制度等他律规范并不能从根本上消除市场主体失信动机与失信行为产生的可能。黑格尔认为:"道德的观点,从它的形态上看就是主观意志的法。"②在市场经济活动中,各项法律法规如果没有为道德即"主观意志的法"所认同、理解、接受和支持,便很难真正有效地发挥作用。这正如罗尔斯在《正义论》一书中所说的那样,如果没有自主自律的道德人格和伦理秩序,以伦理道德为基础的法律的内在价值就难以得到有效认同和内化,法治秩序也难以真正确立起来。

(一)市场经济信用的确立需要信用道德精神的支撑

诚如有专家所指出的:"信用是在利益置换性的社会交往中,人们

---

① 参见[美]弗兰克·帕特诺伊著:邵琰译《诚信的背后》,当代中国出版社 2008年版。

② 黑格尔,范扬、张企泰译:《法哲学原理》,商务印书馆 1982 年版,第 111 页。

以诚实守信为原则,配置获取收益的权利与支付成本的允诺义务之间关系的行为规范,这种规范以公平正义、互信合作以及合理秩序为基本精神。"①在现代市场经济条件下,"市场中的主体,既要求要有诚信的交易,但同时也有一个致命的弱点,就是贪婪,导致经济动机与社会关系的分离,free riding(搭免费车),'理性的'谬误与私欲的膨胀,会时时破坏诚信的行为,如果一个产品和服务的市场按照最大化货币积累这一原则运行,那么,这一市场就会导向摧毁自身的基础。"②市场经济这种经济运行方式本身内含着信用缺失的隐患,因而极易引发信用危机。因此,市场经济信用秩序的建立,信用主体的培育,除需确立市场经济是信用经济的观念外,还需诸如自由自主、公平正义、平等互利等信用道德精神的滋润和支撑。

1. 主体的自由自主是前提

在经济活动中,信用关系的主体是进行利益置换性经济交往的人们,他们的信用交往行为是一个达成约定和履行契约的交易过程。交易是以交易主体的自由自主为前提的。因为只有独立、自由的主体,才能自由地支配自己的所有物,自主地决定是否与他人交易、同谁交往以及订立什么样形式和内容的契约。信用行为是主体自由意志的表示和体现。信用交往是一种自愿行为,因而是自由的,双方都可以依法自由主张自己的意志、捍卫自己的自由意志。"契约是指双方思想的会晤","双方思想没有见面,也就没有契约"③。凡是只有单方意志颐指气使的地方就不可能存在真正的信用。自主自由还是承担交易责任的前提和底蕴。诚如伊壁鸠鲁所说:"我们的行动是自由的,这种自由就

---

① 谢名家主编:《信用:现代化的生命线》,人民出版社 2002 年版,第 58 页。

② 高国希:《发达市场经济中的诚信》,《郑州大学学报》(哲社版)2003 年第 3 期。

③ 霍布斯:《法律之路》,载赵一凡编:《美国的历史文献》,三联书店 1989 年版,第 214 页。

形成了使我们承受褒贬的责任。"①交易责任以选择自由为前提。经济主体在具有选择行为的意志自由和运用这种自由的权利的同时,也就必须承担诚信交易的责任。

2. 交易的公平正义是基础

合乎信用的经济行为,应该是一种体现公平正义精神、遵循公平正义美德的行为。在经济活动中,主体之间的经济交往必须是"公平和正义"②的。霍布斯认为交易正义是立约者的正义,"正确地说,交易的正义是立约者的正义,也就是在买卖、雇佣、借贷、交易、物物交易以及其他契约行为中履行契约"③。交易正义是社会正义的重要内容和重要方面,同时它又具体体现社会正义:首先,它要求交易主体的正当性,即交易的主体必须明确身份、交易活动中的地位和角色及其相应的权利和义务。如果是代表自己进行交易,就不能利用他人或单位的资源;如果是代表他人或单位进行交易,就不能为自己获取额外的好处。其次,它要求交易内容的合理性。交易以获取包括经济利益在内的各种利益为目的。因此,交易的内容十分复杂。交易的内容必须合乎社会习俗、道德规范以及法律限定的要求。最后,交易程序的规范性。它必须符合一般的市场交易规则,如交易自由、信息公开、买卖公平、等价交换;必须合法进行;还必须符合社会正义的伦理原则和其他公共伦理规范,如诚实、信用、正义感或社会道义感等。

3. 平等互利是手段

在经济活动中,信用的基础和前提是主体平等、权义对等、等价有偿。它不仅要求商品交换活动应当遵循等价交换和等量劳动相交换的

---

① 周辅成主编:《西方伦理学名著选辑》(上卷),商务印书馆1964年版,第124页。

② 台湾著名经济学者张清溪先生曾对"公平"与"正义"这两个概念作过细微的区分,指出:"公平不公平指的是分配状态的评价,正义则是对分配现况的补救。"参见张清溪:《公平与正义——一个经济学观点》,载许倬云主编:《现代社会的公平与正义》,台北洪建全教育文化基金会1996年版,第50页。

③ [英]霍布斯著,黎思复、黎廷弼译:《利维坦》,商务印书馆1986年版,第106页。

原则进行交换,而且要求商品交换活动应当尊重交换双方的权利和人格,坚持在交换活动中双方地位平等、人格平等、权义对等、保护平等。事实上,只有当事人地位平等,经济交往和约定的内容才不会发生倾斜,约定才能是当事人自由意志的体现。也就是说,只有当社会消除了人格歧视、身份差别、地位不同、权义有别之后才有自由的信用交往和约定存在的可能。再有,在经济生活中,人们之所以进行交易,就在于通过交易可以互通有无,带来更大的利益,使各种需要得到更好的满足。现代制度经济学家的著名代表人物康芒斯认为,交易实际上是一种涉及人们与他人的权利(利益)互换,并从这种权利或权益互换中获取利益的社会互动形式。① 如果交易不能使双方都得到利益,交易行为就无法持续下去,交易这种"社会互动形式"的存在也就缺少了客观根据。所以,亚当·斯密对经济交往中的人们提出如下忠告:"不论是谁,如果他要与旁人做买卖,他首先就要这样提议:请给我以我所要的东西吧,同时你也可以获得你所要的东西。这句话是交易的通义。我们所需要的相互帮忙,大部分是依照这个方法来取得的。"②互利作为一种基本的价值精神和道德规范,既规定了利己的权利,也规定了利他的义务,因而是权利与义务的统一,即利己与利他的统一。

(二)市场经济信用的确立需要信用道德规范的制约

良好信用秩序的建立,除了需要一定的物质条件和信用制度、法律法规的保障外,信用主体还必须具有良好的信用道德。信用道德是行为主体在各种信用活动中应遵循的道德准则,它反映的是人们在建立和达成契约关系以及履行契约时所持的道德立场和道

① 汪和建:《迈向中国的新经济社会学——交易秩序的结构研究》,中央编译出版社1999年版,第36页。
② [英]亚当·斯密:《国民财富的性质和原因的研究》(上卷),郭大力、王亚南译,商务印书馆1974年版,第13—14页。

德态度。

在现实的经济活动中,只要经济行为主体之间发生信用关系,就应该自觉遵守信用道德规范的约束。信用本身的性质和特点已经给它的道德作出了内在的规定。它要求信用主体必须言行一致,说到做到;要讲信誉,即要长期诚实、公平、忠实地履行诺言;要讲信守,即应依法经营,信守法律和合同,并勇于对自己的言行承担经济责任。

信用道德主要也就是诚信道德。具体而言,信用道德主要包括以下三个层面的内容:

1. 以诚待人

何为以"诚"待人? 朱熹对"诚"的释义是:"诚,实也。"①《增韵·清韵》中也有"诚,无伪也,真也,实也"的说法。可见,在汉语中,诚训真,训实。以诚待人也就是以"真"待人,它要求人们在与人交往时要真心实意地对待别人,说真话,向别人传递真实的信息,不掩盖或歪曲事实真相。对"诚",孟子又指出:"诚身有道,不明乎善,不诚其身矣。"②这也就是说,要使自己诚心诚意,就要明白什么是善;否则,也就不能使自己诚心诚意。因此,我们对人的诚必须建立在道德的基础之上,做到"不义不诺"。由此可见,以诚待人至少有两方面的基本要求:一是以真待人;二是以义待人。具体到经济生活中,信用关系的发生,其主体之间应以诚相见,要对信用交往对象诚心和诚实,反对一切坑蒙拐骗、以假乱真、以次充好、缺斤短两、散布虚假信息等欺骗行为。每一主体都应诚恳、善意地对待对方。在契约过程中,要言真意切,诚实无欺,实事求是;要努力做到不诚不诺,不义不诺,不可不诺;讲到的,必须是自己能够做到的或经过努力能够做到的,必须是对双方有利的。缺乏真心诚意,缺乏善良愿望,缺乏实事求是,信用关系就难以建立,即使建立了,也难以成为真正的信用。

---

① 朱熹:《四书章句集注》,中华书局 1983 年版。
② 杨伯峻:《孟子译注》,中华书局 1960 年版。

2. 公平交易

一方面信用关系是一种契约关系,是一种"以交往双方对于财产权的拥有及自由处置权为前提、以平等身份为条件的自由经济活动关系"①。另一方面,"信用,在它的最简单的表现上,是一种适当的或不适当的信任"②,在一定意义上,信用关系又是一种信任关系。作为一种信任关系的信用关系,权利—义务的平等交换是核心。如果在这种关系中出现权利—义务交换中的不对等,以至一方只享有权利而不履行义务或较少履行义务,另一方不享有权利或较少享有权利,原本建立在契约基础之上的信任关系就会受到伤害,严重的就会引发信用危机。因此,信用关系应该是公平的。在具体的经济信用关系中,这种公平集中体现为信用关系各方主体地位平等,信用标的转移公正、合理。信用关系还应该是互利的。霍布斯认为:"每当一个人转让他的权利,或者放弃他的权利时,那总是或者由于考虑到对方转让给他某种权利,或者因为他希望由此得到某种别的好处。因为这是一种自愿行为,而任何人的自愿行为,目的都是为了某种对自己的好处。"③因此,信用关系的建立,对缔结各方都应是有利的。"信用关系的发生应使信用关系的双方(或多方)产生增量利益。信用的这种效应可以称为信用效应。信用效应的机制就是合作的系统增值机制,即 $1+1>2$ 的机制。"④总之,只有遵循了公平、互利原则的信用,才会是真正的、合乎道德的信用。

3. 信守约定

对于信用来说,信守诺言、兑现承诺是十分重要的道德。在经济活动中,许诺、承诺是信用行为的重要形式,也是建立信用过程的最重要环节。许诺、承诺是承诺人自己许诺权利、允诺义务,具有确定性和约

---

① 高兆明:《经济信用危机的社会伦理解释》,《江海学刊》2004 年第 3 期。

② 马克思:《资本论》第 3 卷,人民出版社 2004 年版,第 452 页。

③ 《西方哲学原著选读》(上卷),商务印书馆 1983 年版,第 398—399 页。

④ 赵忠令、周荣华:《信用的道德蕴涵与信用的创制》,《学海》2002 年第 2 期。

束力。对此,黑格尔曾指出:承诺"消除了当事人的恣意妄为和任性变更"①。许诺、承诺对于许诺、承诺人来说如同法律,必须信守和履行。由于信用体现的利益是预期的,要到未来某一约定时刻才予以结算或兑现,因此,在达成信用关系之前或之中所许下的诺言,要在整个信用履行过程中,按照事先的约定,不折不扣地完成,才能保证信用成为名副其实的信用,也才能使信用主体获得信誉,成为真正有信用的信用主体。

(三)财经信用制度建设的伦理思考

财经信用制度是指社会监督、管理和保障各类经济主体信用活动的一整套规章制度、行为规范和运作机制。它起源于金融信贷业务,最古老的形式是高利贷。② 将信用作为一种制度来认识,一般认为是近现代才有的事情,是市场经济法治化的必然结果。马克思在《资本论》中提出,竞争和信用是资本集中的两个最强有力的杠杆,随着资本主义银行的诞生和发展,信用制度被不断创设与强化,成了为实现有效和高效的交易而建立的一种正式制度。③

经济信用制度作为成型的制度,在西方至少不下 150 年的历史,马克思当年就曾在《资本论》中专门用好几个章节来论述信用和信用制度问题。④ 现代经济信用制度以计算机和互联网等高科技为技术手段,以信用、金融、工商管理、税务、法院等机构的协作构成信用管理体系,其基本内涵包括各类市场主体的信用登记制度、信用评估制度、信用风险预警、信用风险管理及信用风险转嫁等制度。有了这样的信用制度,个人和企业的不良交易行为均被记录在案,有关权力机构就可以

---

① 黑格尔,范扬、张企泰译:《法哲学原理》,商务印书馆 1982 年版,第 86 页。
② 参见喻瑞祥:《货币信用与银行》,中国财政经济出版社 1983 年版,第 166—167 页。
③ 黄文华:《诚实·信用·诚信》,《光明日报》2003 年 8 月 12 日。
④ 参见《马克思恩格斯全集》第 25 卷,人民出版社 1974 年版,第 450—619 页。

据此对其进行各种赏罚,其他经济主体也可以视此决定是否与之发生交易或继续某种业务往来。由于人们可以随时从信用评估机构获知对方的底细,大大减少了信息不对称性,因而诚信者就不再容易被不讲诚信者蒙骗或者暗害,与此相对,不讲诚信者的损人利己伎俩不仅难以得逞,而且还会招致巨大的经济风险和道德风险。于是,在诚信者与不讲诚信者的市场博弈中,吃亏的一方便从诚信者转为不讲诚信者,从"老实人"转为"不老实的人","而人们也就真正具有了愿讲道德、愿守信用的内驱力"①。经济学研究证明,建立健全的财经信用制度,一能节约货币流通量,降低社会金融成本;二能有利于市场交易的稳定和扩张,减少交易过程的预付成本和交易成本;三能有助于增加社会共同体的价值认同感和凝聚力,是一种无形的伦理资本。

1. 重视财经道德主体研究

信用制度的建立需要新的道德理念的支撑,需要确立市场经济是信用经济,信用既是经济契约又是道德经济的观念。以新的财经伦理理念作为支撑点,把确立信用观念、培养良好信用习惯、规范市场行为,作为信用制度建设和财经道德建设共同关注的课题。在我国信用体系建设中,财经伦理机制的研究,目的是要求财经工作者不仅成为经济活动的主体,而且成为道德主体,既用理性为自己立法,又靠规则、意志使自己服从这些法则。例如使会计人员"不能作弊,不敢作弊,不愿作弊"。不能作弊就是要尽可能确保制度安排上没有缺陷,设立一道道制衡机制,完善各个操作环节的安排。不敢作弊就是要针对各种公司犯罪行为有严厉的民事和刑事的处罚措施。现实经济是复杂多样的,任何制度都很难做到百密而无一疏。如美国会计准则有很大灵活性,给予会计师个人相当大的"酌情处置权",会计师可以按自己的专业判断,灵活地处理公司相关问题。如果公司管理层和会计人员不道德,就可以相互勾结进而串谋作弊。因此,在法律上必须有严格的惩罚措施,

---

① 韩东屏:《论道德建设的制度安排》,《浙江社会科学》2002 年第 2 期。

保持强大的威慑力量,让审计人员不敢钻制度的漏洞。不愿作弊是指基于制度基础和法律安排上的良好激励机制和道德艺术,使财经工作者在主观上没有作弊的念头。

2. 发挥财经道德的监督作用

社会信用制度的建立需要通过让信用原则成为道德调节刚性化的依据,以道德责任法治化作为保障机制,需要把培养信用习惯作为确立信用责任的基本步骤,达到发挥财经道德监督机制作用的目的。针对我国现今存在的"信用与风险成反比"等信用机制不规范的状况,需要通过确立具有制度约束力的信用原则,让资产信用原则、道德信用原则、社会警示原则成为信用制度化建设的依据。

3. 建立财经伦理的警示制度

信用制度建设需要以政府职能道德化作为管理机制,明确有利于提升社会信用度的信用责任机制,制定能够对有德者支持和缺德者制裁的制度,建立有利于发挥社会道德资源作用的榜样示范机制。提出与我国财经状况相适应的会计伦理、金融伦理原则和道德规范,提高财经人员的职业道德素质,形成对道德风险规避的责任意识和社会环境,为倡导信用文明、完善财经伦理的调节机制提出警示性、操作性的观点。

4. 提高规避道德风险的力度

根据国内外现阶段的研究状况,急需要从财经伦理与信用机制的研究入手,进行理论与实践两方面的应用性研究;具体从遏制财务造假入手,提出发挥财经道德特殊监督的作用和措施;从对会计的监审入手、提出完善信用机制为目标的有效规范金融市场的规范和要求;从财经工作者的道德素质教育入手,提高财经制度和伦理制度在执行过程中规避道德风险的力度。通过重视对道德责任法治化和政府管理职能道德化的研究,形成有利于规范市场行为的法律、行政、道德综合监督的机制,为创造符合经济可持续发展的目标提供保障。

近年来,随着我国社会主义市场经济的不断发展以及信用危机的出现,人们对建立健全经济信用制度、建设信用经济的呼声越来越高,这表明人们对信用制度的重要性有了更深层次的认识。然而伴随着这一呼声所出现的一种倾向值得我们注意和思索,这就是,人们更多关注的是如何从法律制度、管理体系上,从经济运行的机制上去建立经济信用制度,而经济信用制度与经济道德规范尤其是信用道德体系的关系却没有受到应有的、足够的重视,甚至被有意无意地忽略。

的确,现代市场经济的生产规模、交易方式以及风险程度都比自然经济时更要求信用制度的出台和执行,但我们不能因为强调信用制度建设而贬低甚至忽视信用道德的建设。其实,经济信用制度的建立和完善固然要以经济运行机制为载体,要以法律制度为保障,但更要以经济道德规范和信用道德精神为基石。"与信用制度相对应的,必然是一定的诚信道德及其规范体系。如若没有一定的诚信道德规范作为信用制度的基石,这些诚信道德规范就不能内化为社会成员普遍的诚实守信的道德品质并转化为人们的道德行为,那么,一切严密的社会信用制度,都难以真正发挥效用,甚至有可能是构筑在沙滩上的信用大厦,稍经风雨,便会坍塌下来。"①诚信道德精神是整个经济信用制度的道德基础和精神支柱。因此,加强经济道德建设,建构与社会主义市场经济相适应的诚信道德及其规范体系,是建立健全经济信用制度、从根本上遏制经济领域内的失信现象、改善社会风气、建立信用经济的根本所在。

---

① 夏伟东:《论诚信与市场经济的关系》,《教学与研究》2003年第4期。

第 三 章

信用体系与信用伦理

目前,我国社会信用缺失对我们的信用建设提出了严峻的挑战,加之,以美国为"震源"的金融危机给全球金融信用体系所造成的沉重打击,使得我国的社会信用体系建设不仅需要"更多的监管、更多的规则,更多的惩罚和监禁判决",更需要在体系上防止"每一次金融泡沫产生时经那些亡命之徒创造出的机会,这些机会让他们将自己的不道德行为隐身在集体的纱幔后面。"①因此,建构适合我国市场经济发展要求的社会信用体系是一项复杂的巨系统工程,既需要我们不断推进市场经济的发展,为信用体系建设提供坚实的物质基础,也要求我们重塑信用文化、培育信用观念、完善信用制度,在全社会培育信用伦理精神。

---

① [美]罗伯特·希勒著,何正云译:《终结次贷危机》,中信出版社2008年版,第142—144页。

一、信用体系的伦理价值分析

一般而言,信用有广义与狭义之分,狭义的信用仅限于经济学领域。经济学领域的信用即"承诺的可期性",指交换过程中以信还即按期偿还为条件的交易关系和价值转移形式,是委托方与受托方之间的责任承诺,是一种有条件的相互性信任担保和信用责任。它主要存在于受信方和授信方的交易过程中,体现一定的债权债务关系。其中,受信方(债务人)往往是赊购者或者接受信贷者,必须按约定日期偿还借款或货款,而授信方(债权人)一般是采用赊销方式的企业或提供信贷的金融机构,它以有条件让渡的形式售出或者赊销商品。这种信用体现了特定的支付方式和借贷关系,也体现了兑现的借贷、收支和买卖的可靠性,它是建立在信任基础上的一种能力,即受信方以将来偿还的方式获得授信方的资金、物资和服务而无须立即拨付款项的能力。

广义的信用涵盖人类社会交往的各个层面,是社会伦理规范的重要内容。社会道德意义上的信用是指人格信用,即人的诚信美德,它是对行为主体交往活动的一种道德规定,是人们在为人处事等交往活动中应遵循的伦理观念、道德规范和行为准则,是交往双方应持有的道德立场和道德态度,是多元主体之间以某种社会生活需要为目的,建立在诚实守信基础上的心理承诺与约期实践相结合的意志和能力。它要求交往双方诚实守信、恪守诺言、说话算数、兑现诺言,自觉履行并实践成约,以取得他人的信任。此种意义上的信用体现着社会中人与人之间客观存在的某种关系,更多的是指向人的主体特征和主观方面,哲学家休谟将它视为人类赖以生存的基本道德律之一。

(一)信用伦理的规定性及其特质

信用的上述双重含义是相互联系、彼此制约的,其中经济学意义的信用赋予社会道德意义的信用以特有的经济内涵,经济学意义的信用也要以社会道德意义的信用为依托。

从本质上看,信用是诚实不欺、言而有信,即能够取信并使用,意味着可以相信、信任和往来——包括利益关系的产生和存续。信用是不同社会主体之间在经济、社会交往中的诚实与信任,是保证经济社会良性运行的基础机制,它由社会经济基础决定,在社会交往中规范并调节着人际关系。信用以解决市场参与者的信息不对称性为目的,使守信者受到鼓励、失信者付出代价,以保证经济社会活动的公平、公正和效率,是社会文明程度的象征。

1. 信用是实质理性与工具理性的统一

信用最初产生于原始社会后期各氏族部落交换剩余产品的活动中,其目的在于获得商品的使用价值。而信用的普遍扩展是和商品经济特别是现代市场经济的兴起密切相关,市场经济从本质上说是以信用为基础的经济形式。但人类早期以获得商品使用价值为目的的信用关系和市场经济条件下以资本增值为目的的信用关系存在着不同的信用结构,前者被称为"特殊主义的信任结构",后者被称为"普遍主义的信任结构"。所谓"特殊主义的信用结构"是对应于市场经济社会以前的传统社会,其意是指社会成员间的信用是建立在狭小地域范围内对熟人人格信任的基础之上,其交易行为因交易对象的不同而各具特殊性质,其特点是主要局限于具有亲缘或地缘关系的群体之内,对这些群体之外的陌生人很难产生信任。这种信用的实现完全依靠主体的自律,强调无论是对他人还是对自己都必须诚实,认为只要人们确立了信用道德观念,就能使交换双方自觉履行各自的义务。在"特殊主义的信用结构"中,信用主要不是作为外在的制度,而是作为一种个人的德性伦理而出现的,它要求每个人都应该具有诚实守信的个人品质。因为传统社会的交易范围狭小,且交易主要是在熟人之间反复进行,个人一旦失信,信息就会迅速传播和扩散,他与熟人之间的交易就很难继续。因此传统社会作为德性伦理的信用能够有效地制约人们的交易行为。正因为如此,中国传统儒家思想把"信"与"仁、义、礼、智"并列为处理人际关系的道德准则。这种"特殊主义的信用结构"是一种发自人自身的道德需求,而无须法律的外在制约。这种应然的道德伦理虽然是最高层次的伦理,但由于它局限于通过积极主动的内心修养来达成守信,过分强调自律的作用,忽视影响信用伦理的其他因素,这种信用伦理的理想化与单一化否定了信用伦理的多层次性,这既有违市场交易的公平原则,也阻碍了市场交易秩序和交易行为的普遍性。

虽然信用伦理反映时代精神和伦理目标与追求,但却更蕴涵着人类对自身存在意义的探求和对"真、善、美"的历史性解读,是人对于"应然"状态的认识,是一种实质理性。因此作为应遵循的价值观念和行为准则,信用又具有工具理性的意义。所以,虽然传统社会中作为德性伦理的信用对于市场经济交易关系的正常维系和扩展有重要意义,但市场条件下的信用与传统社会的信用仍存在本质区别,这种区别由市场交易关系的特殊性所决定。与传统社会拘泥于亲缘或地缘关系的熟人之间的交易方式不同,市场经济条件下的交易活动超越了时空的限制,交易双方借助于现代银行等中介机构,通过信贷、契约关系和法律制度等,使市场交易顺利实现并使交易关系逐渐扩展,对市场主体权利和利益的尊重也是通过法制化的契约实现的。这种随着市场经济兴起而兴起的"普遍主义的信用结构"超越了人格信用,把信用建立在对交易双方利益和权利尊重的基础上。交易活动以等价交换为基本原则,每一主体都根据自己的意愿通过市场交易实现各自特殊的利益:一方面,任何一个市场主体都把其他参与者当做实现自身利益的工具;另一方面,要实现自身利益又必须尊重他人的个体独立和利益。所以说市场经济的信用结构是建立在交易双方自由平等的基础之上,并以市场经济的法律制度作为保障。这种信用伦理的根本目的在于捍卫市场主体,使之能自由平等地参与市场经济活动的权利,也是捍卫个人财产权利最有效的手段,是市场交易活动的纽带。

所以,无论是"特殊主义的信用结构",还是"普遍主义的信用结构",在它们的背后都蕴涵着某种伦理精神。由于受强调个人德性和自我超越伦理观的影响,中国人倾向于把信用作为美德,作为人们必须追求的道德修养境界,而长期不愿承认信用的工具理性的积极意义和实践价值。在这一方面,西方人习惯于把信用作为规则来遵守和对待,他们把信用强调为一种价值意向和工具理性的认识更为深刻,认为"信用就是金钱",是能够给人带来好处的美德,它与职业责任、节俭、忍耐和仁爱等共同构成了西方的资本主义精神,并认为不讲信用不仅会失去财富,而且会受到上帝的惩罚。所以西方信用伦理是外在的、他律的,具有惩罚特性。所以,真正意义上的信用应是美德与规则、实质理性与工具理性的结合和统一,信用之所以具有强大生命力就在于它具有实践性和精神性的双重性格。

2. 信用伦理是为己与为他的统一

市场经济信用的前提和基础是作为德性伦理的信用,这种信用既包括对交易对象人格信用的信任,即交易对象履行契约责任的信任,也包括对交易对象履行契约能力的信任。所以市场经济活动虽是市场主体基于自身利益、以自愿的意志通过契约的方式进行,并且签订契约的目的在于保护自身权利和利益,但这种活动的正常开展还需要尊重交易对象的权利和利益,即要保证市场交易秩序的正义性。因为任何形式的交往都要体现主体的需要和动机,信用也不例外。我们认为,每一市场主体总是根据自身的理性来参与经济活动、选择经济行为,试图使利益最大化,但利益的实现仅靠交易一方的努力是无法实现的,而只有依赖于各行为主体间的交往、通过双方的合作才能最终实现,任何一方利益的最大化都要取决于他是否能够满足对方的需要。市场经济条件下,由于每次交易所能实现的利益总量是有限的,为了争夺有限的利益就有可能导致交易活动双方的利益具有对抗性。信用便为人们提供一个道德基础,信用准则的存在,信用关系的确立,意味着为己的同时也为他,体现为己与为他的统一。如果脱离市场经济自由公正的伦理原则和精神,市场活动就会蜕变为一种为了实现各自特殊利益而进行的相互算计的活动,而这只能扰乱市场秩序,破坏市场活动。信用伦理体现的就是主体间利益矛盾的协调与互惠,恪守信用是每个人立足社会不可或缺的"无形资本",是激烈竞争社会中每个人应具有的生存理念。守信既尊重他人利益又维护自身利益,并且对他人利益的尊重、肯定与关心是社会成员能够和谐相处、社会共同体能够维系的前提之一。

3. 信用伦理关系中行为主体的互动

可以说,凡是有合作的地方都需要有信用,信用是社会合作的基础。信用是一种既有价又无价的财富,对于行为主体来说,信用并不是单方面的,而应该是双方或多方互动的过程。信用伦理关系中行为主体的互动要求行为主体讲究信用,恪守承诺,把诚实守信视为生命,为自己赢得他人和社会的尊重与信任。因为当社会主体以信用原则来指导其行为时,常常是遵循付出信用—接受并享有信用—继续付出信用—继续接受并享有信用的过程,而行为的受动者遵循的是接受并享有信用—付出信用—继续接受并享有信用—继续付出信用的过程。这一过程是接受信用的行为主体因满意而自觉形成理性信用及至产生情感和心理信赖的过程,是信用的双向对象化运动过程,这既为自己也使他人创造了信用,信用的辩证运动过程昭示了信用的发展与扩大。古语云:"信人者,人恒信之",在双方互信互动的过程中,任何一方的缺席都会随时终止信用的实现。虽然信用通过个人或集体的经济、人们对待游戏规则的态度等表现出来,但其本质仍然是是否愿意遵守道德准则的问题。对道德自律感很强的人来说,即使生活在尔虞我诈的环境中,也能坚持自己的道德准则;相反,对于一个缺乏道德自律的人来讲,是不可能自觉坚守信用的。如当人们处在一个干净优美的环境中时,即使无人向他们提出要爱护环境,他们一般仍能自觉做到不乱扔垃圾废物等;相反,当他们处在一个相对脏乱差的环境中时,即使有爱护环境的提醒和告示等,他们仍会比较容易地乱扔垃圾废物。不仅诚实守信具有很好的正面示范作用,而且失言失信也具有极强的负面示范效应,能够使大家纷纷效仿,给社会的和谐稳定发展以极大的阻碍。正如茅于轼先生所指出的那样:当人们享受到他人提供的道德服务时,自己往往也愿意提供这种服务;当别人没有提供这种道德服务时,自己不太愿意提供这种服务。这也使许多人对信用问题的看法得到了印证:你守信,我守信;你失信,我不必守信。

由上观之,信用不仅是社会公共伦理和经济伦理的基本问题,不仅是社会制度伦理的重要表现,同时也是公民道德建设的重要内容。首先是因为信用是对承诺双方的责任要求,即发生信用关系双方对各自权利的诉求必须而且只能在相互性责任承诺的前提下来考虑。同时在中介化、公共化程度不断提高的情况下,发生信用关系双方的相互性承诺还要通过诉诸社会法规或契约以及社会中介机构的确认和担保。但信用伦理不仅仅是外在的规范性伦理,是制度信用伦理的外化,它还需要坚实的道德主体基础,是个人德性伦理与社会制度伦理的统一。只有建立健全的社会信用制度与伦理,才能真正监督、管理和保障各类主体的市场活动,有效防范社会失信行为。

(二)信用的价值分析

信用是最根本的社会关系,是现代市场经济的基石,也是整个社会赖以生存和发展的基础。信用不仅是市场经济的内在本质要求,是市场经济体系比较完善的外在标志,也是建设市场体系的必要条件,是规范市场秩序的治本之策。现代社会信用体系建设是良好的人际交往和经济交易的必要条件,它不仅能满足人的生理、心理和情感需要,消除人们的孤独和自卑心理,而且也是培养和提高人的素质和能力的重要途径,使人们在交往中认识自我、他人和社会,对人的道德品质和思想认识发生重要影响。

1. 信用的经济效用分析

我国社会主义市场经济具有一般市场经济的特性,因而完善信用体系建设、建立与社会主义发展要求相适应的普遍主义信用伦理,是社会主义市场经济正常运转不可或缺的重要组成部分,是形成良好市场秩序、保持经济持续快速健康发展的关键所在,也是坚持科学发展观、构建社会主义和谐社会的重要保证。随着我国经济体制改革的发展，有人认为"经济学是不道德的"经济学，这主要是因为经济学缺乏人文关怀，不适合市场经济发展的要求。所以，人们从自己切身感受中自觉不自觉地要求把经济生活和伦理道德结合起来，希望把经济学和伦理学结合起来。市场经济是实现资源优化配置的最佳经济体制，同时市场经济也是契约经济，而契约产生预期效果的前提和基础是信用。所以，在某种程度上可以说市场经济就是信用经济，因为不论是对国家、对单位，还是对个人，信用都是一种无形资产，有等同货币作用的一面，是市场经济社会有条件的交易媒介。高度发达的信用关系必将提高市场资源配置效率。从经济学角度看，如果一个社会的信用体系比较健全，每一个市场参与者对交易对方有比较可靠的心理预期，不仅可以减少交易过程中的预付成本和交易成本，有利于交易的稳定进行和普遍扩张，而且能够节约货币流通量，降低社会金融成本。

2. 信用的道德效用分析

信用问题还是道德成本与选择问题。作为一种社会价值和伦理资本，信用有助于提高人的感受能力，有利于增强社会共同体的价值认同感和凝聚力。在交往中，由于信用，一方对另一方的情感和动机的认识和感受得到加强，取得信用意味着某种对另一方的付出，这种付出另一方是能够感受到的，从而使信用得以延续，这无疑可以增加社会公共生活的透明度，减少矛盾、摩擦和冲突，降低风险和代价，促进社会良序化发展。

市场交易和社会交往的前提是活动双方都是道德的人，从短期看，不讲道德的人可能会一时得逞，但从长远看，讲道德的人应收获更大。如果讲道德的人在与不道德的人的较量中屡吃败仗，会给旁观者以负面效应，导致越来越多的人加入到不讲道德的行列。所以，在没有建立成熟信用制度的情况下，在短期利益与长远利益的冲突中，能否愿意为长远的有利于大多数人的预期利益而牺牲眼前的个人利益，是一个道德选择难题。因此，为了确保交往的成功和对交往双方的尊重，人们便萌发了对自己、他人和自己与他人关系的淳朴的道德思考,提出了交往道德要求,各种交往信用伦理应运而生。人们通过相应的制度规范和符号系统来确保信用的建立与实现,当信用伦理规则被人们所内化和奉行,就构成良好的信用伦理。市场经济条件下,全社会公民所具有的良好信用伦理不仅是节省交易费用、促进经济发展的一项重要社会资源,而且对于促进社会和谐发展、优化人际关系、保证个体身心健康等也有重要意义。

3. 信用的规则效用分析

信用超脱传统人情关系而成为基本规则。人是社会的人,人际关系即社会关系是人安身立命的本然,孔子曰:"人而无信,不知其可也。"所以一信字是人立身之本,人不可无信。虽然信用是人际交往的基本规则和道德要求,但它不是简单的互守承诺,而是应在更高的标准上来规定信用的个人品行,即要以诚实的态度完成人道之义举,要以"义"判断"信"的践行。由于传统的"信"带有浓厚的人情色彩,没有在广泛的意义上被扩展,其普遍的道德意义被扼杀。其实信用的存在需要以共同的利益和情感为基础,并且这种利益和情感有可能会在社会缺少信用的情况下使信用关系继续维持。现代社会,随着分工的精细和社会化程度的提高,不仅加快了人际交往的频率,而且也促进了人际关系的复杂化和多样化,虽然各种交往规则应运而生,但信用可以超脱传统人情关系而成为开放条件下人际交往的基本规则,作为人际交往的基础准则被坚持下来,而且越来越融入到其他道德要求之中。

基于以上分析,我们认为,在社会交往和交易日益深化和复杂的情况下,建立健全的社会信用档案记录和社会信用评估体系显得特别重要。没有信用、信用不足或信用危机等都具有很大的危害性。信用机制缺损,市场机制不能有效运行;信用机制扭曲,会降低市场有序性,不仅使各项社会活动无法健康发展,就连整个社会都难以维系。

二、信用伦理危机及其根源分析

作为人类活动的基本方式,交往涉及的是主客体关系和主体间关系,它以各种社会关系为依托,受社会结构变迁的影响,与社会经济、政治、文化等存在着不可分割的联系,其中经济发展方式的变化是关键和最终影响因素。随着经济社会的发展变化,非市场经济条件下基于传统共同体基础上的人们之间的封闭、保守和以"人的依赖关系"为主的交往方式,向市场经济条件下基于现代市民社会基础上的开放、发展和以"物的依赖性"的交往方式转化。

作为人与人之间相互依赖与合作表现的信用在任何社会都存在,但中国传统伦理道德的信用是一种从熟悉中产生的人伦信用,人与人之间的关系从表面看好像是有机的,但实际上是"机械的团结"。在这种状态下,人们只相信与自己关系亲密的人,关系的亲疏远近决定了人们之间信任度的高低,而信任度的高低又决定了人们交往的繁简深浅,凡事都讲究内外有别。这种交往方式必然具有其特定的狭隘性,也决定了人们之间的交往不可能是普遍的。正如德国著名社会学家韦伯所指出的那样:"在中国,一切信任,一切商业关系的基石明显地建立在亲戚关系或亲戚式的纯粹个人关系上面。"①我国著名社会学家费孝通在分析中国基层社会即他所称的"乡土社会"时也指出,由于"乡土社会"的关系结构是推己及人的"差序格局","一切普遍的标准并不发生作用,一定要问清了,对象是谁,和自己是什么关系之后,才能决定拿出什么标准来",甚至连法律这样的社会规范"都因之得看所施的对象和'自己'的关系而加以程度上的伸缩"。这种社会的道德只是维系私人联系的道德,它只注重解决私人之间的事情,其中很难找到个人对于团

---

① [德]马克斯·韦伯著,王容芬译:《儒教与道教》,商务印书馆1995年版,第289页。

体的道德要素,没有"团体道德"存在的余地,不存在像西方社会宗教背景下基督教里那种超越私人关系之上的道德,也没有基督教里那种不分差序的兼爱、泛爱与博爱。①

市场经济是一种全新的社会经济运行模式,具有全球性和普遍性的特点,将全世界有机联系在一起,形成"以物的依赖性为基础的人的独立性"②,"地域性的个人为世界历史性的、经验上普遍的个人所代替"③。无论从广度还是从深度上说,人们之间的交往都极大地扩展和深化了。市场经济的确立具有最为深远的意义,它是现代社会需要和分工高度发达的产物,人与人之间的联系从表面看是物的、机械的,但实际上是一种有机的团结,它使各个交往主体之间的"一损俱损、一荣俱荣"变得越来越具有可能性和现实性。

市场经济社会中,谁值得信任、谁最讲信用不是哪个个人和部门说了算,而是社会说了算,由那些共同参与社会塑造的人说了算。虽然市场经济条件下人际交往具有开放性、多样性和公开性等特点,但不管怎样,人们在进行交往时,寻求交往原则的统一是共同的价值取向,信用无论在任何意义和任何标准上使用都不过分。市场经济及其所引发的各种关系为人们的交往提供了宽阔的舞台,对人际交往具有多方面的影响。随着人类交往范围的不断扩大,社会联系的日益增强,人们的互信和互动趋势不断增强,人们的共信圈也不断扩大。但市场经济不仅能使个体在交往中更好地发挥个性,促进个体全面发展,为信任的产生提供厚重的背景,也使得物质方面的交往成为主导形式,商品在一定意义上成为交往双方角色的代言人,使人的个性发展在物质利益的驱动中完成,越来越忽视情感方面的交流与互动,有使人成为单向度的人的危险,给交往和信任产生了一定的障碍。在我国由计划经济向市场经

① 费孝通:《乡土中国　生育制度》,北京大学出版社 1998 年版,第 35、10、36 页。
② 《马克思恩格斯全集》第 46 卷(上),人民出版社 1979 年版,第 104 页。
③ 《马克思恩格斯全集》第 1 卷,人民出版社 1995 年版,第 86 页。

济过渡的特殊历史时期,在以自利行为假设为价值原点的条件下,传统"人格信用"的源头活水正遭遇干涸,信用正越来越成为我们社会最为稀缺的道德资源。

所以,对于市场经济而言,信用具有更加广泛和必然的意义。在当前社会快速发展的过程中,我们不能坐等经济发展之后再建设与市场经济相适应的信用伦理,而应抓住有利时机,大力发展信用伦理,以推动经济向纵深方向发展。韦伯曾指出:"近代资本主义扩张的动力首先并不是用于资本主义活动的资本额的来源问题,更重要的是资本主义精神的发展问题。不管在什么地方,只要资本主义精神出现并表现出来,它就会创造出自己的资本和货币供给来作为达到自身目的的手段,相反的情况则是违背事实的。"[①]韦伯同时认为,宗教伦理特别是新教伦理中的信用是一种摆脱了人与人之间特殊关系的社会信用,是一种将"内部道德"推广至社会全体成员统一的社会道德,其伟大业绩在于将信用建立在每一个人的伦理品质基础之上,并且这种品质已经在客观的职业工作中经受了考验。正是由于这种普遍适用的信用才使得资本主义信用关系得以扩展,从而为资本主义经济建设和发展奠定了基础。

(一)信用伦理危机的主要表现

近几年由于社会的急剧转型和经济形态的快速变化,也由于意识形态和道德规范建设的相对滞后,目前我国在信用领域存在诸多不理想甚至是不正常的现象,社会信用缺失现象较为非常严重,几乎涉及社会生活的方方面面。

1. 企业信用面临危机

部分企业割裂义利关系,唯利是图,既损害了与消费者的信用关

---

① ［德］马克斯·韦伯著,于晓、陈维纲等译:《新教伦理与资本主义精神》,三联书店1987年版,第49页。

系,也损害了企业自身的信誉。一是不少企业为了追求自利最大化、为了获取短期经济利益而见利忘义,不惜牺牲消费者、国家和社会利益,不惜以损害企业声誉和信用为代价,采取短视的机会主义行为,有的甚至违反合同或进行经济欺诈。在我国每年订立的 40 亿份合同中,大约只有一半完全履约。企业不守信用、不践成约,严重破坏了市场经济秩序和人际和谐关系。有资料显示,经济活动中有 50% 左右的合同带有欺诈性,一些企业为了防止上当受骗,只好在市场交易中步步为营、如履薄冰,甚至倒退到"一手交钱,一手交货"的原始状态,出现"失信有所得,守信有所失"的反常现象。二是企业"三角债"现象极为严重和普遍,企业间逾期应收账款额占贸易总额的 5% 以上,是发达国家的 20 倍,而且还呈逐年上升趋势。其他形式的付款违约和拖欠每天都在侵蚀着企业利润,现在每年由于"三角债"和现款交易增加的财务费用约为 2000 亿元。同时由于企业信用行为不规范所引起的纠纷和债权债务案件大量增加,国有资产大批流失。三是假冒伪劣商品泛滥,制假贩假活动猖獗,抑制了消费者的欲望和需求,损害消费者的信心,使经济增长失去了必要的消费拉动和支持。据测算,我国每年因产品质量低劣和制假售假造成的各种损失至少有 2000 亿元。近年来,我国居民储蓄率居高不下,高达 11 万亿元之巨。与之相反的是,居民消费率依然走低,仅为 57%,社会消费品零售总额增长缓慢,降到改革开放以来的最低点。过高的储蓄率与过低的消费率形成强烈反差。四是大量企业恶意赖、逃、废银行债务,使银企信用关系丧失殆尽。许多企业通过各种名目的破产、分立和改制等"技巧",恶意赖掉银行债务,不良贷款数额激增,信贷资产质量严重恶化,呆账居高不下,严重损害了银行的利益。据统计,截至 2000 年年末,在四大国有商业银行开户的改制企业 62656 户,贷款本息 5792 亿元。经确认,逃废债改制企业 32140 户,占改制企业的 51.29%,逃废银行贷款本息 1851 亿元,占改制企业贷款本息的 31.96%。另外企业尤其是上市公司做假账或"两本账"现象盛行,为达到向股民圈钱的目的,不惜丢弃最基本的信用伦理要求,肆意造假,发布虚假信息。据国家审计署审查,发现 67% 以上的企业在财务上存在严重不实问题,为中国股市的低迷起到了推波助澜的作用。

2. 政府信用面临严峻考验

改革开放以来,政府制定并出台了一系列重大方针政策,坚持基本路线、基本原则和基本国策等长期不动摇,许多利民惠民措施具有一贯性和稳定性,许多实例树立了政府良好的信用形象。但对于经济社会的快速发展和多方面需求而言,政府信用缺失现象仍较为普遍和严重。首先,社会发展到今天,多极化和个体意志已得到极大发展,社会价值观的统一范式已被打破,伦理道德对多样化行为的约束已相当苍白,所以依靠完备的法律法规来约束社会行为已成为必然趋势。虽然我国近年来一直在加快法治建设的步伐,但由于在计划经济体制下出台的法律法规不能适应市场经济建设的需要,加上法治化进程是一个长期而复杂的过程,便造成了我国现有的法律法规尚不能适应市场经济日新月异的发展。尤其是在信用立法方面,对信用的含义及作用缺少法律界定,对信用原则的实施缺少具体的法律制度保证,对信用行为的规范缺乏完善的法律保障,对失信和违反信用原则的行为惩戒制裁力度不够。这在相当程度上助长了无视信用、投机欺诈、坑害百姓和社会现象的蔓延。在社会管理活动中,政府拥有政治强权、经济强势和信息优势等,使其行为容易出现主观随意性,导致肆意践踏法律、扭曲公共政策、滥用政府职能等,甚至出现以言代法、以权代法,存在有法不依、执法不严、违法不究等现象。其次,由于经济社会的急速转型,商品经济快速发展,社会商品化趋势不断加强,加上约束机制缺乏或不力,不少意志品德低下的干部经不起考验和诱惑,辜负人民的期望和重托,滥用职权,贪赃枉法,与奸商黑势力勾结,与民争利,坑害百姓,给政府形象造成不良影响。最后,因各种主客观因素和条件的限制,虽然各级政府推出了众多的便民服务承诺,但办事效率低、服务意识差、服务质量劣等现象依然存在,在许多地方和行业还存在着漠视百姓生活、对应尽之事推诿扯皮、置人民群众的困难于不顾等不尽如人意之处。同时更令人担忧的是现有的社会信用中介组织,如会计所、审计所、公证处等政府中介机构缺乏信用,受到行政干预,存在作假现象。上述现象的存在不能不说与政府相关部门管理不力、惩戒不严和执法不公有关,这也都明确说明了一些政府部门的信用形象与党和人民的要求仍有相当的差距。

3. 个人信用亟待加强和提升

社会信用的缺失不仅在企业与政府等群体身上有所表现,而且在作为社会信用基础的个人信用上面也有所反映。如作为信用主体的个人对信用的作用认识不足,甚至惧怕暴露个人基本信息而对信息资料征集有所抵触,导致征信机构征集信用资料的工作难以开展。在西方,个人交易有很大比重是通过信用方式进行的,但在我国个人交易通过信用方式的比重却极低,这对人力、物力和财力的浪费都是很大的。再比如在市场交往中,由于流动性比较强,每次交往都是和不同的主体打交道,因而存在侥幸心理,在交往中不讲信用、不守诺言、言行不一、背信弃义甚至进行欺骗等现象比较普遍。同时个体的情感设防扩大,对他人和政府不信任、对学术权威和法律权威存在质疑等也都说明个人信用度有待提高。

我国目前正处于由货币经济向信用经济的过渡时期,发达的市场经济必然对信用提出较高的要求,信用已不仅是道德范畴,也是法律制度的强制性规定。信用建设已成为构建社会主义和谐社会亟须解决的重大问题,失信问题已成为制约我国经济和社会发展的重要症结。但社会信用环境和秩序的好坏,既需要个人和企业从点滴做起,也需要政府部门身体力行;既需要规范经济行为之"标",也需要从上层建筑和意识形态方面立信用之"本"。客观地讲,目前我国已充分认识到营造社会信用环境、加强信用制度建设、建立信用信息数据库并建立相应的惩罚机制是社会主义市场经济顺利发展的重要保障,是优化经济环境、保证良好的经济秩序的重要基础,是融入国际经济大循环的迫切需求,但上述分析表明,我国社会信用缺失正突出地表现为以经济领域为中心,向其他领域辐射蔓延,并渗透到人们生活的方方面面。信用问题严重,信用意识薄弱,信用建设滞后,已阻碍了我国社会经济的正常发展,阻碍了我国同国际市场的接轨。总之,信用问题已成为制约我国进一步发展的瓶颈。

(二)信用伦理危机的根源分析

上述失信现象的存在确实令人担忧和震惊,它对我国社会主义市场经济的健康发展以及社会成员的伦理道德素养都有极大的摧毁和破坏作用。关于信用缺失的原因,我们认为,主要有以下几方面:

1. 历史文化根源

信用关系恶化有着深厚的历史文化根源。文化是人类特有的生活现实,它存在于人类生活的各个领域,具有不同的表现形式、内在特质和发展规律。文化与人的活动密切相关,特定时期、特定范围内的人际交往既是文化的实有存在方式和表现形式,也是由文化所决定了的人的特有活动方式,文化在历史与现实相统一的意义上影响人类的交往实践。

自汉代以来,儒家文化作为我国的主导文化,对中国信用观念的形成和演变起着决定性影响,因此,正确剖析和诠释儒家文化,发掘并弘扬其中与现代信用相协调的思想,对重塑我国诚信精神具有重要的现实意义。从历史上看,"重农抑商"、"农本商末"、"无奸不商"思想一直在中国人心目中根深蒂固。传统文化对信用的影响主要表现在:第一,习俗是一种潜意识的认同状态,它意味着一种独特的一致性行动,在同一习俗下,交往双方容易取得对方的信任,因为其中通行着大家公认的交往方式、交往规则和是非观念,包含有某种可以使交往继续下去的观念信用体系。所以同一习俗下的人际交往具有相对固定的模式,遵从习俗即被认为是有信用的。在我国历史上存有许多影响广泛而深刻的习俗,它自身是一种理性的沉积,但同时它也排斥其他理性,虽然其他理性可能会高于这种习俗。因此,在我国遵从习俗比接受信用更容易、更普遍,存在着人们宁愿主动接受各种习俗的约束,也不愿自觉接受比习俗更具理性的信用约束的现象。第二,价值观是文化的核心部分,人际交往必然产生不同价值观的碰撞。因为不同时期、不同民族、不同地域的价值观各不相同,并且不同个体的价值观也有很大差异。对信任的追求永远是各种形式下人际交往的价值追求。交往中,人们往往倾向于寻求价值观相同或者接近的人进行思想和情感的交流,因为价值观的异同程度在很大程度上影响着信任的建立和延续,对一个人价值观的考察也能在总体上构成对他的信用等级的评价。而共同的价值观既是交往的基础,也是交往中相互信任的前提。事实充分证明,同一价值观指导下的交往更易产生信任,也能使交往充满乐趣。

2. 市场信用体制的缺损

我国是一个有深厚文明作底托的国度,不可否认,中国传统文化非常强调"信"对于国家和个人的重要性,在熟人社会,交易者具有较高的信用度。而市场经济之所以信用不足、信用缺失,这要从市场经济的具体语境说起。

从本质上看,市场经济是一种"信用经济",这不仅是说市场经济需要讲"信用",更重要的是指市场经济广泛而复杂的信用关系要建立在契约关系基础之上,这就决定了市场经济的德性伦理信用与传统社会人格信用存在原则区别。因为市场经济德性伦理信用必须建立在交易对象有能力履约的基础上,即要从外在的法律契约方面规定交易双方的权利和义务,所以它能满足市场经济通过各种中介机构进行交易活动的需要。但传统社会特殊的人格信用是建立在对对方人格了解和口头承诺的基础上,契约精神和意识都极为淡薄,主要寄希望于交易对象的内在自省自觉、缺乏实际的约束力。因而一旦交易方式发生变化,信用就无法发挥作用。我国目前正处于急剧的社会转型期,传统信用观念已不能适应市场经济发展的需要,而与市场经济相适应的信用观念又处于初生状态,所以才使得信用成为突出的社会问题。其实,信用意识的增强和信用体系的建立与市场经济发展是同一过程,其间,我们既要建立和市场经济发展相适应的信用制度,更要培育市场经济信用伦理精神。

市场经济既是契约经济,也是法治经济,离不开法律对签订契约交易双方权利和义务的外在规定。但市场经济必须保证订立的契约是交易双方自由意志的体现和表达,否则人们不会主动履行契约的各项规定。当然这要有一个条件,即契约和人的自由意志不可分割。而这恰是当前我国市场主体最为缺乏的,因为我国长达两千余年的封建社会实行自给自足的自然经济,并且封建等级制度和“纲常”思想使人们长期依附于封建宗法关系,个人主体意识和独立人格难以形成。并且新中国成立后实行高度集中的计划经济体制,忽视和否定发展商品经济的必要性,政府权力大量进入社会生活,万事官做主,企业和个人对政府存在着事实上的依附关系,签订的许多契约并不是个人自主选择的结果,并不能代表个体自由意志,而是迫于外在压力或政府权力而签订的,这样的契约只体现签约者单方面的利益和要求,违背契约所包含的自由精神,制约信用关系的发展和信用意识的生成。因此,培育和树立市场和市场主体的自由精神是构建社会信用体制的前提,是我们工作的重点。

最后,社会转型期所导致的综合症也是信用缺乏的原因。如社会流动性增大,交易对象不固定,加上法制不健全,监督不得力,信用意识差,这就为失信者提供了从事机会主义行为而难以受到及时有效惩罚的社会环境,使失信者有较高的成本收益率。又如,社会转型期存在信息量大、变化快等特点,但由于我们尚未形成一套合理机制以保证信息的公开公正和有效传递,所以在企业与消费者、政府与公众、债权人与债务人之间信息严重不对称,这就给失信和欺诈提供了可乘之机。再如,市场经济坚持以经济增长为价值取向,以社会商业化为基本趋势,以经济利益为推动事业发展的杠杆。这种商品化的趋势造成了人们之间交往的虚伪和情感的伪善,使真诚和信用成为可期而不可求的东西。

3. 传统消费信用观的消极作用

勤俭戒侈是中国传统文化中的一个经营致富之术,被誉为中华民族的传统美德,如孔子主张"节用"治国,孟子提倡"俭节则倡,淫佚则亡",清初大儒顾炎武针对徽州士绅巨富较多指出:"新都勤俭甲天下,故富甲天下。"更有甚者对财富怀有深深的恐惧,因为他们抱有"富国不求足民"的思想认识,认为老百姓富足了不仅不足以言治,而且于国家有害,所以鼓励人们"安贫乐道",并形成一整套理论说教。可以说中国传统文化中崇俭去奢的思想在不发达的自然经济状态下是能够得到人们认可的,也与国家生财利民的方针相一致。

由于长期的贫困和计划经济体制的束缚,在短缺经济状态下,我国百姓养成了量入为出、省吃俭用、先攒钱后消费的消费习惯,习惯于把钱存入银行,而不是向银行借钱,不愿意提前透支,反对"寅吃卯粮",信奉"无债一身轻"。但这些传统思想与先消费后支付、预支未来的财富等现代消费信用观念背道而驰。与发达国家相比,我们的消费信贷明显滞后。发达国家不仅个人消费信贷起步早,而且个人消费信贷占银行贷款总额的比重也比较高,其中商品零售额一半以上是通过信用交易方式进行的。而我国只是在20世纪末银行才开始在住房、耐用消费品等领域开展中长期消费信贷,并且信贷规模比重极低。其实消费信用有很重要的作用,它不仅能让消费者提前享用现时尚无力全额支付才能购买的消费品,促进消费品的生产与销售,加速商品资本向货币资本的转化,而且对社会再生产有一定的推动作用,能进一步带动相关产业和产品的发展,扩大内需,刺激经济发展。所以要改变传统消费观念,挖掘新的消费区域,培育新的消费增长点,构建新的信贷消费理念,大力促进信用经济的发展。

4. 腐败现象诱发的社会心理原因

在任何社会,政府都是最具权威、最具公信力的组织,它的所作所为对社会成员的伦理道德取向起着极强的示范和导向作用,政府的所作所为通过它的每一个体表现出来。近年来,我国政府官员存在着严重而普遍的腐败现象即"败德"行为,对社会成员的伦理道德导向产生恶劣的负面影响,进而诱发严重的社会信用问题。主要表现在:第一,"两面人"现象,即一部分贪官在公众场合的所作所云能给人留下廉洁、勤政、正派的印象,私底下却卑劣不堪,毫无诚信可言。这种现象在社会生活中大量存在,既破坏了政府的形象和公信度,也诱使一般社会公民不讲信用。第二,权力"寻租"现象,其实质是权钱交易。目前我国相当一部分政府官员经不起美色和金钱的考验,利用人民赋予的权力牟取私利。这就使政府权威与公信力和规章制度、政策措施形同虚设或大打折扣,在人民群众中失去信任。第三,贪赃枉法现象,即执法枉法、司法腐败。在任一社会,法律都是民意的体现,是正义与权威的化身。目前我国执法枉法事件屡见不鲜,司法腐败在相当程度上仍然存在,这就使整个社会的信用度大大降低,公民个体对整个社会失去信用认同感,信用缺失不可避免。所以本应在道德和信用建设中起模范带头作用的群体都如此不讲道德、不守信用,这便严重摧毁了人们心目的诚信精神和信用意识,成为社会信用缺失的重要社会心理因素。

三、建立社会信用体系的根本路径

市场经济条件下,社会信用体系是由一系列相互联系、相互促进又相互影响的法律规范、组织形式、技术工具和运作方式组成的综合系统,主要包括:建设与社会主义市场经济要求相一致的信用道德和文化环境,建立社会信用信息共享机制,减少信用信息的不对称性;完善社会信用法律体系,为信用建设提供制度化的信用监督机制,健全失信惩罚机制,加大失信违规成本;建立和完善信用监管体系,建立制度化的信用等级评估;等等。只有这样才能确保整个社会信用体系的持久和有效,最终建成比较健全的社会信用体系,形成良好的社会信用环境和规范的市场信用秩序。

（一）构建市场经济的信用伦理文化

如果社会信用不足，不仅会引起社会需求不足，而且使投资者缺乏可靠的心理预期，加大市场交易成本和经济风险，造成市场投资委靡。只有增强信用意识才能培育有生命力的市场主体，提高其对各种失信行为的识别能力，增强全民的职业道德教育，提高民族的精神文明程度，使经济发展保持足够的后劲。

在我国全面建设小康社会、加快推进现代化进程的新时期，对信用建设提出了新的要求，赋予了新的内涵。但建立健全社会信用体系对我国而言是一项全新的事业，由于对如何开展信用交易、建立信用制度等还不熟悉，这一目标的实现必须坚持从实际出发、循序渐进的原则，而不能采用行政命令的方式，实行一刀切，盲目行事。从当前现实情况看，我们要引入信用理念，探索信用交易，建立信用制度，为加强和推进社会信用体系建设，应着重做好以下几方面的工作：

1. 普及信用伦理文化

加强社会信用建设，需要普及现代市场经济的信用伦理知识、信用伦理文化和信用伦理意识，加强信用伦理的宣传教育，努力营造诚实守信的社会文化环境，绝不能忽视隐含其后的、在更深层次上影响人们交往的信用伦理文化建设，切忌避免抽象的简单方式。一是要加强舆论的正确引导，贯彻落实中央关于建立健全社会信用体系的原则和精神，开展共铸诚信的活动，制定诚信公约，培育"信用至上"的全民意识和社会公德，形成良性的社会信用心态；二是要通过各种方式，利用学校、机关、社区和行业协会等组织机构开展行之有效的信用道德培养和教育，不断提高人们的思想道德水平，努力提高全民的信用意识，减少信用道德风险，建立良好的信用秩序；三是要提高社会主体的守信意识，引导人们重视自身信用度的社会评价，提高自己的信用等级，并自觉参与监督和抵制失信行为，使人们认识到信用的重要性，形成"守信光荣，失信可耻"的道德氛围，为市场经济秩序奠定良好的微观基础。

2. 建立信用伦理制度法制化的操作体系

如何从根本上改变目前我国社会信用不足或信用危机,一方面要靠宣传教育;另一方面也要靠法制,把社会信用建立在法制基础之上。事实上,社会信用既受自律因素的影响,离不开伦理道德和思想意识等内在精神因素,也受他律因素的制约,离不开法律制度等外在刚性原则。俗话说市无信不立,但信无法不灵,如果没有法律作保障,信用很难维持和实现。所以要维护法律在防范和化解信用风险和危机中的权威性、严肃性,依靠法制的强制力构建社会信用制度。同时也有人认为,只有体现民族意志的法才是好法,只有在人民心中活着的法才是合理的法。① 而信用既是民族品质的要求和表现,也是交往主体应遵循的原则和保障。所以一是要制定基本信用法,出台与公平信用信息服务有关的法律法规,为信用管理确立基本的法律制度框架,创造开放和公平享有信用信息的环境;二是要修改与建立社会信用体系有冲突的法律法规,对其中与建立信用体系有冲突的部分条款进行修改或解释;三是要研究并完善失信惩罚机制,明确失信惩戒形式和制裁程度、失信惩罚机制的操作和执行效果等,明确规定对信用侵权行为的严厉处罚措施,严惩不讲信用者,使其不敢失信。

3. 重视信用伦理的本土化研究

我国的信用伦理体系建设需要承继和发扬传统文化中的诚信美德,在先进文化建设中实现传统信用伦理向现代信用伦理的转型。西方现代信用伦理是在传统哲学和宗教伦理的基础上发展而来的,今天的西方信用文明不仅是市场经济发展的产物,也是西方社会深厚的思想文化长期积淀和哺育的结果。韦伯认为:"近代资本主义扩张的动力首先并不是用于资本主义活动的资本额的来源问题,更重要的是资本主义精神的发展问题。不管在什么地方,只要资本主义精神出现并表现出来,它就会创造出自己的资本和货币供给来作为达到自身目

---

① 何勤华:《西方法学史》,中国政法大学出版社1996年版,第210页。

的手段,相反的情况则是违背事实的。"①类似的情况也适用于我国社会主义市场经济信用伦理的建设。前文已指出,中国文化是伦理型文化,诚实守信既是中华民族传统道德的重要规范和传统美德,也是中华民族宝贵的精神财富,是我们今天建设社会主义市场经济信用伦理的主要基础和重要源泉。新时期信用伦理道德的构建,我们认为要实现传统信用伦理向现代信用伦理的转型,必须对传统信用伦理重新进行梳理、阐释和创新,为现代信用伦理建设提供有益的道德文化资源。由于传统信用伦理是建立在自然经济和以血缘关系为纽带的伦理文化基础之上,对交往圈之外的陌生人很难产生普遍主义的信任;而市场经济社会中的商品交换和人际交往已超出血缘、地域、民族甚至国家的界限,这就要求我们要改造传统信用伦理,汲取西方信用伦理的有益成分,建立起以利益关系和契约关系为纽带的普遍主义信用,并在其中注入平等竞争、互惠互利、责权统一的现代精神。

4. 完善政府的信用监管体系

建立社会监督保障机制,健全严格的信用监控机制,确立政府和公务人员的信用意识,完善政府的信用监管体系需要从以下几方面入手。首先,解决社会信用问题,必须建立一整套完善的社会监督保障机制。如对制售假冒伪劣商品的个人和企业实行黑名单监控制度,使其在社会上失去信誉和生存的根基,从制度上有力地防范假冒伪劣。同时,国际互联网也是建立信用的有效工具,因为不守信用的人不得不害怕覆盖面十分宽泛的互联网,尽管他可能不惧怕法律。其次,健全严格的信用监控机制也是防止信用缺失的直接措施。在这一方面,我们应结合实际国情和国外成熟的经验,并借助于高新技术手段,建立包括信用等级评定、信用状况采集和提供、信用监督和惩罚等在内的完善的信用制度,鼓励"守信",拒绝"无信",促使公民和企业诚实守信、重视信誉,在

---

① [德]马克斯·韦伯著,于晓、陈维纲等译:《新教伦理与资本主义精神》,三联书店 1987 年版,第 49 页。

整个社会范围内形成良好的信用关系。最后,应确立政府和公务人员的信用意识。对政策制定者来说,守信十分重要,古人云:"政令信者强,政令不信者弱。"①如果政府部门政策朝令夕改,说变就变,如果政府随意变更已签订的合同,或任意毁约,如果政府工作人员不依法办事,实行暗箱操作,就会失信于民,导致社会信用的缺失,加大信用体系建设的难度,甚至会导致社会信用体系的解体和崩溃。在政府信用失范的社会,是不可能建立起市场经济信用,不可能有效实现政府职能,不可能树立良好的政府形象,不可能构建政府文明和政治文明,因为政府信用具有高度的示范性和极强的传递性。因此要转变政府职能,提高政府的信用度,明确政府的监管职能及其监督处罚权责,避免"运动式"的监管方式;加强廉政建设,减少甚至杜绝"两面人"现象、"权力寻租"现象和"枉法"现象等,从源头上解决诱发信用缺失的社会心理因素;发挥政府的主导作用和领导干部的表率作用,以先进文化建设为契机和动力,增强全社会的契约意识和信用意识,确立起明礼诚信、恪守信用等现代价值观念。

(二)建立社会信用的支撑保障体系

党的十六届三中全会作出《中共中央关于完善社会主义市场经济体制若干问题的决定》(以下简称《决定》),其中关于"形成以道德为支撑、产权为基础、法律为保障的社会信用制度,是建设现代市场体系的必要条件,也是规范市场经济秩序的治本之策"的判断,是对社会主义市场经济理论的创新。它既来源于我国多年改革开放的实践经验,同时也借鉴了发达国家的历史经验,标志着我们党驾驭市场经济的能力和运用市场规律的能力进一步提高,对整顿和规范市场经济秩序具有重要的理论指导意义。《决定》认为,要实现全面建设小康社会的发展目标,就必须建立一套符合我国国情、与国际惯例接轨的适应现代市

---

① 《荀子新注》,中华书局1979年版。

场经济发展需要的社会信用体系,而要建立与社会主义市场经济相适应的社会信用体系,必须形成道德、产权和法律有机结合的社会信用合力系统。这对于我们在认识和实践中全面把握社会信用体系的各个要点及其整体关联性,具有重要意义。

1. 道德为支撑

作为一种精神现象和社会意识形态,道德既是对社会存在和经济基础的反映,是社会经济关系的基本要求,也是人际交往的基本准则,是市场主体交换关系所遵循的行为规范,是社会公认并倡导的价值理念和传统文化习惯。道德的本质在于它的规范性和主体性,是适应人们的社会需要而产生的。道德能对人与人的社会关系起调整作用,它通过人们的自律,可以对社会经济行为产生一定的约束作用,以达到规范人们行为的目的。在全社会提倡社会主义道德,弘扬中华民族崇尚诚实守信的传统美德,可以为建立健全社会信用体系提供必要的社会自律机制。

任何社会经济的运行都是多种因素共同作用的过程,上层建筑包括道德在经济运行中并非可有可无,而是经常发挥作用的重要因素。虽然道德规范的制定和遵守并不是依靠国家的强制力,而是依靠社会舆论、传统习惯和内心信念来维护,而且当行为主体真正认识到遵守道德原则和规范的重要性时,他就能够按照社会规范的要求,约束自己的行为,作出符合社会期望的举动,并且主体的自觉性越强、觉悟越高,道德规范的约束作用就越强。我们正在建立和完善社会主义市场经济体制,在思想观念上尤其是在伦理道德上必须反映新经济体制中生产关系及其社会关系,其中很重要的是根本利益一致的平等协作关系。以诚信为主要内容的市场道德,理当成为人们行为的规范。所谓以道德为支撑就是发挥社会主义思想道德对经济生活的积极推动作用,即用社会主义道德价值理念引导、支配和规范各类市场主体的经济行为。应当强调,以"为人民服务"为核心、以集体主义为原则、以诚实守信为重点的社会主义道德建设应为社会主义市场经济有效运作作精神支撑。但社会主义道德意识不可能自发形成，需要坚持不懈地进行公民伦理道德教育，只有通过长期的伦理道德教育，使适应社会主义市场经济的道德要求成为人们内心的道德信念，才能充分发挥其自律作用。所以，社会信用体系建设应充分重视伦理道德的力量，充分发挥伦理道德的作用。

2. 产权为基础

社会信用体系的核心是社会信用制度，而把建立健全社会信用制度同建立现代产权制度联系起来，明确提出社会信用制度要以产权关系为基础，这是我们党关于建设诚信社会思想的一个新亮点。对此，我们必须予以深刻领会和高度重视。以产权为基础建立社会信用体系，将建立健全社会信用制度同建立现代产权制度联系起来，是对马克思主义关于经济基础与上层建筑交互作用原理的创造性运用，是对社会信用体系认识的深化。这既借鉴了外国发达市场经济运作的成功经验，体现了社会主义制度特性与市场经济共性的紧密融合，又充分考虑了我国完善社会主义市场经济体制的实际需要，对于建立和完善适应社会主义市场经济需要的社会信用体系具有重大的理论意义和实践意义。

反观我国历史，应该说漫长的封建统治历史和长期实行计划经济体制，严重阻碍了私权观念的正常发展。在封建社会，个人隶属于封建宗法关系，无所谓属于个人的私有财产；在计划经济体制下，由于消除和限制了商品经济，不允许生产资料作为个人财产而存在，同时又由于实行高度集中的计划经济体制，国有企业之间、国家和个人之间缺乏明确的产权界定，使个人财产权和国家财产权都无法得到应有的尊重和有效的保障，并进一步导致了诚信者得不到应有的收益，失信者得不到应有的惩罚。正由于在对待财产权问题上出现种种偏差，私权观念长期受到压抑和禁锢，所以人们并不会自觉选择诚实守信。相反，那种靠外部强制力压缩下去的"私欲"在外部强制力减弱的情况下，势必如弹簧变形后的反弹，一跃成为不惜一切手段、不顾一切代价地疯狂满足极度变形的个人欲望,正常的"利己心"也可能异化为"饕餮嘴",诚信"经济人"可能堕落成随意毁信弃约的骗子,这也是导致我国市场秩序混乱的重要原因。因此,社会主义信用制度建设必须高度重视培育和发展与市场经济相适应的财产权观念,强化对私人财产权的法律保护意识。否则,没有对市场主体财产权的尊重,离开对产权等实体的保护,法律规则和伦理道德就失去了对象性,市场活动信用无法保证,市场经济关系也难以维系和扩展。

只有产权归属清晰,才能使行为主体在交换关系中明确自己的权和责,才能意识到讲信用、重信誉是保证实现自身利益的途径和手段,并由此增强追求长远利益的动力。信用关系是产权关系的延伸和拓展,树立财产权观念是形成信用关系和信用意识的基础,明晰产权关系是建立社会信用体系的制度前提。一方面,把建立社会信用制度同建立现代产权制度联系起来,表明信用要以生产关系的核心——现代产权关系为发生和运行的根基。市场交换主体都是产权主体,市场交换实质是财产权的交换,是商品产权的让渡。并且在财产权交换过程中市场主体能形成各种经济利益关系,承认和尊重主体财产权是市场经济信用伦理生成的基础。因为市场经济中的信用实际上是对交易方履行契约能力、责任的信任和对未来的合理预期,如果缺乏对财产权的必要保护,人们很难相信交易方有能力在规定的时间内履行契约。同时,如果没有对财产权的保护,既无法保证市场交易的公正性,也无法形成以等价交换为基准的真正意义上的交换关系,市场交易也无法扩张。另一方面,把建立社会信用制度同建立现代产权制度联系起来,也表明社会信用体系要有道德和法律维系运行中的产权关系,社会信用体系主体是实实在在的经济主体,即排他性的产权主体。这就是说,不能把社会信用仅仅视为道德和法律的"软件",它还是经济关系和经济运行的实体系统,是发达商品经济关系链条上的"硬件",也属于经济范畴。因此社会信用体系必须牢牢地扎根在产权主体根基之上,使之真正成为一种经济关系。惟有如此,社会信用体系才能发挥其应有的经济功能和道德功能,并使诚信道德准则有稳定可靠的实现机制。

另外,产权制度的建立和完善有助于形成和促进市场主体个人权利意识的正常发展,并在私权观念正常发展的基础上建立公德心。日本学者川岛武宜在分析"公"与"私"的关系时认为,近代"市民社会"中的"公"不是封建等级制社会中封建贵族之"公"和君主专制的一人之"公",而是整个国家即"市民社会"整体在政治上的反映。因此,建立在民主社会基础之的"公"不仅与平等个人之间的"私"不矛盾,相反,它是个人之"私"得到保护和发展的前提条件。所以,他深刻指出,一个社会中"所谓'公'的意识只有在所谓'私'的意识明确而严密地得到确立时才能得以确立"[①]。同时,对人格的尊重和保护也必须高度重视产权,因为人格是建立在对物权即财产所有权基础上的,没有独立的经济财产权就不会有独立的人格。在一定意义上可以认为市场交换就是人格的交换,并且这种人格交换只能在有明确产权的独立的市场主体之间进行。由于现代市场交易中物的所有权的转移出现了时空上的分离,因此需要一个基于共同意识的普遍规则即契约作保证,而且人们通过契约获得的是对人权和对方人格可信性的一种期待。因此,进一步推动产权制度改革,明晰主体产权关系,尊重主体财产权利,可以为建立健全社会信用体系提供必要的制度基础。

3. 法律为保障

市场经济是法治经济,完备的法律体系既可以为社会信用制度提供代表国家意志的强制性保障,也可以用法律上的他律促进道德上的自律,还可以通过防范和惩治主体的不当行为,保证社会信用体系的有效运行,保障社会信用制度发挥积极作用。

一般说来,法律规范是道德的底线,是社会所能允许的最低行为标准,并且法律比道德更具体、更细化、更具有刚性特征。而且市场经济

[①] [日]川岛武宜,王志安等译:《现代化与法》,中国政法大学出版社1994年版,第71页。

既是信用经济、道德经济,也是契约经济、法治经济,并且市场经济越发达,交易关系越复杂,就越加需要法律的约束和监督,形成自律与他律的合力,使诚实守信成为自觉行为。"资本主义经济的秩序没有近代国家的坚固的法秩序是不能成立的,在那里支配的伦理正是凭借国家法的保障才具有形成秩序的功能,不仅如此,国家法还充当近代国家伦理意识的教育者的角色"①。虽然法和道德的分化与独立是社会秩序的根本性结构,是社会的历史性进步,但这种分化是在形式分离的基础上蕴涵着实质性的关联,在某种意义上可以说"法又制造了伦理"。同时,我们还认为社会道德的"有关权利的道德伦理"的产生来自于法治精神的扩散与传播,来自以法律的力量赢得全社会尊重权利的道德共识。因此,建立健全社会信用体系必须高度重视法律的重要性,通过推进法治化进程实现法与道德的相互关联,必须在健全立法、强化执法上下工夫,也即要利用国家机器为强化社会信用体系提供保障机制,为普遍主义信用伦理奠定良好的基础。

法律规范是社会信用制度及其管理体系建立和实施的保障,它既能够使政府和信用管理公司征信数据的真实、有效,也能够保障消费者个人数据的使用范围和自由传播,并能保护消费者的隐私和维护市场公平竞争等。虽然韦伯将新教伦理视为产生"资本主义精神"的源泉,并强调"各种神秘的和宗教的力量,以及以它们为基础的关于责任的伦理观念"对各种经济行为发生的至关重要的和决定性的影响,但它是"要找寻并从发生学上说明西方理性主义的独特性,并在这个基础上找寻并说明近代西方形态的独特性"②。如果我们撇开发生学意义来看,应当说韦伯在众多鼓励资本主义经济发展的因素中是非常重视法治因素的,他认为如果没有"一个可靠的法律制度和按照形式的规

---

① [日]川岛武宜,王志安等译:《现代化与法》,中国政法大学出版社,1994年版,第45页。

② [德]参见马克斯·韦伯,于晓、陈维纲等译:《新教伦理与资本主义精神》,三联书店1987年版,第15—16页。

章办事的行政机关",那么"绝不可能有个人创办的、具有固定资本和确定核算的理性企业"①,也不可能产生出真正意义上的资本主义经济。所以,普遍主义信用伦理离不开强有力的法治保障,这既是市场经济发达国家的历史经验,也是我们维护市场秩序、发展社会主义市场经济的必由之路。

目前,虽然人们对建立普遍主义信用伦理的重要性已有所认识,但由于普遍主义信用伦理与法治相伴而生,并且形式化的法律本身就是一个典型的普遍主义信任系统,因此建立健全社会信用体系,强化全社会的信用伦理观念,从长远来看,要加快法治化进程,其实这也是普遍主义信用伦理的提升过程,是实现法与道德相辅相成、互为补充,共同维护社会正常运行的基本要求。

合理预期是市场秩序的基本要义,是人类计划性思维的体现,它使人们相信他们可以依赖的未来行为模式完全能被合理地预见到,即所谓"凡事预则立,不预则废";否则,市场主体不可能使自己在激烈的市场竞争中胜出。所以,判断市场秩序是否良好的标志就是看市场交易的可预测性如何。而这种可预测性是建立在相应法律规则之上的,离开了法律规则的指引,市场不确定性将大到人们根本无法预见未来交易可能出现的风险,导致市场交易无法达成。所以法律对于保护市场交易安全具有无可替代的重要作用。即使非常强调市场"自生自发"特性的哈耶克也十分重视法律规则的作用,认为市场秩序是"市场通过人们在财产法、侵权法和合同法的规则范围内行事而形成的那种自生自发秩序"②。所以,离开法律规则,市场既不可能形成秩序,而且在事实上也不可能存在和发展。因此,加强对市场的法律保护是形成秩序的基础条件,它不仅保障市场主体在交易中的行动自由,构成商品交

---

① [德]参见马克斯·韦伯,于晓、陈维纲等译:《新教伦理与资本主义精神》,三联书店1987年版,第14页。

② [英]哈耶克,邓正来等译:《法律、立法与自由》第二卷,中国大百科全书出版社2000年版,第191页。

换的前提,同时由于禁止非等价的暴力侵犯与掠夺,有效避免了市场交易沦为霍布斯式的"人与人之间的战争",保障了人们交易收益和交易损失的内部化,极大地提高了市场交易的效率。①

因此,为了增强全社会的信用意识和信用观念,为建立健全社会信用体系奠定坚实的基础,当务之急是将道德、产权和法律等多种手段并用,严惩失信违法之人,把建设与教育结合起来,并加快相关法律法规的制定,使社会信用体系的建立和运行有法可依、有章可循。

---

① 参见[美]R.科斯·A. 阿尔钦、D. 诺斯等著,胡庄君等译:《财产权利与制度变迁——产权学派与新制度学派译文集》,上海三联书店、上海人民出版社 1994 年版,第96—113 页。

第 四 章

道德风险的伦理透视

  道德风险是目前社会上人们在经济活动中最为关注的话题,尤其当人们对当前影响全球的经济危机进行反思的时候,对道德风险的理解也变得更加理解和深刻了。"我们很遗憾地发现,即使现代经济学家们将道德上的'应当'摒弃了,他们还是无法将道德风险赶出市场。大众和流氓投资者们很少注意到这一点。经济学家和投资者越无视'应当'的道德,风险就越得以发展壮大。"①对比在财经领域的道德风险问题自然需要引起全社会广泛的关注和忧虑。本章首先从道德风险的词源说起,然后对国内外关于道德风险的理论研究进行综述。本章重点研究的是道德风险的生成机制,通过对产生道德风险的人的因素、制度的因素以及经济与社会文化因素的分析,并进一步从提高整个社会的道德理性、建立充分的信息披露制度以及构筑政府诚信和营造公平环境等方面探讨了财经领域道德风险问题的防范措施。在本章最

---

  ① [美]威廉·波讷,安迪森·维全著,沈的英译:《清算美国》,中信出版社2009年版,第233页。

后,我们从财经领域中的审计角度进行了实证剖析。

一、道德风险概述

道德风险这一概念起源于保险业,是指由于信息不对称,委托人不能对代理人进行完全的监督,当两者利益不一致时,代理人为了实现自身利益最大化而对委托人利益的损害。当代经济学家常常以道德风险概括人们的机会主义行为,并从不同的角度对道德风险进行了研究,如阿罗(K. Arrow,哈佛大学)研究了产生道德风险的信息不对称,贝克尔(G. Becker,芝加哥大学,曾获得诺贝尔经济学奖)研究了订立合同的障碍,斯蒂格利茨(J. Sitglitz,世界银行)则研究了道德风险的福利效应等。近年来,国内一些学者如张维迎、张亦春、陈禹等也从不同方面进行了探索。在下文中,我们进一步指出了道德风险在经济活动中有如下危害:即"道德风险"提高交易成本和降低制度效率,导致市场机制失灵并破坏社会道德公平,还会带来法律和制度约束的软化。

(一)道德风险的词源及特质

道德和风险原是两个不同范围的概念,道德是调整人们之间以及个人与社会之间行为规范的总和;风险是指在特定的客观情况下、特定的期间内,某一事件的预期结果与实际结果间的变动程度。变动程度越大,风险越大;反之,越小。道德是一种意识形态,风险是客观存在,将二者联系起来的是人们的道德行为。在经济活动中,道德风险问题相当普遍,近年来,道德风险已经延伸到现实经济生活中的诸多领域,泛指市场交易中的一方难以观测或监督另一方的行动而导致的风险。

1. 道德风险

根据国际货币基金组织出版的《银行稳健经营与宏观经济政策》一书中的定义,道德风险是指当人们将不为自己的行为承担全部后果时变得不太谨慎的行为倾向。而按照《新帕尔格雷夫货币金融大词典》的解释,道德风险就是指从事经济活动的人在最大限度地增进自身效用时,作出不利于他人的行为,并且是一种不易为人发现的隐蔽行为。① 显而易见,道德风险并不是我们通常所认为的由于个人的不道德而引致的风险。

道德风险(moral hazard)一词原是阿罗在研究保险合同时提出的一个概念。在保险合同的签署中,一方面由于投保人有谎报风险的动机,从而使保险公司难以针对不同投保人的实际风险收取不同的费用,即难以确定其边际费用而只能根据平均风险收费,结果使许多投保人有机可乘;另一方面由于投保人在投保后可能会减少防灾努力而增加赔偿风险。② 可见,道德风险泛指由于委托人和代理人之间信息不对称导致代理人为追求自身利益最大化,危害委托人利益而不必为其承担责任的行为。

关于道德风险的界定,有广义道德风险和狭义道德风险之分。狭义道德风险仅指代理人为追求自身利益最大化危害委托人的行为,它常常包含了代理人的不道德或者违法倾向。在这种情况下,道德风险常常被称为"败德行为",一般指一种无形的人为损害或危险,它亦可定义为:从事经济活动的人,在最大限度地增进自身效用时,作出不利于他人的行动。它包括事前道德风险(即逆选择)和事后道德风险,前者常被称为隐藏信息的道德风险,后者常被称为隐藏行动的道德风险。

广义道德风险不仅包含了狭义上的道德风险,还包括由于合同的签订、代理人责任的有限性等原因导致的代理人心理上的疏忽、大意等对委托人造成损失的风险行为,即心理风险。在这种道德风险事故中被保险人并不具有不道德或者违法的倾向,只是由于心理上的疏忽和大意导致了风险事故的发生。例如投了防盗险后,投保者的防盗意识

---

① ［美］纽曼、［英］约翰·伊特韦尔等编,胡坚等译:《新帕尔格雷夫货币金融大辞典》第3卷,经济科学出版社1996年版,第588页。

② ［美］史蒂文·普雷斯曼,陈海燕、李倩、陈亮译:《思想者的足迹——五十位经济学家》,江苏人民出版社2001年版,第386页。

会下降,风险增加;投保第三者责任险后,司机驾车的谨慎程度可能会因此下降等。严格地说,这些情况是由于委托人不能对代理人的心理、行为准确了解和控制造成的,也属于道德风险范畴。

本书即采用广义的道德风险界定,即包括逆选择、事后道德风险和心理风险。

2. 道德风险研究的兴起

西方市场体制经历了一个从缓慢发展到走向成熟的过程,在这一过程中,一些经济学家发现,由于受市场经济的核心原则即经济利益至上原则的影响,行为人往往会作出一些不诚实、搭便车或者坑蒙拐骗的行为,而这些行为往往又得不到有效的制约。在资本主义市场经济发展之初没有出现道德风险这一提法,但是在许多的经济论述中暗示了道德风险的存在。英国著名经济学家亚当·斯密认为,追求个人利益是一般人性,作为经济活动主体的就是体现人类利己主义本性的个人。这不仅暗示了道德风险的存在,同时从这一角度出发说明了道德风险的存在是合理的。道德风险一词最先出现在保险业中,是为了降低保险行业的经营成本而提出来的。后来研究者发现道德风险存在于任何领域而逐渐成为各领域研究的一个重要问题,而后备受人们的广泛关注。例如,在政治领域,政府开始制定一些法律来尽量减少道德风险的产生和降低它的危害程度。基于这样的目的,美国经济学家洛克曾提出了一个"无赖原则",强调在社会政治生活的组织设计过程中,宁可将每一个人看成是无赖而不是君子,以此来制止政治生活中道德风险的产生。我国对道德风险的关注则相对较晚,它是随着市场经济的发展而逐渐被人们注意的。在目前我国市场经济发展不完善的情况下,它更多地存在于经济生活的各个方面。

(1)国外的相关研究。在西方,远溯古希腊、罗马以及欧洲中世纪寺院教会的经济思想,道德和利益之取舍也是长盛不衰的主题。亚里士多德提出,市场有两种对立的行为,即经济行为和道德行为,伊壁鸠鲁则提出"我们的一切取舍都从快乐出发;我们的最终目的乃是得到快乐"的原则,为以后的亚当·斯密及古典经济学奠定了个人主义的假定基础。亚当·斯密在《国富论》中清醒地意识到了道德风险的存在,他说:"无论如何,由于这些公司的董事们是他人钱财而非自己钱财的管理者,因此很难设想他们会像私人合伙者照看自己钱财一样地警觉,所以,在这类公司事务的管理中,疏忽和浪费总是或多或少存在的。"①马克思主义认为,道德是一种社会意识形态,它并不是凭空产生的,归根到底都是当时的社会经济状况的产物,是一定社会存在的反映。在原始社会,道德的功利性体现为维护氏族部落现存状态;进入阶级社会之后,道德的功利性在不同的社会形态之下代表着不同阶级的不同利益,道德的功利性只有合乎本阶级的利益才被承认。现代信息经济学中代理人隐藏行动的道德风险行为从个人效用出发,最终目的也是得到快乐。这就从功利或者义利的角度表明了道德风险行为的动机。

道德风险拓展并应用于社会而产生的一个伦理价值观,在生活中大量存在,经济人难以回避。前几年出现的财务诚信危机,使人们受到了强烈刺激,道德风险问题被空前地重视起来,这是近来西方财经伦理研究中一个很时髦的问题。

曾获得诺贝尔经济学奖的肯尼思·阿罗首先提出:道德风险引发于保险体制。他指出由于信息不对称,委托人不能对代理人进行完全的监督,前两者利益不一致时,代理人为了实现自身利益最大化,就有可能损害委托人的利益。会促使投保人采取更冒险的行为,从而增加了他们从保险基金中领取保险赔偿金的机会。他认为解决道德问题的办法是共同保险,即个人支付他们自身医疗账单的一大部分。②

加里·贝克尔认为:理性行为是效用函数和福利函数等良序函数

---

① [英]亚当·斯密著,杨敬年译:《国富论》,陕西人民出版社 2001 年版,第 700 页。

② [美]肯尼思·J. 阿罗著,何宝玉等译:《信息经济学》,北京经济学院出版社 1989 年版,第 186 页。

一致的极大化。他把微观经济分析扩展到包括非市场行为在内的人类行为和人类相互关系的广阔领域。他开创的犯罪和惩罚经济学认为，如果惩罚加重，犯罪行为的预期成本会增加，犯罪率也会下降，厂商服从政府的管理依赖于惩罚的力度和被发现的可能性(可能性取决于信息量)。①

1999 年克鲁格曼(普林斯顿大学)在利用道德风险解释金融危机时指出，道德风险可以简单表述为：一个人可以作出某些风险程度的决定，一旦出了问题却让让人承担。② 异曲同工，西蒙在《现代决策理论的基石》③中认为，理性是一种行为方式，且在给定条件和约束的限度之内。

2001 年，阿克洛夫(伯克利加利福尼亚大学)、斯彭斯(斯坦福大学)、斯蒂格利茨获得诺贝尔经济学奖，他们在不对称信息(asymmetric information)市场领域作出了贡献。斯蒂格利茨对道德风险研究有突出的成就，他将其应用到汽车保险市场的分析上，指出由于被保险人与保险公司之间信息的不对称，客观上造成一般车主在买过汽车保险后疏于保养，使保险公司赔不胜赔，形成隐藏行动而带来道德风险。后来他又进一步指出，行动不容易被观察到的人在追求自我利益时会不负责任地损害他人的利益。还有学者认为：由于一方在订立契约前就已经掌握私人信息，即只有他自己知道对方不知道的信息，因此在签约中会选择一些有利于自己而有损于对方的条款，这就是"逆向选择"(adverse selection)。④ 席勒(耶鲁大学)在纳斯达克市场疯狂时指出这是

① [美]史蒂文·普雷斯曼，陈海燕、李倩、陈亮译：《思想者的足迹——五十位经济学家》，江苏人民出版社 2001 年版，第 421 页。

② 张静春：《技术创新、道德风险与政策选择》，《经济社会体制比较》2003 年第 1 期。

③ [美]赫伯特·西蒙著，杨砾、徐立译：《现代决策理论的基石》，北京经济学院出版社 1989 年版，第 78 页。

④ 张静春：《技术创新、道德风险与政策选择》，《经济社会体制比较》2003 年第 1 期。

"非理性繁荣"。与道德风险模型一致,在对经济增长乐观预期的支持下,人人都想借此大捞一笔。投资人、上市公司、会计师事务所明明知道,一旦股市泡沫破灭,所有财富都将转眼成空,却又认为自己不会是最倒霉的一个。

(2)国内的研究。讲到道德,我们很自然地会想起利益这个词,在中国的道德哲学里面义利之辨始终是一个核心主题,自传统到现代儒学都被认为是核心哲理之一。孔子认为"君子喻于义,小人喻于利"①,孟子承接发展,有"王何必曰利,亦有仁义而已矣"②之说。孔、孟的义利之辨,并非说在讲道德原则时要排斥利益,而是以义为先、以利为后,因此,儒家讲的道德原则是有先后顺序的。据学者考证,汉语中的"经济学"一词也是经义之学和利益之学的合称。虽然"moral hazard"一词常见于西方保险史说中,但在中国道德哲学体系中,凡以利为先、以义为后的部分行为可以归为道德风险行为。

近年来,随着国际上道德风险研究的兴起,国内有学者的研究也涉及这一课题,张维迎教授(北大光华管理学院)认为企业(当然包括会计师事务所)必须有真正的所有者、企业必须能被交易、企业的进入和退出必须自由,否则它就不会有积极性维护自己的信誉。张亦春教授(厦门大学财政金融系)在研究金融风险时指出,道德风险发生于合约订立之后(expost),代理人利用其拥有的信息优势采取委托人所无法观测和监督的"隐藏性"行动或不行动,从而导致的(委托人)损失或(代理人)获利的可能性。③ 陈禹认为,所谓道德风险是由于经营者或参与市场交易的人士,在等到来自第三方保障的条件下,其所作的决策及行为即使引起损失,也不必完全承担责任,或可能得到某种补偿,这

---

① 《论语·里仁》。
② 《孟子·梁惠王上》。
③ 张亦春、许文彬:《风险与金融风险的经济学再考察》,《金融研究》2002 年第 2 期。

将"激励"其倾向于风险较大的决策,以博取更大的收益。① 胡汝银教授(上海证券交易所研究中心主任)认为,会计师事务所必须审计出"虚拟公司"(virtual company)和"虚拟利润"(virtual profit),这样才能最大限度地减少道德风险和机会主义行为。②

综合起来可以归纳出道德风险具有以下三大特质:首先为内生性特质,即风险的雏形形成于经济行为者对利益与成本的内心考量和算计;其次是牵引性特质,凡风险的制造者都存在受到利益诱惑而以逐利为目的;再次是损人利己特质,即风险制造者的风险收益都是对信息劣势一方利益的不当攫取,换言之,即风险制造者(Risk-maker)与风险承担者(Risk-taker)的不合理存在。

(二)道德风险的表征

我国财经领域由于长期以来的制度缺陷和较低水平的监管,存在着大量的、人为的违章违纪经营现象,道德风险广泛渗透于各方面,突出存在于政策性道德风险、市场性道德风险、公益性道德风险和自我性道德风险。

1. 政策性道德风险

这种道德风险主要是对国家法律法规或国家政策条文的违背。具体表现为:一是权钱交易。企业因受政策规定的诸多"歧视",某些掌握实权的部门或人物就成为他们关注的对象,权钱交易就应运而生。二是偷税漏税的盛行。不少企业通过做假账、虚开发票等多种方式来逃避税收,而更多的是不注册、无照经营或假执照经营十分普遍,政府不易监管和征税。三是生产国家政策禁止生产的产品。如许多高毒性的农药、严重破坏自然环境的产品等,但由于仍有一定的市场,许多企业就在利润的驱逐下生产。四是存在着违反职工劳动权益的现象。如

---

① 参见陈禹:《信息经济学教程》,清华大学出版社 1998 年版,第 23—50 页。
② 胡汝银:《从安然事件说开去》,《上海证券报》2002 年 8 月 15 日。

任意辞退职工,工作时间过长,环境过于恶劣,福利与工资得不到保障,甚至个别民营企业主对职工进行体罚或肉体上的折磨。这些导致了企业对政策和法规逃避的惯性,严重损害了法律和政府的权威性和严肃性。

2. 市场性道德风险

这种道德风险主要是对市场竞争规则的违反和对市场体系的破坏。主要表现在:强买强卖;大打"关系营销";通过行政隶属关系,进行不公平交易;利用虚假广告夸大自己产品的效用或功能,或诋毁竞争对手的声誉,进行不正当竞争;等等。这些行为妨碍了我国市场体系的健全和市场机制的建立,干扰了正常的市场经济秩序。

3. 公益性道德风险

这种道德风险主要是对社会公德或自然环境的破坏。主要表现在:诸如乱采乱伐,过度利用自然资源;大量排放废物,制造环境污染;生产各种质量不过关、技术指标不合格、对人民群众身体健康有害的产品;等等。有些企业由于规模较小,技术水平不高,经营不规范,且国家监管不力,因而这种公益性道德风险也较突出。

4. 自我性道德风险

这种道德风险是由企业家自身的素质、思想、品质等带来的违背社会普遍道德规范而带来的风险。主要表现为:一是生活腐化,挥霍浪费。由于私有产权和自我意识的主导,许多私企老板对自己的财富不加珍惜,肆意挥霍,在社会上形成一股不健康的风气。二是家族式管理,任人唯亲,盲目排外,对一般员工的猜忌心理较为普遍。三是管理上独断专行,缺乏科学的管理思想,行为有时过于偏激。四是小富既安,不思进取,短期行为盛行。五是政治情结较重。尤其在民营企业家中普遍存在。一方面由于我国民营企业主原来地位较低,从而渴望提高自身地位所致;另一方面也是由于民营企业的发展在很大程度上依靠政治权力的帮助所致。这种浓厚的政治情结导致了社会平等意识的部分泯灭和身份意识的再度盛行,不利于精神文明建设的整体推进。

（三）道德风险的危害

世界五大会计师事务所普华永道、安达信、安永、毕马威及德勤都有很多"数字腐败"的违规现象,安然、世通等大公司破产,史无前例地导致安达信这样一个有 90 多年历史的世界级会计师事务所退出审计市场。美国科罗拉多大学财政审计中心主席说,全球最大的能源交易商安然股价从 90 美元跌至 26 美分,"这是一场真正的灾难"①。中国既有蓝田、银广夏的财务欺诈,更有中天勤那样隐瞒真相、提供虚假审计报告的会计事务所来助纣为虐。美国参议院民主党领袖托马斯·达施勒警告,财务丑闻给美国造成的经济损失超过 2000 亿美元。② 中国企业联合会理事长张彦宁说,不诚信的代价我国每年达 5855 亿元;③社会学家郑也夫指出,重新产生信用乐观地看也需要 50 年。布什说"美国强大的经济需要更高的商业伦理标准"。为何出现如此糟糕的窘境呢? 格林斯潘在国会作证时认为"出于贪婪";1998 年美国证交所主席在标题为《数字游戏》的演讲中说"公司经理、审计师以及证券分析师相互默契,参与操纵利润",他们是共谋(collusion) ;④美国著名经济学家保罗·克鲁格曼在分析安然事件时曾经这样说:"安然公司的崩溃不只是一个公司垮台的问题,它是一个制度的瓦解。而这个制度的失败不是因为疏忽或机能不健全,而是因为腐朽。"⑤这是大师们的见解。从性质上看,道德风险与明显的道德败坏、违法乱纪行为是有区别的。但是,道德风险与道德败坏、违法乱纪行为一样,对社会经济发展起着阻碍的作用。

---

① 《美国第一破产案"安然"冲击波》,《中国证券报》2002 年 1 月 26 日。

② 《广州日报》2002 年 10 月 21 日。

③ 《不诚信的代价》,《深圳商报》2002 年 3 月 26 日。

④ 中注协业务监管部:《美国证交会主席李维特的讲演对注册会计师职业界的启示》,《注册会计师通讯》1999 年第 1 期。

⑤ 〔美〕保罗·克鲁格曼:《一个腐朽的制度》,《参考消息》2002 年 1 月 21 日。

道德风险的危害主要表现在以下四个方面：

1. 导致交易成本的提高和制度效率的降低

作为市场失灵的表现之一，道德风险阻碍了社会分工和专业化的发展及市场范围的扩大，提高了市场活动的信息收集成本和机会成本。众所周知，分工和专业化对于经济发展具有特别重要的意义。那么，分工和专业化取决于什么因素呢？对此，亚当·斯密早已作出了回答。他在《国富论》中指出："市场要是过小，那就不鼓励人们终身专务一业。因为在这种状态下，他们不能用自己消费不了的自己劳动生产物的剩余部分，随意换得自己需要的别人劳动生产物的剩余部分。"①在斯密看来，市场范围的扩展是分工发展的必要条件，当市场范围缩小时，分工程度随之降低。进一步的问题是，哪些因素导致市场范围的扩展或缩小呢？笔者认为，市场范围是相互关联的一系列交换所覆盖的范围，导致交换范围扩展的关键因素在于交易成本。在零交易成本条件下，交换的空间扩展是没有任何障碍的。如果充满社会道德风险，社会信任度降低，人们在一种不信任的状态中开展经济协作，就会提高交易费用，经济活动效率大打折扣，抑制市场范围的扩张，阻碍社会分工和专业化的发展，从而抑制了社会经济的发展。道德风险这种经济环境中的外生不确定性，破坏了市场均衡或导致市场均衡低效率，它带来的往往是既无平等又无效率的严重后果，缺乏可持续发展的能力。

2. 导致运行市场机制的失灵

过多的道德风险将导致市场机制失灵，风险虽然是人类社会不能回避的，但人类总是尽力去驾驭。道德风险的出现是"利润最大化"原则的表现，是个体利益合法性、自觉性的折射。从社会活力需要建立在个体活力基础上这个角度来说，它的出现有值得肯定之处。但总体说来，道德风险在社会中负面作用是非常大的，它的蔓延可以破坏市场机制，导致市场失灵。因为社会中道德风险是在市场经济中通过交易双

---

① ［英］亚当·斯密，杨敬年译：《国富论》，陕西人民出版社 2001 年版，第 423 页。

方交易后产生的。由于一方不能掌握足够的信息去监督另一方的行为,又由于人的理性是有限的,无法准确地对未来作出推断,以至在立约时无法在合同中做到面面俱到,后者就有可能违背道德规范,在一味追求自己利益的同时损害前者的利益。这就破坏了市场经济中社会利益最大化原则,使社会资源无法实现最优配置。商品交易需建立在一定的信任度上,但在经济领域中信用度低,"搭便车"和各种机会主义若达到一定程度便足以破坏市场经济的经济秩序,使市场机制失灵。如果经济领域中的违约现象严重,假冒伪劣行为猖獗,使得社会经济主体相互间丧失最基本的信任,在这样的情况下,交易就无法进行,市场经济就无法确立。

3. 导致社会道德秩序和社会公平的破坏

在经济领域,道德风险降低经济效率,阻碍经济发展;在社会领域,道德风险导致社会道德的失落,助长社会不良风气。在某种意义上,道德风险是一种潜在的危险,它不仅包含了道德观念、价值判断在内,而且包含了对社会伦理规范的违背。在公共领域,由于市场经济的某些负面作用、道德风险的存在和影响,使得我国一个具有古老文明传统、素以礼仪之邦自豪的东方民族,竟在这短短的几十年间社会伦理秩序、道德状况发生了如此巨大的变化,这绝不是由纯粹道德领域自身所决定的,市场经济中的道德风险与某些不公正的制度紧紧相连,就使得以权谋私、损公肥私成为可能,机会主义、损人利己事件的发生,成为整个社会发展进步的不和谐音,使人们在享受经济发展成果的同时,也付出巨大的精神代价。

4. 导致法律和制度约束机制的软化

经济制度的有效运行,要求有严格健全的规避、监督机制来规范市场活动中的经济行为,一方面要创造健康有序的制度环境,另一方面要对各种违规违法行为进行有力的打击和约束,维护市场的有效性。道德风险的发生,无论何种领域中何种形式的道德风险的发生,都需要严格的法律规章进行约束和规范。但是,现实中经常存在的情形是,作为道德风险硬性约束措施的法律制度和规范,由于权力、人情等原因,在实施过程中出现有法不依、执法不严甚至形同虚设现象,造成了约束机制的软化,纵容了道德风险行为,使违约、欺诈、机会主义行为的成本大为降低,在一定程度上变相激励人们采取不正当的手段获取个人收益、实现个人利益最大化,久而久之,导致约束软化的恶性循环。

二、道德风险的生成机制

道德风险的产生是由多种原因引起的,既有人的原因,也有制度的原因;既有经济因素,又有社会文化因素。首先,机会主义动机是经济人人格中的必然内容,是道德风险产生的最深刻根源。其次,经济学中的经济人被假定为市场参与人之间不存在信息不对称问题,事实上,它与现代经济的实际情况相距甚远,信息不对称既为内部人控制创造了条件,更是形成道德风险的主要原因。道德风险还根植于社会制度体制。我国在由传统的计划经济向社会主义市场经济体制转轨的过程中,在某些方面存在着制度的"真空状态",这就给某些人以机会,出现钻法律空子、"搭便车"和投机取巧等行为,使得道德风险应运而生。

(一)机会主义和道德风险

在现实中,个人利益与他人和社会利益除了具有统一和相互促进的关系外,客观上还存在着矛盾和冲突,从某种意义上,存在于个人利益与他人利益矛盾冲突背景下的人的自利性是道德风险产生的最深刻根源,而机会主义动机则成了经济人人格中的必然内容。

1. 人的自利性

道德风险不是外在于当事人的风险,而是由当事人主观选择引起的人为风险,它的根源可以追溯到人及人性本身。市场经济中的理性经济人假设认为,人总是在既定的条件约束下选择能够实现自身效益最大化的行动方案。在合理合法的前提下,这种对自身效益的追求和实现,在总体上有利于增进个人和整个社会的福利水平,不损害他人权益的自利性在道义上是正当的,符合经济人假设的伦理原则。实践证明,个人对自身利益的自觉追求,确实极大地促进了现代社会的繁荣。但是,在现实中,个人利益与他人和社会利益除了具有统一和相互促进的关系外,客观上还存在着矛盾和冲突:在社会总成本和总收益不变的前提下,个人收益的增加或成本的减少,往往同时意味着他人收益的减少或成本的增加。这种矛盾和冲突决定了,在实践中,无论普遍主义(即不损人)的道德原则贯彻得多么彻底,追求自身利益最大化的行为在客观上都可能会损及他人利益。在承认自利的正当性的条件下,个人为了追求自身利益而拒绝承担与其利益无关的义务便成为人们可以接受的行为;只要行为人主观上不存在损人动机,哪怕行为中出现损人的客观结果也可以对其置若罔闻。这表明,自利性,即使是在经济人假设的市场伦理中完全正当的自利性,也会导致道德风险的发生。所以,从某种意义上,存在于个人利益与他人利益矛盾冲突背景下的人的自利性,成为道德风险产生的最深刻根源。

2. 机会主义

要对道德风险有一个比较全面的认识,还应了解新制度经济学关于人的行为假定。第一,人类行为动机是双重的,一方面追求财富最大化,另一方面,又追求非财富的最大化;第二,由于环境的不确定性和信息的不完全性以及人的认识有限性,人的理性是有限的,即有限理性(bounded rationality);第三,即人的机会主义倾向(opportunism)是人对自我利益的考虑和追求,也是"经济人"假设的补充。

按照威廉姆逊的定义,机会主义倾向是指人们借助不正当的手段谋取自身利益的行为倾向。机会主义行为有"事前"与"事后"之分,事前机会主义行为又被称为"逆向选择"(adverse selection),即在达成契约前,在信息不对称的状态下,接受合约的人一般拥有私人信息并且利用另一方信息缺乏的特点而使对方不利,从而使市场交易的过程偏离信息缺乏者的愿望(由于这种交易如果达成则对一方有利,而另一方受损,从而不能满足帕累托效率使交易双方共同得到剩余的条件);事后的机会主义被称为"道德风险",即在达成契约后,一方利用信息优势不履约或不认真履约。在市场活动中,经济机会主义表现为,通过掩盖信息和提供虚假信息等非正直和非诚实的手段损人利己。机会主义倾向强调了经济人追求自身利益动机的强烈性和复杂性,如随机应变、投机取巧等。在机会主义倾向的影响下,经济行为者会更有目的有策略地利用信息,按照个人目标对信息进行筛选、利用甚至是扭曲,如说谎、欺骗、违背对未来行动的承诺等。在有限理性假设的前提下,由于人的认识能力有限,交易者不可能掌握对方的所有交易信息,为机会主义行为的实施提供了便利条件。

所以,我们所说的道德风险就是来自人的机会主义倾向,而机会主义倾向假设又是以有限理性假设为前提。由于人的认识能力有限,交易者不可能对复杂多变的环境了如指掌。在这种情况下,处于有利信息条件下的交易者就有可能向对方说谎、欺骗或要挟,而这种风险在交易之前难以知晓从而无法规避,并由此造成一方的损失。机会主义实际上是对追求自身利益最大化的经济人假设的补充。机会主义动机是经济人人格中的必然内容。

(二)信息不对称与道德风险

所谓信息不对称就是指在经济活动中,某些参与人拥有比另一些参与人更多的信息。俗话说"买的不如卖的精",就是对经济活动中信息不对称现象最好的诠释。信息不对称既为内部人控制创造了条件,更是形成道德风险的主要原因。

1. 信息不对称

在经济学中,基本的假设前提中涉及的重要观点就是"经济人拥有完全信息",即市场参与人之间不存在信息不对称问题。事实上,这个假定与现代经济的实际情况相距甚远,市场主体在进行经济活动时,双方之间的信息一般都是不对称的。

美国证券交易委员会(SEC)首席会计师承认,在2000年时每15份年报中的一份才有可能被审阅,根本没有足够的人手去处理,而能够破译安然公司资产负债表的高级财务专家的人数更是凤毛麟角;①香港浸会大学会计及法律学系的陈兆阳博士说,按惯例一家公司的账目在接受会计师的审核时,往往只是提供样本给他们而不是所有的资料,并且会计师本身对被审计公司的运作不一定了解太多,时间又短,这种信息的不对称会影响能否发现问题;根据证词源于Yosemite、Mahonia和其他的会计审计信息,安然的债务被低估了40%,现金流被高估了50%。现实世界,由于人是有限理性的经济人,同时信息又是不完全和不对称的,追求自身效应最大化的动机使得人有机会也有积极性在交易中使用不正当的手段来谋取自身的利益,如审计师在执业过程中偷懒(省略必要的审计程序等)、说谎(隐瞒审计风险的严重性等)和欺诈(与被审计单位合谋炮制出严重不实的审计报告等);还因为信息不对称而凸显"内部人交易",它是传统的盗窃行为在新的社会经济关系条件下的衍生物。

2. 委托代理的缺陷

委托代理理论是专门研究信息不对称引起的逆向选择问题与道德风险问题的理论。在信息经济学文献中,常常将博弈中拥有私人信息的参与人称为"代理人"(Agent),不拥有私人信息的人称为"委托人"(Principal)。在逆向选择模型中,在建立委托代理关系之前,代理人就已经掌握某些委托人不了解的信息,这些信息有可能是对委托人不利的,代理人可能利用这些信息签订对自己有利的合同,而委托人由于信息劣势,处于对己不利的选择位置上,从而可能导致逆向选择。在道德风险模型中,在建立了委托代理关系之后,代理人为了使自身效用得到最大化,可能利用自己的信息优势作出损害委托人利益的行为。

霍姆斯特姆(Holmstrom)和米尔格罗姆(Milgrom)(1987)的道德风

① 《华尔街系统失灵》,《中国证券报》2002年8月2日。

险模型很有代表意义,这里对它进行说明。模型假定契约有两方参与人,委托人是风险中性的,不能亲自经营企业,必须雇请代理人;代理人是风险厌恶的,不愿意创立自己的企业,只能依靠出卖劳动力为委托人工作才能生存。代理人的效用取决于两个因素:努力程度和报酬水平。效用函数是报酬水平的递增函数,却是努力程度的递减函数。报酬多少由委托人决定,而努力程度则由代理人自己把握。在充分信息的前提下,代理人的行为是可测的,委托人能够监测到代理人工作的努力程度;委托人的监督是有效的;委托人将根据掌握的充分信息付给代理人一个适当的固定报酬,内生交易费用为零。而在信息不对称的情况下,委托人不能监测到代理人工作的努力程度,出现低水平的产出要起诉代理人时,也无法提供有效证据证明代理人存在"偷懒"等道德风险行为。①

对企业而言,代理人(内部人)和委托人(外部人)拥有的信息是有很大差异的,代理人属于少数,却享有丰富的信息,而大量的委托人则由于传输渠道等原因接触不到足够的信息。这种信息不对称显现为:一方面,信息优势的某些隐蔽行为很难被委托人所监测到并加以预防,在委托代理契约中难以对未来事项面面俱到。上述代理人所拥有的信息优势,被阿罗归纳为两种情形,即"隐蔽行动"和"隐蔽信息"。前者指不能被委托人准确观察和预测到的行动,因此,对这类行动订立契约是不可能的;后者指代理人本身对事态的信息也不能完全掌握,但足以使其采取有利于自身的行动,而委托人则不能监测到。

由于委托人和代理人之间存在信息不对称,有关当事人之间的风险分担会引致道德风险问题。在信息为私人所掌握的情况下,即使所有当事人对风险持中立立场,道德风险也不可避免。

在转轨经济中,尤其是内部人控制的条件下,信息不对称加剧的趋

---

① Holmstrom B. and P. Milgrom, 1987,"Aggregation and linearity in the provision of intertemporal incentives", *Econometrica*, Vol. 55, No. 2.

势更为明显,如此一来,高道德风险的生成是在情理当中的。另外,内部人控制和信息不对称实际上存在互相强化的关系,也就是说,内部人控制加剧了信息不对称,而反过来,信息不对称又促成了内部人控制。

在我国目前上市公司委托理财业务中,由于"道德风险"所导致的受托人可能采取的有损委托人利益的行为具体表现为以下几种:

一是以信用换收益,改变主体的变相理财。以安塑股份公司的经历为例来说明这种行为。安塑股份公司在2000年曾为长沙市众源投资有限公司向银行贷款提供担保,双方约定该项贷款获得的收益必须归安塑股份公司。长沙市众源投资有限公司利用这笔贷款进行的是证券市场的投资活动,实际上,这是一种变相的委托理财方式。结果是,由于众源投资有限公司的投资未能收回,迫使安塑股份公司提出诉讼。[①]

二是以受托之后转委托,专业公司做"掮客"。长征电器于2000年与上海银基投资有限公司签订了共计7000万元的资产委托管理合同,没想到在合同履行期内,银基投资将受托理财合同中的权利义务转委托给上海海欣企业发展有限公司。由于到期后银基投资和海欣企业发展有限公司都没能履行合同,导致长征电器和两家委托理财机构打起了官司。[②]

三是以委托两家理财,实则一家操作。西南药业和大鹏证券重庆营业部之间的官司表现出这种方式的风险。西南药业分别在2000年2月份和2000年10月份与重庆新华信托和大鹏证券重庆营业部签署了委托理财协议,但实际上受托方都是大鹏证券重庆营业部。因为公司当初将资金均划到大鹏证券重庆营业部开立的资金账户上,由大鹏证券具体操作。结果两笔委托贷款到期由谁偿付成了问题,不得不对

---

① 《委托理财理出麻烦不少》,《上海证券报》2002年4月30日。
② 《长征电器:换第一大股东 公司委托理财纠纷胜诉》,《中国证券报》2002年9月5日。

簿公堂。①

对于"道德风险"的产生,我们认识到,如果信息不对称得到改善,"道德风险"的产生就会少一些,对整个交易而言,交易的效率会得到提高,交易成本就会减少,整体利益会得提高,从而实现帕累托改进。

信用服务的社会化不健全也是产生道德风险的一个直接原因。在欧美等发达国家,诚信制度已有一百多年的历史,包括企业信用制度和个人信用制度的社会信用服务体系较为完善,信用消费已超过全社会消费总量的 10%,企业经营活动的 80% 以信用支付,逃废银行债务的情况较少。与发达国家相比,我国社会化信用服务体系薄弱,服务水平不高。

(三)契约、制度与道德风险

产生道德风险的第三个内生源是契约不完备。委托人不能通过签订一个完善的合同来有效地约束代理人的行为,从而保证自身利益不受侵害。如果把会计制度比做一种"合约",那它也是一种"不完全合约"(由于会计制度制定者的"有限理性"和会计环境将来的趋变性),主要表现为制度疏漏、制度笼统、制度偏离现实、政策不确定等方面,这样必然导致当事人(公司管理层、会计人员和注册会计师)把剩余部分留给"隐含契约",而诚信的达成主要是靠当事人的信誉、欲求的抑制来实现的。会计中伦理道德的考量主要在于会计师行为所引起的利益冲突和失序,会计伦理秩序可以看成是利益相关者在特定冲突的逼迫之下不断反省而逐渐达成的共识,是一种实践的明智。行业协会能适当弥补契约不足,例如美国注册会计师协会(AICPA)建立了行业自律组织——公共监管委员会(POB),对注册会计师的独立性和审计质量实施监管。职业会计人个体则将行业自律准则通过自我调节、自我约束、自我判断内化为其内在目标和标准,即自我"立法"。

---

① 《委托理财理出麻烦不少》,《上海证券报》2002 年 4 月 30 日。

1. 契约的不完备性

张维迎曾把科斯开创的企业契约理论(Coase,1937)概括为以下三点:首先是企业的契约性;其次是契约的不完备性;再次是由此导致的所有权的重要性。这里,我们主要关注的是契约的不完备性。①

从科斯到德姆塞茨再到张五常,他们对构成企业契约的性质看法各有不同,但都承认的一点是契约的不完备性。一个完备的契约指的是契约准确地描述了与交易有关的所有未来可能出现的状态以及每种状态下契约各方的权利和责任。如果一个契约不能完全、准确地描述与交易有关的所有未来可能出现的状况以及每种状况下契约各方的权利和责任,这个契约就是不完备契约。它既导致了高昂的交易成本,又不具有法律上的可执行性。哈特认为,契约的不完备主要包括三个方面的内容:(1)由于个人的有限理性,契约不可能预见一切;(2)即使能够做到(1),由于外在环境的复杂性、不确定性,契约条款不可能无所不包;(3)即使能够做到(1)和(2)这两点,由于信息的不对称与不完全,契约的当事人或契约的仲裁者不可能证实一切,使外部权威(如法院)强制执行合同(这就造成契约激励约束机制失灵)。所以,完备的契约被认为在现实世界中是不存在的。② 于是,道德风险也就必然存在了。而实际上,这也是内部人控制不可避免的原因之一。

再者,市场的拓展带来的资本扩大化深化了委托代理的内容,而委托人和代理人之间是靠各种各样有形无形的契约来维系的。因此,契约的范围相应扩大,内容也深化了。这必然扩大契约的不完备性的范围并加深其作用程度。同时在转轨经济中,内部人控制条件下,造成不完备契约的三种交易成本更大,更可能发生,因此,这对契约的不完备性的范围的扩大和作用程度的加深无疑起到了推波助澜的作用,而所

① 张维迎:《博弈论与信息经济学》,上海人民出版社1996年版,第173页。

② Sanford J. Grossman, Oliver D. Hart, "The Costs and Benefits of Ownership: A Theory of Vertical and LateralIntegration", *Journal of Political Economy*, Vol. 94, No. 4, 1996.

有这些构成了转轨经济中内部人控制下的高道德风险的重要原因。同时，内部人控制和契约的不完备性之间还存在着相互强化的关系。

2. 根植于社会体制

任何一种制度体制，哪怕是民主政治的制度体制，都不可能是绝对完满无缺的，总是存在着某种"先天"的内在缺陷性，以我国当前的社会体制为例：我国在由传统的计划经济体制向社会主义市场经济体制转轨的过程当中，改革旧的社会体制，使旧制度失去约束作用，而新制度的制定未能跟上社会经济发展的需要，从而在某些方面存在着制度的"真空状态"。这就给某些人以机会，出现钻法律空子、打"擦边球"、"搭便车"和投机取巧等行为，使得道德风险应运而生。另外，国家制定一些现行政策，同样存在着巨大的道德风险，诸如政府行政事业部门的普遍创收制、承包制、客观上的效率至上评价体系等等。虽然这些政策对我国改革开放起到一定效用，但在实际的执行中，容易产生行贿、受贿行为以及滋生官僚主义作风等不利影响。我国目前的行政体制还没有完全摆脱对经济行为的行政调控，把政治生活中的道德风险转嫁到经济活动中，增加经济活动中的道德风险。例如，科研机构为了给本部门的创收自然应多做项目，这样就应与企业合作并签订合作合同。但项目是有限的，众多科研机构之间必然存在竞争。为了获得项目的合作权，科研机构便各显神通，通过关系人对企业项目负责人实施好处以获得项目的合作权。然而，一个正常的市场体制或政策体制，应是通过项目竞标，最有实力者获得项目的合作权。

在实体经济中，外部治理机制还很软弱。下面，以上市公司的股东治理模式为例说明。在上市公司的股东治理模式中，对经理层的监督和控制是由公司外部股东来完成的，而股东作用的发挥程度依赖于一个有效率的、竞争的资本市场；同时还要通过其他一些制度安排，比如竞争性的经理人市场以形成良好、完善的竞争市场环境系统。但在转轨经济中，上述竞争的资本市场、经理人市场都是不完善的，因此，来自公司外部的治理机制不能充分地发挥作用。

关于资本市场:经过 10 年的发展,中国资本市场已获得长足的进步。以证券市场为例,政府长期把股票市场当做效率低下的国有企业进行低成本融资的场所,是银行优惠低息贷款的一个替代选择,而不是为了要培育有效、竞争的证券市场。即使是一个濒临破产的上市企业的壳也可以用来从市场上套取资金。而成熟市场经济国家的证券市场,并不是筹集资金的场所,而是资源优化配置的场所与投资者的投资市场。例如,美国证券市场 1901—1996 年新发行股票总额仅占企业融资的 4%。因为我国目前的证券市场尚属于一种筹资制度安排而非投资制度安排,因为要为国有企业筹资服务,我们实行了"审批制"这一全世界闻所未闻的市场准入管制;因为证券市场只是一种筹资制度安排而非投资制度安排,证券市场上伪造公文、虚假报表、上市公司弄虚作假等违法违规现象屡禁不止。糟糕的透明度、猖獗的市场操纵和证券欺诈严重玷污了刚刚起步的中国证券市场的信誉。

由于先天的制度缺陷,中国以证券市场为代表的资本市场目前根本不能被称为一个有效率的竞争的资本市场,因而不存在公司外部股东对公司经理层发挥监督和控制作用的基石,这样使得依赖于有效、竞争的资本市场的股东外部治理机制不能充分发挥作用,为内部人控制提供了条件。

关于经理人市场:美国《商业周刊》2000 年曾出过一本特辑:《21世纪的公司》。其核心观点是,在 21 世纪,创造力是财富和成长的唯一的源泉。人力资本是唯一的财产。在知识经济条件下,知识精英的作用比以往任何时候都要大,其所创造的价值胜过许多一般劳动的总和。知识和创造力实现优化配置有赖于充分、公平竞争的经理人市场。有效、竞争的经理人市场对经济改革、经济发展至为关键。可是在中国这样的转轨经济国家中,经理人市场基本上尚未建立。以我国目前为例,一是缺少诚心为老板服务的、有道德的职业经理人。小企业变大,意味着委托代理链条逐步拉长。但如果我们的经理人是不值得信赖的,总是极可能出现内部人控制问题,有哪一个老板肯把企业交给他管理呢？二是法律及其他规则匮乏。由于经理人市场的空白或无效，现有企业的把持者缺乏来自市场的竞争。这使得激励机制难以发挥作用，又缺乏来自市场的有效监督，内部人控制只会日趋严重，导致所有者利益受到侵蚀。

另外，传统体制的遗留问题：在转轨经济中，将不可避免地存在大量传统体制的遗留问题。官僚主义、形式主义盛行，行政命令泛滥等计划经济的遗留还广泛地存在。如在证券市场上搞行政操作，实行"拉郎配"，以行政命令强行组合搭配等错误做法，不按市场规律办事，损害了市场机制的公平、竞争和效率。传统体制的遗留问题不仅是外部治理机制软弱的重要原因，也是内外部治理机制趋向于失灵的重要原因。

三、道德风险的防范措施

在党的十六届三中全会上也已经把建设"以道德为支撑、产权为基础、法律为保障"的社会信用体系，作为了规范市场经济秩序的治本之策。所以，构建我国经济伦理体系，提高整个社会的道德理性是防范"道德风险"的基础。信息非对称为道德风险创造了客观条件，建立充分的信息披露制度是防范"道德风险"的必要条件。而建立规范的制度框架则是防范"道德风险"的根本措施。

（一）提高整个社会的道德理性程度

应该看到，提高整个社会的道德理性、构建我国经济伦理体系是参与经济全球化、建立和发展社会主义市场经济体制的必然要求。近年来，随着经济体制改革的深入和市场经济的发展，经济活动中一些长期积累的伦理问题、过渡时期伴随的一些伦理问题以及在发达市场经济社会中仍然存在的伦理问题同时爆发，中国经济领域出现了"伦理失范"的状况，具体表现在：假冒伪劣产品充斥市场，上市公司作假和股市上的违法违规操作时有耳闻,企业之间的不正当竞争愈演愈烈,经济活动对自然环境的污染和破坏日趋严重,某些政府官员的"权力寻租"行为没有得到有效遏制,一些地方在发展经济方面的急功近利倾向仍在滋长,一些政府部门与企业在一些重大问题上相互推诿扯皮,等等。与此同时,经济全球化又向中国提出了新的、更高的伦理要求。

市场经济需要的伦理建构是以保护产权为实质内涵的行为准则系统或价值系统为基础的,这套伦理价值系统包括以下几个方面的内容:

1. 建立产权伦理

产权伦理是市场经济伦理的基础。产权本质上是一个关系概念,实际上指的是主体之间在相关财产中的责、权、利关系。而产权伦理是调节人们之间财产权利关系的价值观念、伦理规范和道德意识的总和,是全部经济伦理的基础。产权与伦理的关系,主要表现在一定的产权界定是伦理道德产生的前提。伦理道德是调节人们之间利益关系的行为规范,这种调节之所以需要,首先是因为人们之间有了利益的区分,而这种利益区分首先又是通过产权界定来实现的。因此,从这个意义上来说,没有一定的产权界定就没有自觉的伦理道德的产生。同时,伦理道德之所以会产生,显然也首先是为了调节人们之间的产权关系。

现代西方一些经济学家特别是制度经济学家对产权与伦理的关系进行了深入探讨,诺贝尔经济学奖获得者诺斯认为,一个国家和民族选择什么样的产权制度,不仅依据效率原则,也受意识形态、价值观念的影响和制约,一定的伦理道德是降低产权制度安排成本的重要机制。

因为产权包括财产的占有权、使用权、收益权和转让权等多方面的规定,因而作为调节人们产权关系的一种行为规范,产权伦理也包含多方面的内容。按照湖南大学罗能生教授的观点:产权伦理首先是指人们如何去获得财产权利和如何对待他人拥有的财产权利的伦理准则,即产权获得的正当性;其次是指人们在使用自己的产权时,不应该造成对他人权利或公共权利的侵害,即要求产权制度安排时,应该对人们的产权使用加以合理的界定和有效规范再次是指产权制度安排应该使人们的财产投入与财产收益相协调,或者说应该保障人们的资源和财产的投入有均等的机会去获得利益,应该以公平的规则来规范所有财产的收益;最后是指产权制度应该保障人们产权交易的自主性,给正当的产权交易以充分的自由,确立规范、公平、公正的产权交易规则,促进产权交易的有效进行。①

2. 确立信用伦理

信用伦理是市场经济秩序的伦理和道德的核心。中国传统儒家思想中,十分强调信用的作用,把它与仁、义、礼、智并列作为处理人与人关系的道德准则。在儒家看来,只要人们确立了信用道德,依靠这种内心信念,也能使发生经济关系的双方自觉地履行经济义务。这种以儒家文化为精神特质的信用是一种发自人本体的道德需求,并无法律的制约。这样一种应然的、自律的伦理是最高层次的伦理,它的实现途径是主体的自律。这种把信用伦理局限于主体内心,主张通过内心修养来达成守信的思想,过分强调了自律在主体行为中的作用,而忽视了影响信用伦理的其他社会因素。

在这一方面,西方的信用伦理认识更为深刻一些,他们强调信用就是一种价值意向,是一种工具理性。富兰克林曾用这样一段话来描述信用:"要记住,信用就是金钱。如果一个人把他的钱放在我这里,逾期不取回,那就是将利息或者在那段时间用这笔钱可以得到的一切给了我。只要一个人信用好、信誉高,并且善于用钱,这种所得的总额就会相当可观。"韦伯也认为信用就是金钱,并认为这是能够给人带来实际好处的一种美德,认为它与职业责任、诚实、节俭、忍耐和仁爱共同构成了资本主义精神。不仅如此,在新教伦理世界里,不讲信用的人不仅会失去财富,而且因为他违背了上帝的旨意必会受到惩罚。正是基于此,在西方,无论是大型企业还是中小企业,都认为企业出售的不仅仅是产品,而且包括信誉。西方的信用伦理是外在的、他律的、具有惩罚

---

① 罗能生:《产权伦理初论》,《道德与文明》2001 年第 1 期。

气质的伦理。

关于中西之间信用伦理的这种重大差别造就了中西方不同的价值理念。中国人更倾向于把信用伦理作为一种美德和一个人必须追求的道德修养境界,而西方人则把它作为一种规则来对待和遵守。

所谓信用,即承诺的可期性,或者说,信用即委托方与受托方之间的责任承诺。既然是一种责任承诺,也就意味着信用只能是一种有条件的相互性信任担保和平等对应的信用责任。在现代社会中介化、公共化程度空前提高的情况下,信用既是一种严格的道义伦理要求,也是一种需要提供普遍制度保障的社会伦理规范。

对于信用与伦理的关系,应当从以下几方面来认识:

首先,信用问题是道德成本问题。在某种意义上,现代市场经济就是信用经济,信用对国家、对单位、对个人都是一种资源,高度发达的信用关系,必将进一步提高市场资源配置的效率,起到降低交易成本的作用,但其前提必须是:交易双方都是讲道德的人。如果有一方不讲道德,非但不能降低交易成本,反而会使交易成本陡增。其结果很可能是,讲道德所付出的成本就会变得越来越高。信用问题也是道德选择问题。个人信用制度就是根据成本—收益原则,使个人信用违约成本大大高于违约收益。因此,一般而言,在使用个人信用的过程中,任何理性行为人都会通过成本—收益的比较,在短期的违约收益和长期的个人信用损失之间作出明智的选择,规范自身行为,向守约和长期化发展。但是,在目前尚没有建立起成熟的信用制度的情况下,能否愿意为了长远的、预期的利益而牺牲眼前的利益,这是一个道德选择的难题。

其次,信用问题还是道德环境问题。著名经济学家林毅夫曾提出过一个小朋友集体游公园的例子:当小朋友们处在一个干净、优美的环境中时,他们一般也能做到不乱扔垃圾;当他们处在一个相对脏、乱、差的环境中时,他们也比较容易地乱扔垃圾。当人们享受到别人提供的道德服务时,自己往往也愿意提供这种服务;当别人没有提供这种服务时,自己也不太愿意提供这种服务。由此可见,信用问题也是与道德环境有着十分密切的关系。

目前,市场经济的整体轮廓已经出现,但是伦理建构方面存在着一系列问题,如侵犯产权、不守信用、相互拖欠、恶意经营、市场主体奉行投机性的、利己主义的行为准则,不受约束。转型过程中的伦理道德失落无秩序状态的延伸,会造成经济体制进一步的改革发展缺少精神动力。

3. 构建市场经济伦理体系

社会主义市场经济的伦理建构是一个制度整合与伦理建构的互动过程。因此,市场经济秩序的伦理建构的途径包括:

(1)进行有效的制度创新

市场经济是规则的,它的正常运转表现在:一是每个人在遵守信用和法律的条件下,可以自由择业,可以自由经营,可以自由支配个人的收入;二是每个企业在遵守信用和法律的条件下,可以自由选择生产、经营、分配方式,自由选择合作、买卖、转让,经营亏损企业依法破产赔偿;三是政府只在法律规定和限制的职能范围内活动,政府行为也必须在法律约束下进行。因此,市场经济、经济自由建立在遵守信用和法律等市场经济的共同规则之上,建立社会主义市场经济的信用体系和健全法律约束,是市场经济重要的制度和规则。促进市场经济的制度建设,用制度创新促进伦理构建的创新,是市场经济秩序的伦理构建的重要途径。

制度创新首先是建立信用制度,强化信用约束机制;其次是强化法律保障,维护信用秩序。要从立法上明确法律责任,从司法和执行上落实法律责任,做到有法可依、执法必严、违法必究。

这样,制度的约束有利于道德约束的硬化,有利于个体道德意志上升到群体道德意志,有利于人们在遵守制度中,实现从他律到自律、从必然到自由的超越。制度创新是伦理建构的前提和保证。

(2)建立社会主义市场经济的伦理约束体系

建构适应社会主义市场经济的伦理道德体系,推进道德建设的现代化,是伦理建构的内容和基础。

首先,市场经济的伦理建构必须以社会主义市场经济及其发展规律为基础。不仅要树立利益导向、等价交换、社会需求的决定生产的市场经济的基本伦理观念,而且要继续进行集体主义、为人民服务等社会主义市场经济道德的教育宣传。其次,市场经济的伦理建构必须体现主体的基本特征及主体之间的伦理关系。要促使血缘伦理、地缘伦理、亲戚朋友伦理乃至单位伦理向适合于整个市场、整个社会的普遍伦理发展,普遍尊重人的生命、财产和自由的主体责任伦理,强调权利与义务的一致性。再次,市场经济的伦理建构必须把伦理体系的选择、继承、创新结合起来。继承传统的儒家伦理,它以善为价值取向,以人的群体为价值主体。发展社会主义伦理道德,强调人是一切社会关系的总和,公而忘私、集体协作。

(3)加强社会组织结构的道德协调

市场经济秩序的伦理建构关键在于实施和运作,因此,离不开社会组织机构的道德协调。

首先是通过政府进行道德调控,引导市场主体的行为不偏离市场的目标,保证市场经济的有序进行。政府进行道德咨询,就可以避免一些不良的后果。现在外国有许多地方成立了这样的专门组织。有的国家司法部门设有专门的道德咨询委员会,职能是对起草的有关法律进行伦理论证,避免法律通过后可能对公众产生的不良道德影响。如美国有"总统道德委员会",提出一整套政府官员新的道德准则,包括"高级官员所获额外收入不得超过本人工资的15%","政府工作人员必须公开个人资产的实价和收入来源","禁止政府行政人员和司法官员索取酬金";有的国家道德咨询已进入企业管理领域,企业的决策必须听取道德咨询机构专家的意见和建议。

其次是加强社会结构包括消费者、行业协会、中介机构等的道德监督管理。良好的社会道德调节机制的形成还有一个十分重要的方面,即社会道德监督机制的作用。社会道德监督机制的作用在于,通过社会舆论褒奖善的、贬斥恶的,最终达到扬善抑恶的目的。失去道德的社会监督,善恶不辨、褒贬不明,道德就会失去其社会作用。建立完善的社会道德监督机制,首要的是充分地发挥不同监督主体的作用。国家和政府是对全社会进行宏观道德监督的主体。人民群众是最大的社会道德监督主体,要充分发挥广大人民群众对国家政府机关、行业和部门领导机关的道德监督作用以及人民群众自监自督的作用。

再次是营造公众舆论环境,通过教育和宣传进行道德评价、道德教育,提倡规范的伦理观念,制约和约束不遵守伦理规范的行为。

(二)建立充分的信息披露制度

信息非对称为道德风险创造了客观条件。以上市公司为例,在股东与经营者的委托代理契约中,利润指标往往是衡量经营者努力程度的一个重要指标。由于经营者与股东的效用目标函数不同,经营者为了自身利益,极有可能不惜损害公司和股东的利益,有意发出误导他人的信息,或有意隐瞒他所掌握的真实信息,尤其在公司经营业绩不佳的情况下,经营者往往通过账务造假来满足自身利益的需求。

我国自上海、深圳两个证券交易所成立以来,上市公司开始正式对外披露财务信息。随着中国证券市场的不断成熟和规范,上市公司的治理水准和信息披露的质量不断提高。但是另一方面,我国上市公司信息披露中还存着严重的问题,突出表现为信息披露不真实、不充分、不及时,或蓄意歪曲,或虚假陈述,或利润操纵。有的上市公司随心所欲地进行信息造假和信息操纵,如近年来,证监会公开查处的"琼民源"、"红光实业"、"东方锅炉"、"大庆联谊"、"银广夏"等上市公司信息披露违规事件,造假公司手段之高明、性质之恶劣、范围之广泛,充分暴露出我国上市公司信息披露方面存在严重问题。上市公司在信息披露中的造假行为,极大损害了上市公司的形象,打击了投资者的信心,已成为中国证券市场健康发展的一大隐患。

从管理学的角度看,上市公司信息披露是有成本的。这些成本除企业搜集、处理、审计、传递信息的过程中所花费的代价外，还包括诉讼成本、竞争成本以及谈判成本等潜在成本。根据信息的成本效益原则，当信息披露的边际成本大于边际收益时，内部人控制所存在的追求自身效用最大化的目的，就决定了上市公司经营者有隐瞒信息甚至披露虚假信息的动机。由此可见，建立充分的信息披露制度是防止道德风险的必要条件。那么，如何理解信息披露呢？

1. 信息披露的提出

信息披露制度起源于 1844 年的英国《公司法》，该法的目的在于通过公司信息的完全公开，以达到防止欺诈或架空公司行为的发生、防止公司经营不当或财务制度混乱，从而维护股东与投资者的合法权益。后来，该制度被美国法所采用，如早在 1911 年的堪萨斯州颁布的《蓝天法》，其立法宗旨在于：防止发行人以欺诈手段蒙骗公众。可见，信息披露是指通过及时发布和对外公开方式，提供信息和使决策制定公开的过程和方法。信息披露能够提高有关公司的透明度。所谓透明度是指营造一种环境的原则，在这种环境中，所有的市场参与者可以接近、了解和理解有关现存状况决策以及行为的信息。因此，真实、全面及时、充分地披露信息至关重要。信息披露在本质上也是上市公司的一项经济活动，也要考虑成本效益对比。正如布兰迪希所言：公开是现代社会与产业弊病的救生药，阳光是最有效的消毒剂，电光是最有能力的警察。

以证券市场为例，信息公开制度之所以应被置于中心的地位是因为其与证券市场之间存在着深刻的内在机理：其一证券信息是沟通证券价格的桥梁，是打造证券市场信誉、打造投资者信心的基础。其二，信息的公开必能激发公司的内在治理机构，因为相关公司的财务制度等信息的公开必将使公司置身于公众的监督之下；同时，这亦能使公司的董事能有效地尽到勤勉、忠实、敬业的义务。其三是信息的公开可以防止其被滥用，并产生消除信息不对称的效应，从而阻滞内幕交易或垄断、操纵证券市场价格行为的发生。正是基于上述的原因，证券市场中相关证券信息披露的完全性、准确性、及时性、真实性、充分性等就成为了证券监管者监管的必然要求。

2. 信息披露制度框架

客观地考察一下我国证券市场的信息披露制度，不难发现在我国的证券市场中普遍缺乏应有的"阳光效应"。此种缺乏的直接结果是虚假性的、欺诈性的、误导性的、非及时性的及欠准确性的证券信息的横行与内幕交易、操纵及垄断市场行为的层出不穷。因此，有必要分析我国信息披露制度框架的构建。杜国强等人认为：信息披露制度包括信息生成制度、信息复核制度、信息公开制度、信息使用制度和违规处罚制度。

（1）信息生成制度。它是指规范上市公司向市场所公开信息产生的一系列制度要求。所谓信息生成是指通过特定的方法和程序，根据一定的标准对与公司经济活动有关的数据、信息进行收集和加工从而得到符合要求的信息集合。信息生成制度实际上决定了上市公司用以公开的信息内容，而描述企业经济活动的信息浩如烟海，公司不可能全部公开，因为这不仅可能涉及商业机密，还要从成本效益角度权衡。根据分形市场假说，披露的信息必须要充分，制度必须在二者之间保持平衡。

财务信息的生成制度主要是会计准则。我国目前的准则体系具有较强的技术移植痕迹，不太适应我国国情，其制定也缺乏广泛的社会参与基础。非财务信息的生成制度主要涉及重要性标准，我国目前采用的是"股价敏感"和"投资者决策"双重标准。制度的特点决定了"投资者决策"标准更为根本，并且它也包含了"股价敏感"标准，因此采用一元标准重点更突出。

（2）信息复核制度。公司用以公开的信息产生以后，要进行复核，以确保信息的真实、准确。对信息的复核首先应从公司内部进行。不仅如此，为增强外部信息使用人的信赖，还要经过外部独立复核。内部复核是指从公司内部对生成的、用以公开的信息进行审查，从而明确公司管理当局信息披露义务和责任的一种机制。外部复核主要是指注册会计师、律师等中介从客观、独立的立场对公司信息进行见证的制度安排。在当前的制度安排中,主要是外部中介的独立性缺乏现实保证,中介与上市公司串通违规的现象比比皆是。

（3）信息公开制度。它是指规范信息披露的途径、时间、格式等制度要求。公司信息披露的媒介必须多样化,除了在证监会制定的报刊、网站上进行披露以外,还要逐步通过自身保有的网站或网页发布信息。对信息的披露不仅有及时性要求,还有保留时间要足够长的要求。公司一旦意识到非公开信息符合重要性标准,就应当及时无误地向投资者披露。由于分形市场假说认为人们对以前忽略的信息可能采取累积反应,所以应考虑建立一个全国性的集中统一的信息数据库用以保存以前期间各上市公司所披露的所有信息以及相关的制度要求,延长公司所披露信息的保留时段,在技术发展许可的条件下甚至永久保留,使人们可以容易地获取以前的信息,从而作出最佳决策。另外,为保持可比性和易理解性,所有同类信息披露应按照统一的格式进行披露。目前,投资者获取信息的手段受限,成本较高,非财务信息混乱的披露格式也不利于投资人使用。

（4）信息使用制度。它是指规范信息使用人在获取相关信息后,对其进行加工、整理并进行分析以便为决策提供依据的行为的制度安排。信息使用人可以分为:投资人,包括现时投资人和潜在投资人,债权人,包括银行和公司债券持有人;政府管理部门（如工商、税务、统计等）,市场监管部门,如证监会和交易所;中介组织,如证券分析机构和信用评估机构等。根据证券市场的要求,必须通过投资者教育机制提高投资人利用信息的能力。同时,对各种中介机构的独立性要加强监管,预防证券分析师或信用评估师沦为上市公司的枪手,合谋侵害投资人的利益。

（5）违规处罚制度。它是指对组织和个人违反信息披露制度的行为进行处罚的制度要求。制度的完善固然重要,如果没有相应的强制性约束,人们也就不会认真遵守这些制度了。只有加大对违规行为的处罚力度,才能提高其威慑力,起到预防违规的作用。同时,要从制度上加强对违规个人的民事责任追究,即使违法者得到应有的惩罚,还可使受害者得到补偿。

3. 完善我国信息披露的路径

针对我国财经信息所存在的不足,笔者以为借鉴其他国家的成功的经验与本国的特点,我国可以采取以下的完善的方法:

(1)信息披露的电子化。信息不对称是产生内幕交易的原因之一,因此,减少处于优势地位的人对信息占有的时间差亦是控制内幕交易行为的有效方法之一。信息披露的电子化便可以达到这一目的。比如,美国证券市场经过十多年的准备,终于在 1996 年 5 月开始实施全国上市公司强制性电子化信息申报机制。该制度的实行大大地缩短了进行信息申报与生效的时间,这样相对地延长了投资者对信息的占有时间。其结果是在一定程度上降低了内幕交易与操纵市场、垄断证券价格行为的发生。以电子化为依托从而使信息透明化的方法是值得我国借鉴的。

(2)促进征信数据的开放。个人隐私和商业秘密应该受到法律保护,但也不是绝对的。同国外比较,我国数据征信的一个主要障碍就是征信数据不能合法取得,致使征信报告的权威性大打折扣,征信业普遍陷入亏损的境地。为了发展我国的征信业,国家应修订原有法律中不利于数据开放的有关条款,如放宽《商业银行法》中要求对客户资料保密的规定,《反不正当竞争法》中有关侵权商业秘密的规定等。按照国际惯例,制定公平信息法、信息自由法等相关法律,并在法律允许的框架内,协同工商、税务、法院、海关、公用事业、担保公司等部门共同组建一个信息平台,通过覆盖全国的信用信息网络,公开地向社会提供有关个人和企业的信用信息,使征信数据的取得和使用合法化、程序化。

(3)加强对资信评级机构的监督和管理。我国绝大多数资信评级机构由各级人民银行组建成立,少数为独立的民办公司。结合我国目前的实际情况以及入世的承诺,政府应做好以下工作:通过舆论宣传尤其是人才政策的扶持,为资信评级业的发展创造良好的外部环境;通过相关立法,加强对资信评级业的监管。如西方国家通过制定《投资咨询法》、《资信评估法》以及配套的《公司法》、《证券法》、《注册会计师法》等,不仅明确了资信评级机构的责权利以及业务范围、组织结构、对人员素质的要求,而且促进了资信评级的规范、健康发展;通过发展行业协会,实现行业自律,促进资信评级业的健康发展。

(4)完善信息披露的监管体系。从公司信息披露的监管来看,我国目前对上市公司信息披露的监管主要是由政府管理部门负主要责任,从立法到执法,都由政府管理部门运作。公司内部监管机制作用甚弱。要参照国外成功经验,强化公司信息披露监管机制。一是要建立和完善由政府主管部门、证监会、证券交易所、行业协会共同构成,各监管主体方向明确、功能互补、共同发挥作用的监管机制,加强对上市公司的日常活动和财务信息披露的具体的详细的监管。二是证券监管部门要制定一套符合中国实际的上市公司财务信息披露的监督管理办法,加强对上市公司信息包括招股说明书、中报、年报、股利分配等信息的生成和披露进行监督。三是要强化公司内部监督约束机制,加强上市公司内部财务控制、会计控制和审计控制,确保上市公司经营活动的合规性和有效性、会计信息的可靠性和相关性、内部管理与法律规范的一致性和信息披露的真实性。

(5)健全信息披露的有关法规和制度。我国上市公司信息披露的会计法规、制度和准则的制定和实施,对于遏制上市公司的会计造假、保证上市公司财务信息的真实性,发挥了重要作用。但是,与成熟市场经济国家和地区相比,我国上市公司信息披露的法规、制度和准则仍然存在着漏洞和不足,比如财务信息披露中对重大事件披露的规定不够明确和完整、商业秘密的保护与必须披露的财务披露的财务信息的界定和区分不够明确等等。国外经验表明,只有建立一套相对完善的信息披露的法规和制度,才能从根本上解决上市公司会计信息普遍失真的问题。一是要对现有的规则和制度进行修改和补充,进一步完善上市公司会计准则、信息披露准则和注册会计师职业规范,解决信息披露、信息传输、信息解析以及信息反馈等环节中存在的问题。二是要制定民事赔偿方面的法律规定和具体措施,建立上市公司虚假信息赔偿制度,对造假的上市公司及其高级管理人员处以重罚,从而有效地遏制上市公司信息造假行为。

(6)重视信用教育。一方面应加大宣传力度,充分利用各种渠道向广大消费者和企业宣传失信的危害,提高全社会信用意识和信用观念,在全社会形成一个诚实、守信的社会环境和舆论氛围;另一方面应加强信用人才的培养,通过走出去、请进来等多种渠道,培育、储备一批懂得先进的信用管理模式和先进的管理经验的专业人才,推进信用管理水平的提高,推动区域经济的协调、健康发展。

(三)建立规范的道德风险规避机制

从外部制度安排而言,要把防范道德风险的着重点放在政府诚信的重构上,使全社会形成对道德风险规避的责任意识和社会大环境;从内部制度安排而言,企业尤其是国有企业要把防范道德风险的着重点放在公平环境的营造上。

1. 构筑政府诚信

政府诚信的构筑主要应从以下三个方面着手:建立有限政府是构筑政府信用的重点,建立责任政府是构筑政府信用的目标,建立透明政府是构筑政府信用的关键。

(1)转变政府职能,建立有限政府是构筑政府信用的重点。

政府职责不清是导致职能越位、缺位、错位的根源,是造成政府信用缺失的主要原因。构筑政府信用必须加快地方政府职能的转变,改革政府机构,转变地方政府职能,建立一个精简、统一和高效的政府,抛弃全能政府的管理模式,向有限政府和责任政府转变。政府管理方式要实现由被动性的管理方式向互动性的管理方式转变,由控制性的管理方式向协商性的管理方式转变,由行政型的管理方式向契约型的管理方式转变,由微观干预的管理方式向宏观调控的管理方式转变。政府的主要职能是统筹规划、掌握政策、信息引导、组织协调、提供服务,检查监督,使政府及其行政人对公众负责,切实履行应尽的职责和义务,妥善地行使其权力并承担相应的责任,增强政府的责任感和公众对政府的信任感,在政府与公众之间形成一种良性互动关系。

(2)权责统一,建立责任政府是构筑政府信用的目标

政府责任是一种全方位的责任,强调分工、效率、制度与责任性的相互适应,当追求责任成为政府的发展目标时,政府行为才会向着理性化发展,政府信用也就有了保证。行政学家斯塔林认为,政府责任的价值在于以下方面回应性:政府对公众的要求作出反应并采取措施;弹性:政策形成和执行中,政府不能忽略不同群体、地域对目标达成的情景差异;能力:政府行为应是谨慎、效率和有效能的;正当程序:政府行为应受法律约束;责任:组织和成员必须对外部的某些人和事负责;诚实:在现代政府实践中,不同国家的政府责任制度多表现为不同的责任追究制度,其基本含义是政府受托执掌社会公权力,作为权力之本源的人民按照法定的程序,可以对政府及其官员行使权力的行为直接或间接地咨询、质询并要求其作出解释或答复,政府官员对其行政行为必须承担行政责任。这些行政责任既包括法律责任,也包括政治责任和道义责任。违反行政法律、法规的应当承担行政责任,接受行政处分;触犯刑律的必须接受刑事审判,受到刑事制裁;行政决策失误必须承担政治责任和道义责任,应当引咎辞职,或者被依法免职。追究行政责任的形式必须通过公开、透明的方式进行才有助于提升民众对政府的信任。

(3)规范公开,建立透明政府是构筑政府信用的关键

政府信用缺失的一个重要原因是政府行政过程中存在严重的信息不对称,我国政府的传统管理方式是以行政手段为主,政府很多的决策、法规、程序等行政信息没有及时得到公布,政府信息带有很大的神秘性。随着我国加入WTO,其透明度原则对政务公开提出了明确的要

求,各级政府应以此为契机,以办公自动化、信息化为突破口,通过"电子政府"的方式扩大政务公开的广度和深度。从当前的情况看,政务公开主要应侧重以下几个方面:一是公开政府的重大决策;二是公开法律法规,改变过去通过发放红头文件、"小范围公开"的做法;三是公开行政标准,政府部门的职责、职能要公开,政府部门行政所依据的标准、根据要公开,全面接受社会公众的监督;四是公开办事程序、办事手续、办事条件、办事机构和办事时限,减少办事环节,提高政府的工作效率;五是公开办事结果,通过政务公开提高政府工作的透明度,变"神秘政府"为"透明政府",扩大公民对政府的监督范围。

2. 营造公平环境

从微观上来讲,企业要把防范道德风险的着重点放在内部公平环境的营造上:首先,必须逐步建立现代企业制度;其次,强有力的规章制度和规范的业务操作是控制内部道德风险的最有效手段;再次,要善于运用公平激励手段。

(1)按现代企业制度要求深化改革

国有企业必须逐步建立现代企业制度。按照"产权清晰、权责明确、政企分开、管理科学"的要求与时俱进,推进管理体制创新。要正确处理集中管理与授权管理的关系,根据形势的发展、政策的变化、业务的调整所提出的新要求,合理划分各级部门的管理权限,调动它们的积极性,完善集中管理与授权管理相结合的管理体制,形成权责明确、政令畅通、高效运行的内部管理体制。在经济主体获得额外保护的情况下,更应避免决策者的道德风险,切实解决好两者的对接问题。

(2)建立健全各项规章制度

在国有企业目前的经营管理体制下,强有力的规章制度和规范的业务操作是控制内部道德风险的最有效手段。要全面建立内部授权制度,增加内部授权透明度;明确各授权岗位的业务操作程序;正确处理发展与规范的关系,坚持内控优先原则,发展必须在规范的范围内发展;严格内控标准,任何人、任何业务都必须处于内控制度的控制下,任何情况下不能出现例外。同时,要将对内控制度进行再监督的内部稽核制度作为内控体系的核心,提高内部稽核的独立性和稽核覆盖面,充分发挥其确保各项内控措施得到全面落实的关键性作用。要在稽核部门与业务管理部门之间建立起有效的信息流动渠道,并严格稽核整改要求,以提高稽核工作的效果。通过以上方式充分发挥内部稽核在控制内部道德风险方面的重要作用。

(3)完善公平激励机制

要运用公平激励手段,努力做到满足激励对象的公平意识和公平要求,积极减少和消除不公平现象,但正确的做法不是搞绝对平均主义,而是领导者要做到公平处事、公平待人,不搞好恶论人,亲者厚、疏者薄。如对激励对象的分配、晋级、奖励、使用等方面,要力争做到公正合理,人人心情舒畅。一是优化员工配置。随着业务范围的扩大和银行科技含量的不断提高,对员工的新知识、新技能提出了越来越高的要求。为此,可以通过内部退养的办法腾出部分岗位。二是实行岗位轮换。在不影响业务正常进行的前提下,对员工进行定期不定期的岗位轮换。这样做一方面可以提高员工的综合素质,另一方面也可以及时发现和化解各种经营风险和道德风险。三是建立员工等级制度。每个员工在进入企业之初都根据其学历、职称、工龄等情况合理确定基础等级,此后根据其实际贡献定期调整,使员工工作起来有目标、有干劲、有压力、有动力、有活力,推进各项工作的长期可持续发展。四是实行末位淘汰制。对于在业绩考评中居于末位的员工,应区别情况分别给予降低或冻结员工等级、换岗调整、重新培训甚至辞退等处罚。

(4)下达合理的考核指标

考核指标的制定要全面考虑是否符合实际,否则可能对管理层和操作层传达错误信息,以增加风险为代价,甚至在一定程度上破坏内控环境,直接引起内部道德风险的增加。要减少考核指标制定过程中的主观性,在充分考虑实际情况的基础上建立起以封闭管理为基础、风险管理为核心的考核指标,实现社会效益和自身效益的可持续发展。

四、道德风险的实证剖析

对于道德风险,国内外的研究主要着眼于宏观上或经济生活的视角,但将它和审计实证结合起来的很少,即使有也是零星的、局部的,而不是系统地来讨论它们的联姻。

2002 年 11 月 19 日在香港举行的第 16 届世界会计师大会上,中国政府提出:"重视会计职业道德建设,加强会计业的监督管理,要求所有会计、审计人员必须做到'诚信为本,操守为重,坚持原则,不做假账。'"

美国注册会计师协会(AICPA)认为:审计风险是审计人员对于存在重大错报的财务报表未能适当地发表他的意见的风险。国际审计准则第 25 号《重要性和审计风险》将审计风险定义为:"审计人员对实质上误报的财务资料提供不适当意见的风险。"我国《独立审计具体准则第 9 号——内部控制与审计风险》则将审计风险定义为:"会计报表存在重大错报或漏报,而注册会计师审计后发表不恰当审计意见的可能性。"审计主体(CPA)的风险模型为:审计风险 = 固有风险 × 控制风险 × 检查风险。本文着重从道德风险的角度去解析审计风险。

1. 知己知彼中的"知彼"。

要了解被审对象的商业游戏规则,如既有总体适用的像《法国民法典》第 1131 条规定的"无原因的债、基于错误或不法原因的债,不发生任何效力",又有中观适用的《总会计师条例》等,还有不同公司、企业不同岗位的具体责任,如中国工商银行为会计中出纳员的岗位规定了六项职责(从而和其他的岗位区别开来)。德勤会计公司将员工在不同规模、不同体制、不同行业进行了责任分工,以利于更加专业化和经验积累。毕马威会计公司(追求细节的完美)特别强调审计人员对于财务数据信息的理解和思考,认为审计人员只有从最基层做起,熟悉每一个环节和程序,才能达到公司的要求。这就降低了信息不对称

（因为无论是"囚徒困境"、"劣币驱良币"，还是"道德困境"都源于信息阻滞）。

面对信息技术时代企业自身的变化及不确定性，德勤开发了一套复杂的审计计算机软件；特别是审计人员的学习、培训尤为重要。德勤风险管理部门将核心必修课程、实时培训系统、技能提高培训内容分别匹配给一级员工（Staff Accountant Ⅰ）→二级审计师（Staff Accountant Ⅱ）→审计经理助理（Semi-Senior Accountant）→高级审计经理（Senior Accountant）→最高级管理人员以上（Senior Managers and Above）的各层再训。我国也正在实施审计培训中心的一般培训班、处长培训班、局长培训班、中德审计培训班。

2. 从规制上确保审计的独立性

SEC 在 2001 年修订独立审计规则时设定了四个基本原则来衡量审计师的独立性。当审计师有下列四个基本原则所述的情形时，就会被认为是不独立的："与被审计客户有共同利益或存在利益冲突；审计自己的工作；履行被审计客户的管理层或雇员的职能；作为被审计客户的'支持者'（advocate）。"美国《2002 会计改革和投资者保护法》（简称 Sarbanesoxley Act）又进了一步：强制实行注册会计师定期轮换制，加强对会计师事务所更换的监管；限制审计师为审计客户提供非审计服务；限制审计师去被审公司任职；明确审计工作底稿保管责任；向监管部门报告公司和审计师间的会计分歧。仅英国和美国的监管机构禁止会计师事务所向客户提供管理咨询服务，审计与咨询分业，就使世界五大会计师事务所损失最少 126 亿美元的顾问费。世界最好的审计师和咨询师也不情愿被迫重新作出选择，避免了投资者担心审计师可能为了获得利润较高的咨询服务而降低审计服务的收费，从而"侵蚀审计师的独立性"。

中国注册会计师协会在 2002 年 6 月颁布了《中国注册会计师职业道德规范指导意见》，具体包括独立性、专业胜任能力、保密、收费与佣金、与执行见证业务不相容的工作、接任前任注册会计师的审计业务以及广告、业务招揽和宣传等七个方面的内容,对注册会计履行社会责任,恪守独立、客观、公正的原则,保持应有的职业谨慎,保持和提高专业胜任能力,履行对客户、同行的责任等提出了具体要求。例如,规定会计师事务所"应定期轮换审计项目负责人和签字注册会计师",以维护其独立性。审计项目负责人及签字注会定期轮换无疑大大提高了可能存在的违规成本。密切关注事务所变更,把加强对"炒鱿鱼"、"不计后果接下家"事务所的监管工作进一步引向深入等。日本的三重审计制(为了独立、公正)值得各国尤其是我国参照。

3. 实施注册会计师保险制度

保险公司只选择好的注册会计师为保险对象,这样做的实质是注册会计师的水平与道德靠保险公司也就是靠社会来评判,不被认可的注册会计师及其事务所则被淘汰出局。这是一种社会选优的模式,在执业审计中引入了保险、竞争机制,靠社会监督来安定社会秩序和2001年7月伦敦股票交易所推出"道德股指",被审计确认连续3年没有财务欺诈的公司方可编入。根据古罗马的《十二铜表法》的第六表第一条中就有这样的规定:"如有人缔结抵押自身或转让物件的契约(而有5个证人及1个司秤人在场),那么当时所作的诺言不得违反。"我国虽然也规定了会计师事务所的赔偿责任,但它们大都规模小,最大的5家资本金才300万元上下,全部6045家年收入全部加起来60亿元,致使注册会计师这个自然人的担保能力不足以满足罚款或补偿过失,既然预期违法收益大于预期违法成本,必然导致以小博大,因而屡见"胜诉得不到胜诉款"现象,中天勤会计事务所无论如何也赔偿不起股民天文数字般的财富"缩水"。保险公司从"有恒产,有恒心"的角度,必然要提高会计公司的注册资本规模,现在仅少数能达标。

4. 加大审计实证中非正式契约的供给

霍斯金和麦克夫在《会计学:一门学科规训被忽略的补充》中着重强调了规训的力量以避免灰色地带隐藏的风险。财务丑闻并没有改变商业社会的运行规则,但需要重塑一度失去的理智、信心,尤其是商业伦理标准。如国际会计师联合会职业道德守则（IFAC Code of Ethics for Professional Accountants）要求"职业会计师应力求公平,不得因偏见、利益冲突和他人影响而损害客观性";英国特许注册会计师协会（ACCA）职业行为规范,对于成员可能违反的职业不当行为中最经常出现的职业情形制定了相关的道德要求;1998 年 1 月 13 日通过的美国注册会计师协会职业道德规范（ALCPA Mission Statementand Code of Professional Conduct）指出:"公正性可以承受不经意的小错误和在正直的观点上的差别,但不能容忍任何欺骗行为和出卖原则的行为。"中注协 2002 年 7 月发布了《审计技术提示第 1 号——财务欺诈风险》,努力使审计主体承担起"严格责任"（strict liability）。

第 五 章

财经伦理的历史演变与现状

我国的财经活动经历了由封闭性发展到开放性发展的过程,财经历史的发展和演变到如今已经进入到了经济全球化的行列中,尤其在金融全球化的背景下,我国经济也纳入到世界性的范围内。当前全球性的金融危机虽然没有对我国经济产生根本性的影响,但是影响也不可避免地产生着。世界银行原高级顾问沙奈认为:金融全球化既是资本全球化的支柱,也是资本全球化的致命弱点,正是帝国主义在当代的表现。① 本章限于篇幅主要结合我国财经信用的特点和历史演变进行现代性的梳理和诠释。

恰如经济活动与道德伦理所体现的一样,大体而言,作为两者某种结合的财经伦理也是一个历史性的范畴。可以说有了商业交往就有了财经伦理,它是随着商业交往的发展而产生、发展和流变的。因此,欲理解当下社会财经伦理的性质与作用机制,很有必要了解其历史发展。

---

① [法]弗朗索瓦·沙奈军著,齐建华、胡振良译:《突出金融危机》,中央编译出版社 2009 年版,第 4 页。

本章就意图以历史与逻辑相统一的原则方法去发觉和最大可能地再现这一历史轨迹与进程。这样去理解有两点意义:其一,通过历史上各时期、各状况下的财经伦理发展脉络的梳理,有助于在建设社会主义市场经济进程中总结经验、分清优劣,树立正确的财经伦理意识;其二,这种历史与逻辑的分析既是马克思主义对待现实问题唯物辩证法的根本运用,也是透视伦理问题基本的和重要的方法。马克思指出:"一切发展,不管其内容如何,都可以看作一系列不同的发展阶段,它们以一个否定另一个的方式彼此联系着。"①在《资本论》第 1 卷阐述商品概念时,马克思也分析了不同社会形态下的商品形式特征和内涵,因此没有分阶段地理解与研究就没有整体的概念。正如卢卡奇所言:整体不是原因、目的,而是结果,整体概念是在阶段性、局部性研究基础上的必然结果。同样财经伦理学作为一门新兴学科也有其逐步发展推进的历史,所以分阶段地对财经伦理思想进行探究,研究它在历史演变的不同阶段及其表现的具体内容、特征以及如何发挥作用,最后形成对财经伦理的一个具体的整体把握,显得非常必要和重要。

一、我国封建社会的财经伦理萌芽

在中国古代,随着社会劳动的逐步分工和生产力的缓慢发展,经济活动显著增强,商业交往与财经活动逐渐兴盛起来,这一切为古代社会财经伦理的萌芽与诞生提供了社会经济的前提与基础。古代的经济活动虽不发达,但其与财经伦理思想及规范的发展仍然是一种双向建构的过程。古代社会初步的、欠发达的商业财经活动及其相应的交往频率和程度决定了财经伦理道德的发展状况,而这种状况也体现了古代社会发展相应的特征和水平。

---

① 《马克思恩格斯全集》第 4 卷,人民出版社 1958 年版,第 329 页。

（一）中国古代的财经伦理思想

古代财经伦理,是指与奴隶社会、封建社会制度相适应的财经伦理。如前所述,商品交换中的道德产生于奴隶社会,这是应当充分肯定的。但是,奴隶社会的财经道德是刚刚产生的道德,很不完善,没有自己的理论,往往通过商人的具体形象来表现,没有财经道德原则;财经活动的行为是多方面的,不可能把每一个行为都规定为一个规范,这就需要概括、抽象,把一些有代表性的行为确定为财经伦理原则,达到约束商业行为的目的。

1. 财经伦理的起源

财经活动,从总的方面来看,是一个理财管钱,组织社会生产、分配、流通和消费的工作,相应地,财经伦理就是指在这些工作中应遵循和践履的伦理规范。中国封建社会基本上是自给自足的自然经济,但商品交换消费等一直存在并不断发展丰富。而财经伦理正是伴随着商业和商人的生产而产生的,是生产力发展到一定阶段的产物。在原始社会里,由于生产力极端低下,没有社会分工,人们共同劳动,劳动产品归集体所有,共同享用。只是到了原始社会末期才有商业交换的萌芽。商品交换活动是从商朝开始的。传说商代的先人王亥"肇牵牛羊,运服贾"(意思是开始驾着牛车,到远方做买卖)。商朝灭亡之后,周公把商纣王的儿子武庚及其遗民送到商地,专门从事买卖活动。因为商族(地)人善于经营商业,周人习惯地把从事这种行业的人称为商地之人,即商人。因而这种行业就称之为"商业"。当然,最初的交换是物物交换即产品的直接交换。这是一种朴素的产品交换风俗,并不存在道德或伦理问题。后来随着私有制在时间、空间上日益扩展,买和卖逐渐分离为独立的行为。农业、手工业等生产部门专门从事生产活动,商人在生产部门和消费者之间通过买卖活动满足社会需要,并得以谋生。在这种情况下,由于商人的中介地位,一方面要同生产者打交道,另一方面又同消费者打交道,这就使商人间的关系复杂化,主要表现为利益关系的复杂化。这种利益关系是由商人经商的目的决定的。商人买卖活动的目的是为了赚钱,求得生存,以至于赚更多的钱,发财致富。这就可能在商人行动中产生压低价格购进、抬高价格卖出的行为,从而造成贱买贵卖的条件,卖出时可能出现以次充好、漫天要价等行为,这就使商人因生产者与消费者发生矛盾。这些矛盾在社会上反复多次,渐渐形成倾向性的是非观念,并且凝结在一些主要的行为规范上,如商货要真,要诚实不虚诳等。规范财经从业人员的行为,调节财经活动中的矛盾的伦理原则与规范,就是财经伦理。

2. 诚商精神

诚商精神,就是在商业或财经活动中要讲"诚",讲"仁义"。所以,在守义的前提下谋利,是中国古代的财经道德原则。这里所说的"义",是指我国古代社会的"仁义"观,"利"是指物质利益。所谓守义,就是遵守这种"仁义"观,而所谓谋利是指追求物质利益。

由于封建商业的发展,财经活动频繁起来,财经道德在封建社会里有了很大的发展,同时由于儒家文化的影响,产生了商业的指导原则。因此,所谓中国古代的财经道德原则,主要是指与封建社会相适应的财经道德原则,它是商业活动的最基本的指导思想和行为准则。

在我国封建社会中,人们根据一定的道德观念,把商人分为"诚商"和"奸商",把财经道德凝结到人的身上,这一方面说明人们对财经道德认识的提高;另一方面说明遵守财经道德与人的道德品质有关。我国封建社会的财经道德主要是"诚商"实践经验的总结,也包括一部分"奸商"实践提供的反面材料,这正反两方面的经验形成了善恶概念,这正是财经道德的关键所在。

诚商这一伦理原则,是我国封建社会中义利传统观的表现。财经道德是社会道德和职业道德的一部分,它的思想倾向不能脱离一个国家、一个地区的基本指导思想。在我国封建社会的伦理思想史上,曾进行过长期的"义利之争",但争斗的结局总是"以义创新"。根据史书记载,商代已有从事会计工作的机构和官职,称为"上计"。"会计"词始名于《周礼》，即"零星算之为计，总和算之为会"。在周代时，对会计的监督制度就已十分严密，如果稽查出有财物出入情况或违纪之事，均以国家颁布的"式法"、"令"为准给予查处。

3. "量入为出"

"量入为出"是西周时代周王理财的中心思想，也是中国古代正统的财经思想，体现了核算的要求和节约的精神。我国早期的思想家均有这方面的论述。管仲关于"审度量、节衣服、俭财用，禁侈泰，为国之急也"，"审用财，慎施报，察称量"等思想观点均是主张节约的，认为奢可致贫，贫可致弱；荀子主张"养其和，节其流，开其源，而时斟酌焉"。隋唐陆贽的不少策议都是通过实际了解，按量入为出的原则提出的，他提出了兼顾各方面利益，节减支出，注意经济效果等思想。

4. 勤勉节俭

提倡勤劳刻苦、用才有制，而反对懒惰奢靡，这是儒家经济伦理用来指导和约束人们经济行为的又一重要的道德规范。儒家劝勉百姓"民生在勤，勤则不匮"[1]，而古代商人在这方面表现出来的美德，也是有口皆碑。比如，明代商人王恩"初岁业常中耗，厉志经营，用能复殖其产，尤慎于出纳，终其身，未尝有锱铢滥费"[2]。他依靠勤俭，恢复了几乎一度倒闭的家族企业。生活在变化多端的生意场中，需要心快脚勤。早在《史记》中就有"贪贾三之，廉贾五之"[3]之说，其意是说勤快廉直的商人一年跑五次，多跑少赚；而性懒贪利之徒一年只跑三次，欲少跑多赚。廉贾虽利薄，但多销，一年之中他的资金周转就比贪贾的多出两次，因而他就会获得更大的利润。

5. "见利思义"、"合理取利"

"见利思义、合理取利"的观念，是商业道德思想中的精华所在，是

---

① 《左传·宣公十二年》。
② 《条麓堂集》卷八。
③ 《史记·货殖列传》。

春秋战国时期提出的,不少思想家均有这方面的论述。孔子非常强调道德对人们的经济活动的制约作用,他要求君子"见利思义"。认为"义"就是君子应当履行的道德义务,也就是行为的"当然之则",或者"道德律令"。"利",一般指功利,在孔子那里主要是指个人私利私欲,如富贵利禄。所以,义与利的关系就是道德义务与个人利益的关系。孔子说:"富与贵,是人之所欲也;不以道取之,不处也。"①一方面承认对物质利益的追求是合乎人情的;另一方面又认为这一追求必须符合社会公认的道德准则,做到"取之有道",既合情又合理。儒家的后继者孟子在义利关系上,认为义在前,利在后。《孟子·梁惠王》中说:"何必曰利,亦有仁义而已矣。"也是把义放在首位,如果把利放在首位,国家就因争利而乱了套。墨子是讲利的,他的学说带有功利主义色彩。但他讲利的同时也讲义,他主张在经济活动中应"兼相爱、交相利",既"贵义"又"尚利",既利己又利他。可以看出他的经济行为原则是"合理取利"。而且在墨家那里,"利"也就是"义","重利"也就是"贵义",二者是统一的。因为墨家说的"利"是"原利",是"天下之利",是"国家"百姓人民之利,而不是"私利"。西汉的董仲舒继承了儒家的义利思想,提出了"正其道不谋其利,修其理不计其功"的伦理道德原则。这里的"利"和"功"当然是指个人的功利,这说明他也是把"道"与"义"放在首位。

由此可见,上述传统的道德观既是财经道德的指导思想,也是买卖活动的道德原则。具体表现为:一是提出了"买卖不成仁义在"的口号,这一提法说明,不仅在买卖成交时要讲仁义,即使不成交也要讲仁义,在买卖过程中都要讲仁义,买卖活动离不开仁义,体现了仁义在买卖中的地位。二是以仁义作为评价经济活动行为的唯一准则。在我国封建社会中,人们非常重视仁义的评价功能。提倡从事经济活动的人在买卖行为中守义,要以义制利,要有好的名声,不谋不义之财。

---

① 《论语·里仁》。

（二）古代的财经道德规范

在中国奴隶社会和封建社会里，财经商业活动虽因外界环境诸如天灾、战争、朝代更迭、封建割据等偶有中断，但一直在缓慢而稳定地发展着。异质于其他古代文明出现的断裂性，中国社会的相对连续性、再而统一性、封闭性，更强化了其财经道德的相对稳定性和保守性。商人们在经商活动的实践中逐渐产生了相应于财经伦理道德思想的财经道德规范。

1. 反对苟且谋利

在儒家看来，恪守职业道德的"生财"活动都具有道德合理性，反之，则就不是正当的生财之道了。《礼记·五制》篇规定了共计 16 种物品或情况不能上市，这些物品是"圭璧金璋"、"命股命东"、"宗庙之器"、"牺牲"、"戎器"、"用器不中度"、"衣服饮食"、"五谷不时"、"杯中伐"、"禽兽鱼鳖不足杀"等。从这些禁令中，可以看出倒卖、禁卖和出卖质量不好、缺少斤两的东西都不能说是正当的生财途径。东汉的王符则以本末来解释何为正道的"生财之道"。在儒家看来，农人稼穑织任以供衣食，"市商不通无用之物，工不作无用之器"，无论务农还是经商、做工，都须坚持正确的生财之道。

2. 诚信无欺

诚信无欺也是中国传统理财道德的一个基本要求，无论是统治者的理财、会计人员的账目，还是商业人员的经营都存在诚实守信的道德传统。诚信无欺原则要求财经从业人员以诚实不欺的职业行为取得信誉。据考证，这一行为规范早在奴隶社会里就有记载。[①]"以质剂结信而止讼"的提法，"质剂"，是类似今天的商业合同；"结信"，是说恐怕交易双方有悖信用，以合同为证，使买卖保持信用；"止讼"意思是说商业上的官司大都是源于今天的不讲信用，所以用书面合同保证信用，就可

---

① 《周礼·地官·司市》。

以防止打官司了。在封建社会里,不少讲诚信的经营者,正是以此作为财经道德的主要规范来约束自己的行为。《岩镇志草》记载:商人梅庄余"弱冠行贾,诚笃不欺人"。《水窗春艺》中说:"著名老店,如扬州之戴春林,苏州之孙春阳,嘉善之吴鼎盛,京城之王麻子,杭州之张小泉,皆天下所知,……然此名家得名之始,只循(诚理)二字为之。"可见,诚信无欺的财经道德规范在我国人民的思想中根深蒂固,源远流长。

在我国古代经济交往关系不发达、法制不健全、社会信用制度很不完善的条件下,为了协调和保障人们经济交往中的信用关系,儒家经济伦理确立了交往有信的道德规范,儒家告诫人们"信则人任焉"①,相反,如果"临财不见信者,吾必不信也"②。他们已经意识到,人们在经济交往中讲求信任,不仅是一种道义要求,而且是一种利益所在:"讲信修睦,谓之人利。"③因此,儒家主张"谨而信","诚其身"。受儒家思想影响,中国古代商人把诚信作为自身必备的一种品德。

3. 廉洁奉公

廉洁既是封建社会为官的基本要求,也是财经道德行为的基本规范。如秦朝《效律》中,就已经把廉洁明确作为财计官吏的品行修身标准。唐朝的监察御史刘晏,是中国封建社会杰出的理财家,他提出了"办集众务,在于得人,故择通敏、精悍、廉勤之士而用之"。即把精明能干、思于职守、廉洁奉公作为用人的德才之标准。他掌管唐朝财政,清明廉洁,为官20年中,始终过着简朴的生活。据史书记载,刘晏家房子矮小,家人粗茶淡饭,死后全部家产只是"杂书两车,米殚数石"而已。这种两袖清风的品德为历代财经官吏所标榜。明代朱元璋对朝廷中在廉洁方面发生问题的财经官吏,轻则处以杖刑,重则处以死刑,枭首示众。

---

① 《论语·阳货》。
② 《荀子·法行》。
③ 《礼记·礼运》。

4. 商品计量上要求量足

要求商人在售商品使用度量衡器时,应计量准确,不得缺斤少两,而应该数量充足。商人凡是做到秤准量足的,就受到买者的赞扬和信任,凡缺斤少两的就受到谴责,《周礼》中记载:"以量度成贾而征。"[①]

《商君书·修权》载:"夫释权衡而断轻重,废尺寸而意长短,虽察,商贾不用,为其不必也。"这些都是讲在商业活动中必须计量准确。《东观汉记》载:第五伦为长安市令,"平衡于铨正斗斛,市无阿枉,百姓说服"。此言使市场计量准确之官吏受人褒美。而计量充足的经商者更获盛誉。

5. "明法审数"、"依法理财"

"明法审数"、"依法理财"是封建社会以来对国家财计、审计等官员的要求。"明法"即按国家颁布的法规条文和规章制度去办事,执法而不犯法;"审数"即对各项收支及各种资料做到心中有数,以防止责任性差错。这说明了"依法理财"已成为财经道德的基本要求,形成了财经伦理的传统。

(三)古代财经道德的特性

恩格斯曾指出:"在历史上出现的一切社会关系和国家关系,一切宗教制度和法律制度,一切理论观点,只有理解了每一个与之相应的时代的物质生活条件,并且从这些物质条件中被引申出来的时候,才能理解。"[②]中国古代社会注重儒家人伦礼教,基本持一种性善论的传统,财经道德作为当时一定的社会政治、经济、文化综合作用的产物,有着与时代特征相对应的特殊性:

1. 强调道德主体的自律

以"信"为例,尽管"信"在现代的解释更侧重于在社会交往中通过

---

① 《周礼·地官·司市》。
② 《马克思恩格斯选集》第2卷,人民出版社1995年版,第38页。

外在的行为得以表现,但是传统伦理把"信"和"诚"一样都作为内在的道德要求,是主体内心的道德需要,而不是纯粹从行为结果层面去考察,因此,古代圣人在道德修养时更强调"内省",认为只有把"信"内化为内在的道德品质时,才会为道德主体认同并接受,在现实生活中得以践行。

2. 以义为基础的评价标准

中国古代传统的义利观——"以义取利"的道德思维逻辑——认为"义"是评价财经道德的基础和原则。只有合乎义理才是符合道德的。如孟子说过:"大人者,言不必信,行不必果,惟义所在。"①

3. 社会舆论具有特殊的强势作用

由于中国古代社会是以血缘关系为基础的熟人社会,人与人之间的交往范围狭窄,往往局限于邻里、同乡等等,人们之间彼此熟悉。在经济活动中,基本上是熟人之间的合作。一个人一旦被发现有欺诈、造假等行为,不仅会遭到其他商人的排挤,使其长远利益受损,而且整个道德人格都要受到周围人的怀疑,从而陷入孤独的境地。所以说,中国古代这种舆论作用实际上为良好的财经伦理规范的形成提供了适宜的社会环境的支撑。

二、资本主义社会的财经伦理思想

资本主义社会是决然不同于古代社会自给自足自然经济为主的新的社会化大生产的经济形态。其发展形态历经资本主义原始积累、自由竞争阶段、金融垄断等阶段,但其根本目的都是追逐剩余劳动价值和资本的无尽的增值。资产阶级学者马克斯·韦伯在《新教伦理与资本主义精神》中总结的资本家勤俭节约、克己、自我牺牲及宗教虔诚等伦理品质成了资产阶级宣传其财经伦理品德的绝妙的招牌语句。这里我

---

① 《孟子·离娄下》。

们将客观地、历史地、多维度地揭示资本主义财经伦理基础、原则、规范及特征。

（一）资本主义财经活动中的伦理基础

各类财经商业活动如何促进人类的素质，一直是经济学家、思想家们关注的问题。早期资产阶级的人道主义成了资本主义财经伦理的理论基础。资产阶级学者用各种形式来赞美人的尊严，抬高人的价值，强调人的现实交往关系中的互利原则对促进人类品德完善方面所起的作用，并把财经活动中引申出来的平等、自由、博爱伦理原则推广到整个人类的所有活动领域中去，以此为标准来衡量是否合乎"人道"的标准。人应当是平等的、自由的，人与人之间应当是相互尊重、互利互助的，财经活动有助于人们实现诚信、互利互助。

1. 人道主义原则

文艺复兴运动以来的资产阶级思想家们所宣传的个人自由、个人尊严、个人平等，大都是在资产阶级自由竞争的经济关系中产生的，又是为资产阶级自由竞争服务的，在一个"自由竞争"的商业社会中，任何人为了取得自己的尊严和价值，最重要的是要挣得一份必要的财产，因为在金钱决定一切的社会里，财产的多少决定着人的价值存在，决定着人的社会地位。这样，商品经济社会又必然引起竞争，造成不平等，使一部分人发财，另一部分人破产。所谓关心人、爱护人、强调人的尊严的神圣口号，最终只不过是给残酷的商业竞争穿上了一件薄薄的虚伪外衣。正如马克思引述德斯杜特·德·特拉西所说：资本主义社会是一系列的相互交换。① 从这个意义上说，经济活动结果又走向了自己的反面。商业发展史与道德发展史都同样显示着这样曲折的发展过程。

空想社会主义者和批判现实主义作家，为揭露资本主义社会的黑

---

① 《马克思恩格斯全集》第 3 卷，人民出版社 2003 年版，第 354—355 页。

暗,还在使用人道主义的武器,以抨击资本主义制度造成的阻碍人类进步的罪恶现象。但是建立在资本主义商品经济基础上的人道主义思潮和站在资产阶级立场上的人道主义者,由于世界观的局限,往往远离甚至反对劳动人民的革命斗争,这样他们反对资产阶级的反人道暴行的斗争就难免软弱无力,有的甚至变成彻头彻尾的虚伪和反动。

马克思指出:"在社会的历史中,我们就看到产品交换方式常常是由它的生产方式来调节。"①人类商品经济发展的各个历史时期,都提出过许多不同的伦理道德和人道主义思想。资产阶级人道主义的伦理道德思想,是无产阶级的社会主义运动之前的时代里提出的最高的伦理道德理想。然而,在资本主义制度下,这些道德理想的,某些超出资产阶级利益界限的积极内容无法真正实现。尽管一些真诚的人道主义者个人可以在实践人道主义伦理原则方面表现出令人敬佩的品格,尽管在不触及资本主义根本制度的改良范围内,资本主义社会也可以使这种原则的某些要求得到一定程度的实现,但从根本上说,资本主义制度使人道主义的伦理原则在很大范围内只能流于空谈。

2. 互利原则

任何一种道德,都是一定社会经济条件的产物。互利这一道德原则正是顺应资本主义市场经济发展的需要而产生。从历史上看,任何一种市场经济的经济行为,都有互利互惠的要求,即使古代不发达的市场经济也是如此。"兼相爱,交相利","天下熙熙,皆为利来,天下攘攘,皆为利往"②,这反映古代市场商品交往的一种互利原则。到了资本主义社会市场经济得到高度的发展,虽然利己主义成为普遍原则,但利己主义的发展又往往走向它的对立面,成为互利的前提市场经济中确实存在着内在的互利关系。在市场经济条件下,每个商品生产者要实现自己的利益,都要通过市场关系,形成相互依赖关系:"每个人的

---

① 《马克思恩格斯全集》第 4 卷,人民出版社 1958 年版,第 117 页。
② 《史记》卷一二九。

生产,依赖于其他一切人的生产;同样,他的产品转化为他本人的生活资料,也要依赖于其他一切人的消费。"①

在资本主义社会里资产阶级的本性,决定了他们为了高额的利润,往往不择手段,甚至进行暴力掠夺。而且,作为一个私有制的市场制度,资本主义中各种利益关系相互对立。所以,资本主义制度下互利原则往往要么难以实现,要么实现的代价很大。

(二)资本主义财经伦理的规范

资本主义财经道德是封建社会商业道德的继承和发展。在资本主义社会中,由于生产力的发展,商品的丰富,特别是科学技术的发展,使财经经营活动及服务手段日益科学化、现代化,促使商业财经道德发展到一个新水平。

1. 依法办事

遵纪守法是财经从业人员正确处理公私关系,包括个人与集体、与社会、与国家的关系的一种行为准则,依法办事作为一种行为道德责任、道德义务,是指要严格遵守政纪、财经纪律、职业纪律,严守国家法律,以法律为准绳,具体地说,依法办事要求财经从业者的行为要合法、真实、准确及时、完整,需要统一的行业法规作保证。这就要求从业者必须按照法律、法规、规章和制度规定的程序和要求进行财经工作,保证所提供的财经结果合法真实、准确、及时、完整,以利于商业活动合理正确地进行。

2. 敬业尽责

敬业是财经工作的前提,也是财经工作的基本要求。资本主义社会中,资本家唯一的目的是追逐剩余价值,但是为了达到目的,资本家会宣扬一种爱岗敬业的思想,促使工人等去为其追求利润服务。在财经活动中具体表现为爱岗敬业,在本职岗位上尽职尽责,恪尽职守,这

---

① 《马克思恩格斯全集》第46卷(下),人民出版社1979年版,第102页。

成了资本主义职业道德规范的核心。它的基本精神是要求财经从业人员热爱自己所从事的职业，以真诚、恭敬的态度对待自己的工作，自觉承担起财经职业岗位对社会、对他人的责任和义务，有强烈的事业心、责任感，在自己所从事的财经职业岗位上专心致志，尽心尽力地工作。

3. 诚实守信

诚实守信是古今中外最基本的职业道德规范，也是做人处事的基本道德原则。在商业买卖中，自古就有"诚信待客，童叟无欺"的说法。古人所谓"非诚贾不得食于贾"，意思就是不诚实的商人不允许经商。一个社会如果缺乏起码的诚信，到处充满欺诈、毁约行为，商品大都是假冒伪劣产品，经济要健康发展是十分困难的。资本主义社会的市场经济也是一种信用经济。

在马克斯·韦伯看来信用的涵意，"是指现在的财货拥有者承诺将来会把处分权让渡给他人的任何一种交换。"①信用是一种无形资产，具有实际的经济价值。资本家要求财经从业人员必须树立起信誉观念，遵从诚实守信的道德规范，否则难以立足于公平竞争的市场经济。

（三）资本主义社会商人精神的特点

资本主义社会虽然对财经从业人员提出了诸多原则与规范，但从根本上说，资本家关注的还是金钱。法国空想社会主义者傅立叶指出："敬重金钱乃是商人精神的基本原则，诚然，在商业中人都是无耻地以下面这个人所共知的原则来自诩的：金钱！金钱万岁！没有金钱，一切皆空，善行而无金钱，可说是徒劳无益的东西。"②由此可见，唯利是图、金钱至上是资本主义社会商人精神的基本原则，其作用的结果使得资

---

① ［德］马克斯·韦伯著，尚惠美译：《韦伯作品集》第Ⅳ卷，广西师范大学出版社2004年版，第31页。

② ［法］傅立叶著，汪耀三等译：《傅立叶选集》第3卷，商务印书馆1982年版，第126页。

本主义经济活动具有以下特点：

1. 唯利是图,金钱至上

这是由资本主义商品经济关系决定的。资本主义经济是建立在资本主义私有制基础之上的发达的商品经济,商品生产成为社会生产普遍地占统治地位的生产方式,商品货币关系渗透到社会生活的各个领域,财经道德领域也必须受商品货币关系所影响。同时,生产剩余价值是资本主义生产方式的绝对规律,故而财经活动逃不出这个规律,财经道德也逃不出这个规律,它是支配资本主义社会一切的东西。再者赚钱发财是商业资本家的本性,在资本主义社会中,从总体上说,商业资本家只有在赚钱的条件下才去经营。资本家的这种本性通过资本主义财经活动造成了"一种非人","在这种非人中,道德的折磨、心地的善良、感情和爱——这些生命活力的腐蚀性"都催生了。[1]

2. 奸诈

奸诈表现为欺诈、以次充好、囤积居奇、投机买卖。

欺诈是生产资料私有制商业经营伴随的现象。傅立叶指出："每个人都承认,商人乃是一群骗子。"[2]"什么是商业呢? 商业是具有其本身一切属性——破产、证券投机、高利贷和各种各类的欺诈的骗局。"[3]可见当时商业欺骗行为的严重,所以傅立叶指出,资本主义商业是撒谎和欺骗的场所,是全体人员的陷阱。

以次充好。商业资本家在贪婪心理的支配下,总是把一些次货当成好货运到畅销的地方去出售。

囤积居奇。这是资本主义商业常见的普遍现象,空想社会主义者傅立叶曾对这种现象进行猛烈抨击,其深刻性是前所未有的。囤积居

---

① [美]马歇尔·伯曼著,张楫、徐大建译:《一切坚固的东西都烟消云散了》,商务印书馆 2003 年版,第 29—30 页。

② [法]傅立叶著,赵俊欣、吴模信译:《傅立叶选集》第 2 卷,商务印书馆 1982 年版,第 250 页。

③ [法]傅立叶:《傅立叶选集》第 2 卷,商务印书馆 1982 年版,第 92 页。

奇"是商业罪行中最令人厌恶的一种罪行,其所以如此令人厌恶,乃是因为它经常袭击经济上最痛苦的那一部分人"①。"囤积居奇抬高其价格,从而对工场主和公民进行高交易吸髓的榨取。"②

投机买卖。这是商业资本家赚钱的法宝。商业投机这种现象在封建社会的经济活动中就存在,到了资本主义社会发展到顶点。在资本主义商业中,投机买卖是普遍的现象,比较严重的就是"证券投机",即投机者们制造一种口实,使货币的兑换率增加数倍的办法来掠夺钱财。

由此可见,上述种种现象是资本主义制度的产物,是对商业、财经道德的危害,作为资本主义经济道德的一种消极表征,显然会随着时代的进一步发展有所缓和与减轻,但从本质上是不能调和的。因此,财经伦理的进一步发展必须过渡到社会主义经济制度才能有实质性提升。

三、社会主义财经伦理的初步提出

作为社会主义商业财经活动深层反映的社会主义财经伦理思想从根本上是异质于资本主义及前资本主义社会的带有剥削阶级特征和烙印的财经伦理道德的,它在人类历史上第一次真正体现了工人、农民等劳动阶级的道德思想。当然,由于诞生于半封建半殖民地的不发达社会,而且目前尚处于社会主义初级阶段,这一切客观和主观情况一方面决定了社会主义财经伦理自身的优越性和不足,另一方面也预示了其发展的任务、要求和光明前景。

(一)社会主义财经道德的产生

马列主义的指导为社会主义财经道德产生提供了思想基础,社会主义生产交换及财经活动是财经道德产生的经济基础,共产党的领导

---

① [法]傅立叶:《傅立叶选集》第 2 卷,商务印书馆 1982 年版,第 70 页。
② [法]傅立叶:《傅立叶选集》第 2 卷,商务印书馆 1982 年版,第 250 页。

和无产阶级的政权是社会主义财经道德的政治基础,社会主义财经道德继承与发展了历史上的财经道德,并且社会主义社会财经道德产生历经了萌芽和形成两个阶段。

1. 社会主义社会财经道德产生的前提

社会主义财经道德是财经道德发展的一个新阶段,有它自己的特点和内容。它同以往的财经道德既有联系又有区别,是在具备了一定前提条件时产生的。

第一,马列主义是社会主义财经道德产生的思想基础。社会主义财经道德属于无产阶级的思想意识,这种思想意识要求马列主义的指导,这是无产阶级意识的基本特点。同时,从社会主义财经道德的内容来看,它的全部内容都渗透着马列主义的基本原则。

第二,社会主义生产交换及财经活动是财经道德产生的经济基础。财经道德是依附于财经活动的:没有税收、审计等财经活动就没有财经道德,有什么样的财经活动就有什么样的财经道德。

第三,共产党的领导和无产阶级的政权是社会主义财经道德产生的政治基础。任何社会的财经道德都贯穿着一定阶级的思想意识,为一定阶级服务。社会主义财经道德是为无产阶级服务的,它当然离不开共产党的领导和无产阶级的政权。

第四,社会主义财经道德是历史上财经道德的继承与发展。马列主义并不割断历史,承认事物发展的连续性、继承性。社会主义财经道德也不例外,它同以往的财经道德既有联系又有区别,它是在中国古代的财经道德、资本主义社会的财经道德的基础上发展起来的。按照辩证法的要求,社会主义的财经道德应该辩证地扬弃以前的财经道德,吸收有益的东西,如诚信、守信敬业等,抛弃有害的反映剥削关系的道德法则,如唯利是图、金钱至上、囤积居奇欺诈,等等,不但不能继承,而且要坚持加以反对,提倡新型的反映无产阶级利益与人民内部和谐关系的新道德。

社会主义财经道德就是在批判地继承以前的商业道德的基础上产

生的。当然它的产生也有一个过程。

2. 社会主义社会财经道德产生的阶段

社会主义社会财经道德的产生经历了萌芽阶段和形成阶段。

（1）萌芽阶段。社会主义财经道德萌芽于新民主主义革命时期的根据地解放区中的公营商业和合作社商业。我国的社会主义财经道德是在革命根据地时期财经职业道德的基础上发展起来的。早在井冈山时期党的财经纪律就规定了"打土豪要归公"。1932年"江西省第一次工农兵苏维埃大会"通过了《财政与经济问题的决议》，其中规定了理财工作"严禁一切浪费"。这是我们党对财经道德的最初要求。同时，我们党在革命根据地和解放区的商业活动中，初步提出了社会主义商业道德原则，即财经活动的基本指导思想，已经具备了社会主义财经道德原则的雏形。因为它规定了基本的道德价值导向，奠定了社会主义财经道德价值的基础，同时提出了一些财经活动的规范要求：

第一，贯彻艰苦奋斗、勤俭节约的财经道德规范。毛泽东同志明确提出了"自己动手，克服困难"，"节省每一个铜板为着战争和革命事业，为着我们的经济建设，是我们会计制度的原则"。

第二，严格遵守财经纪律和制度，当时革命根据地的财经纪律和制度非常严格，要求财经工作者带头模范地遵守财经纪律和制度。同时，为了加强财经工作的管理，当时的财经工作者经常到部队和机关检查其经济收支情况，审查财政预算情况以财经纪律和制度为依据，及时发现问题，作出适当处理，维护财经制度和纪律的严肃性。

第三，热爱专业、精益求精。当时处于战争时期，有些财经工作者不了解财经工作与革命战争的关系，有些人轻视财经专业工作，要求上前线，参加第一线的斗争。因此财经工作者存在着正确对待财经职业的思想问题。陈云同志批评了轻视财经工作的思想，他号召党员要积极带头参加经济和技术工作，要求财经工作者树立当家理财的事业心，以主人翁的态度做好财经工作。

（2）形成阶段。根据财经道德产生的条件，1956年以后，在社会主义革命和社会主义建设中，随着社会主义商业的确立和发展，社会主义财经道德逐步形成。陈云同志指出，社会主义财经工作者不应是经济事业主义者，更不应是普通商人，而应在商业活动中牢固树立生产观点、群众观点、政治观点。周恩来提出经济活动的原则是"为生产服务，为人民生活服务"。党中央强调，商业必须把满足广大消费者的要求与有利于商店的经济核算和国家的利益统一起来。这就总结出一些基本的财经道德规范：提高服务质量，便利客户，方便群众；服务态度更主动、热情、耐心、周到；勤俭节约，爱护公物；讲究服务技术，提高业务水平；等等。还提出了一些道德范畴，诸如责任、义务、荣誉等，初步形成了社会主义财经道德的大致轮廓。

（二）社会主义财经道德的基本原则和规范

财经职业是社会中管理资产、配置资源、进行实务性经济活动的工作部门，包括诸如金融、财税、商业、会统、工商企业管理等职业。社会主义财经道德以马克思主义伦理道德科学为指导，是调整财经领域中人们之间相互关系的行为规范，是在长期的财经工作实践中逐步形成的比较稳定的道德观念、行为规范和风俗习惯的总和，是财经工作人员在本职工作中应该遵守的基本行为准则。

1. 社会主义财经道德的基本原则

为人民服务原则和廉洁自律原则。一方面，这是由社会主义社会的公有制经济基础决定的。在社会主义社会中，人民当家做主，财经工作人员必须把人民的利益放在第一位，为人民服务，绝不能为了自身利益损害人民的利益。另一方面，和财经活动的特点分不开：财经工作和金钱直接打交道，直接参加资源配置，掌握着国家的经济大权。它为人民理财、聚财，使社会生产正常有序地进行。因此，财经工作人员在金钱面前必须严格自律，保持自身廉洁，绝不能中饱私囊，置国家利益于不顾。

2. 社会主义财经道德的主要规范

规范是原则的体现和具体化,社会主义财经道德规范是根据相应的社会主义财经道德基本原则而制定出来的,体现了人民的利益要求、财经工作人员的自律廉洁要求和专业要求。主要表现为以下三点:

(1)实事求是、客观公正

实事求是是财经工作对财经人员的最基本要求。财经工作作为管理经济的重要工具,要求财经核算必须真实,并完整地反映经济活动全过程。财经工作是为国家税收、企业收入、社会效益等各方面服务的。财经人员必须坚持实事求是的原则,做好财经工作,使企业财经状况清晰明了,并做到通报及时,以利于各方能够根据实情作出正确决策。财经人员在工作的各个环节必须符合财经真实客观的要求。财经人员工作必须以实际经济活动为依据。财经人员应当熟悉财经纪律、法规和国家统一的会计制度,按照财经法律、法规、规章规定的程序和要求进行财经工作,保证所提供的财经信息合法、真实、准确、及时、完整。财经业务对象必须是真实的经济业务。财经报告必须如实反映情况,不得掩饰,做到财经活动正确可靠,且要对不合理的财经项目予以坚决纠正。

(2)尽职尽责、勤奋工作

尽职尽责、勤奋工作指的是珍重与忠实于自己的事业,具有很强的职业自豪感,立足于本职,刻苦学习、勤奋工作,高标准严格要求、认真负责,扎扎实实为人民服务,为社会作贡献的精神。这种精神成为社会主义职业道德意识的核心和制定社会主义职业道德规范的基本原则,是社会主义集体主义道德原则在财经道德上的具体化。在社会主义社会中,财经从业人员的理想信念、社会责任感、全心全意为人民服务的思想、爱国主义的情操、艰苦奋斗等精神,在财经活动中,都必然通过尽职尽责、勤奋工作的敬业精神体现出来。

(3)遵纪守法、诚实守信

就是把遵纪守法、诚实守信作为财经道德的重要规范内容。所谓

"遵纪守法",就是每个财经工作者必须模范地遵守国家的政策、法律、法规,特别是必须严格遵守财经职业的职业纪律和财经活动相关的政策与法律法规,遵纪守法体现了财经工作者对国家与人民利益以及对财经职业利益的尊重和维护。

诚实守信,就是要求每个职业人员在职业活动中做到诚实无欺、恪守信誉,以优等的产品质量、工作质量、服务质量赢得社会的和公众的承认和尊重。它既体现社会承认一个行业和个人以往职业活动的价值,又影响着该行业和个人未来职业活动的地位和作用。诚实和守信是物质因素和道义因素的高度统一。诚实,就要实事求是,当老实人,说老实话,做老实事;守信,就要讲求质量、履行诺言、保持信誉。在诚实守信这一职业道德规范中,讲求质量是个关键,只有产品质量、工作质量、服务质量都过硬,才能实现诚实守信。

所以,财经道德的基本原则规范是人们在财经工作中处理个人之间、个人与集体之间关系所应遵循的根本指导原则,它集中体现了社会主义的集体主义原则,决定着整个社会主义财经道德体系的性质和方向。财经道德的主要规范是财经道德原则的具体体现,是用来判断财经工作者行为是非、善恶的准绳。

(三)对财经道德历史演变的基本道德认知

在分析财经道德历史演变的基础上,有必要进一步谈谈对它的基本认知。从上述财经道德历史演变的情况来看,财经道德在不同的社会中、不同思想的指导下,以不同的形式发挥其作用与功能。在发挥角色作用的同时,随着社会的变化,随着生产力和商品经济的发展,表现出不断进步的趋势。

概而言之,决定财经道德进步的关键是生产力的发展和商品经济的发展,这就是对财经道德历史演变的基本认识和判断。然而,财经道德的发展进步并不是一帆风顺,可以说是一个充满内在矛盾斗争和不断辩证扬弃的过程。既有思想的斗争也有物质利益的斗争,在斗争中展现了其发展。大致表现为：

1. 善与恶之间的斗争

善恶之间的斗争之所以重要，首先，它成为在道德范围内衡量利益关系的根本尺度。能够成为利益关系衡量尺度的，有政治准则，比如阶级准则、党派准则、集团准则等；亦有经济准则，比如公司准则、利润准则、市场准则、关贸准则、纳税准则等。但在道德范围内，能够成为衡量利益关系的准则的，有善与恶、好与坏、美与丑、真与假、优与劣等。其中，善与恶是根本的准则，其他的准则都可以用善恶来概括。其次，它亦是衡量一切道德现象的根本尺度；其中包括利益关系和非利益关系的道德现象、个人与个人的道德现象、个人与群体的道德现象、群体与群体的道德现象等等。

简而言之，善恶矛盾是道德体系的基本矛盾。由这个矛盾的存在和发展，决定了道德体系的存在和变化，而矛盾本身也成了道德体系的核心范畴。财经道德就是在善恶的对立斗争中发展的。这里，善的行为是指遵守财经道德，恶的行为指坑蒙拐骗等不道德行为。在买卖活动中善恶相比较而存在。没有善就没有恶，反之亦然，在善恶斗争中推动了财经道德的发展。

2. "诚信"与"欺诈"的斗争

诚信一直是经济生活中的一个重要问题。欺诈会使企业蒙受巨大损失，影响金融市场的正常运转和效率，干扰价格信号，破坏公平竞争。市场经济不是滋生欺诈的土壤，诚信是市场经济发展的内在要求，是现代商业道德的基石。经济行为不可能绝对地讲道德或绝对地不讲道德。诚信的道德面大一点，不讲道德的方面少一点；"欺诈"则相反。这就形成了两种不同的经营思想、经营作风、赚钱方式。诚信的思想和行为必将得到社会的承认而发扬光大，不断地丰富财经道德的内容。

3. "义"与"利"的斗争

"义"与"利"的斗争，在日常经济生活中涉及生产者与消费者之间的关系。从生产者的角度来说，"利"就是企业的利润，"义"就是尊重消费者的权益、生产合格优质的产品。消费作为社会经济活动中的一个重要环节,日益受到消费者和整个社会的重视。伪劣商品危害消费者利益,消费者逐渐联合起来为维护自己的利益而斗争,这种斗争推动了财经道德的发展。开始时这种斗争是自发的,后来有组织的消费者运动成为自为的行为,进一步推动了财经道德的发展。

四、当前我国信用体系建设中的财经伦理建设

解决当前中国信用体系建设中的财经伦理建设问题,不仅要研究伦理道德发展的一般规律,也要深植于其深厚的社会背景之中。当前我国正由传统社会向现代社会过渡,这种新质的社会结构因没有经过长期的较高的文化价值整合和社会秩序整合从而暴露出了不稳定的社会序态。如阿瑟·刘易斯说过:经济增长必须经历习惯、道德等方面痛苦的过渡。对于正处于经济高速增长和社会转型期的中国来说,情况更加明显。一方面,在传统文化与现代文化的碰撞与交融中,价值多元化与行为模式多样化的表征越来越凸显;另一方面,市场经济虽然使社会成员相互依赖,联系紧密,但由于我国现阶段市场经济发展还不成熟,加上其固有的"趋利性"也不断内生和消解着现有的道德规范体系,导致市场主体的异质性大大增加,道德观念的差异日益扩大。同时,全球化和信息网络化浪潮在改变原有精神理念和生活方式的同时也不断推动着社会结构和传统伦理的现代化变迁。

(一)信用体系建设中的财经伦理建设进程

改革开放后,随着经济体制改革的深入,我国经济运行机制经历了"计划经济为主,市场经济调节为辅"、"有计划的商品经济"等发展阶段,企业作为经济活动主体在角色转换的过程中,沉积出了严重的"三角债"问题,导致社会生产无序进行,制约了生产力的发展,由此,引发了全社会对财经领域中的信用问题的普遍关注。围绕信用问题,财经

伦理建设经历了三个发展阶段：

1. 涌现信用评估机构

涌现信用评估机构的第一阶段是始于 20 世纪 90 年代初的起步阶段，其标志就是以信用评价为代表的信用中介机构的出现和相关法律的出台。20 世纪 90 年代初，我国涌现出一些与企业发展和资本市场发展相适应的信用评估机构，如 1992 年中国诚信证券评估有限公司成立（2002 年又改名为中国诚信信用管理有限公司），1994 年大公国际咨信评估有限责任公司成立，1998 年上海远东资信评估有限公司成立，1999 年中诚信国际信用评级有限责任公司成立，等等。从此，财经信用意识逐步被企业和投资者所接受，特别是银行为控制企业贷款风险引入了贷款证管理模式。上海等地还要求申请贷款证企业必须进行信用评级，这些措施客观上都拉动了财经领域内的信用需求。与此同时，专业担保、信用调查等信用中介机构也陆续出现，如 1992 年北京新华信商业信息咨询有限公司成立，1993 年华夏国际企业信用管理公司和中国经济技术投资担保有限公司成立。有关政府部门针对财经领域内的重点活动对象进行了信用和业绩评估的积极探索，商业部门也积极开展了以控制自身信贷风险为目的的贷款企业信用等级评价工作。与此同时，国家开始致力于支持财经信用体系建设的法律制度建设，相继出台和颁布了一系列具体的法律法规，如《企业财务通则》、《企业会计原则》、《商业银行法》、《票据法》、《保险法》、《证券法》、《审计法》、《会计法》、《税收征收管理法》、《个人所得税法》等。

2. 涌现信用担保、合征机构

涌现信用担保、合征机构的第二阶段是 20 世纪 90 年代末至 21 世纪初的发展阶段。这段时期建设内容主要包括以下几个方面：

首先，20 世纪 90 年代末，以信用担保为代表的信用中介机构得到快速发展，在济南、镇江、深圳、重庆、太原等地涌现出了一大批向中小企业服务的信用担保机构。1994 年以来陆续成立的中投保、深科股等一批专业担保公司也开始为中小企业实行信用担保。民间资本也开始涉足信用担保行业,如深圳的中科智担保公司,甘肃的银泰担保公司,山西的阳泉个私担保公司等。截至 2001 年年底,全国已有各类信用担保机构 360 多家,覆盖全国近 30 个省自治区、直辖市的 300 多个城市。这些都为财经活动信用能力的提高创造了条件。

其次,以政府部门为主体的信用公开系统和以社会中介为主体的信用联合征信体系开始起步和发展。从 2001 年开始北京启动了"工商企业不良行为警示系统";2001 年 12 月,北京市中关村科技园区企业试点工作正式启动,不讲诚信的企业将列入"黑名单";2002 年随着上海和北京在同一天开通城市的企业联合征信系统,一些省自治区、直辖市也陆续加入其中。2002 年 6 月中国人民银行企业借贷登记咨询系统实现了跨省自治区、直辖市联网,中国经济联合会继续推动信用工程工作,中国商业联合会组建商业信用中心,工商、证券、保险、税务以及注册会计师等领域的信用体系建设步伐大大加快。在民间,中国诚信、华安、华夏、大公、远东以及中国联合信用网、中国企业信用网、中国信用信息网等社会信用中介机构也积极开拓业务领域。国外邓白氏、惠誉、科法斯等信用机构也参与进来。政府之间的信用公开系统已经开始实现信息资源共享,并正由地方向全国范围呈辐射发展。除此以外,各领域的信用监管开始启动。2001 年上海市财政局通过了《上海市财务会计信用等级管理试行方法》;2004 年上海交易所发布了投资者关于管理自律公约;2004 年,中国外经贸企业协会信用体系专家评审委员会通过了"企业诚信评价价值标准系统"。

最后,开始重视社会信用制度建设。以中央反复强调社会信用制度建设为特征,这为信用体系建设下的财经伦理建设提供了良好的环境氛围。2001 年年底召开的中央经济会议指出:"要在全社会强化信用意识,加强诚实守信的道德教育,依法严厉制裁制假售假、偷税漏税、经济欺诈、恶意逃费债务等行为,创造良好的社会秩序。"2002 年年初,全国人大九届四次会议通过了《国民经济和社会发展第十个五年计划纲要》,明确强调要在全社会强化信用意识、整顿信用秩序、依法惩处经济欺诈、逃费债务等不法行为。2002 年,朱镕基总理在《政府工作报告》中也指出:切实加强社会信用建设,逐步在全社会形成诚信为本、操守为重的良好风尚。加快建立企业、中介机构和个人的信用档案,使有不良行为记录者付出代价、名誉扫地,直至绳之以法。国务院整顿和规范市场经济秩序办公室专门起草和发布了《关于开展社会诚信宣传教育工作的意见》,要求各部门展开公民诚信和职业道德建设。之后,关于财经活动中信用问题的学术研究开始繁荣。成立了专门的课题组,如世界经济与政治研究所成立了"建立国家信用管理体系"的课题;国家经贸委青年理论研究会的"社会信用体系建设"等。同时,关于信用问题的学术研究也取得一些成果,如出版了《信誉资本》、《信用评级学》、《企业信用管理》、《中国社会信用体系建设——理论、实践、政策、借鉴》、《社会诚信论》、《信用问题的经济学分析》、《信用经济中的金融控制》等书,这些研究都涉及了财经领域中信用的理论与实践的诸多问题。

3. 财经信用问题被广泛关注

按照国务院的规划,2004 年至 2005 年是社会信用体系建设的起步阶段,而信用问题在财经领域表现得更为突出,财经活动引发的一系列信用失范问题已经引起全社会范围的关注,从中央到地方都把财经领域中的信用建设作为全社会信用体制建设的一个重大突破口并提到日程上来。

一是财经伦理教育明显滞后。对财经工作人员的道德要求只是零散地分布在一些法律法规中。财经教材中关于伦理的内容也只是在有关章节中有所涉及,没有成为体系;或者内容空乏,过于抽象,缺乏可操作性。

二是缺乏一套对于财经工作人员伦理道德的评价标准和评价方法。道德评价标准和方法作为一种无形的精神力量和重要的行为约束方式,可以对财经工作人员进行道德或不道德的价值判断,以达到褒正贬邪、抑恶扬善的目的。没有"善"和"恶"的标准,人们的行为也就失去了方向,财经伦理也就只能流于形式。

(二)财经伦理建设中存在的问题

作为社会主义政治、经济、文化的反映,在经历了多年的财经伦理建设后,当前我国财经伦理已经显示出了前所未有的进步。但是,问题仍然存在,突出表现在:

1. 财务虚假

财务失真和虚假、通过各种手段逃避税收的状况引起了中央领导的重视,朱镕基曾大声疾呼"不做假账!"提出:"所有会计审计人员必须做到'诚信为本,操守为重,坚持准则,不做假账,'恪守独立、客观、公正的原则,不屈从和迎合任何压力与不合理要求,不以职务之便谋取一己私利。"据2001年国家审计署公布的资料显示:在所查的1290户国有企业的会计报表中,有近一半企业的报表有失实的问题存在,不能真实反映企业的经营状况和财务现状;据财政部2000年年底发布的资料显示,在所抽查的159户企业中,资产不实的企业有147户。财务失真现象不仅表现为企业自身的财务工作中,还扩散到审计领域中,发展为会计事务所与企业联合作假、合伙牟利。如在银广夏的虚构利润作假案中,深圳的中天勤会计事务所为获得利益,竟为银广夏提供假证明和担保,虚构出7.45亿元人民币的利润。早期国际上出现的安然现象、安达信事件也充分反映了这一点。

2. 资本市场操作无序

资本市场中"包装上市圈钱"、"股市暗箱操作"、"坐庄现象"、"黑幕基金"现象严重。一些企业把黑手伸向股民,为了达到迅速敛财的目的,上市公司往往隐瞒亏损、夸大利润,通过伪造各种材料,包装上市。例如"中航油事件"、德隆集团的破产事件以及"担保圈问题"都折射出了问题的严重性。这些无视公平有序竞争权利和契约意识的作假行为阻碍和干扰了各类市场(特别是各生产要素市场)的健康生成和经济社会的协调发展。

3. 企业"恶意逃贷"

企业"恶意逃贷"方式日趋多样化:借破产逃贷、资产重组逃贷、资产出售逃贷等等,对国家造成了严重的经济负担。据中国人民银行统计,截至 2000 年年底,在国有商业银行开户的改制企业有 62656 户,贷款本息 5792 亿元,其中经金融债权管理机构认定有逃废债行为的改制企业有 32140 户,占 51.2%;逃废银行贷款本息 1851 亿元,占贷款本息的 31.96%。

4. 财政秩序有待完善

财政秩序混乱,数字腐败问题严重。根据国家审计署对外交部、国家发展改革委员会等 32 个部门、单位 2004 年度预算执行情况的审计结果显示,转移挪用或挤占财政资金、虚报多领预算资金、私设账外账和"小金库"、乱收费等现象仍然是主要问题。

以上种种现象实际上都属于财经领域的失信现象,已经成为侵蚀市场经济肌体的毒瘤,并且呈现出日趋恶化的态势。国家工商总局的统计数据显示,由于合同欺诈造成的直接损失大约为 55 亿元,而由于三角债和现款交易增加的财务费用大约为 2000 亿元。这还只是直接经济损失,信用匮乏造成的如影响外商投资信心、合作意向、影响消费者消费信心和欲望、增加企业与社会的交易成本、严重破坏市场经济秩序和市场机制等间接经济损失将远远大于直接损失。

(三)财经道德失范的原因

任何一种社会问题的背后必定有多种要素交互作用使然。为了深入剖析财经道德失范的原因,我们不妨引入一般系统论的研究方法,把当前财经道德现象看成是一个由多种要素构成的自成的系统。通过这种思维路径,有助于我们更好地把握哪些因素在这个系统中处于突出地位,哪些要素处于边缘地位,各要素如何在相互作用和动态平衡中建立整体,从而使问题更具立体化、明朗化,在此基础上,我国财经伦理建设才更具针对性、实效性。当前我国财经领域内一系列道德失范现象的产生原因除了一般学者屡屡提及的产权制度、信用管理制度、社会监管制度等的滞后性与短缺性，包括社会主流价值取向在内的文化因素以及善恶的考量也不容忽视。

1. 善恶考量的忽略

伦理的主体是人，研究财经伦理首先应以人性善恶为着眼点。解读人性的善与恶可以使我们更深层次地了解问题。然而，在道德问题探讨中，善恶的考量也最容易忽略。虽然人性善恶自古以来一直争论不休，但是人不断满足自我和要求利益最大化毋庸置疑。关于人性，亚当·斯密有一经典论述："每个人都在力图应用他的资本，来使其生产的产品能得到最大的价值。一般地说，他并不企图增进公共之福利，也不知道他所增进的公共福利为多少。他所追求的仅仅是他个人的安乐，仅仅是他个人的利益。"①他认为，自利是人类行为普遍的、永恒不变的动机。尽管在《道德情操论》和《国富论》中，斯密对人性的预设相互矛盾，但是我们认为，人的这种自利本性本身并不能构成道德意义上的恶。而现实生活中长期的行为选择让人们发现一旦作出违背道德的事情反而会带来更大的利益，这往往使人们产生投机心理。按照现代经济学的观点，在市场经济社会，人们一般都是根据边际收益大于边际成本的原则进行经济选择的。如果不履约、欺骗、违规操作带来的收益大于其为此付出的成本，人们就很容易弃善从恶。因此，忽略善恶的考量容易造成社会道德的滑坡，导致人的欲望无限扩张、人性要素得不到优化，利益与道德的天平必然失衡。

2. 文化陋习的沿袭

文化陋习的沿袭导致个体的道德价值观错位。道德总在一定的社会文化系统中形成和发展，社会文化对个体道德选择具有导向作用，表

---

① ［英］亚当·斯密著，郭大力译：《国民财富的性质和原因的研究》（下），北京商务印书馆 1972 年版，第 246 页。

现为个体道德的价值观念与社会文化的价值观念具有趋同性。① 尽管我国有悠久和深远的道德文化传统,但是传统社会沿袭下来的"官本位"、"特权"文化在一定程度上还盛行。这种文化助长了为官者权力滥用甚至腐败的气焰和胆量。而现代社会在功利主义的催生下,金钱至上、享乐至上的世俗价值观在大众文化中流行,这种价值观的目标常常是有形的物质财富或者代表财富的地位、权力等。在他们看来,伦理道德的理想色彩大于实用色彩,不能带来任何实在的利益。由于个体的从众心理,就出现了一种"我以财富为荣"的现象,而因为讲道德而放弃财富反而为他人不耻。市场经济的趋利性和西方不良思想的侵入使这一社会心理痼疾进一步恶化,迷失了财经工作人员道德选择的内在价值标准。

3. 手段和目标的不统一

美国社会学家默顿认为社会整合的缺乏会造成极度紧张,从而引起越轨行为。这是因社会手段和目标不统一造成的。"当计划经济中的理想伦理控制方式越来越失去它的控制力而市场经济行为规则又远未健全之时,行为规则滞后和利益意识超前将导致经济行为规范的混乱和无序。"②无论是"社会手段"或"行为规则",实质都折射了社会制度在社会良序运行中的重要性。当前我国财经伦理的发展缺乏社会制度的强力保障,表现在:一方面产权制度不清晰,权责不明确容易诱发权力滥用、腐败问题;另一方面相关的法律法规还不完善,法律惩戒力度不够。此外,社会监督机制的空场也加剧了财经伦理问题产生。到目前为止,我国还没有建立起完备的个人与企业的信用管理制度和评价机制,信用信息不能及时公开化、透明化。信息不对称导致个体承担道德风险的可能性相应增加。同时由于很多财经活动是"一次性博

---

① 参见王淑芹:《信用伦理研究》,中央编译出版社 2005 年版。

② 陆晓禾:《从伦理经济走向经济伦理——中国经济行为的伦理特征及行为规则的演变》,上海社会科学院学术季刊 2000 年第 1 期。

弈",也容易引发道德上的投机行为。

4. 伦理制度的约束不完备

当前财经系统的伦理制度管理需要两个基本要素,这两者相互联系、相互作用:一方面,人的自利性使得制度规则成为必要;另一方面,规则制度约束人的欲望。这样使人性与制度之间形成某种特有的张力。正如弗洛伊德所说,在人的潜意识里,欲望一直处于压抑的状况,社会法制等文明的规则使人的本能欲望时刻处于理性的控制之中。系统科学表明,系统结构的性质由要素的质量、数量和其连接方式、组合方式(序量)等因素决定;这些因素中有一个因素发生变化,其结构性质就会发生变化。① 在财经道德系统中,制度要素尤其是伦理制度不完备容易导致人的欲望无限扩张、人性要素得不到优化,利益与道德的天平必然失衡。同时,制度要素作为重要的函数变量,直接影响到系统,并呈现出"正相关"的关系:一旦社会制度不完善,道德风险随之增加,财经道德失范问题将日益严重。因此,防范财经道德失范,首先,必须完善相应的规则制度,使人性与制度在相互制衡与作用中动态地促进财经道德系统的发展。其次,财经道德系统作为社会文化系统的子系统,不断跟上一级系统发生能量和信息的交流,文化系统通过影响个体的道德价值观的方式作用于财经道德系统。因而财经道德系统的优化必须依赖于文化系统的发展。

(四)财经信用建设的伦理思考

通过分析信用与市场经济的内在联系,即信用如何获得市场经济合乎道德性的依据,并结合财经信用的现实困境,阐述财经信用建设的必要性。

1. 财经信用建设的必要性

市场经济具有双重道德性:一方面具有内生的道德价值性;另一方

① 李良美:《用系统辩证的眼光看世界》,《系统辩证学学报》2001年第2期。

面具有外在的道德规范性。内生的道德性是指市场经济作为一种高效的经济运行机制,本身蕴涵着自由、公平、平等等精神特质和价值诉求,如万俊人教授所说,市场具有内在本然的道德性质,"它们本身具有人类积极善的价值"①。市场经济是一种"主体性经济"②,市场"自由而平等地参与要求,解除了人们之间因政治权利、生活传统、种族性别、信仰差异等社会政治、文化等因素所负有的先定束缚,保证了每一个人或群体获得劳动并追求其利益目标的机会(作为起点性机会均等的第一意义);而自由竞争则使社会的各生产(劳动)主体享有了充分发展其才能、追求尽可能高的利润和效益的机会"③。市场机制为个体提供了公平的充分展示和实现自我价值的平台,使个体的主体性增强。同时,"它不仅通过自由平等竞争的劳动市场机制(劳动分工、工资等),使社会生产的人力资源得到充分有效的利用,而且也通过诸如市场供应与需求、市场价格体系与平均利润率等有效机制,使社会生产要素或资源得到较佳配置和利用。"④市场经济内生的道德价值性是应然层面的理解,是健康成熟的市场经济本真的价值体现。但是,"这是在某种理想化的意义上来说,并不能必然成为完全的现实;在某种特殊情景条件下,还可能走向其反面"⑤。市场经济本身的"趋利性"就不可避免地内含着道德风险。因而内生的道德性必须通过外在的道德规范性得以实现。外在的道德规范性是一种实然层面的"道德律令",维持和体现着市场经济的内生道德性,美国著名经济学家布坎南说过:有效的基于个体自由竞争基础上的市场机制,必须有一定的道德予以支持。这里的"道德"即道德规范。

---

① 万俊人:《论市场经济的道德维度》,《中国社会科学》2000 年第 2 期。
② 参见刘敬鲁:《人 社会 文化——时代变革的思想之路》,中国人民大学出版社 2002 年版,第 16—23 页。
③ 万俊人:《论市场经济的道德维度》,《中国社会科学》2000 年第 2 期。
④ 万俊人:《论市场经济的道德维度》,《中国社会科学》2000 年第 2 期。
⑤ 万俊人:《论市场经济的道德维度》,《中国社会科学》2000 年第 2 期。

那么,外在的道德规范如何保证内生道德价值性呢? 首先,它要求每一个经济活动参与者具备与之相适应的个体道德素养,承担一定的道德责任与义务,调节市场经济中的利益矛盾,营造良好的人际关系和社会秩序。亚当·斯密在《道德情操论》中指出:"自爱、自律、劳动习惯、诚实、公平、正义感、勇气、谦逊、公共精神以及公共道德规范等,所有这些都是人们在前往市场之前就必须拥有的。"①同时他在《财产权利与制度变迁》一文中指出:市场经济活动参与者的个体道德素养,为市场经济活动中的行为选择提供道德基础;而一定的道德规范,是维持市场经济正常人际关系和社会秩序必需的行为准则;反之,"在各种利益冲突和道德选择中,如果整个社会不能尽快确立一种与之相适应的道德规范体系来作为人们共同的'内在道德律令'和'外在行为准则',那么,市场经济就会失去公众基本的道德支撑,造成人们道德精神生活和经济活动的严重无序。"②其次,道德规范是市场活动有效性和实现利润最大化的有效保障。诺贝尔经济学奖获得者诺思曾经说过,自由市场本身并不能保证效率,一个有效率的自由市场制度除了需要一个有效的产权和法律制度相配合之外,还需要在诚实、正直、合作、公平、正义等方面有良好道德的人去操作这个市场。"如果大家不遵守一定的道德规范,人人自私,以邻为壑,不是互相信任,而是互相欺骗,势必造成经济活动的无效率或低效率,提高产权保护的成本。"③

2. 信用是市场经济合乎道德性的依据

从运行机制上看,市场经济的主要特征是资源配置通过市场机制来实现。市场机制的核心内容是商品交换,而商品交换是建立在信用

①　[美]R. H. 科斯、A. A. 阿尔钦等著,刘守英译:《财产权利与制度变迁》,上海三联书店1991年版,第38页。

②　参见王正平:《道德建设:市场经济的一种支持性资源》,《光明日报》2001年6月14日。

③　参见王正平:《道德建设:市场经济的一种支持性资源》,《光明日报》2001年6月14日。

基础上的等价交换。因而,信用不是外力强加于市场经济的命令,而是市场经济运行的内在逻辑要求。当纳入道德的视阈中时,"人格信用的道德基础是个人的诚信美德以及基于这一内在人格美德所养成的诚信自律"①。因而,信用本身包含着诚实、不欺的道德价值。同时作为协调市场主体之间关系的一项基本伦理原则,信用又体现了市场经济外在的道德规范性。没有信用,市场难以健康良序运行。到目前为止,信用作为社会价值和伦理资本,与市场经济的不可分割性在大量研究成果中也得到了充分论证。由此,信用获得了市场经济的合道德性依据。

正如万俊人教授所言:"社会伦理观念和社会生活实践之间存在着一种我所以为的反比逻辑:在特定的社会情景下,人们对某一道德问题的关注愈切,恰恰反证着社会对这一道德的需求愈强,而按照通常的市场规律推理,社会对某一道德价值的需求愈强,又恰恰反映出该道德价值的社会匮乏程度越高。"②作为信用体系建设中的重要领域——财经信用随着国内外一系列财经问题的曝光率上升日益受到关注。世界一些著名的公司如安然、世通公司因虚报财务和掩盖巨资亏空等问题从而导致突然倒闭,接着与之有连带责任的安达信会计师务所也不能幸免;而国内"中航油事件"、德隆集团引爆的"信用危机"以及"担保圈问题"等都引起了世人对财经信用的普遍怀疑与困惑。这一方面说明了财经信用匮乏的严重性;另一方面也要求我们重新审视我国财经信用建设问题。

3. 信用从工具价值转化为个体内心需要

由于人的行为是由动机支配的,而人的动机又来自于两个方面因素的驱动,即内在的驱动动机和外在驱动动机。内驱动动机是指自身需要而产生的活动动力,如对自身利益的追求、对理想信念的追求等;

---

① 参见万俊人:《信用伦理及其现代解释》,《孔子研究》2002 年第 5 期。
② 参见万俊人:《信用伦理及其现代解释》,《孔子研究》2002 年第 5 期。

外驱动动机是指自身之外的外部条件的刺激从而产生的推动力,如对行为后果进行奖励和惩罚等。内驱动动机是人的活动的基本动力,是个体积极性的主要源泉。当个体产生某种需要时,就产生了内驱动动机。外驱动动机是个体行为选择的重要条件,是推动个体行为选择的重要因素。相应地,一种道德行为的形成不仅取决于主体对道德价值的认同,也与行为后果对行为主体的利益损益密切相关。① 鉴于此,我们可以从三大方面入手,尝试寻找财经伦理建设路径的切入点。

恩格斯指出:"行动的一切动力,都一定要通过他的头脑,一定要转化为他的意志的动机,才能使他行动起来。"②意识难以自发产生,必须通过道德教育形成。道德教育活动不仅包括认知教育,更要重视认同教育。认知教育通过道德宣传活动使人们形成关于某些道德原则与规范的认识,是一种道德价值的认知。比如,让人们了解信用不仅是市场经济发展内在逻辑的需求,也是对人的一种道德要求;道德认同教育比认知教育更进一步,是道德认知教育的深化和关键,它能使个体认同某种道德,从而使个体可能进行某种道德选择。以信用为例,认同教育能使个体认识到一旦出现言行不一致、欺诈作假,整个道德品质都会受到怀疑;反之,能够践行承诺,就可以赢得他人对自身的信任和肯定,不仅给自身带来美誉和人格魅力,在经济生活中也可以带来长远利益。道德认同教育是道德内化过程的关键。然而,"迄今为止,我国的学校道德教育基本只是一种'教会顺从'的道德教育。这种'顺从'是全方位的,是绝对化了的。"③这种教育模式以灌输道德知识的方式一味要求个体顺从社会的道德规范,忽略了个体的主体性对于道德内化的作用。随着时代的变迁、个体主体意识的增强,传统的教育模式已经越来越不适合现代道德教育的需要。作为财经伦理建设重要的一个环节,

---

① 参见王淑芹:《信用伦理研究》,中央编译出版社 2005 年版。

② 《马克思恩格斯选集》第 4 卷,人民出版社 1995 年版,第 251 页。

③ 吴康宁:《教会选择:面向 21 世纪的我国学校道德教育的必由之路——基于社会学的反思》,《华东师范大学学报》(教育科学版)1999 年第 3 期。

道德教育不得不面临着从以顺从为特征的传统道德教育到重视个体主体性的现代道德教育的转型。

4. 寻找刺激个体道德行为形成的外部驱动因素

从增加失信成本入手，寻找刺激个体道德行为形成的外部驱动因素。在这里，诺贝尔经济学家加里·贝克尔开创的犯罪和惩罚经济学为我们防范道德失信提供了一种解决问题的思路。贝克尔应用微观经济学的分析工具和理论模型，对如何预防犯罪做了定性和定量的分析，他认为：犯罪和其他经济行为一样也存在着成本与收益等典型的经济学问题，理性的犯罪人会考虑犯罪的成本和收益，当收益小于成本时，他将放弃犯罪，当收益大于成本时，犯罪的几率就会增加。这种成本—收益的经济学分析模型同样适用于分析道德行为选择：一旦失信的预期成本增加，失信几率就会相应地减少。失信的成本主要指失信的惩罚成本，主要包括三个方面：法律风险、市场淘汰和名誉受损。

法律是人类理性根据社会稳定有序发展的需要而凝结出的最基本的行为规范。个体一旦选择失信，势必要遭到法律法规的制裁，从而承担法律风险。现实财经活动领域中，关于信用的法律法规建设还处于起步阶段，相关法律法规还处于空缺状态，对于财经活动中出现的欺诈、作假等失信现象还不能起到威慑力，法律风险系数较低，失信的惩罚成本降低，助长了人们失信的投机心理。因此，加强信用体系下的财经伦理建设，首先必须建立相关的完备的法律法规，提高失信成本。

市场经济是信用经济，按照市场发展的内在逻辑，市场的功能之一就是淘汰失信者。例如，企业一旦毁约或作假，就会失去社会的普遍不信任，一方面，失去顾客群，市场占有率减少；另一方面失去经济合作伙伴，银行也不会对其提供贷款。这些无疑使企业陷入绝境。当然，市场的这种淘汰功能需要得益于市场体系的完善。这就要求建立信用管理制度，实现信用信息透明、公开、共享，避免信息不对称造成的道德风险。目前，我国有些地方对失信的企业实行了"黑名单"曝光制度，发挥了市场对失信行为的惩戒作用，对其他企业起了预警作用。

失信所带来的名誉受损,也就是失信的耻辱成本。失信行为所付出的成本不仅包括物质的,也包括精神的。从个体而言,失信者的人格形象要遭受怀疑,受到周围群体的排挤。失信所引起的名誉受损对企业的发展无疑是致命伤,这也是为什么许多企业非常重视企业形象、讲究信誉的原因。信誉是无形资产,良好的信誉可以产生人格魅力,获得周围人的尊重和认可,进而获得其他收益。为了提高失信成本,有必要建立信用评价机制,使个体或企业的利益与名誉密切相关,从而减少失信行为的可能性。

5. 重视内生制度的研究

借鉴新制度经济学的经验研究法,重视内生制度的研究。按照新制度经济学的观点,制度分为外在制度和内生制度,外在制度是指国家法律,内生制度主要是指包括惯例、习俗、观念等在内的文化环境。个体的行为与道德模式与其所处的文化环境密切相关。这一点可以得到多方论证。传播学认为,个体的行为必定与特定的社会因素相关联,并与各种社会因素相互作用,从环境到个体行为,中间要通过一个社会"关卡",这个"关卡"就是文化环境。社会学习理论的代表人物——班杜拉(A. Bandura)和实用主义教育思想大师约翰·杜威都认为个体的行为与品德的形成是个体与文化环境交互作用实现的。社会系统功能主义者卢蔓(Niklas Luhmann)在用"一般系统论"的方法考察人类行为时也指出人类的行为和文化环境紧密相连。而戈夫曼的拟剧理论更具形象性,他把文化环境比做舞台:"生活是一个有演员和观众的舞台。人们是以对其他人的感受进行某种控制的方式来表现自我、限定环境的。"①在舞台上,每个个体都是观众同时又扮演角色,他们通过脚本、道具和观众需要确定自己的角色,相互演出。个体道德行为和文化环境的相关性也正好契合了道德教育情景理论。具体而言,"任何人都

---

① [美]杰弗里·亚历山大,贾春增等译:《社会学十二讲》,华夏出版社 2000 年版,第 170 页。

生活在一定的传统习俗氛围中,被前辈积累起来、传递下来的观念、规范、习惯、礼仪、行为方式等等包围着,影响着,并在潜移默化中逐渐把它们接受下来,形成与之一致的思维模式和行为方式,这就是人除本能以外的支配自己行为的'第二天性'。形成与之一致的思维模式和行为方式的人,同时又以这种既得的方式为标准去评价、衡量他人。"[1]"习俗通过某种方式赋予道德行为以特有的尊重。即使并不是所有社会习俗都合乎道德,所有道德行为也都依然是习俗行为。无论谁拒绝这种习俗行为都得冒公然违抗道德的风险。"[2]虽然风俗习惯等文化因素在很大程度上规定着这个国家的财经伦理或财经工作人员的道德价值观,但"由于任何社会的文化信念都非常根深蒂固,因此人们一向忽略它们的存在"[3]。诺贝尔经济学奖获得者诺斯曾说过,如果一个国家不知道自己的现实制约、传统影响以及文化惯性,就不知道自己的发展方向。因此,理性地考察我国当前的文化环境对于信用体系建设下的财经伦理建设具有重要意义。

以上几个方面旨在为信用体系建设下的财经伦理建设提供一种方法论的思维路径。财经伦理建设是一项复杂而艰巨的系统工程,需要我们长期努力,慢慢摸索。概而言之,本章按照历史与逻辑、理论与现实的思路对财经伦理的发展脉络作简单梳理,并借鉴心理学、经济学、系统科学的理论知识和研究方法,着重论述了当前财经伦理的现状,以期与后面的章节更详细、更微观地探讨财经伦理达到一脉相承的效果。

---

① 肖雪慧等主编:《守望良知——新伦理的文化视野》,辽宁人民出版社 1998 年版,第 206 页。

② [法]爱弥尔·涂尔干,陈光金等译:《道德教育》,上海人民出版社 2001 年版,第 29 页。

③ [英]查尔斯·汉普登-特纳等著,徐联恩译:《国家竞争力——创造财富的价值体系》,海南出版社 1997 年版,第 6 页。

第 六 章

金融信用的伦理蕴涵

金融伦理作为近年来方兴未艾的经济伦理学研究的主要领域,虽然尚未形成完备的学科体系,但鉴于其较强的实践性,已经引起公众及学界的广泛关注。

金融信用及其伦理蕴涵,更是金融与伦理共生性的逻辑关联,对此问题的研究将针对当前金融行业的信用缺失状况,从金融伦理的维度究其缘由、探讨相关对策,进而提出建构和保障金融信用基础的金融职业道德规范体系。

一、金融伦理研究概述

金融是经济发展的核心与基础,经济的增长在一定程度上取决于金融的发展速度与规模,尤其是近代金融工具与各类衍生品的创新,其意义更为深远。然而,金融业在可能给追逐利益的"经济人"带来丰硕回报的同时,也蕴涵着"道德人"信用缺失的潜在危机,这一点从最近的"次贷危机"中可见一斑。次贷危机是指始发于 2006 年美国住房市场投机泡沫的破灭,进而在现阶段以金融状况恶化以及全球信贷紧缩的形式引发很多国家的连锁反应所带来的一连串后果。"过分冒进的抵押贷款人、丧失原则的评估师以及信心满满的借款人,共同合力推动了住房市场的繁荣。"①但同时,"按揭贷款人的欺诈,证券投资人、对冲基金、评级机构的贪得无厌,甚至是联邦储备局前主席艾伦·格林斯潘所犯下的错误"②又导致了这次全球性的经济危机。"又一次,他们眼看着曾经十分信赖的那些经济机构在他们周围一个接一个地轰然倒下;又一次,他们觉得被骗了——被灌输了那些过分乐观的思想,以致被诱使去冒过度的风险。"③这些都动摇了公众对金融市场和金融机构的信心,也引发了人们对金融与伦理关系的思考。人们开始把目光从金融市场的资产种类、投资收益、融资规模等关乎利益的问题上,转移到了规范金融市场、注重金融企业社会责任、强调金融主体道德的伦理问题上。金融领域中的"道德"逐渐成为一个人们关注的热点,带着前所未有的意义和浓重的伦理蕴涵凸显出来。

(一)金融与伦理的耦合

主流经济学一直以来倡导的是没有伦理道德思考、只追求经济主体自身利益最大化的经济学,甚至认为"经济学不讲道德"。然而经济学真的就是脱离伦理道德的经济学,经济问题真的就是纯而又纯的投入与产出问题吗? 从"经济人"假设这一经济学前提受到"道德人"的诘难,到 1998 年诺贝尔经济学奖获得者阿玛蒂亚·森指出经济学"可以通过更多、更明确地关注影响人类行为的伦理学思考而变得更有说

---

① [美]罗伯特·希特勒著,何正云译:《终结次贷危机导论部分》,中信出版社2008 年版。

② [美]罗伯特·希特勒著,何正云译:《终结次贷危机导论部分》,中信出版社2008 年版。

③ [美]罗伯特·希特勒著,何正云译:《终结次贷危机导论部分》,中信出版社2008 年版。

服力"①,都说明了经济和伦理的不可分离性以及相互渗透性。

1. 金融的伦理意蕴

金融理论研究者往往认为金融学是一门仅依赖于可视事实的客观科学,它不对金融行为做任何关于伦理道德的价值判断;它是一门纯技术性的科学,只关心通过何种方法和手段来实现经济利益的最大化,而不关心这一金融行为本身是否符合社会的伦理原则和道德规范的标准;简单地说,它重视的是"是什么"与"怎样才能"的命题,而非"应该是什么"的命题。然而,这些相对片面的观点在现实中却遭受到了严峻的挑战,因为金融学作为经济学的重要组成部分,也不是单纯地只讲利益与效率,而没有价值判断的学科,其本身也蕴涵着丰富的伦理内涵。

(1)伦理的历史和文化背景。

一定的社会伦理原则和道德规范要求为金融活动提供了历史和文化的背景,从历史上传承的伦理道德规范被生活在社会中的人们以传统习俗、社会舆论、内心信念的方式所默默遵循着,不论人们从事怎样的社会活动,政治的、经济的、文化的,都脱离不了对这种社会道德规范的认可与遵循以及由之形成的无形力量的约束。从某种意义上说,这种认可与遵循就是社会存在的道德基础,如果失去了这个道德基础,也就失去了社会之为社会的基础。任何形式的金融活动都是在一定社会生活环境和道德语境中展开的,摆脱不了社会中先在存在的伦理原则与道德规范要求的约束。而任何活动的主体——人——之为人的合理性同样也在于对一定的伦理原则和道德规范的自觉认识与践行。② 金融活动的主体也不例外,一方面他们会根据自身的价值观念和道德标准作出行为选择;另一方面社会也会根据自身的伦理道德原则和标准

———————

① [印度]阿玛蒂亚·森著,王文玉、王宇译:《伦理学与经济学》,商务印书馆2003年版,第15页。

② 关于人的合理性问题,参见王小锡:《伦理、道德、应该及其相互关系》,《江海学刊》2004年第2期。

对个体行为作出相应的道德判断与引导。

（2）伦理学的方法论依据。

一定的伦理学理论与方法为金融理论的研究与创新提供了依据。一方面，表现在金融学的理论研究中。虽然金融理论者认为金融理论的形成是受到了功利主义的影响，以追求经济主体自身利益最大化为最终目标，但他们大多是从经济学角度来看待功利主义的。其实，功利主义还是一种重要的伦理学方法，其基本的价值立场就是认可利益对于人类存在的最基本意义，它也为金融理论产生与发展提供了伦理的依据。此外，经济，包括金融的功利性，并不排斥其道义性。从一定意义上讲，"假如离开功利谈道义，或者把功利仅仅作为理解义的参照物，都不是历史唯物主义的态度。……正当的功利本身就体现道义，正当功利本身就是通过道义手段获得的。"①另一方面，表现在金融学的创新中。随着现代金融学的发展，金融理论的创新层出不穷，其中意义最为深远的创新之一便是金融行为学的产生。所谓金融行为学，是行为理论与金融分析相结合的一种研究方法与理论体系，它分析的是人的心理、行为以及情绪对金融决策、金融产品价格和金融市场发展趋势的影响，是心理学与金融学结合的一门交叉学科。金融行为学的产生，一改传统金融理论建立在严格的人类理性基础上的研究路径，把金融研究的重点投向了"构建靠近生活情景下的'合理的学说'"②，认为主体总是非理性的，金融行为总是受到主体当时心理因素的影响的。金融行为学强调了主体自身主观因素对交易行为的影响，也就必然涉及了主体自身的价值判断问题，这不仅是心理学探讨的内容，更是伦理学研究的重点。

（3）伦理规范的理性约束作用。

一定的伦理道德规范为金融主体的行为提供了理性的约束与支

---

① 王小锡：《中国经济伦理学》，中国商业出版社 1994 版，第 97—98 页。
② 王稳：《行为金融学的创新意义》，今时网 2004 年 9 月 28 日。

撑。对于金融活动的主体(不论是机构还是个人)而言,都会随时面临着经济利益的诱惑而有可能丧失理性,也会面对利益与道德的冲突而陷入困境。对于金融机构而言,作为为客户管理和处置金融资产的服务者,就会产生"许多关于如何道德地对待客户以及负责地处置客户资产的伦理问题"①;对于机构中的从业人员而言,既要面对个人应遵循的道德标准可能与公司利益相违背的伦理困境,又要迎接金融全球化带来的各国之间不同文化底蕴所导致的不同道德标准的挑战。因此,必然需要一定的社会伦理道德规范,在主体进行道德选择的时候有所指导。此外,金融市场之中还有着一个重要的主体,它对金融市场交易的公平性以及维持交易的有序性起着举足轻重的作用,那就是金融制度的制定者以及市场的监管者——政府。政府在制定金融制度的时候,必须确保市场参与主体各方游戏规则的平等性,建立公平、公正、公开的市场环境,对金融活动进行必要的监督以保证市场健康有序的运行,这一切都需要伦理的内在支持。

同样,"经济学与伦理学的分离,对于伦理学来说也是一件非常不幸的事",因为"经济学不仅能够直接帮助我们更好地理解伦理学问题的本质问题,而且还具有方法论上的意义",经济学的方法"对于研究复杂的伦理学问题也是十分重要的"②。所以,任何经济的——包括金融的——快速发展,也促进了实践中道德的进步以及理论上伦理学的发展。

总而言之,金融的运行过程就是金融关系和伦理关系相互作用、彼此联合的交互过程。金融不是缺乏伦理内涵的纯技术科学,正相反,金融是以伦理道德为内在理性意蕴的综合性科学。

2. 金融伦理及其研究主题

虽然人们业已关注金融领域内的伦理道德问题,开始探讨金融与

① [美]博特莱特著,静也:《金融伦理学》,北京大学出版社2002年版,第5页。
② [美]博特莱特:《金融伦理学》,北京大学出版社2002年版,第15—16页。

伦理的关系,但实际上到目前为止,学界尚未对金融伦理及其体系形成比较明确一致的认识。有人认为:"广义的金融伦理是指所有金融活动的行为和方式必须符合一定的规则(这里包括目的、规范、诚信、正义和有所选择)。"[①]这个定义固然涉及了金融伦理所包含的内容,但有欠完整。我们认为,可以参照经济伦理的相关内容,给金融伦理定义为:人们在社会金融活动中协调各种利益关系的善恶取向以及应该不应该的金融行为规定。[②] 其研究主题为:第一,利益是金融活动的内在驱动力,金融主体间的利益关系是金融领域最基本的伦理关系。第二,能否以及如何避免金融主体间的利益冲突、实现利益协调,决定着金融活动的方向及其合乎伦理性。第三,金融行为的价值判断标准能否促进社会的发展,有利于各方利益的充分实现。第四,竞争是金融市场发展和完善的基本手段,必须在公开、公平、公正的市场环境下实现理性、有序的竞争。第五,信用是金融市场存在和发展的基石,是每个金融主体都必须恪守的伦理准则,也是金融和伦理共生性的逻辑关联。第六,信息的不对称、资源的不对等以及交易能力的不平等是金融市场伦理冲突的表层原因,金融公平与效率的两难是金融市场伦理冲突的深层原因。

(二)金融伦理研究的维度

前面我们论述了金融与伦理的关系,说明了金融伦理不是金融与伦理的人为结合与简单相加。在现实的金融活动中,存在着各种伦理关系的冲突,这更说明了金融实践对金融伦理的呼唤。

金融市场是追寻利益的场所,如何获得利益并确保自身利益的最大化是金融交易活动的内在驱动力,但金融领域中由于主体承担的风险度、拥有的信息量、认可的价值标准的不同会导致利益分配的不同,

---

① 徐艳:《我国金融市场的金融伦理冲突与矛盾》,《财贸经济》2003 年第 10 期。
② 参见王小锡:《经济的德性》,人民出版社 2002 年版,第 13 页。

加之利益在不同主体甚至同一主体不同时间段之间的分配不同就会导致各种冲突的产生。因此在金融领域中所要面对的最大的也是最根本的伦理冲突就是利益冲突，主要表现为市场内部以及主体间利益冲突两个层面。相应地，金融伦理研究的维度具体为：

1. 调节金融市场内部利益冲突

根据不同的标准，可以把金融市场划分为不同的子市场，其中最常见的是按照金融交易的期限，把金融市场划分为资本市场和货币市场。所谓资本市场是指融资期限在一年以上的中长期融资市场，包括债券市场、股票市场以及中长期信贷市场，其融通的资金主要作为企业扩大再生产的资本而使用，具有偿还期长、风险大、收益高的特点。所谓货币市场是指融资期限一般在一年以内的短期融资市场，包括短期存贷市场、同业拆借市场、票据市场、贴现市场、短期债券市场等，主要满足交易者的流动性资金的需求。

资本市场和货币市场都是资金供求双方进行交易的场所，从历史上看，货币市场先于资本市场出现，资本市场在货币市场的基础上产生。但从风险性上讲，资本市场的风险要远远大于货币市场。恰恰是伴随高风险所产生的高收益，也使得资本市场具有极大的吸引力，人们从高风险的背后看到了获取高收益的机会，于是常常要被置于利益与道德选择的冲突之下。

以证券市场为例，作为资本市场重要组成部分，通过发行股票和债券，证券市场具有吸收中长期资金的巨大能力，公开发行的股票和债券还可在二级市场自由买卖和流通，有着很强的灵活性。但在证券发行与交易过程中，存在着种种利益的冲突：是完整、准确、及时地披露上市公司信息，还是为了能够顺利上市或使股价攀升进行虚假包装与欺诈；是遵循市场的规律维护中小投资者利益，还是自我利益使然操纵股价；是强调诚实守信进行公开、公平、公正的市场竞争，还是不负责任地进行内幕交易；等等。

货币市场的风险性尽管低于资本市场，利益冲突发生的频率之高和程度之深也不如资本市场,但同样存在着冲突。如银行等金融机构在进行融资时,是严格遵守融资条件进行资格审查还是为了达成某种协议而放宽条件;银行工作人员在发放信贷资金的时候是秉公办理还是为了牟取私利与企业勾结骗取银行信贷资金等。

2. 调节金融主体间利益冲突

金融主体间的利益冲突,具体来说,表现为金融市场中个体与个体间(如从业人员、个人客户、监管者等)、个体与组织间(如从业人员与所属机构、个人客户与金融机构、监管者与金融机构等)、组织与组织间(如不同金融机构之间、不同利益团体之间等)的利益冲突。需要说明的是,第一,这几种主体间的利益冲突往往是交互发生的。个体和另一个体间发生利益冲突的同时,也许正和其他个体或组织发生冲突,对于组织而言亦是如此。譬如说某个金融机构的从业人员在面对客户的时候,就可能处于这样的利益冲突中:作为客户的代理人,必须遵循委托—代理关系所规定的职责,使自己的利益要服从客户的利益,不单纯是扮演接受客户指令并按其行事的角色,还应该利用自己特殊的知识、技能以及所掌握的信息资源为客户服务,这样才能获得客户的信任,以保证所建立的委托—代理关系的长久性,维持公司及个人的赢利。但实际中,他所能披露的信息或提供的投资建议与服务可能会影响到公司的收益,进而影响其个人的利益。那么,此时是遵循职业准则、客户利益至上,还是为了谋取公司及个人的更大利益对客户进行某种"引导"呢? 第二,这里还存在一个行为的"外部性"问题,也就是社会责任的问题。交易行为或许对于双方而言都是增进利益的,但对于可能涉及的第三者而言,就存在一个外部效应,这个外部效应可正可负,如果是正的固然好,如果是产生负的外部效应,那么就造成了第三者利益的损失,又出现了利益的冲突。我们还用上面例子中的双方来说明:这一次,这个金融机构的从业人员在职业准则许可的范围内,既服从了客户利益的最大化,又没有影响到公司的利益获取而给客户作出了有利的投资建议。但问题是,客户资金所投向的某个项目的建立可能会对社会环境产生一定的负面影响，那么，此时的冲突不再是存在于交易双方之间，而是存在于双方与交易结果可能影响的第三方之间了。

在金融领域中，这样的冲突随时随处都会发生，其普遍性和复杂性强化了金融业对伦理道德的诉求，更加凸显了金融伦理研究的意义。而金融信用作为金融和伦理共生性的逻辑关联，也是决定利益冲突是否产生及其程度的关键，其伦理蕴涵更值得探讨。从金融信用最初产生到今天成为金融活动的基础，就注定要与金融伦理结下不解之缘。

二、金融信用与金融伦理

信用，作为现代经济生活的基本特征之一，贯穿于社会生活的方方面面，从生产到流通，从分配到消费，信用无处不在，又无时不在。市场经济作为现代经济的表现形式，也是一种信用经济，经济主体时刻处于错综复杂的信用关系网络中，信用成为了联结经济主体的关系纽带，也是其相互之间进行正常经济交往的前提。市场经济为信用的功能发挥提供了制度保障，信用又推动着市场经济的不断向前发展和逐步完善。金融作为市场经济的核心，其存在和有序的运行更是依赖于良好的信用基础。

（一）信用与伦理

现代英文里"信用"（credit）一词，源自于意为信任、信誉、相信等的拉丁文 crdeo，几乎不带有经济色彩。而我们知道，现代对信用的含义认识，更多的是遵循西方的解释，认为"信用"是一个经济学范畴内的概念，指的是不同的所有者之间以一定的实物或货币为客体，以还本付息为条件的一种价值运动的特殊方式。根据这个定义，可以看到作为经济学范畴的信用概念具有以下三个特征：

一是信用是价值运动的一种特殊形式。价值在经济主体间的转移是一个往返的过程，从贷方转移到借方，还必须回到价值的原有者——

贷方手中,同时伴随着一定的价值增值。而且,只有连同增值部分的价值的第二次转移的完成,才意味着信用关系的完整性,创造着下一次信用关系形成的可能性。

二是信用过程的实现伴随着一定的价值增值。不考虑现实中特定条件下无息贷款的特殊情形,信用关系中无论是以实物还是以货币作为借贷的标的,都必须有一定的价值增值的实现。正因为贷方对未来的价值增值收益存在预期,才愿意贷出;借方之所以能够获得一定实物或货币的使用权,是对未来的还本付息进行了事先的承诺。

三是信用表现为一种债权债务关系。借贷双方的行为不仅实现了价值的转移,而且构成了债权债务关系。贷方通过让渡一定价值的使用权来拥有债权,借方通过获取一定价值的使用权来承担债务,由此,信用便在贷方成为债权人、借方成为债务人的基础之上形成。

1. 信用的形式与起源

随着信用经济的发展以及信用活动的日益频繁,信用的形式也表现出由低级向高级、由简单向复杂演进的趋势。多种多样的现代信用形式,按照不同的标准可以划分为不同类别,譬如根据主体的不同,可以分为商业信用、银行信用、国家信用、消费信用;根据期限的不同,可以分为短期信用和长期信用;根据使用者的不同,又可分为个人信用、企业信用及公共信用。由此可见,信用的主体遍及经济生活中的各个领域,更说明信用对于现代市场经济的不可或缺性。

那么,这个在经济生活中扮演独特角色的信用究竟从何而来呢?考察信用的渊源,可以追溯到人类社会的早期。由于当时生产力水平低下,对于财产的支配实行的是集中制,人们之间是不会也不需要形成借贷基础之上的信用关系的。随着生产力的发展以及社会分工的完成,出现了越来越多的剩余产品。同时,人们之间的生产关系也发生了变迁,以往的财产集中的格局被打破,私有制代替了公有制,连同剩余产品所导致的交换在时空上的不平衡性,为信用的产生创造了制度的基础。

早期的信用关系直接表现为高利贷信用的形式。生产的不发达限制了可交换的剩余产品的数量,结果又带来了借贷价格——利息的居高不下。直至资本主义制度下,高利贷资本让位于借贷资本,现代信用才真正产生和发展起来,并渗透到社会生活的各个领域中,发挥着维系现代经济的重大作用。

对于现代信用的理论内容,马克思早在《资本论》中就有过丰富而深刻的阐述。他指出:"这个运动……以偿还为条件的付出……一般地说,就是贷和借的运动,即货币和商品的只是有条件的让渡的这种特殊形式的运动。"①也就是说,信用是价值运动的特殊形式,这种形式的特殊性就在于其是以偿还为条件的。对于信用的形成,马克思认为:信用是对高利贷资本的扬弃,既否定了高利贷资本对生产者的剥削,又承认了它对产业资本形成的促进性;信用是在货币的基础上形成的,是货币运动的结果,只有货币在商品购销时执行支付功能,信用才产生;信用是随着资本主义生产方式的发展而建立起来的,资本主义为信用创造了制度的基础。对于信用的作用,马克思既强调了信用对资本主义经济所产生的推动作用,如节约了流通时间和费用、实现了资本的扩大等,也指出了信用所隐藏的危机,这对当代信用制度的建设有着现实的理论指导意义。②

2. 信用和伦理信用

尽管信用是从属于经济学范畴的一个概念,是作为一种价值运动方式被人们认识的,但是在日常生活中,人们在使用"信用"这个词的时候,往往不是仅局限于经济范畴内,而是赋予了信用更广泛的意义。我们常常说一个人守不守信用,既是对这个人在信用关系中行为的事实论述,又是对其行为的价值判断,带有善恶价值评判的色彩。也就是

---

① 《资本论》第3卷,人民出版社1975年版,第390页。

② 参见韩喜平:《马克思的信用理论及我国信用制度的构建》,《当代经济研究》2000年第7期。

说,现实生活中,信用具有了经济范畴和伦理范畴的双重含义。

(1)经济伦理层面的信用

作为经济层面的信用,指的是一种经济主体间的借贷行为,是一种价值运动的方式;作为伦理层面的信用,指的是信任、信誉、诚信和遵守诺言。信用关系的形成是建立在主体间信任的基础上的,贷方相信借方一定会还本付息才会暂时让渡实物或货币的使用权,借方遵循诚信的原则履行对贷方还本付息的承诺,以维持信用关系的长久。因此,就经济信用和伦理信用的关系而言,两者是紧密相连的,后者是前者的内在基础,前者是后者在经济领域的延伸。西方的信用观念偏重于经济层面的认识,认为信用是对契约关系的遵从;中国的信用文化源远流长,传统的"诚信"思想丰富而深刻,注重信用观念的伦理意义。尽管中西方对信用的理解与把握有所侧重,但都认可信用在社会生活尤其是经济生活中的作用,把信用看作维系社会正常生活秩序和经济运转的根本。

(2)信用与伦理相伴相生

我们应该在一个更广泛的视野中,全面认识信用的内涵。信用既是经济学范畴内的概念,又脱离不了其本身固有的伦理意蕴。其实,分析作为经济学范畴的信用,其伦理属性也是相伴相生的。前面我们提到,信用的本质特征有三:价值运动的一种特殊形式、伴随价值增值的过程、一种债权债务关系。首先,信用作为一种价值运动方式,分为价值的让渡和价值及其增值的回流两个阶段,其中第一阶段的形成是以第二阶段的完成作为前提和基础的,第二阶段的完成是信用关系得以完整和持续的关键。两个阶段的价值运动过程都根植于主体间的相互信任,而信任又根源于伦理层面的主体诚信的道德品质。所以,信用价值运动的经济属性是以其伦理属性为基础的。其次,信用的过程要求实现价值的增值,说明信用从根本上就有着增进社会整体福利的目的性,为了协调人际关系和完善人的生活而存在。正如前面所言,是功利性和道义性的辩证统一,带有强烈的伦理指向性。再次,信用虽然是一种债权债务关系,但这种关系形成的前提是双方间某种契约的达成。尽管契约的形式各种各样,但契约的达成就意味着某种共识(包括道德共识)的达成,客观上要求双方共同遵守契约的内容,主观上双方也必须遵守才能保证信用关系的长久性。

由此可见,信用不是单纯的经济概念,而是一个蕴涵经济与伦理双重意义的宽泛概念。我们可以给信用做广义和狭义的区分,广义的信用指一种社会信用,从内容上讲,包括政治、经济、文化等社会生活各个领域内的信用关系,从本质上讲,包括信用的经济属性和伦理属性等;而狭义的信用就是指经济学范畴内的信用,是一种价值运动的方式,代表一种经济主体相互间的交易关系。我们对信用的认识也不能仅限于纯经济的、不带有任何伦理色彩的范畴,而是应该全面把握,这样才能更加深入透彻地认识金融领域中信用的内涵。

(二)金融与信用

什么是金融? 简单地讲就是资金的融通。作为单纯的经济概念,金融与信用既有联系又有区别。对资金的融通必然要以货币为对象,现代信用也以货币为主要对象。早期的信用关系时期,借贷的对象以实物为主;到了现代经济,信用的主要内容就由实物借贷转变成了货币借贷,信用便与金融产生了紧密的联系。但信用与金融仍有区别。一方面,从产生的时期看,信用的历史远比金融悠久,信用的产生可以追溯到奴隶社会,而金融则是现代经济的产物。另一方面,从表现形式看,金融以货币作为载体进行资金的融通,可以表现为通过货币资金借贷而形成的债权债务关系,即信用关系。但在现实的经济生活中,也存在其他的资金融通方式,如我们常见的通过发行股票来筹集资金的方式,这样形成的就是一种所有权关系。尽管如此,在现代经济中,金融与信用始终关系密切。

1. 金融的基础是信用

信用对于金融的意义相当重大,正如马克思所言,信用是金融的基础。信用制度的发展推动了金融的市场化进程,使得金融从最初的民间私人直接融资发展到以银行为中介的间接融资,再到以证券为对象的直接融资,促进金融市场向纵深发展。与此同时,信用和信用制度也循着从商业信用到银行信用再到票据、证券信用的演进过程,不断地发展和完善起来。

2. 金融市场的核心是信用

随着金融工具和金融产品的创新,信用成为现代金融业的核心。作为信用在金融领域内的延伸,金融信用同样具备信用的经济和伦理双重属性,它既是金融领域内资金借贷关系的表现,又是金融领域中市场主体相互之间信守承诺的伦理原则。金融信用是维系金融市场主体联系的纽带,是金融市场正常运转的制度基础。作为金融市场的核心,金融信用表现出如下的特征:

一是金融信用关系的广泛性。整个金融领域的经济主体都处于复杂交织的金融信用关系网络中,无论是居民、企业、政府等非金融机构与银行、证券、信托、保险等金融机构之间,还是金融机构相互之间,时刻都处于金融信用关系中。随着金融全球化的发展,金融信用关系更是遍及国内、国际经济生活的方方面面。

二是金融信用规模的扩张性。伴随着经济规模的迅速扩张,信用规模不断扩张的势头迅猛。金融业由于其特殊性,信用的扩张程度更是在金融创新的带动下,表现出前所未有的趋势。然而,金融信用规模的盲目扩展必然会动摇金融市场的稳定性,产生金融风险,甚至导致金融危机的爆发。

三是金融信用结构的复杂性。金融信用结构主要包括工具、机构以及市场三方面。经济需要和科技进步下的金融创新带来了金融信用工具的不断多样化,由原先的股票、债券发展到期货、期权等各类金融衍生工具,金融信用工具的种类呈现出日益复杂化的趋势。金融信用机构也随着金融市场的充分发展日趋多元化、专业化,由传统的商业银行占主导发展到基金公司、信托等各类金融机构并存。与此同时,金融信用市场结构也不断向纵深发展,各种金融信用关系交错纵横,甚至跨出国界,在全球范围内发挥作用。

3. 金融与信用的相互渗透

信用与金融的相互渗透融合使得金融信用越来越成为金融市场可持续发展的根本之所在。然而,信用行为的结果总是包含着守信和失信两个方面,这两者相伴相生、对立统一,有信用关系的存在就有失信的潜在可能。因此,如何促使金融市场的参与者守信多于失信、维护金融的信用基础、防范金融风险的产生,由此引发的金融伦理问题逐渐成为人们关注的焦点。金融市场上一切的金融关系本质上都可以归结为一种债权债务关系,信守契约、遵守交易规则被视为是合乎金融伦理原则的要求的。然而事实上,金融市场的主体常常会因为眼前的利益而采取破坏交易制度或违背契约的举动,这一切都会被视为不守信用,也是不道德的。它意味着金融市场的主体非等价地获得了其他市场主体的资源,既违背了市场经济等价交换的基本原则,削弱了金融市场的信用基础,也违背了支撑市场正常运行的内在伦理要求,这一切便被归结为金融领域内的信用缺失。

三、金融信用缺失及对策分析

现实的金融活动中,面对种种眼前利益的诱惑,人们往往忽略了信用对于金融交易的长远意义,而盲目地作出了种种破坏信用的举动,表现为金融市场上大量失信行为的产生,也就是通常所说的"信用缺失"。随着信用缺失范围的扩大和程度的加深,便会导致"信用危机"的爆发,其后果是扰乱了金融市场正常的运行秩序,扭曲了金融资源的合理配置,进而危害整个社会经济。

作为市场经济发展的初级阶段,我国的信用体系建设仍处于起步阶段,相关法律法规的不完善,信用监管、管理机构的不健全,市场交易主体缺乏必要的信用机制约束,在多种因素作用之下,信用缺失普遍存在。金融业作为经营信用的产业,在其改革和发展过程之中凸显出的信用缺失问题尤为严重。随着金融领域的违约、逃债、欺诈等行为愈加普遍化,金融信用的缺失将逐渐演变成金融信用的危机。因此,认识当前金融业信用缺失的现状,分析金融信用失落的原因,探究防范金融信用危机的对策,便成为摆在我们面前的急迫问题。

(一)金融信用缺失的现状描述

信用问题是全球性的,早在市场经济发展的初期,西方国家就曾出现过信用危机,18 世纪的欧洲、工业化早期阶段的美国,信用缺失的现象充斥着整个市场,尤以金融市场为最,造假、欺诈、内幕交易、操纵股价等行为频频发生。即使是在经济高度发达的现在,信用缺失问题仍是金融市场要面对的严峻挑战。以公认的信用经济发达的美国为例,2001 年年底以来,其资本市场爆发了严重的信用危机,以安然、安达信事件为代表的一连串有着巨大规模和影响力的公司造假事件的频繁发生,沉重地打击了投资者的信心和美国经济的复苏势头。在美国,有着一套完整的社会信用体系和较为完善的法律制度以及有效的行业法规、完整的征信数据库、发达的信用管理教育和人力资源,却发生了一系列如此严重的财务欺诈丑闻,导致了信用危机,不得不引起全世界的广泛关注和思考。

日裔美国学者弗朗西斯·福山在《信任:社会美德与创造经济繁荣》一书中认为,"信用是整个社会的最大资本",没有信任的基石,市场经济的秩序就无法得到扩展,企业的规模和竞争力都不可能提高。中国的金融市场还处于发展的初期,远不如美国完善,加上对于信用资本更缺乏全面深刻的认识,信用缺失现象必然更普遍地存在着,按照金融市场的种类划分,这种信用的缺失表现为货币市场的信用缺失和资本市场的信用缺失;按照市场的参与主体划分,又表现为金融机构、非金融机构以及金融个体的信用缺失。

1. 货币市场和资本市场的信用缺失

如前面所述,根据金融交易的期限长短,金融市场被划分为货币市场和资本市场。

货币市场资金融通的期限比较短,又有相对严格的市场准入条件,因此货币市场的信用风险要低于资本市场。但是,目前我国货币市场的信用缺失现象仍然令人忧虑。以货币市场信用中的银行信用为例,金融机构对融资条件的擅自放宽致使银行信贷资金违规进入股市、企业之间的大量三角债、银行呆账坏账的形成等等,严重破坏了金融市场的有序性。据中国人民银行统计的数据表明,截至 2000 年年末,在四家国有银行和中国银行开户的 6000 多家改制企业中,经金融债权机构认定的逃债企业就有 50% 以上,其逃废银行贷款本息竟超过 1800 亿元。

货币市场尚且如此,资本市场上的失信现象更是比比皆是。证券市场作为资本市场的主体,凭借其创造"资本神话"的优势,成为人们追逐利益的"乐土",当越来越多的资金涌向证券市场,人们沉浸于财富的梦想中,却往往忽略了道义的存在,致使信用基础日渐薄弱。且不论股票上市中的虚假、交易中的欺诈,就是曾经被广泛期待为市场"健康力量"的投资基金也似乎放弃了"信用"这个市场的根本,通过对倒制造交易量,利用倒仓操纵市场,又何来"健康",何来"信用"可言!从郑百文到银广厦,从亿安科技到麦科特,证券市场上的造假已经到了令人触目惊心的地步。虽然这一切都与中国证券市场尚处于起步阶段、各种法律法规不健全有关,但市场的信用缺失已经严重损伤了投资者的信心,必将导致市场金融秩序的混乱。

2. 金融市场主体的信用缺失

金融市场存在着三类主体:金融机构、非金融机构以及金融个体。这三类主体的信用缺失问题同样不容乐观。

金融机构包括银行、金融资产管理公司、证券公司、保险公司、财务公司、投资基金、信托投资公司、金融租赁公司等等,其中以银行和证券公司的失信程度最为严重。银行呆账坏账的形成往往不乏银行内部人员的合谋,贷款过程中的暗箱操作、审核不严给银行信用大打折扣;企业上市过程中的造假脱离不了证券公司的合作,自营交易中的各种违规操作已经成了证券公司创造高额企业效益的必要手段之一,利用内幕消息为自身牟利亦是证券行业"公开"的"秘密";再加上基金黑幕、保险业中欺骗客户行为的时有发生,人们越来越质疑金融机构本身的信用。

金融市场上的非金融机构主要包括以上市公司在内的法人企业等,而上市公司的信用缺失早已是屡见不鲜了,从上市过程中的虚假包装,到上市后各种财务报表造假、业绩的伪造,利用信息的不对称性欺骗广大投资者,再到伙同证券公司操纵股价,屡禁不止,极大地损伤了中小投资者的利益,上市公司的失信问题日趋严重。

而另一类市场主体——金融个体的信用问题同样不容忽视。从某种意义上讲,无论是金融机构还是非金融机构都是由个人组成的,机构的信用缺失也是由个人的信用缺失所导致的。金融市场作为获利的场所,置身于其中的人们往往把能否获取利益作为市场行为所追寻的第一目标,个人的价值功利主义常常排斥了伦理道德,在利益的驱动下丧失了道德的约束,不顾信用,只求当前利益的最大化。即使是不属于机构的个人,也会在这种充斥着道德—利益矛盾的环境中成为财富的追逐者。以保险合同的一方——投保者为例,在契约的签订过程中,有意隐瞒自身信息,不履行如实告知义务;在理赔过程中,虚构保险事故以骗取保险金的事例源源不绝。

(二)金融信用缺失的原因分析与对策分析

在欧美等发达国家,建立信用制度已有 150 多年的历史。社会信用制度一般包括企业信用制度和个人信用制度。由于无限责任形式的企业可以由个人独资或合伙建立,有限责任形式的企业的法定代表人也是自然人,所以,社会信用制度和信用体系在以企业为主体的基础上也包含了个人信用。目前,这些国家的个人信用消费已占全社会消费总量的 10% 以上,企业间的信用支付方式已占到社会经营活动的 80% 以上,纯粹的现金交易方式已越来越少。即使在个人支付活动中,信用付款方式也已逐渐占据了主导地位。信用在发达国家是一个人正常生活、一个企业正常运营不可或缺的一种方式。

尽管美国近年来在金融领域发生了一系列较为严重的信用失范事件,但美国的信用制度建设仍然较为完善。安然、安达信事件后,美国政府就及时制定并颁布了《反企业欺诈法案》,对公司治理、信息披露等都制定了更为严格的标准,加大了信用体系的透明度和管理的力度。无论是涉及信用管理方面的较为完备的法律体系,还是经过一百多年市场竞争形成的成熟的信用服务行业以及国家对信用的全面而有效的管理,都创造了滋养"信用"的土壤。

中国的信用体系建设才刚刚起步,应针对目前金融领域的信用缺失,探究其原因,并借鉴发达国家在信用建设方面的经验,采取举措。

1. 社会道德环境的优化

市场经济以增加经济主体的利益为主旨,然而市场经济的本质又是信用经济,遵循信用是维持市场经济有效运转的首要前提,不讲诚信、不守信用、充斥欺诈的市场是不可能持续发展的。金融市场作为市场经济的重要组成部分,作为经营信用的场所,更要以诚信为准绳、以道德为根本,否则必将使市场的运作偏离正常的轨道,一旦引发金融危机,后果更加不堪设想。作为金融市场的参与者,绝大多数人不是不明白这其中的道理,也知道违背了信用原则将会受到法律的制裁和道德的谴责。但在面对眼前的利益诱惑时就将这一切法律与道德的约束抛之脑后了,致使信用失范的行为屡禁不绝。

目前金融领域信用缺失,道德状况令人忧虑,这一切都与整个社会的道德环境的劣化不无关联。然而中国作为文明礼仪之邦,自古以来一直倡导以"诚信"为核心的信用观念,为什么随着社会的发展反而会产生道德的危机呢? 这又与社会结构的变迁息息相关,传统社会的

"同质性"特征所决定道德的"一致性"、"唯一性"和"强制性"①的特点,使得社会信用的维持有着良好的社会道德基础。处于这种"同质性"社会结构中,人们之间很容易就形成了道德共识,遵循同一的道德规范和伦理准则,比如说对于"诚信"的认可和遵从。在社会与经济的不断发展过程中,社会结构的"同质性"特点逐渐被"多元化"所取代,多元化的社会带来了价值观念的多元,传统社会的道德共识成了现代人的"困境"。中国的社会结构目前正处于从传统向现代的转型过程中,人们渴求在思想上挣脱传统的束缚,寻求个性的解放,却又迷失在社会开放所带来的各种价值观的冲突之中。于是,各种道德观念上的困惑也随之产生。眼见着那些唯利是图、不择手段、不讲信用的人不仅为自己带来了收益,而且也没有受到社会的谴责,而那些遵守道德准则的人却得不到社会的褒扬,其他人难道能够独善其身吗?金融市场上的利益与道德冲突往往较其他领域显著,因此也更容易受到社会大环境的影响。违背了市场信用准则的人牟取到了巨额的利润,遵循道德和法律规范的人却遭受损失,于是守信者吃亏、失信者获利的示范效应便在金融市场上蔓延开来,失信的行为因此频频发生。

社会道德环境的建设是避免金融市场信用缺失的外部保障,只有构建整个市场经济运行的良好信用秩序,作为其有机组成的金融市场才会自然而然地拥有具备相应道德觉悟和讲究信用的市场主体,为市场奠定牢固的信用基础,确保金融信用成为市场不可或缺的因素。

---

① 所谓"同质性",指的是社会生活的各个领域在功能和需要上缺乏自主性和互补性,没有形成以充分分工和自主发展为基础的、开放的自愿联合。所谓"一致性",指的是同质的社会结构需要一种能凝聚社会成员的内在的精神力量,道德此时处于的不仅是这样一种整合社会的精神权威地位,更有一种称为社会成员信仰的趋向。所谓"唯一性",指的是为了维持社会的机械统一,传统社会只承认一种道德标准的"合法性"和绝对的权威地位,社会成员只有遵循这唯一的道德标准才被承认是有道德的,而社会成员在这种唯一道德的社会环境中也自然接受、认可并自觉遵循之。所谓"强制性",指的是社会用强制性的手段来保证道德得到普遍遵守,任何社会成员都必须强制遵守社会的道德标准,将之视为行为的最高准则,凡是违背社会统一道德规范的行为必将受到严惩。参见贺来:《道德共识与现代社会的命运》,《哲学研究》2001 年第 5 期。

就整个社会的道德环境而言,可以分为道德的硬环境和软环境两个方面。"道德软环境就是一种人文道德价值的精神性实体,而道德硬环境就是这种精神性实体所附着的物质性载体。"道德硬环境的建设,就是要把社会主义的道德精神融灌在各种基础设施、文化设施、公共物品、社会商品等物质性载体中;培育和渲染与社会主义道德建设相得益彰的道德氛围,从而为社会道德建设提供良性的物质性环境。道德软环境则必须"依托社会的经济、政治、文化的大背景,通过各种舆论媒体、文化活动、书籍文章、规章制度等弘扬社会主义道德精神"①。只有加强社会道德的建设,才能为金融信用创造良好的道德氛围,有效防范金融领域内的信用缺失。

通过社会道德环境的优化,提升了市场参与者的道德水平,加强了他们对信用在维系金融市场有效运转过程中的主体性地位的认识,使得金融交易活动更趋道德化、理性化。

2. 坚实产权基础的奠定

信用是以主体双方心理上的信任为基础的,只有双方相互信任,才有可能缔结契约并履行契约,维持长久的信用关系。对于信任的解释有两种:一种是弗朗西斯·福山的"信任文化"说,他认为一个国家信任文化的高低,完全取决于该国的纯文化因素,中国的文化是基于血亲关系上的家族文化,属于低信任的文化,因此中国的信任度比较低。②按照福山的说法,信用危机的产生缘于文化的低信任性。另一种解释是张维迎教授的经济学分析,他认为"信任是在重复博弈中,当事人谋求长期利益的最大化手段。在某种制度下,若博弈会重复发生,则人们会更倾向于相互信任。"③也就是说,如果博弈只进行一次,交易主体极有可能为了眼前的利益而采取不守信的行为;如果博弈可能进行多次,

---

①　王小锡:《实现和谐社会的道德思考》,《伦理学研究》2005 年第 3 期。

②　参见[美]弗朗西斯·福山著,彭志华译:《信任:社会美德与创造经济繁荣》,海南出版社 2001 年版。

③　张维迎:《产权、政府与信誉》,三联书店 2001 年版,第 47 页。

交易主体就会为了长远的利益而放弃眼前的短期行为,建立起相互信任的基础,为了谋求相互之间的长期合作和利益的共赢。因为在重复博弈的前提下,如果一方在一次交易中为了私利而不讲信用,双方合作的关系就必然因此而终止,导致的是不守信用的一方长久利益的丧失。

要保证重复博弈的进行,就要让交易双方对交易行为形成长期的预期,只要预期到与其他主体长期合作的可能,就会讲信用。而这个长期预期形成的关键就在于一定的产权基础。什么是产权?从经济学的角度分析,产权是指由人们对物的使用所引起的相互认可的行为关系,用来界定人们在经济活动中如何受益、如何受损以及他们如何进行补偿的规则。产权是信用形成的基础,只有保护自己的产权、认识和尊重其他经济主体的产权,才能从主观上不实施损伤他人利益的不道德行为,维护自身的信用。而现实经济生活中的产权不明确或产权不受保护现象的存在,使得信用的基础很难形成。没有产权,人们就无须对自己的行为负责任,也无法预料到自己的守信行为能否真正给自身带来收益,自然没必要讲信用。国有企业的信用缺失来源于国有的产权制度,企业的领导人同企业的信用之间不存在长远的联系,他们也不确定能从企业的长远利益中获利多少,所以更倾向于追求眼前的利益而忽视信用;民营、私营企业的信用缺失来源于其产权得不到保障的预期,企业预期产权有可能被剥夺,也只能追求眼前,不会为了信用而进行长期投资。

在金融领域中,同样存在着种种产权不清晰或得不到保障的问题。一方面,表现为对个体产权的无视与侵犯;另一方面,表现为产权"转型"过程中,由产权的多元主体所导致的对国有产权的侵害。以金融市场上企业融资为例,企业的融资按其来源分为内源性融资和外源性融资,内源性融资是来自企业内部的属资本性的资金,主要包括自有资金投入、合伙集资、企业赢利和股东增资等。外源性融资是来自企业外部的属债务性的资金,中小企业在发展过程中,内源性资金不能满足时所必须依赖的资金来源,包括银行贷款和证券融资等。对于企业而言,更倾向于向外部获取资金,因为不论是银行贷款还是证券市场上的融资,都被企业看做是外部产权,企业没有必要为了维护这些产权而花精力建立信用机制。加之一些银行的工作人员在贷款的过程中认为银行贷出去的款项属于国有金融产权,自身无法在保护金融产权的过程中受益,所以往往在贷款中不严格把关,更有甚者成为企业逃债的同谋者。因此,产权基础的薄弱也是金融领域尤其是国有金融行业中难以形成信用约束和道德规范的根本原因之一。

产权作为交易的前提也是信用存在和发展的基础,现实中由于产权的不明确所导致的金融交易行为的短期性却阻碍了金融信用的长期稳定。金融信用的建设,首先必须构建牢固的产权基础,具体地说:通过法律对产权进行明确的界定和有力的保护,完善产权主体人格化;深化包括国有金融机构在内的国有产权改革,优化所有制结构;构建公平公正的法律体系,确保不同产权主体具有平等的参与市场竞争的权利和机会。通过产权制度的改革,建立起一个全社会都能够认同并遵守的产权制度,从而有效地保护信用建立的产权基础。唯有如此,包括金融市场的参与者在内的经济行为主体才可能对交易形成长期的预期,在重复博弈的前提下维护金融的信用基础。同时,政府部门也必须认同并尊重金融机构的产权,不对金融资源任意进行调拨与侵占,确保金融资源的合理配置与有效运用。

3. 政府行为的道德约束

金融行业是一个比较特殊的行业,一方面金融市场上信息不对称的广度和深度较之其他市场要严重,拥有信息优势的一方可能会利用这一优势来损害信息劣势方的利益,使得机会主义、欺诈行为在金融市场发生的频率更高;另一方面,金融行业是一个国家经济的命脉,具有很强的"外部效应",金融市场的稳定与否直接影响到整个国家经济能否正常运转。一旦负的外部效应产生并放大,很可能导致金融体系的运作遭到破坏,进而给国家经济造成损害。因此,在金融市场,政府介入实行必要的管制是市场本身的要求。

中国作为一个正处于经济转型过程的发展中国家,长期以来一直实行金融管制,从市场的准入、市场的运作到市场的退出,都有政府的行政管制。在市场准入环节,政府对申请进入金融行业和金融市场的机构和人员进行审核和筛选,以保证合乎规定的机构和个人进入市场,维持市场的公平性和有序性。中国的金融市场准入一直实行的是审批制,只有具备一定条件并通过政府相关部门审核批准的金融机构才能进入金融市场开展业务。在市场运作环节,政府对金融机构资金的充足性、流动性以及业务范围、贷款风险、内部控制等方面进行监督和管理,以保证金融机构运作的正常有序。在市场退出环节,凡是倒闭和破产后要退出市场的金融机构行为都必须受到政府的管制,不是想走就走的,而是要按照政府规定的一定程序进行退市,以保证各方的利益得到有效的协调。在中国,对金融机构的退市都有着明确的法律规定,一般分为接管、解散、撤销和破产等几种。

毋庸置疑,在中国金融市场发展的过程中,政府的金融管制的确发挥着重大的作用。然而,随着金融体制改革的逐步深化,政府职能的转变问题也被提上议事日程。以前一味的管制有时不仅不能带来金融市场的高效运转,反而有可能削弱金融的信用基础,导致市场运作的低效性。具体说来有以下几方面:

一方面,金融管制的手段和措施虽然具有针对性和强制性,但并不意味着政府的管制就是万能的,管制也会有失灵的时候,表现在三个方面:一是理论上讲,政府的金融管理部门的工作人员所代表和维护的应该是公众的利益,但是鉴于其自身角色的特殊性,又往往使之难以摆脱经济利益的诱惑。特别是当他们手中握有某种垄断的权力时,常常把持不住自己,成为某些利益集团的俘获者,从而利用手中的特权换取一定的经济利益。二是即使是管制者本身也要面临信息不对称的难题,与被管制者相比,管制者所掌握的信息资源并不占优势,因此尽管有时管制者具备良好的主观动机,却达不到相应的效果。三是政府的管制部门往往脱离不了官僚主义的阴影。特殊的地位、特有的权力,使管制者的心里充斥着优越感,由此带来工作的压力减弱与效率的缺乏。

另一方面,管制得太多影响了金融市场的效率,进而削弱了金融信用的形成。处于一个严格管制的金融市场,投资者有可能因为相信政府管制对投资者利益的保护而忽视对金融机构的理性评价和分析,一味地选择最能获得高收益的金融机构作为其交易的对象,这样就给了那些信用评价低的机构以可乘之机,靠着提高收益的诱惑吸引众多的投资者,增加了整个金融体系的风险。此外,管制的分寸如果把握不当,就可能抑制了金融机构之间合理的市场竞争。有些机构利用管制者手中的特权在市场竞争中占据了优势,使得原本用来维护市场秩序的管制成了不正当竞争的根源。就这样,管制阻碍了市场的竞争,进而阻碍了原本来源于市场竞争的信用机制的形成。交易主体间原先基于长期预期而恪守信用的关系,被管制所带来的走捷径的可能所破坏。

政府作为金融政策、法律法规的制定者以及金融市场的监管者,其行为的非理性化同样阻碍了金融市场道德体系的构建,金融信用关系的破坏在很大程度上与政府本身的信用问题、政府制定金融政策的随意性和模糊性、政府对金融市场的过多管制等都有很大的关系。因此,要构建现代金融道德信用体系,就要约束政府的行为。

从社会信用的结构来看,政府信用是整个社会信用体系的基石和保障,也是建立真正的金融、企业和个人信用的前提条件。然而目前政府信用建设仍然任重而道远,尤其是金融领域中,如何避免政府通过政策不适当的干预市场行为,阻碍金融资源的合理配置,侵害其他市场主体的利益,正是要面对的问题。一方面,要加强政府官员的道德建设,从自律的角度出发,进行自我行为的约束;另一方面,通过行政程序的法律化,从他律的角度出发,进行外部约束,各类行政法规的出台就是一个典范。

在金融这个信息尤其不对称的领域,政府的管制有助于金融市场的公平、公正的环境建设,但如果管制过多,反而会给妄图利用政府特权谋取利益的行为以滋长的空间。因此,政府职能的转换随着金融市场快速发展越来越具有现实意义。政府应该尽快脱离样样都管的"无限管制"角色,成为适当管理的"有限政府",必须明确自己的职能和作用,从而选择一定行为方式及行为目标。对金融市场的调控管理,必须以不破坏市场机制的正常运行为前提。此外,政府行为不能越出其职能范围。虽然,政府管制在金融活动中是不可缺少的,但在管制范围和程度上应有度,政府的金融活动不能进入属于其他主体的活动领域,更不能取代企业、个人的金融行为。

4. 信用制度的建立健全

金融市场信用建立的困境,还和相关市场制度如信用评级制度、信用奖惩机制的不健全有关。其实,这些制度的建立健全不仅仅是金融市场信用体系建设的核心,还是整个社会信用体系建设的关键。

金融市场是利益与道德冲突最为严重的场所之一,面对种种利益的诱惑,人们常常难以在获利与恪守道德规范中作出选择。加上中国正处于道德的转型期,各种道德标准对人们的思想进行着冲击,不可避免地会出现道德标准的混乱。在金融市场上,什么才是合乎正义的行为? 金融投资的目的仅仅是为了赚钱吗? 不讲社会责任的金融行为是否应该受到社会道德的谴责? 无形中损伤了他人的利益却给自己带来巨大收益的行为是否要受到良心的责问? 什么样的金融投资行为才是理性的? 诸如此类的问题总是在人们的脑海中盘旋。当人们看到金融市场上有人因为不守信用、损人利己而获得了收益却没受到社会的谴责和相关的惩罚,相反那些恪守道德准则、诚信交易的人却得不到认可甚至蒙受损失时,还有多少人会坚持讲信用?

此外,缺乏信用评级制度也使得人们对金融市场上相关机构和企业的信用状况缺乏必要和充分的认识,因此就难以对交易的对象、资金的流向有一个正确的判断和决策。信用水平差的机构和企业可能利用广大投资者信息不完备的劣势,对其做错误的引导,给投资者造成经济上的损失。并且,在今后的市场交易活动中,这些低信用企业将持续损伤投资者的利益,进而导致金融市场秩序的紊乱。而那些讲究信用的机构和企业因为得不到投资者的正确认识与认可,可能在市场中失去有利的竞争优势,也可能成为那些低信用者中的一员。如此,金融市场更无信用可言。

而发达国家在这方面则做得相对较好。在美国,每个人都有专门的信用号码和由专业公司做出的信用报告,以供任何公司、银行和业务对象有偿查询。若个人信用差就有可能被打入黑名单,直接影响到他的经济生活。对于企业的信用状况,同样存在着信用评估的等级。当企业参与到金融市场上的金融活动时,这些信用等级就成了投资者选择企业的最主要的标准之一,企业的融资能力直接与其信用状况挂钩,那些不讲信用的企业便难以"浑水摸鱼",更难在市场竞争中占据一席之地。

中国的企业信用等级评定制度尚不够完善,企业信用资料还不是向全社会公开的信息,个人的诚信制度更没形成。因此,信用评级以及诚信制度的建立和完善须尽快提上议事日程。相关的行业要在法律规范下成立非盈利性的信用管理中介,开展行业自律和行业信用管理、信息披露。要建立权威的信用评级,并通过相应的法律法规的建立,对不同的信用等级给予相应的奖惩。

5. 法律法规体系的完善

自 1995 年《中国人民银行法》的颁布实施,我国金融法制建设取得了重大进展。至 2003 年年底,共制定了 6 部金融法律,发布了 15 部金融行政法规以及有关金融监管和业务的金融规章近百件。但是,在现实的金融活动中,这些法律法规还没有能够成为广大市场主体自觉行为的参照和约束,有违信用和道德准则的现象在金融市场上仍然难以杜绝。

原因何在呢?我们认为主要有两个方面的因素。一是金融法律法规的建设滞后于金融活动实践的发展。一方面,随着金融创新的愈演愈烈,金融工具和产品的日益多样化,金融法律法规所要调节的对象也呈现出多样化的趋势。而金融法律法规的制定往往跟不上金融实践的步伐。新的金融行为的出现,相应的法律法规却还没有或还没来得及出台,使得一些不良的金融行为有空隙可乘。另一方面,现有的法律法规相对某些金融活动还缺乏可操作性。以证券市场上的操纵行为为例,我国早在1999年就正式实施的《证券法》中就对有关内幕交易、操纵市场价格的行为有所阐释,但是对这些行为的界定模糊不清,容易使人产生迷惑,也同样给不法分子钻法律空子的机会,相当程度上缺乏实践的可操作性。二是金融市场上法律法规的实施力度不够,缺乏严格执法的市场保证。市场上的失信行为一旦产生,即使当事人被发现查处,损失也不会太大,处罚的力度不足以杜绝种种违背道德准则甚至违规违法的行为再次产生,对其他的市场主体也难以起到警戒的示范作用。譬如说证券民事诉讼方面的法律法规就不够健全,使得涉及这方面的诉讼大多无法进行,某些金融机构的违规行为也只能收到金融监管机构的行政处罚而已。

建立并完善信用法律法规体系,是社会信用体系建设的核心,也是金融市场信用建设的保障。然而就目前的情况来看,我国与市场经济运行密切相关的法律法规还很不完善,与信用制度建设密切相关的法律法规更是比较缺乏,不但诸如"信用法"、"信用中介机构管理条例"等一系列维护市场秩序所必需的法律法规尚未出台,而且现有的法律法规的实际操作性也有所欠缺。由于缺乏有效的法律法规保障,信用体系建设的规范性、完整性受到很大制约,并因此影响到包括金融市场在内的经济有序运行。

鉴于此,尽快出台缺失的信用法律法规,修改现有的法律法规便成为我国信用建设的当务之急。在这点上,一方面可以参照发达国家的信用法律法规体系,加强信用法律法规内容的全面性和调节范围的广泛性。美国在信用管理上的相关法律法规已有16部,涉及信息采集、加工、传播、使用等各个主要环节。西欧发达国家不仅制定了与信用有关的国内法律,而且共同制定了在欧盟所有成员国内都有效的信用法规,这些都值得借鉴。另一方面,尽快研究、修改现有的法律法规,作出有益的补充,加强其现实的可操作性,以符合实际的经济生活的需要。具体来说,"近5年内应出台'征信管理条例'、'政府信用信息公开管理办法'、'信用信息互联互通管理办法'、'企业信用管理条例'、'个人信用管理条例'等。同时抓紧修改《商业银行法》、《商标法》、《知识产权保护条例》和《储蓄存款管理条例》中的相关条款。其他有关法律法规也应同时着手制定和修订完善。"①

此外,在加强信用立法的同时,要加大执法力度,做到有法必依、执法必严、违法必究。在形成有效的法律保障的同时,注重良好的社会道德环境培养,重视信用作为一种道德资本的投入与作用,发挥以德治市(包括金融市场)的广泛性和深入性优势,力求法治和德治的并重。②

我们相信,在政府和公众的共同努力之下,金融领域内的信用缺失问题一定会有所改善,直至形成健康有序的"阳光市场"。

(三)金融道德风险的防范

对于追逐利益的人来说,金融市场无疑是一片乐土,然而金融市场的利益也并非唾手可得,风险伴随收益无处不在。随着现代金融业的发展和金融全球化的加剧,金融风险问题更是作为一个严峻的挑战日益凸显。所谓金融风险,指的是指经济金融条件的变化给金融参与者造成的收益或损失的不确定性,包括市场风险、信用风险、流动性风险、经营风险和法律风险。在诱发金融风险的诸多因素之中,道德风险所扮演的角色具有特殊的意义,也是最具伦理道德色彩的因素。如同信用一样,这个概念本身也蕴涵着经济与伦理的双重意义,同时又与信用有着千丝万缕的联系,故而更引起人们的关注。因此,我们在此单独分

①　国务院研究室"建立社会信用体系基本框架研究"课题组:《加快推进我国社会信用体系的建设——构建我国社会信用体系基本框架的思路和对策》,《信用中国》2007年5月9日。

②　关于道德资本的理论,参见王小锡教授等著:《道德资本论》,人民出版社2005年版。

析道德风险的问题。

1. 道德风险的内涵

在《国富论》中,亚当·斯密就对道德风险问题有所阐述:"无论如何,由于这些公司的董事们是他人钱财而非自己钱财的管理者,因此很难设想他们会像私人合伙者照看自己钱财一样警觉,所以,在这类公司事务的管理中,疏忽和浪费总是或多或少存在的。"《新帕尔格雷夫经济学大辞典》对道德风险这个词的解释是:"从事经济活动的人在最大限度地增进自身效用时作出不利于他人的行动。"由此,我们可以知道,道德风险是由于人们享受自己行为的收益而将成本转嫁给别人所产生的一种他人损失的可能性。

从根源上讲,道德风险一词完全是经济领域内的术语,并不是我们通常所认为的有关伦理学所涉及的主体道德问题。这个概念最初来源于保险业,当被保险人因为别人(通常是保险公司或要对保险事宜负责的相关人)来承担相应风险而无意小心谨慎时,道德风险就产生了。同样,从属于金融领域的证券业、银行业等也存在道德风险。譬如政府对证券市场的介入,为了稳定股指不断向股市注入资金,发布利好消息,使得投资者不研究上市公司的基本面、上市公司不想方设法提高业绩,反而等着政府的支撑与保障,这就产生了道德风险。又如银行产生了不良资产,政府光注入资金不问责任,不制定有效的解决机制,银行业不担心会不会破产的问题,又引发了道德风险。道德风险几率的不断攀升,导致了金融系统的不稳定性上升,金融风险频繁发生。

简单地讲,在经济领域中,人们由于抓住了某些机会,而有可能将行为的不良后果适当地转嫁给他人,把利益留给自己,道德风险就有可能产生。

然而,对道德风险的认识不应仅从经济的角度出发,应该挖掘其深刻的伦理内涵。这种经济道德风险的产生固然是由于"经济人"的逐利本性决定的,但其利己损人的行为后果在很大程度上也是因其不道德的价值观念和错误的善恶价值取向所致。道德风险的产生,脱离不了主体道德思想觉悟和道德水平的限制,至少一个具备相当道德素养的人不会只看重行为给自身带来的有利结果而不顾他人利益的损失。在人们怀着投机的心理而试图把行为的不利后果转嫁给他人时,就应该受到道德的追问了。因此,道德风险这个来自于经济领域的词语,在金融风险和金融危机丛生的今天,已经被纳入了伦理道德的领域,具有了金融伦理的色彩。

西方人对于道德风险的认识侧重于其经济内涵,认为道德风险产生于委托—代理关系所引发的信息不对称或契约的不确定性,代理人因此有机会在偏离委托人目标的情况下,为自己谋取利益,而对于代理人的道德品质等因素却往往不加以考虑。相对于西方人而言,中国人由于其长久的传统美德文化内涵的熏陶,在不忽略道德风险经济分析的同时,又比较注重对其伦理内涵的认识,认为道德风险在很大程度上亦是由于主体道德存在的问题所引发的。

在对道德风险的经济内涵和伦理内涵的认识基础之上,我们给出道德风险的金融伦理内涵:从事金融活动的主体为了增进自身的利益,未遵循相应的伦理原则和道德规范,而将损失转嫁给他人。

从以上的论述中还可以看到道德风险与金融信用有着某种联系:一方面,作为经济层面的信用的盲目扩张是道德风险产生的客观因素。信用规模的扩大拓宽了信用产生和应用的领域,信用的时空分离性又为道德风险的产生提供了可能。作为伦理层面的信用的缺失又是引发道德风险的主观因素。不讲诚信的金融主体更难以规避道德风险,因其更易倾向于对自我利益的谋求而忽略他人利益。另一方面,道德风险的出现也必然会诱发金融信用的失落。经济层面的道德风险产生导致了信用关系的短期化;伦理层面的道德风险出现阻碍了主体诚信品德的培养。两者是共生共存、互为因果的。

因此,研究道德风险问题,分析其产生的原因,制定防范措施,也是金融信用体系建设的主要内容之一。

2. 金融道德风险的诱因及其防范的伦理分析

随着现代金融业的发展,金融产品种类日益繁多,金融市场的分工日益细化,尤其是金融衍生工具的创新要求金融市场的参与者较之传统金融市场主体具备更高的技术水平和更广泛的知识,但这一切在现实中对于一般投资者而言都是有难度的,因此,只有委托一定的金融机构作为其代理人,利用这些金融机构的资源优势来降低交易成本,提高金融市场的运行效率。表面上看来,似乎建立了这种普遍的委托—代理关系,一切难题就迎刃而解了,但实际并非如此。问题就在于这种在金融市场中无处不在的委托—代理关系,往往会存在委托人对代理人行为无法观察和监督的时候,代理人有可能利用这样的机会发生道德风险。他们可能不积极地履行代理责任,甚至出于自利心而不惜损伤委托人的利益,而委托人常常对此一无所知。

传统的金融理论认为诱发道德风险的主要原因在于信息的不对称,即交易双方对于交易品相关的信息数量在拥有上的不对等,这也是道德风险产生的根源。至于其他的道德风险诱因,如机制问题、监管问题都是由信息不对称衍生出的,因为无论是加强监管的力度还是弥补机制的缺陷,都是为了改善信息不对称这个根本问题。在金融市场的委托—代理关系中,代理人由于自身的行业优势,总是比委托人掌握着更多更全面的信息,但某个“机遇”来临的时候,代理人就可能利用手中的信息优势为自己谋利,甚至损害委托人利益也在所不惜,道德风险便伴其左右。由于信息的不对称在金融市场上是再普遍不过的事情了,道德风险也随之成了金融市场上的常事。

然而,这样纯经济学分析忽略了代理人作为一个伦理主体存在着自身道德的问题。从金融伦理的维度出发,道德风险的产生在很大程度上是由于代理人的伦理道德缺失引起的。尽管“经济人”一词给定了一个人人都有寻求自身利益最大化的权利的假设,但“经济人”绝不是不具备道德价值观念的纯粹理性的人,现代金融行为学的兴起恰恰就说明了这点。活跃于金融市场上的代理人自身的道德觉悟、道德修养水平的高低,在一定程度上决定着道德风险是否产生及其产生的后果如何。

因此,从金融伦理的角度出发,对道德风险的防范可从以下几方面入手:

(1)契约制定

罗尔斯早在1977年发表的《正义论》中,就对契约维护制度公正的问题有所阐述,在他的原初状态"无知之幕"的假定下,人们可以通过制定契约来实现公正。在代理人和委托人之间通过契约的制定来规避道德风险,确保委托人利益不受损失的行为同时又可能给代理人带来收益的行为,比如说,代理合同中存在激励代理人的条款,增加佣金比率、优化报酬结构等。但是,如何保证签订的契约对于双方都具有一致的平等性,这也是一个难题,即便是罗尔斯的契约论也摆脱不了。所以,还需要其他的约束机制。

(2)信誉机制

对于金融机构而言,信誉无疑是一种重要的无形资产,是道德资本在金融领域的体现。拥有良好的信誉就等同于在机构众多的金融市场竞争中拥有一席之地。委托人对于代理人道德风险的产生通常无所觉察,然而一旦委托人发现代理人的不道德行为,就会对该金融机构的信誉产生疑问,从而影响到双方今后的委托—代理关系的建立。因为自身的一时之利而损害了金融机构的名誉,引发不良的社会评价,就会对金融机构的长期利益有所损害。事实上,投资者对金融机构的道德水准是十分看重的,英国伦敦股票市场应投资者的要求所推出的"金融时报道德指数"就是最好的证明,越来越多的人将资金投向了道德水平高、社会责任感强的企业。

(3)重复博弈

投资者和金融机构之间一次委托—代理关系的建立就是一次博弈的过程,代理人可能在这次交易中产生道德风险,获取一定的利益,但这种代理关系不是一次就结束的,而是要反复多次,是一个重复博弈的过程。代理人某次的不道德行为就可能引发长期代理关系的终止,所以能够不重眼前短期利益的金融机构往往会为了赢得长远利益而有效约束自己的行为,避免道德风险的产生。

(4)道德教育

表面上看来这似乎是一个力度不太够的方式,在充满利益诱惑的金融市场,道德作为非强制性手段又有多作用大呢? 其实不然,鉴于道德风险的隐蔽性、长期性、普遍性的特点,道德自律对主体行为的约束往往比法律、法规、制度的约束来得更持久。人们可能从法律、法规、制度中寻找不受之约束的空间,却无法逃脱良心和社会舆论的谴责。

3. 金融风险的法律调节和伦理调节

对于复杂的金融活动而言,在防范风险、规范市场的手段上,一直以来人们都比较重视法律的强制作用,而忽略了伦理道德的作用。在金融业发达的美国,由于"金融领域是美国商业活动中管理最严格的一个领域,不仅立法部门建立了法律框架,而且国会和各州的立法机构也建立了大量的监管机构来制定和执行各种规则",以至于金融从业人员会认为"只要是合法的,就是合乎道德的"①。但是,一定的自律仍然是必要的,因为它"不是要替代法律,而是一种超越法律的理念"②。一方面,法律具有伦理道德不可替代的强制性作用,对于规范金融活动、防范金融风险、遏制金融犯罪等等,都起着强有力的作用,尤其是法律的惩罚制度,使得试图在金融市场上违法犯罪的人慑于法律的威严而有所忌惮。另一方面,法律的局限性也是显而易见的。首先,法律的约束不能够覆盖到所有的金融活动,必然会产生法律能力所不及的巨大空间。于是,不规范的行为就在这个空间中滋生。其次,法律的出台具有滞后性,有时是先有不规范的行为出现,针对其的相应的法律法规

---

① [美]博特莱特著,静也译:《金融伦理学》,北京大学出版社 2002 年版,第 8 页。
② [美]博特莱特著,静也译:《金融伦理学》,北京大学出版社 2002 年版,第 8 页。

才出台。法律是不具备全面的预见性的,对于某些新的不规范的行为,法律缺乏预先的防范。最后,法律的调节只是一种他律的外在约束,这种他律只有转化为自律,才能真正有效地约束主体行为。投资者对金融机构或公司的期望不会仅仅停留在其守法的层面,更多的在于对其道德水平的关注,因为一个守法的公司不一定有道德,而一个有道德的公司就一定会守法。

因此,金融市场更需要伦理道德的调节,在道德风险的防范上尤其如此。但道德方式的非强制性又需要法律的相互补充,只有将两者有效地结合起来,才能将功能充分发挥出来。在金融市场,呼唤法律的道德化和道德的法治化是金融伦理的诉求。

四、建构金融职业道德规范体系

任何一个行业都有其自身的职业道德,金融行业作为利益与道德冲突频生的特殊领域,对职业道德的呼唤尤为强烈。针对金融领域内的信用缺失,构建市场经济下新的金融职业道德规范体系,不仅是时代的必然要求,更是金融实践所必需的要求。

(一)金融职业道德

在社会的现实生活中,总是存在着一定的社会分工和劳动分工。当人们进入社会后,便自然会在一个相对固定的阶段内从事某种特定的社会活动,这种社会活动有着专门的内容,并赋予从事者相应的社会责任。这就是人们所要从事的职业。职业是人们进入社会生活形成社会关系的必不可少的一个方面,从事一定的职业就意味着与社会其他成员之间产生一定的联系,也意味着必须对社会承担一定的责任。人们在一定的职业生活中表现自己,享有不同职业所给予的权利,同时承担不同职业所要求的义务,并由此影响自身的品格及人格,就形成了一定的职业道德。

1. 职业道德

每一个行业,都各有各的道德。这里谈及的道德,就是职业道德。因此,我们给职业道德的界定是,同人们的职业生活紧密相连的、具有自身职业特征的道德准则与行为规范的总和。一定的职业道德规定了从事这种职业的人们行为方向,规定了人们在职业生活中"应当怎样"和"不应当怎样",指明了哪些行为是符合本行业道德要求、值得肯定和褒奖的,哪些行为是有悖于行业道德要求、必须给予否定和惩罚的。换言之,职业道德就是对从事一定职业的人们行为的善恶价值取向及其应该不应该的规定。

职业道德不是从来就有的,它是社会分工及其发展的结果。早在原始社会人们的活动就存在分工了,但由于当时分工的简单和语言的贫乏,只存在职业道德的萌芽。直到奴隶社会,随着生产力的发展和社会大分工的出现,先后有了农业、商业、手工业、畜牧业等行业,职业道德才有所产生。经过了封建社会,职业道德在资本主义社会获得了充分的发展,职业责任的观念更成为了资本主义伦理文化的基础。社会主义职业道德是职业道德发展的新阶段,它批判地继承了历史上一切优秀的职业道德传统,是人类职业道德的最新高度。在我国,职业道德是共产主义道德体系的重要组成部分,是共产主义道德原则和规范在社会职业领域内的特殊表现,是约束职业行为和调节职业关系的主要手段。

职业道德所具备的一般特征为:其一,调节范围的特殊性。职业道德主要是用来约束从事本职业人员的,是与人们的职业内容和职业实践紧密联系的。每种职业道德只在本行业的内部起作用,超出这个行业范围,对其他行业的从业人员就不起作用了。其二,规范内容的稳定性。职业道德所表现的为某一职业特有的道德传统和道德习惯一经形成,往往要世代传承,具有相当的稳定性。其三,表现形式的多样性。由于人们从事的职业是多种多样的,职业道德内容也随着职业的变化而改变,不会千篇一律。在表现的形式上,往往采用制度、规章、守则、

公约、须知等各种简明生动的形式,易于本行业的从职人员接受和
践行。

职业道德作为社会道德在特定职业中的特殊表现,对社会历史的
发展具有积极的作用。首先,职业道德促进了社会物质文明建设。当
人们自觉遵守一定的职业道德准则和规范的要求,进而转化为自身内
在的信念,具有了强烈的职业责任和义务感,在现实的工作中更会积极
努力、恪尽职守,从而促进物质文明的蓬勃发展。其次,职业道德推动
了社会精神文明的建设。如果人们形成高尚的职业道德,便会自觉履
行自己对社会承担的责任和义务,在从事社会生产的时候,培养出良好
的社会关系和社会风尚。最后,职业道德促进了人自身的完善和人际
关系的和谐。人们在从业的过程中,通过一定职业道德的培养和遵循,
提高了自身的道德水平,形成优良的个人品格和高尚的道德情操,并逐
渐完善自身。在此基础上,促进了人际关系的和谐发展。

2. 金融职业与职业道德

金融是现代经济的核心,作为一个特殊的行业,对社会生活的影响
面之广、影响程度之深超过了其他行业。因此,从客观上说,金融行业
更需要职业道德的约束。所谓金融职业道德,就是指从事金融职业的
人员,在金融活动中所应遵循的道德准则和行为规范的总称。它是从
事金融活动的人员在履行金融责任活动中所应该具备的道德品质,也
是人们对金融从业人员行为道德判断与评价的依据。

金融职业道德是金融业产生和发展的产物,作为职业道德在金融
行业的具体表现,金融职业道德既具备职业道德的一般特征,又有着自
身的行业特点:一是金融工作是社会经济工作的重要组成部分,金融从
业者的个人利益与社会利益具有一致性,因此,金融职业道德的内容和
要求在指向上与社会主义道德具有一致性。二是从事金融工作的人
员,由于其行业的特殊性,要比其他行业的工作者具备更强的抵御利益
诱惑的能力,具有更高尚的道德情操。同时,金融活动的内容错综复
杂,技术性也较强。这些都对金融职业道德规范的体系提出了更高的

要求,不仅要全面详细,规定严格,而且调节的力度要相对增强。三是金融活动是经济的核心,其影响的范围涉及经济生活的方方面面,这就决定了金融职业道德作用的广泛性,不仅是金融领域的从业人员所必须遵循的,还是其他与金融活动息息相关的部门如工商、行政、事业团体中的接触金融活动的人员所要认可与遵从的。四是金融活动的实践性特征决定了金融职业道德的实践性,只要有金融活动的地方就应当有金融职业道德的存在,金融职业道德起源于金融实践,又运用于金融实践,在金融实践中产生,又受到金融实践的检验。

作为金融法律法规的有益补充,金融职业道德无疑发挥着重大的作用,不仅规范了金融从业人员的行为,优化了金融道德环境,更保证了金融市场的有序运行。金融职业道德为金融工作者的行为指明了正确的方向,使他们充分认识到自己的职业使命,明确自己所承担的社会道德责任,通过对职业道德规范的学习并付诸实践,使自己行为的合理合法性得到有效的保证。在此基础上,促进整个金融市场道德环境的优化,保证金融市场秩序的井然。

金融伦理与金融职业道德既有区别,又有着千丝万缕的联系。金融伦理研究的是人们在社会金融活动中协调各种利益关系的善恶价值取向以及应该不应该的金融行为规定,即金融领域内的道德问题。金融职业道德是金融道德的组成内容,因此,也是金融伦理的研究内容。金融伦理的一般规范可以用来指导金融职业道德规范的建设与研究,金融职业道德的完善与实践有助于减缓伦理道德在金融领域的缺失,构建新时代金融职业道德规范体系的意义便指向于此。

(二)建立和完善金融职业道德规范体系

金融职业道德建设作为金融业自身建设的重要组成部分,虽然取得了一定的成效,但目前的状况仍不尽人意。因此,针对金融行业内部的信念淡薄、思想涣散、行为不端、纪律不严、业务不精的现象,针对金融干部缺乏责任意识、职工缺乏团队合作意识的问题,针对少数人贪图享乐、追名逐利、参与金融犯罪、败坏金融队伍形象、损害金融机构信誉、阻碍金融高效稳健运行，破坏金融市场正常秩序的行径，针对中国金融在入世和全球化浪潮中如何与国际接轨的需求，构建符合时代要求的金融职业道德规范体系就成了当务之急。

1. 确立金融职业道德观念

金融作为市场经济的有机组成，需要建立和完善市场经济道德，以防范和化解金融风险，奠定金融信用运行的基础。因此，金融领域呼唤与市场经济相适应、与金融活动相协调的道德观念。

一是自由、平等的观念。自由是市场经济的内在要求，市场主体的每一个交易行为都必须是主体自身自由意志的选择。商品天生是平等的，由此而带来的商品的生产、分配、交换的过程都应是平等的。每个市场的参与者相互之间也是平等的，不仅进行着等价的交换，而且享有着平等拥有并运用市场资源的权利。

二是竞争、效率、开拓创新的观念。市场经济虽然讲究平等，但也提倡竞争，只有竞争才能促进市场经济的快速发展。为了在激烈的市场竞争中不被淘汰出局，市场主体必须充分发挥主观能动性，勇于开拓创新，积极进取。

三是公平、公正、公开的观念。"三公"原则是市场经济的基本伦理诉求，也是金融活动的基本道德规范。公平地参与市场竞争，公正地对待所有市场主体及其签订的契约，公开所有应当为人所知的信息资源，创造良好的市场环境。

四是尊重法律、尽职尽责的观念。市场经济也是法制经济，要用法律来规范经济主体的市场行为，在金融市场上尤为重要。相应地，经济主体应形成强烈的法制观念，遵守一切法律法规，并且培养良好的职业道德，忠实地履行其职业应当承担的社会责任与义务。

2. 明确金融职业道德规范

新时期金融职业道德的内容应该是：诚实守信、恪尽职守，遵纪守法、廉洁奉公，业务精通、积极创新，服务人民、奉献社会。

首先,诚实守信、恪尽职守。金融市场是以信用为运行基础的,作为金融从业人员更应该充分认识自身遵守诚信原则的责任,树立诚实可靠、信守诺言的个人形象和企业形象。在此前提下,以极大的热情投身到本职工作中。

其次,遵纪守法、廉洁奉公。要严格遵守金融纪律,贯彻执行国家的各项金融法律法规,严于律己、清正廉洁,自觉抵制利益的诱惑,并敢于同各种违法违规的行为作斗争,以维护金融市场秩序为己任。

再次,业务精通、积极创新。为了适应已经到来的金融全球化竞争,为国民经济健康快速的发展提供全方位的服务,就是要掌握娴熟过硬的职业技能,加强现代金融知识、科技知识、法律知识的学习,并自觉运用于金融实践,提高金融业务水平和金融服务质量。面对激烈的市场竞争,要勇于开拓进取、积极创新,以适应金融业快速发展的需要。

最后,服务人民、奉献社会。牢固树立全心全意为人民、为社会服务的宗旨,这是金融服务工作的最本质要求。要始终把人民的利益放在首位,同时要服务经济建设,立足本职、面向社会,为社会发展奉献自身。

3. 提升金融职业道德内涵

金融职业道德本身有着丰富的内涵,由若干要素组成:

职业理想。我们所提倡的金融职业理想,主张金融行业的从业人员把承担社会的相应责任放在首位,努力做好本职工作,全心全意为国家、为企事业单位、为人民服务,进而获得自身的完善发展。

职业态度。从本质上讲,就是金融从业人员的工作态度。积极肯干、一丝不苟、兢兢业业、精益求精的工作态度是履行职业义务的基础。金融职业是面向大众的服务性工作,对待工作、对待服务对象的态度如何直接影响到金融服务工作的质量。

职业责任。金融是直接与个人和团体的经济利益相关联的活动,因而,从事金融职业所要承担的责任往往较其他服务行业来得重,对从业人员的要求也相对严格。金融工作者要正确处理责、权、利三者的关系,提升职业责任意识,并加速职业责任向自觉履行道德义务的转变。

职业技能。金融活动原本就错综复杂,随着金融创新趋势的加强,金融业的发展更是日新月异,这就需要金融从业人员具备相应的科学文化知识和娴熟的技能,以适应金融业的不断发展。

职业纪律。一般说来,职业纪律就是一种行为规范,它要求劳动者在职业生活中遵守秩序、执行命令和履行自己的职责。金融行业的利益与道德的冲突激烈,严格遵守职业纪律以规范自己的行为就显得至关重要。

职业良心。就是劳动者对待职业的自觉意识。金融市场的特殊性使得市场行为中存在着诸多法律法规所不及的空间,因此金融职业良心能够时时提醒从业人员按照道德规范的要求对自身的行为进行监督,引导其行为向正确的方向发展。

职业荣誉。对职业责任和职业良心进行价值评价就形成了职业荣誉。从主观方面讲,遵纪守法、廉洁奉公、恪尽职守,自觉地履行一名金融从业者应履行的责任与义务,即使是牺牲个人利益也不违背职业良心。从客观方面讲,是社会对符合金融职业道德行为所给予的认可和赞赏。

职业作风。就是金融从业者在金融职业实践中所表现出来的一贯态度,优良的职业作风不仅能够得到社会的认可,而且对于金融行业内部的工作作风都有着潜在的教育作用。

4. 加强金融职业道德建设

加强金融职业道德建设需要从重视对金融从业人员的道德教育,完善金融职业道德规范,优化金融职业道德环境入手:

一是加强金融职业道德教育。道德教育是道德活动的重要形式,是培养金融从业人员理想人格、造就其高尚的道德品质、规范其行为的重要手段。通过实施道德教育,提高金融从业者的道德认识,陶冶道德情感,锻炼道德意志,确立道德信念,养成道德习惯,使符合金融工作要求的道德规范得到普遍认可和接受,并最终内化为他们自身的行为要求。具体说来,要加强金融从业者的世界观、人生观和价值观教育,以树立正确的职业理想;要加强政治、经济、金融形势的教育,以形成正确的职业态度;要加强业务理论与业务知识的教育,以具备娴熟的职业技能;要加强从业人员自身的道德素质教育,以担当明确的职业责任。

二是完善金融职业道德规范。金融职业道德规范是金融从业人员在金融活动中赖以遵循的道德行为准则,是其监督他人行为和约束自身行为的依据。目前的金融职业道德规范在全面性、系统性、操作性上仍有所欠缺,要在依照法律法规的基础上结合各种金融业务实践以及金融工作内容,研究与之相适应的金融职业道德规范的具体细则,并且制定好《金融从业人员守则》以及与之相配套的一系列规章制度等,使金融职业道德规范具体化、明确化,确保员工的行为有章可循,有则可依。

三是优化金融职业道德环境。道德环境的优劣直接影响到金融从业人员和金融企业的职业作风。道德环境的优化为建立良好的金融职业道德提供了外在的保障,身处一个人人讲究信用、负责尽职的环境中,必定会在潜移默化中被这种良好的氛围所同化。

第 七 章

金融信用与伦理自律

　　金融与经济的关系非同一般。金融市场在市场经济中处于主导地位，对国民经济具有"造血机能与血液循环机能"。改革开放以来我国经济快速持续健康发展，不断创造世界奇迹，金融的支持功不可没。正因为金融与经济的这种重要关系，所以在伦理层面探讨经济问题时，就应该特别重视金融问题。也正因为如此，金融伦理开始进入人们的研究视野。当今备受关注的经济领域的诚信问题在金融领域同样存在，而且诚信对于金融的重要性更甚，因此金融领域的诚信问题更待重视，建立金融信用体系的任务也更加迫切。诚信是重要的伦理范畴，诚信缺失是伦理道德丧失的重要表现，因而在解决金融诚信问题、建立和完善金融信用体系的过程中，伦理自律应该并必须发挥其应有的研究问题和解决问题的作用。

一、金融信用与诚信原则

　　信用的基本含义是信誉的使用。信誉缺失或不足，信用活动将不能正常进行。金融是货币与信用的融合体,是建立在信用活动基础之上的货币资金的借贷与融通。信用活动是金融活动的基础,失去信用活动这一基础,金融活动便也无从谈起。正因为此,诚信法则成为了金融活动的基本原则。

(一)信用是金融经济的灵魂所在

信用是一个社会正常运转的重要基础和润滑剂,信用程度的高低,信用结构的好坏,社会成员对信用的关注与认可程度的深浅是衡量一个社会文明度、成熟度及发展高度的重要标准。现代生活是建立在对他人诚实的信任基础上的,这一点的重要性要远比人们通常认识到的程度大得多。没有人们之间的普遍信任,社会本身将会瓦解。而失去信用这一灵魂,金融经济将不复存在。

1. 金融的本质是货币与信用的融合体

著名经济金融学家黄达认为,当货币的运动和信用的活动不可分解地连接在一起时,货币与信用这两个原来各自独立的范畴便相互渗透,从而形成了一个新的范畴——金融。[①] 金融的表象是货币的流动和转移,实质则是基于信用活动基础之上的一种借贷关系。就借贷关系而言,货币并不是必需的,而信用却不可或缺。金融的目的从根本上来讲是借方以信用资本去换取所需的可在一定时限内使用的其他不同形态的实体资本。信用资本的增加意味着金融能力的增强,而信用资本的缺失必意味着被金融市场的淘汰出局。增加信用资本的途径便是每次金融交易中对自身承诺的自觉自愿的信守和履行。目前,我国金融市场上信用供给严重滞后于信用需求,导致金融交易的规模较小、质量低下,远不能满足国民经济快速发展的需要。熊彼特的《经济发展理论》告诉我们:经济发展的根本动力是企业家的创新活动,而创新与信用之间存在密切联系。创新企业家为了完成创新活动需要集聚大量

---

① 黄达:《货币银行学》,中国人民大学出版社 2000 年版,第 53 页。

资本,资本则是通过信用方式而成为进入经济创新过程的一个关键要素。在这里,金融市场的主要功能就是为企业创新发展筹措所需资金。金融市场这种功能的发挥效率与支持市场运转的信用基础密切相关。

2. 金融契约履行的基础是信用

金融经济是契约经济,金融市场内的各种金融交易活动都是以一定的金融契约为载体的,金融是交易双方就财产权利所做的契约安排。契约的一方将自己现有的财产权益有条件地让渡给对方,对方则承诺在将来按约定的条件予以偿还。金融交易中当事人之间的关系体现为契约关系,双方的权责均由契约来规定。金融契约的初始形式是赤字单位为融入资金而发行的权利凭证,随着各种各样专门从事金融交易业务的组织机构的不断介入,契约形式日益复杂化。由于金融契约的未来性和客观世界的不确定性,金融交易无法完全避免到期不能兑现承诺的可能,于是伴随着资金流动,还有相应的风险流动,因而金融系统本身还需要提供对风险进行管理的手段。于是当今的金融市场上不仅存在着债权契约、股权契约等建立在实体经济基础之上的标准契约,更有在此标准契约基础上衍生出的多种形式的专门用于对风险进行管理的契约。契约工具创新成为目前金融创新的最主要方面。多种衍生契约工具在提供风险管理机制、扩大货币信用关系的覆盖面并增强其影响力的同时,其增加的市场流动性、更灵活的杠杆交易以及日益拉长的信用链条,也给金融与实体经济带来了更大的风险性。风险发生的原因便是信用链条的断裂,大量契约承诺的无法履行。

(二)诚信是金融信用活动的基本原则

金融领域以信用为基础运营资金的业务特殊性决定了其与其他经济领域相比,风险不确定性更大,利益诱惑更大,投机行为更加普遍,人们道德良知所经受的考验更严峻,从而对行业的诚信度要求也更高。

1. 诚信是银行立行之本

银行的传统业务是存贷款业务。银行作为金融中介,一方面以自身到期还本付息的承诺从社会上聚集闲散资金,另一方面在从借款方获得到期还本付息承诺的基础上将资金运用出去。银行必须能够保证自身承诺的兑现,这样才能保证社会资金源源不断地流向银行,使银行经营发展获得良好的资金支撑基础。银行能否履约,一方面在于银行本身的诚信度高低,另一方面银行履行承诺的能力又决定于借款方的诚信,决定于借款方到期对银行承诺的履行。从而,资金通过银行畅通运转、有效循环的基础是诚信。银行存在的前提也是诚信。

2. 诚信是证券市场运行的前提条件

证券市场的稳定发展,与投资者特别是广大的中小投资者对市场发展的未来预期以及由此确立的投资信心直接相关。我国证券市场经历的风风雨雨告诉我们,投资者信心的树立需要市场的诚信做保证。证券市场的关键问题是信息披露问题。披露的信息必须确保证券价格能够及时、准确、全面地反映每个上市公司经营的基本面情况和整个证券市场的风险状况。只有在此基础上,投资者才能对未来进行合理预期,进而根据自身的风险偏好作出投资选择、形成自己合理的投资组合。企业则能在其融资成本与其经营风险和业绩的预测相符合的情况下,从市场上融入资金,达到证券市场有效配置资本的目的。也只有在此基础上,监管机构才得以及时地发现问题,解决问题,防范市场系统风险的产生,从而证券市场才能健康发展,进一步增强投资者的投资信心。信息披露的透明真实度实际上反映出的是整个市场的诚信度:提供信息的上市公司的诚信度,审核信息的会计律师等中介机构的诚信度,传播信息的专业媒体的诚信度,使用信息的投资者的诚信度,市场经营监管机构的诚信度,其中尤以企业诚信最为关键。著名经济学家张维迎 2002 年在"科技前沿与产业发展中外院士论坛"的演讲中谈到,要使中国资本市场真正规范起来,企业有无注重自身信誉的积极性至关重要,上市公司缺乏信誉和建立信誉的积极性,是我国股票市场最根本的问题。当然,证券市场的诚信内容绝不仅仅包含信息披露的真实性。所有各类市场主体都诚信运作、规范经营才是证券市场稳定发展的基本保障。

3. 诚信是保险业的生命线

保险市场是典型的信息不对称市场。一方面,保险人承保的风险是未来可能发生的风险,保险标的现有状况以及保险标的的所处的环境都直接影响到风险发生的概率及损失程度。由于保险标的通常处于被保险人的控制之下,保险人难以准确把握保险标的的真实状况及变化情况,显然,相对于被保险人,保险人对保险标的的信息是不充分的;另一方面,保险合同的专业性及技术性较强、涉及的知识面广,被保险人难以准确地理解和把握合同条款,相对于保险人,被保险人对保险条款的信息也是不充分的。保险市场的信息不对称导致交易成本增大,可能出现道德风险并直接损害保险合同主体的合法权益。解决此问题的关键是尽可能地提高市场各主体的诚信度。正如保监会主席吴定富2003 年在"世界经济发展与企业信用论坛"的演讲中所说,保险交易中存在的信息不对称,决定了保险业比其他行业对诚信的要求更高。保险业诚信的最主要体现是保险当事人诚实地履行告知责任。首先,投保人在保险合同订立之前,必须履行如实告知的义务。实践证明,保险人风险负担的有无与大小,很大程度上取决于投保人能否恪守诚信原则。因此,为避免保险人的合法权益受到损害,投保人在合同订立之前,必须如实、准确、无保留地向保险人告知其投保标的的一切重要情况。其次,保险人或其代理也应向投保人履行告知责任。保险人的告知责任主要体现在:在专业知识方面处于优势地位的保险人应向处于劣势的投保人准确披露信息,如实清晰地说明与解释合同内容,提供最合适的险种,不可夸大保险责任,回避或曲解责任免除条款以及回避或曲解投保人解除合同处理条款,误导投保人。除诚信告知原则外,诚信索赔与理赔原则也直关保险业的健康发展。近年来,索赔与理赔过程中因违背诚信原则而引发的保险纠纷时有发生,严重影响了保险业的整体形象。

4. 诚信是信托关系的核心所在

所谓信托,指的是委托人基于对受托人的信任,将其财产权委托给受托人,由受托人按委托人的意愿并以自己的名义,为受托人的利益或者特定目的,进行管理或者处分的行为。"当任何人获得某种权利,条件是他同意用这种权利来实现另一个人的最大利益时,信托关系随即产生。"(Shepherd,1981)这种信托权利在法律中通常被当做财产的一种形式,这种财产是被置于忠诚之下。① 很显然,没有信任就不可能产生信托关系,而受托人的诚信便也成为信托关系得以维系的关键,成为信托业发展的保证。

正是因为诚信对金融各行业的重要性,我国迄今为止颁布的所有重要的金融立法都将诚信明确规定为金融企业活动的基本原则。例如,《中华人民共和国商业银行法》总则的第五条:"商业银行与客户的业务往来,应当遵循平等、自愿、公平和诚实信用的原则";《中华人民共和国证券法》总则的第四条:"证券发行、交易活动的当事人具有平等的法律地位,应当遵守自愿、有偿、诚实信用的原则";《中华人民共和国保险法》总则的第五条:"保险活动当事人行使权利、履行义务应当遵循诚实信用原则";《中华人民共和国信托法》总则的第五条:"信托当事人进行信托活动,必须遵守法律、行政法规,遵循自愿、公平和诚实信用原则,不得损害国家利益和社会公共利益"。

著名社会学家鲍宗豪说:当今,中国人保护生态环境资源的意识强了,但是,中国人目前最缺的资源不是绿地、空气、矿产,而是诚信。② 同样,对于中国的金融系统来说,目前最为严重的问题也是诚信缺失、信用风险问题,这一问题已严重到了危及金融业整体生存与发展的程度。

---

① [英]安德里斯·R.普林多、[英]比莫·普罗德安著,韦正翔译:《金融领域中的伦理冲突》,中国社会科学出版社 2002 年版,第 124 页。

② 鲍宗豪:《保护诚信资源,建立社会诚信体系》,《经济参考报》2002 年 10 月 18 日。

二、金融信用的缺失与经济伦理分析

金融是经济的核心。随着金融对经济领域的不断渗透,以及社会经济各方面活动对金融依赖性的不断增加,金融对经济稳定与社会发展的影响作用越来越大。正如邓小平同志所说:金融搞好了,一着棋活,全盘皆活。我们也可以反而言之,金融如果搞得不好,一着棋死,全盘皆死。20世纪从美国经济大萧条到亚洲经济危机,其导火索基本都是金融领域出现了问题。金融领域的问题基本与失信有关,金融危机多半源于信用危机。80年代以来的一个重要特色,就是金融危机日益繁密,而且日益严重,大大地抑制了各国经济的发展。当前我国金融系统诚信缺失也十分严重,信用基础相当脆弱。因而,认真剖析金融诚信缺失原因,寻求对策,建立金融信用体系,维护金融安全,刻不容缓。

(一)金融领域的道德信用缺失

当今金融领域的道德缺失状况可谓触目惊心。从国外到国内,金融各行业林林总总的违规操作和制假行为已然成为一个世界性的难题,引起人们特别是业内人士及各国金融管理当局广泛的关注和高度的重视。

1. 银行业的道德信用缺失

1995年2月27日,国际银行界发生了一起举世震惊的事件,已有二百多年辉煌历史、在全球范围内掌管270多亿英镑资产的老牌银行——英国巴林银行宣布破产倒闭。巴林银行曾创造了无数骄人的业绩,其雄厚的资产实力也使它在世界金融史上具有特殊的地位。然而,这样一家著名银行,最终却是葬送在该银行的一名年轻的员工手上。这名员工名叫里森,出事前是公认的期货与期权结算方面的专家,1992年被总部派往新加坡分行成立期货与期权交易部门,出任总经理,并同时一人身兼首席交易员和清算主管两职。在随后的不到三年的时间里,里森利用职务之便,或为了隐瞒业务操作失误,或为了便于违规操作牟取私利,私自保留"错误账户",制造假账,最终给银行造成超过10亿美元的损失,一举将巴林银行送上了不归路。事后,人们评说,如果从金融伦理角度给巴林事件的所有参与者打分,都不能给及格分。因为在整个事件过程中,里森肆无忌惮地进行着不诚信的一线操作,而银行的高层主管则在毫无节制地纵容着他的不诚信行为。巴林银行表面上是断送在了一个职员不当业务操作上,实则是整个银行上下不坚守诚信原则的必然结果。

中国银行业尚未出现因诚信问题而导致银行破产的情况,但诚信缺失现象却比比皆是。仔细分析,这些年来频发的金融案件,莫不与银行内外的失信欺诈有关。尽管这些案件多为局部支行的案件,银行整体没有受到大的影响,但涉案金额之巨,社会影响之大,不能不引人深思,若不重视,后果可想而知。

就拿中国四大银行中历史最悠久、国际化程度最高也是目前走在银行改革前列的中国银行来说,仅最近五年,已爆出了若干起震惊海内外的金融欺诈大案。

在中国银行股改以前银行经营管理方面存在违规问题。一是违规发放贷款55.14亿元。一些分支机构发放房地产贷款时未严格执行国家宏观调控政策,有的违规向自有资金不足或"四证"不全的房地产企业发放贷款,有的违规向土地储备中心发放贷款,还有的发放虚假个人按揭贷款等。如2003年3月,江苏南通分行向"四证"不全、自有资金比例不足30%的南通某房地产开发有限公司发放房地产开发项目贷款1.5亿元,贷款发放后被企业挪用于股权投资,截至2005年年末贷款余额9460万元形成不良。四川省分行2001年组织下属单位部分职工与四川某房地产开发有限公司等4家房地产开发商签订购房合同,并据此违规向这些职工发放"零首付"个人住房按揭贷款3.15亿元,开发商承诺两年内代为出售或回购该行职工"所购"房产,并给予贷款职工按揭贷款金额4%的收益回报。据查,银行职工共取得收益

927.32万元。截至审计时,贷款本金1.03亿元未收回,面临损失风险。二是违规办理票据业务8亿元。中国银行一些分支机构缺乏风险意识,违规办理票据业务,致使银行出现垫款。如2001年至2005年,青岛高科园支行违规为青岛某水产食品有限公司签发无真实贸易背景、抵押、担保不落实的银行承兑汇票4.1亿元。该公司将汇票全部贴现后的部分资金用于归还到期贷款、购买酒店等,截至审计时已形成垫款7402万元。三是财务收支违规问题金额4.78亿元,其中会计核算不实3.73亿元。涉嫌违法犯罪案件仍有发生。本次审计共发现各类涉嫌违法犯罪案件线索21起。如1995年至1998年,时任中国银行北京分行行长的牛某,涉嫌违法向一家民营企业提供6000多万元贷款,目前此案已由司法机关立案查处。一些信贷业务存在风险隐患,经营管理存在薄弱环节。一是公路等信贷业务存在风险隐患。审计发现,在中国银行2004年已剥离给资产管理公司数亿元公路建设贷款的情况下,该行的公路项目贷款不良率仍由2003年的0.55%上升至2005年的4.47%,其中,非国家骨干网公路贷款的不良率较高。二是在不良资产剥离、处置中存在不规范问题。2004年,中国银行在不良资产剥离处置过程中,未及时向债务人或担保人主张权利,导致部分剥离债权丧失诉讼时效或丧失申请执行期限。三是结算业务管理存在薄弱环节。一些分支机构为拓展业务,为客户违规结汇提供便利。审计发现,一些企业和个人通过频繁小额结汇逃避外汇监管。抽查2005年广东佛山分行28户个人结汇账户发现,以单笔9999美元或9900美元结汇的有2443笔,合计2421.94万美元。①

当然,当前银行业的失信欺诈现象并不仅仅是个别银行的特殊现象。不论是国有银行还是股份制银行,无论是大银行,还是中小银行,不论是繁华城市银行还是偏远地区银行,都不能幸免,情节特别严重的

---

① 中华人民共和国审计署关于《中国银行股份有限公司2005年度资产负债损益审计结果》公告(2007年7月20日)。

已构成犯罪,还有银行业日常未被发现或未被重视的在违规操作、虚假经营方面的小打小闹不计其数。长期以来,中国银行业的问题集中体现为不良资产问题。尽管经过了几次的剥离和处置,银行不良资产问题仍十分严重。银监会公布的 2005 年上半年不良资产数据显示,截至 2005 年 6 月末,尽管我国四家金融资产管理公司已累计处置不良资产 7174.2 亿元,全部商业银行不良贷款余额仍达 12759.4 亿元,不良贷款率为 8.71%。尽管从数字上看,分别比 2005 年年初减少 5550.7 亿元,下降 4.14 个百分点,但据业内人士仔细分析,中国银行业的不良资产实际上是在上升,而且上升的数目不小,因为 2005 年上半年仅中国工商银行财务重组,就剥离了 7050 亿元的不良资产,仅此粗略估算,2005 年上半年不良资产实际上升高达 1500 亿元。即便认可上述公布的数字,8.71% 的不良资产率还是相当高的,因为国际上优质商业银行的不良资产比率仅为 3%,中等程度的银行不良资产比率也控制在 5% 左右。关于不良资产的形成原因,业界众说纷纭。但不论怎么说,发放出去的贷款收不回来,从银行角度讲,是贷款把关不严,事实上其中有许多属于故意违规贷款,从借款方而言,借款不还,本身说明了诚信道德观念的沦丧。所以,不良资产问题不是诚信问题,又是什么问题呢?

2. 证券业的道德信用缺失

20 世纪初的美国股市泡沫及由此引起的经济大萧条,虽距今天时日较远,但仍无人能忘。而资本市场公司前身 Datek 证券公司在 1993—1998 年在纳斯达克小额订单处理系统中进行非法交易,为此同意支付 630 万美元的罚金;美国瑞士信贷第一波士顿银行于 2001—2002 年作为主承销商,将热门的上市股票分配给在其他业务上支付了额外佣金的客户,为此同意向全国证券交易商协会支付 1 亿美元的罚款;摩根大通借助复杂的财务技术和一些复杂的融资交易,使借款公司看上去能够产生比实际情况更多的现金流量;2001 年年底,安然公司会计造假,虚报近 6 亿美元的盈余和掩盖 10 亿多美元的巨额债务的丑闻曝光,导致安然股票大跌,公司破产,而安达信公司对其账务审计不实,并在案发后为其销毁数千页文件,因而身败名裂;花旗集团交易员2004 年 8 月份恶意操纵德国政府债券期货市场,"人为推高(债券的)价格,然后从中牟利",致使欧元区债券市场交易中断……对于这些世界著名的证券业的失信事件,人们更是记忆犹新。回到国内,谈到中国证券市场的问题,人们脑海中立即会出现下列这样一些用词:炒股、坐庄、虚假信息、内幕交易、基金黑幕、价格操纵……

证券市场是金融市场中十分重要的直接融资市场,是资金有效配给的市场,是现代股份制度存在、发展的依托。然而,任何事物都有两面性。吴敬琏称中国股市是一个大赌场,张维迎则说中国股市实为寻租场。其实,中国股市正是在创立公司、发行股票和进行股票交易方面再生产出了一整套投机和欺诈活动。充分利用了市场的另一面的投机主体,把市场完全变成了自己"圈钱"的场所。圈钱的前提是实施欺诈。于是乎,市场上充斥着这样一些行为:证券发行人进行欺诈发行、披露虚假财务报表;中介机构出具虚假证明、传播虚假消息;经营管理机构挪用客户保证金、销毁违规交易记录、诱骗投资者买卖证券;投资者利用内幕交易、操纵证券价格等。整个市场便由这些欺诈行为共同交织成了一个"骗局"。

3. 保险业的道德信用缺失

随着保险业在我国突飞猛进的发展,保险越来越多地走进大众的生活,保险领域的诚信问题也越来越成为社会关注的焦点问题。目前,中国保险业的诚信缺失是全方位的,不仅体现于保险合同的双方当事人,还体现于保险中介。

保险公司的诚信缺失。由于保险公司的信息披露缺乏及保险业务的专业性强,保险消费者在投保前甚至投保后都难以了解保险公司及保险条款的真实情况,如保险公司的经营管理状况、收益状况、发展状况及偿付能力、参加保险后能够获得的保障程度等,只能凭借主观印象及保险代理人的介绍作出判断,客观上为保险公司的失信行为创造了条件。保险公司的失信行为主要有:利用垄断地位和专业信息优势制订合同霸王条款;在保险业务中隐瞒与保险合同有关的重要信息,不及时履行甚至拒不履行保险合同约定的赔付义务;违规经营,通过支付过高的手续费、给回扣、采用过低费率等进行恶性竞争;对保险代理人的选择、培训及管理不严,误导甚至唆使保险代理人进行违背诚信义务的活动;向保险监管机关提供虚假的报告、报表等信息。保险公司的失信行为目前焦点体现在理赔环节,与国际上通行的"严核保快理赔"相反,国内保险业则是"投保易理赔难",突出反映了保险公司诚信度较差的现状。

保险中介者的诚信缺失。由于目前我国从事保险代理业务的人员数量众多、规模庞大,业务素质及道德水准参差不齐,保险中介者的诚信缺失较多地表现为保险代理人的诚信缺失。当前,我国保险消费者直接面对的主要是保险代理人,而不少保险代理人在获得更多代理手续费的利益驱动下,片面夸大保险产品的增值功能,许诺虚假的高回报率,回避说明保险合同中的免责条款,隐瞒与保险合同有关的重要信息,误导投保人,有的甚至还诱导投保人不履行如实告知义务,致使合同无效,给被保险人造成了严重的利益损失。

保险消费者的诚信缺失。保险消费者包括投保人、被保险人和受益人,其诚信缺失主要表现在:一些投保人在投保时,不履行如实告知义务,使保险公司难以根据投保标的的实际风险状况确定是否承保以及承保的条件;有些被保险人和受益人,故意虚构保险标的或者未发生保险事故而谎称发生保险事故骗取保险金,伪造、变造与保险事故有关的证明、资料和其他证据,或者唆使、收买他人提供虚假证明、资料和其他证据,编造虚假的事故原因或者夸大损失程度,骗取保险金;有的被保险人和受益人甚至人为制造保险事故,故意造成保险财产的损失及被保险人的人身伤亡事故,增加了保险人理赔的概率和成本。

4. 信托业的道德信用缺失

作为金融业第四大支柱的信托业,在我国的发展历程极为坎坷。自 1979 年第一家信托投资公司——中国国际信托投资公司经国务院批准成立至 2002 年,信托业先后于 1982 年、1985 年、1988 年、1993 年、1999 年进行了五次大规模的行业性治理整顿。至 2002 年整顿后重新登记开业,信托公司的数量已从最早的上千家,减少到只有 59 家。这是其他任何金融行业都未曾有过的经历。整顿的原因在于信托公司违法违规事件屡屡发生,在很大程度上影响了信托业的社会声誉,损害了信托业务得以开展的信任基础。经过整顿的信托业好景不长,2004 年起又问题缠身,再次引起监管当局的重视,在全行业进行交叉核查,实行五级分类加强管理,并通过成立行业协会予以指导规范。

信托作为一种金融工具,具有信托财产运用上的贷款、投资、租赁等多种形式灵活安排、直接融资与间接融资并举的融资特色。信托业也是我国目前唯一可以进行混业经营的金融行业。经营的灵活性、广泛性加之信托产品 3 年至 5 年的管理期都给违规行为留下了更多的机会。特别是在我国信托业整体经验不足、管理落后、治理结构不完善、内部控制缺失、从业人员素质低下而监管法规又不到位的情况下,违规的可能更多地变成了现实。信托业从而也一直以金融业的坏孩子而著称。一份由中国人民大学信托与基金研究所完成的《中国信托业宏观发展研究报告》,把当前信托业在经营环节上暴露出来的问题归结为:挪用信托财产、对信托客户承诺保底收益、不规范的关联交易和信息披露、突破集合资金信托 200 份信托合同的限制、异地经营集合资金信托业务以及风险管理不到位等等。这些问题多与违背诚信原则有关。

(二)金融领域道德信用缺失的经济伦理分析

诺贝尔经济学奖得主贝克尔认为,经济研究的领域业已囊括人类的全部行为及与之有关的全部决定。一个人虽然在不同的社会领域中活动,但他的行为遵循同样的原则,从而可以用统一的行为模型分析人类行为在不同社会领域中的不同方面或不同表现。而这个同样的原则和统一的分析模型就是经济分析的基本原则和方法。这种方法虽然发端于人类对经济问题的思考,但可以被应用到人类科学的任何一个领域。只要资源有多种用途，而它本身又是稀缺的，那么，有关这种资源的分配和选择问题，便均可纳入经济学的范畴，均可用经济学的方法来加以研究。① 金融领域本身就是经济领域的一个重要分支，信用诚信也已被公认为金融市场上一种重要而稀缺的资源，因而，对金融领域道德诚信缺失的分析，可以建立在经济学的有关理论框架与观点基础之上。然而，与所有的人类社会活动一样，经济金融活动必然包含并体现有人们伦理方面的思考与选择。不同的伦理观念及素养对个体经济行为的影响正越来越多地受到人们的关注。伦理因素已然成为人们经济分析时不可忽视的一个重要变量。尤其在评析经济行为中的道德问题时，更是如此。在此，我们运用基本的经济理论，主要着眼于伦理层面，分析金融领域道德信用缺失的原因。

1. 经济人对道德诚信行为的主观忽略

与其他经济活动一样，金融活动中的道德诚信缺失，具体体现为各经济活动参与主体的个体行为。经济参与主体，不论是个人还是企业，都具有鲜明的经济属性，被称为经济人。传统经济学的一个基础前提假设是"最大化"假设，即经济人都会尽其所能，运用自己的理性，在局限条件下来争取自身最大的利益。通俗地讲，即人人都是自私的（其实，即使是作为生物人，也天生具有社会生物学所说的自私基因综合症）。经济人进入市场的唯一目的是追求经济利益的最大化，他们之间的关系纯粹是经济关系，市场调节人们行为的机制和手段也纯粹是经济性质的，因此有人认为市场经济无须伦理道德的参与，如果一定要在经济领域讲什么伦理道德的话，那么在市场上追求自身利益的最大化就是一种最根本的道德活动。尽管经济学鼻祖亚当·斯密十分看重个人的道德修养，呕心沥血著就《道德情操论》，但回到经济学领域，在其传世经济名作《国富论》中却说："每个人都会尽其所能，运用自己的

① 薛求知、黄佩燕、鲁直、张晓蓉：《行为经济学——理论与应用》，复旦大学出版社2003年版，第142页。

资本来争取最大的利益。一般而言,他不会意图为公众服务,也不自知对社会有什么贡献。他关心的仅是自己的安全、自己的利益。但如此一来,他就好像被一只无形之手引领,在不自觉中对社会的改进尽力而为。"①在斯密那里,无形之手指的是市场经济规律,经济发展、社会福利的增加源于在经济人的自利行为活动中市场规律自发引导规范之作用的发挥,与个人的伦理道德无关。弗里德曼也认为,经理应一心一意地追求一个唯一的目标,即为自己的股东追求最大的利润,市场的无形之手可以保证,他们的行为将以最佳的方式服务于社会的福利。② 在其《资本主义与自由》(1962 年)一书当中,他写道:几乎没有任何思潮能够像以下观点那样彻底地破坏我们自由社会的基础,这种观点就是,公司职员认为他们富有社会责任,因而不应该尽最大可能为股东赚钱。③ 按照弗里德曼的这种观念,公司(企业)的目标就是实现投资利润的最大化,它的责任对象和忠诚对象完全是给予它资本的投资者,从而企业成为纯粹的为投资者赚取利润的毫无人性、自然也就毫无道德可言的机器。作为商业工具理性典型代表的交易伦理则认为,经济人作为独立的利己者,与道德共同体没有渊源关系,也无须对他忠诚。④整合论代表约里森也指出:经济人的理性不能为经济活动提供道德准则。理性的经济人要达到目的,既可以通过赠送礼物达到互惠,或者单方面受惠,也可以通过命令、欺诈、贿赂、偷窃和威胁等手段。由于以最低成本求得效益的最大值为目标,经济人是不可以信赖的,不论他们的行动目的还是手段。⑤ 贝克尔则断言:在市场交易中,利他主义在市场上是没有多少效率的,是无法与利己主义进行竞争的,因此会由于得不

① [英]亚当·斯密,郭大力、王亚南译:《国民财富的性质和原因的研究》(下),商务印书馆 1972 年版,第 27 页。
② [美]P. 普拉利著,洪成文等译:《商业伦理》,中信出版社 1999 年版,第 38 页。
③ [英]安德里斯·R. 普林多、[英]比莫·普罗德安著,韦正翔译:《金融领域中的伦理冲突》,中国社会科学出版社 2002 年版,第 27 页。
④ [美]P. 普拉利著,洪成文等译:《商业伦理》,中信出版社 1999 年版,第 63 页。
⑤ [美]P. 普拉利著,洪成文等译:《商业伦理》,中信出版社 1999 年版,第 46 页。

到强化而最终消失。① 更有人极端地认为,经济学本身是不道德和排斥道德的。"无道德商业论"就宣称,商业界对利润的追求是一个超越任何道德关切的目标,传统的道德判断不适用于商业。西方所谓的"企业的非道德神话"及我国有关经济学家"不道德的经济学"的提法也均表达了同样的思想。

经济人对道德的排斥或不关心、对经济人追求最大利益的无道德限制,导致经济人强大的个人利益冲动,从而在经济活动中尽显其天生的机会主义倾向。在可能的情况下,经济人会借助于任何不正当手段谋取其自身利益,寻求其唯一目标——回报。在这样一种机会主义行为中,道德底线可以突破,社会责任感也尽可以抛掷脑后。然而,道德底线是一个人,作为社会的一个成员,行为时必须遵循的一些基本的行为准则和规范,这是一种社会道德义务,人必须在满足这一底线的基础之上去追求自己的生活理想。在享受权利之前要先知道自己的义务,在追求自己的幸福前要先知道自己的责任。享有是需要自己付出某种努力、某种代价的,并且,获得的方式需要遵循某些作为底线的伦理规范。诚信无欺作为道德伦理的基本规范,便是这样一种底线要求。人必须常常依据责任或承诺而采取行动而不仅仅是出于自身的偏好要求。但机会主义者只会不择手段地进行任何一种自利的活动,他们对单纯的自身利益的无限追求,使得违约欺诈、坑蒙拐骗等损人利己的行为泛滥于社会经济生活的各个角落。因此,诚信缺失说到底就是机会主义行为,是机会主义者刻意利用无道德经济学学说,欺诈性地追求自利的必然行为。

2. 道德诚信行为选择缺乏有效的奖惩机制支持

经济学最重要的决策分析工具是成本—效益分析工具。经济理性人在遵循利益最大化原则的行为过程中,始终依据的是成本—效益的

---

① 张杰、殷玉平:《大师经典 1969—2003 年诺贝尔经济学奖获得者学术评介》,山东人民出版社 2004 年版,第 275 页。

分析结果——预期净效用的大小。即便是经济犯罪这种极端行为,也能够在此找到经济学分析上的合理性。有学者从理性犯罪学理论的角度出发,认为犯罪行为的产生也是行为人追求个人利益最大化的结果,即犯罪人基于理性成本效益分析选择的结果。贝克尔借行为经济学盛行之风开创的犯罪和惩罚经济学认为,犯罪并不是一种处于理性分析之外的失常行为,而是一种根据个人利益进行计算分析后的理性决策,是获利机会产生的可预测的结果,是一种非常特殊的投资活动。个人对犯罪收益与成本进行权衡,当预期收益超过将时间和其他资源用于其他活动所带来的收益时,一个人才会去犯罪。如果惩罚力度加大,犯罪行为的预期成本会增加,犯罪率也会相应下降。[①] 是否守信也是这样一种理性选择问题。如果守信能带来利益,而失信会遭受损失的话,经济人就会毫不犹豫地选择守信。由于目前我国社会规范不成熟,体制安排不合理,法律建设不完备,一方面对失信的惩罚不严厉,另一方面守信的收益不明显,从而导致守信的市场主体退出市场或者自动放弃守信原则,致使欺诈失信蔚然成风,社会信用环境每况愈下。

3. 信息不对称为道德风险的产生提供了现实可能

机会主义动机与倾向并不必然导致经济人诚信道德缺失的事实发生。经济活动中的各参与主体之间的信息不对称为这种动机的实现提供了现实可能。经济人成本—收益分析的依据是可以获得的信息,行为选择应该有充分的信息依据。作为高级动物,人的自由选择不是盲目的,不顾信息的。当我们要求人需为有意识的行为结果承担责任时,人自由选择的两个要素都应得到尊重。其一,行为应该是个人的选择和意志体现的结果,自主是一种内在的决定能力。其二,良好的选择必须建立在对特定的环境所存在的可能性的充分理解基础之上。[②] 充分

---

① 张杰、殷玉平:《大师经典 1969—2003 年诺贝尔经济学奖获得者学术评介》,山东人民出版社 2004 年版,第 278—279 页。

② [美]P.普拉利著,洪成文等译:《商业伦理》,中信出版社 1999 年版,第 85—86 页。

理解的前提是充分的知识和信息。就信用风险而言,充分掌握对方的履约能力,特别是履约意愿的信息,可以事先回避信用风险。信息对称、充分,没有不确定性,则没有风险。阿罗就认为:信息是根据条件概率原则有效地改变概率的任何观察结果,它可以减少不确定性。如果人们能够获得全部的有用信息,就可以完全消除风险。①

但是,在很多交易中,交易的双方对所交易的对象拥有的信息是不一样的。一方拥有的信息往往多于另一方。这样就会对交易造成困难。信息不对称研究的著名模型是柠檬市场模型或旧车市场模型,购车者对车的信息不完全,作为风险中性,只愿意接受平均价格,从而低质量车的价格高于价值,高质量车的价格低于价值,理性购买者对此结果有所了解,进一步压低价格,从而劣车驱逐良车,市场失灵,出现逆向选择。产生信息不对称的根本原因在于,信息是昂贵的,而且还会受到精确地描述问题的限制。信息与其他任何商品一样,获得时需要付出成本,根据斯蒂格利茨的理论,信息的成本包括时间和“鞋底”两部分。前者指信息搜寻所耗费的时间,后者指交通成本和其他查询费用。②每个人所获信息的数量是在其获得额外信息的边际成本与边际收益相等的点上。获得信息的成本过大,使得信息需求者既不能也不想得到充分的信息。每个人获得信息的成本—收益不同从而导致信息不对称。在有金融中介的市场上,至少存在着两个层次的信息不对称问题:融资方与金融中介之间,金融中介与最终投资者之间。拥有信息优势的签约者成为代理人,没有信息优势的另一方签约者成为委托人。由于代理人和委托人的利益和行为动机可能不一致,委托人又无法观察和有效监督代理人的行为,代理人可利用自己的信息优势通过降低努力水平或其他机会主义行为,来追求自我利益的最大化,甚至不惜损害

---

① 薛求知、黄佩燕、鲁直、张晓蓉:《行为经济学——理论与应用》,复旦大学出版社 2003 年版,第 251 页。

② 薛求知、黄佩燕、鲁直、张晓蓉:《行为经济学——理论与应用》,复旦大学出版社 2003 年版,第 251 页。

委托人的利益。因此,委托人对代理人行为的结果承担风险。事前的信息不对称会发生逆向选择问题,事后的信息不对称会导致道德风险。在银行贷款领域,银行等金融机构在获取借款客户信息的过程中往往处于被动地位,贷款人在申请贷款和使用贷款的过程中都有可能隐瞒真实信息,甚至提供虚假信息。高风险的企业愿意以更高的利率借款,而利率的提高将使低风险的企业退出该市场,从而使得银行放贷的平均风险上升。而高利率可能诱使高风险的企业从事风险更大的投资项目,进一步提高银行的风险水平。在证券市场上,投资者特别是散户投资者难以辨别公司业绩的真假,在缺乏更有价值的信息和投资经验的情况下,其投资决策带有相当的盲目性,从而也才使证券市场带有浓厚的投机色彩。保险市场更是典型的信息不对称市场,根据斯蒂格利茨的分析,在汽车保险市场上,由于被保险人与保险公司间信息的不对称,客观上造成一般车主在买过汽车保险后便疏于对汽车的保养,从而给保险公司带来因道德风险而产生的损失。信托契约体现的是典型的委托—代理关系,从而信息不对称引致的委托—代理问题在信托业的存在不言而喻。克鲁格曼认为,由信息不对称引发的逆向选择和道德风险是诚信缺失、金融不稳乃至金融危机的根源所在。

4. 道德信用机制的建立缺乏完备的产权制度安排

信息不对称尽管为具有机会主义倾向的经济人提供了利用不道德手段牟利的余地,但利用优势信息不择手段地失信欺诈的结果,会导致其他理性经济人一报还一报的行动,会恶化彼此的合作关系,会使双方陷入两败俱伤的"囚徒困境"。"囚徒困境"也从反面告诉了我们:在无共谋的情况下,从利己角度出发会导致一个对所有人都不利的结局,只有首先为他人着想,才能达到共赢,合作是有利的利己策略。在信息不对称的情况下,对每个人来说,通过欺骗而获得一次性利益永远是可能的,但欺诈与长远利益成反比。欺诈行为反复发生将带来经济人声誉的败落,乃至最终被淘汰出市场。如果希望和他人多次打交道,希望能够有更多的机会去获取长期利益,就必须给予信誉充分的重视。个人是渺小的,个人的机会是由他人的机会创造的,而当个人失信导致他人机会丧失时,会造成失信者更多机会的丧失。相反,当这种平衡不被打破时,个人的机会无穷无尽。因此,选择互利互惠、诚实守信、公正平等等市场伦理道德规范,就如选择机会主义行为一样,也是经济人经过成本与收益计算的结果,所不同的是后者基于的是短期利益的考虑,而前者则是基于长期利益的计算。张维迎认为,信誉机制起作用需要的一个重要条件是重复博弈,在这种条件下,企业才会有长期的眼光考虑未来,才会有足够的耐心等待未来的收益。张维迎举了个生动的例子:如果一个人预期自己只能活一周,他的最优选择也许是抢银行。目前经济金融领域诚信危机,与多数经济人的短期预期直接相关。短期预期导致短期目标,进而加剧了人的短期利益的追求倾向,促成了短期行为的流行。短期行为的一个重要表现是失信行为,因为失信的目的总是为了短期利益的实现。

在我国,与短期预期直接相关的问题是产权问题。主要体现为国有企业产权虚置,所有者缺位,私人产权保护不力。孟子曰:"民有恒产,始有恒心。"洛克说:"哪里没有财产,哪里就没有正义。"哈耶克声称"分立的权利是一切先进文明的道德核心"。张维迎则指出:信誉的基础是产权。产权制度给人们提供了一个追求长期利益的稳定预期和重复博弈的规则。产权不清,人们就无须对自己的行为承担责任,也不可能从企业的信誉中获利,自然就没有必要讲信誉、重视信用资本的积累。① 信誉资本是长期积累的结果,同时也是获得长期利益的保障。关于我国国有企业产权问题以及由此引发的信用问题,我国著名学者多有论述。陈清泰认为:只有国有企业产权清晰,所有者到位,才有为追求长期利益而恪守信誉、维护自己的权益而惩罚对方欺骗行为的机制。如果产权主体不明确,那就会失去为了维护产权权益而坚守诚信的主体。如果某人能够利用别人的产权发生信用关系,并在破坏这一

---

① 参见张维迎:《产权、政府与信誉》,三联书店 2002 年版,第 9—10 页。

信用关系中获利而又得不到惩罚,那么失信行为就会蔓延。[1] 吴敬琏也说:许多国有企业仍然缺乏明晰的产权界定以及由此而产生的强烈的维权意识。他们一方面并不关心自己的信誉记录,把失信视同儿戏;另一方面,也不那么关心企业信用资产权益,在这种情况下,有些人甚至以故意错误授信和放任逃废债务作为监守自盗的手段。[2] 金融是以财产权益关系为基础,通过对财产权益进行不同的分割、组合,从而在不同的签约者之间进行配置的经济现象总和。产权的明晰是金融分配的前提,同时,也是偿还债务的物质基础和保证,若没有财产也就没有讲信用的能力,就不能保证真正履行所签契约的责任。周小川在谈到银行风险产生的原因时说:企业公司治理结构不合理,内部人控制现象严重,加之企业资本充足率低,主要靠银行资金维持经营,易导致不负责任的风险行为的产生。而长期以来疏于对私人财产的法律保护,则是我国私人企业缺乏长期宏远目标、信誉状况整体不佳、难以维持长期持续壮大发展态势的主要原因。由此可见,国有企业产权不清,民营企业虽有所有者,但产权得不到有效保护,多变的政策又使民营企业家形不成相对稳定的预期,使追求短期利益成为最优的选择,在这样一种情况下,信誉机制自然不可能形成。

5. 有限理性掩盖了效用的原有道德内涵

在信息完全对称的情况下,经济人仍旧不一定能够作出最正确的成本—效益分析,进而对效用最大化作出最理性的判断。因为经济人并非完全理性,而是有限理性。莱宾斯基的经济非理性"X—低效率"理论认为任何经济行为者及企业内部都存在着非理性现象,从而市场

① 陈清泰:《培育信用体系夯实市场经济基础》,载《2001 中国担保论坛》,经济科学出版社 2002 年版,第 12 页。
② 吴敬琏:《信用担保与国民信用体系建设》,载《2001 中国担保论坛》,经济科学出版社 2002 年版,第 28 页。

普遍存在偏离最大化原则的非配置型低效率现象。① 西蒙也认为："古典经济理论对人的智力作了极其苛刻的假定,为的是产生那些非常动人的数学模型,用来表示简化的世界。在这方面,近来人们已经提出了疑问,怀疑那些假说是否与人类行为的事实相距过远,以至根据那些假说所得出的理论同我们所处的现实状况已经不再有什么关系了。"②基于人的有限理性,他提出行为人只能寻求满意,而不是寻求最优。行为经济学的奠基人卡尼曼和托维斯基经过大量研究指出,个体的行为除了受到利益的驱使,同样也受到自己的"灵活偏好"及个性心理特征、价值观、信念等多种心理因素的影响。人不是完全理性的,完全理性的经济人只能是一种极端的个别的情况。③

人的有限理性导致不同经济人对追求的利益或效用的不同理解,从而在实际效用最大化的追求过程中表现出不同的行为取向。在庞巴维克看来,效用完全是人们的主观价值概念,此概念的形成关乎不同经济人自身的认识水平,受人的性格、知识、文化背景、所处环境等状况的影响,由经济人不同的选择准则决定。麦克法登则说,考虑到个体对效用最大化的认知有所偏差,从而基于效用最大化的个体选择也有所不同。"效用"概念最早是由杰里米·边沁提出来的,与今天人们常说的效用远非一回事。边沁效用概念主要侧重于人们心理上的真实感受,包括快乐、痛苦等情感因素。边沁认为,效用代表快乐和享乐指数,快乐是人类唯一的终极目标。人们的快乐并不局限于物质需要的满足,很大程度上还体现在精神层次的满足。他甚至认为,随着个人收入的增加,其收入在边际上的效用递减。新古典经济学家去除了初始效用

---

① 薛求知、黄佩燕、鲁直、张晓蓉:《行为经济学——理论与应用》,复旦大学出版社2003年版,第27页。

② 薛求知、黄佩燕、鲁直、张晓蓉:《行为经济学——理论与应用》,复旦大学出版社2003年版,第6—7页。

③ 薛求知、黄佩燕、鲁直、张晓蓉:《行为经济学——理论与应用》,复旦大学出版社2003年版,第4页。

概念的心理因素,将效用的概念完全物质化。在人们脑海中,"效用"渐被"财富"、"利润"所取代。在现代经济人对效用概念的片面理解下,由于坚守诚信而导致财富利润减少是一种损失,有悖效用最大化原则,但在边沁的效用概念中,诚信行为能够获得社会的首肯,可以使自己获得精神上的满足,有助于自身效用的增加。因而现代经济活动领域中渐被淡化的诚信道德原则在边沁效用那里得到了强化。卡尼曼1997 年提出的对边沁效用概念的回归,引出了对经济学研究的最终目标的新思考,即人究竟是应该追求财富最大化还是幸福最大化。奚恺元更是发展出了一种新的理论来研究如何最大化人们的幸福,这套理论被称为幸福经济学。① 从某种意义上来讲,边沁效用概念被具有不同知识背景的有限理性经济人理解与接受的广度和深度,直关经济生活中诚信伦理的普及程度。人的有限理性也为伦理道德教育作用的发挥留下了广阔的空间。

三、金融诚信体系建设中的伦理自律

罗伯特·鲍姆(Robert Baum)是《经济与职业伦理》(the Business & Professional Ethics journal)杂志主编,应用伦理领域的先驱,更是金融伦理研究的倡导者和发起人。他清楚地认识到:"尽管经济伦理领域研究正快速发展,其中的一个重要领域却很少受到关注,那就是金融伦理,它涵盖了银行、证券、股票债券、保险和不动产等诸多领域。"之所以说该领域重要,那是因为在鲍姆看来,金融决策与行为对人们生活的巨大影响远远超过许多人的现有认识;同时,好的金融管理即鲍姆所谓的延循伦理之道的金融管理将能带来巨大福祉。鲍姆的金融伦理研究的出发点相当务实,他认为金融伦理意识渐增的一个主要原因是金融

---

① 薛求知、黄佩燕、鲁直、张晓蓉:《行为经济学——理论与应用》,复旦大学出版社 2003 年版,第 174—188 页。

领域的许多问题越来越复杂。没有人能够足够地了解这些难以置信的复杂环境，我们需要扩展研究，经由伦理之道来增加我们的认识以应对这些问题。不仅如此，鲍姆的金融伦理研究目的也相当明确，他认为，对金融伦理的研究并非要传递这样一个信息，即整个行业的堕落及所有金融从业人员的伦理丧失。取而代之，我们要寻求能够被任何具有一定经验、专业训练及能力的人们践行的美好东西。这种美好东西应该就是好的行之有效的金融伦理规范。鲍姆对金融伦理的认识，对我们就当今金融领域的诚信问题进行伦理方面的思考，对金融信用体系构建中的伦理介入可能性、正当性及操作性的探讨和论证提供了一种思路。

（一）伦理、诚信与经济信用

诚信是金融经济的基本原则，同时也是重要的伦理道德范畴。金融经济信用体系的建立需要伦理自律的介入与规范作用的发挥，以消除失信现象，整顿市场秩序，塑造诚信金融。

1. 诚信与伦理

诚信这一概念，带着浓厚的宗教色彩诞生，却注定要与伦理道德结下不解之缘。今人谈到诚信的内涵，一般都要沿历史长河追溯到远古，借用古人的言辞加以诠释，甚有若不如此，不能达意之感。而能够流传至今的诚信名言又莫不都是圣人之哲言，是站在文化哲理的最高点，对人性及人生进行深刻的伦理思考的结晶。因此，诚信是一个伦理范畴。西方的基督教伦理就特别强调诚信精神，因为基督教伦理就是以"信"为根基的伦理学。只不过其中的"信"指的是对上帝旨意的谨守遵行。中国的道德文化源远流长，在流传至今并已然成为人们共同遵守的道德规范中，诚信是古代思想家们极力诠释和推崇的一个范畴。尽管诚与信常常被分而论之，但依照许慎《说文解字》中的理解："诚，信也"，"信，诚也"，诚与信的含义基本相通，可以诚信统而盖之。早在我国《诗经》中就有对诚信的记载："信誓旦旦，不思其反"，说明诚信的本意是诚实无妄、信守诺言、言行一致。之后的诸多圣哲贤书中对诚信的蕴涵都有论及,意思基本相当。如《礼记·大学》中的"所谓诚其意者,毋自欺也",宋朝朱熹:"诚者何?不自欺不妄之谓也","信者,言之实也"等。古人对诚信精神的推崇备至也可从众多的古训中加以证实。《礼记·中庸》有云:"诚之者,人之道也",朱熹注:"诚之者,未能真实无妄而欲其真实无妄之谓,人事之当然也";《周易》曰:"人之所助者,信也";《春秋》倡导:"贵信而贱诈","尊理而重信"。孔子多次谈到诚信的重要性,认为为人应该"言必信,行必果","与朋友交,言而有信","人而无信,不知其可也"。管仲则认为,诚信是使天下团结一致的保证:"先王贵诚信。诚信者,天下之结也。"《左传》更曰:"信,国之宝也,民之所庇也。"孔子把信列为四教(文、行、忠、信)和五德(恭、宽、信、敏、惠)的组成要素,董仲舒则将诚信作为五常(仁、义、礼、智、信)的重要组成部分。《中庸》提出的"不诚无物"的命题,更把诚信看成是一切道德的根基。诚信的这种道德基石作用在朱熹"诚其意者,自修之首也"的论断中再次得到肯定。由上述可见,不论东西方,诚信历来都被置于一个很高的伦理道德地位,成为人们普遍遵守的伦理道德规范。

2. 经济诚信与伦理自律

然而,伦理绝不仅仅是形而上的概念范畴,由于其是对公共人际关系行为的应然性规定,在实际中具有强大的指导应用功能。这种功能近年来正越来越受到人们的关注,伦理学也正在全面介入社会现实,应用伦理学的方兴未艾便是最好的证明。应用伦理学的一个重要分支是经济伦理学。经济伦理是用来协调和规范人们经济活动关系与行为的一系列伦理原则和道德规范。经济伦理学源于经济和伦理二者的内在联系,源于经济发展目的和社会伦理目标之间所存在着的逻辑上的一致性。阿玛蒂亚·森说过:"任何人的行为都是在一定的伦理背景下进行的,离开了伦理而单纯地强调人的经济理性只会减弱经济学的预测能力。"强调伦理在经济活动领域的规范性,也应了凯恩斯说过的一句话:"我要十分强调经济学是一门道德科学,它和人的内省和价值观相联系。"在经济伦理规范中,诚信仍然是一个不可或缺的内容。从有商品交换的那一天起,就存在着诚实守信与失信欺诈的较量。较量的结果证明,诚信是市场经济的必然规律,是经济伦理的内在要求。恩格斯就曾指出,诚信首先是现代经济规律,其次才表现为伦理性质,"现代政治经济学的规律之一虽然通行的教科书里没有明确提出就是:资本主义生产愈发展,它就愈不能采用作为它早期阶段的特征的那些琐细的哄骗和欺诈手段……这些狡猾手腕在大市场上已经不合算了,那里时间就是金钱,那里商业道德必然发展到一定的水平,其所以如此,并不是出于伦理的热狂,而纯粹是为了不白费时间和劳动。"①但是不影响市场经济是一种建立在诚信基础上的信用经济。市场经济资源配置作用的充分发挥,依赖于公平、公正和平等的市场交易,依赖于交易双方所提供和掌握的信息的相对充分和对等等观点的确立,及以诚信为基础的确立。市场经济越发达,就越要求诚实守信。但同时,市场经济又具有鲜明的功利性,追求利益的最大化是市场经济活动的出发点和原动力。无论是成熟发达的市场经济,还是初步建立的市场经济,在这一点上莫能例外。我国的市场经济尚处于初期起步阶段,功能不完善,体制不健全,市场自动调节经济活动的能力有限,这就给在利益最大化驱动下的急功近利的市场主体采取不正当手段乃至欺诈手段牟取暴利创造了机会。现实中大量的事实说明,经济领域中诚信的缺失已经给我国的经济建设造成了巨大的负面影响,引起了社会各界的广泛关注,尽快建立和完善财经信用体系乃至整个社会信用体系,已成为国民的共识。

(二)伦理与法制在信用体系建设中的辩证作用

可以肯定的是,解决诚信问题、建立信用体系,伦理道德与法律制度缺一不可。但即便如此,关于伦理道德与法律制度在信用体系建设

---

① 《马克思恩格斯全集》第22卷,人民出版社1965年版,第368页。

中的作用,孰重孰轻,谁为根本,历来仁者见仁,智者见智。近年来,伦理的自律作用正越来越多地为人们所重视和强调。

1. 伦理自律与法制他律是信用体系建立和完善的双重保证

现代市场经济中信用机制的建立,核心是要形成市场主体的失信成本大于失信收益的制约机制。因为失信行为的发生决定于其带来的收益和成本的大小。失信成本主要包括道德成本、经济成本和法律成本。从这个意义上来讲,信用制度、信用立法和信用教育在信用体系建设中各得其所。信用制度旨在通过一系列的规则与安排,为人们的信用活动提供基本的价值判断、行为规范及合理预期,信用制度的根本意图在于实现守信的收益高于成本。信用立法是要通过更为强制性的"他律"保证信用制度各种规则的正常执行及根本意图的实现,通过失信惩戒力度的加大来提高失信成本,并相对地增加守信收益。诚信道德教育则是要通过人的社会理性的培养,德商的提高,将守信内化为其自觉的意愿,从而提高失信的心理道德成本。因此,人类对信用风险治理的过程从来就是法律制度和道德说教交织而成的。中国儒家文化的礼与法很好地诠释了两者的关系。礼用于"已然之前",即犯错误之前的教育;法用于"已然之后",即犯错误之后的惩治。罗国杰认为,道德法律都不是万能的。再完备的法律也不可能解决人的内心信念问题,不能有效地培养人们的荣辱观念。而道德在制裁力上不及法律的严厉与有效。因而,德法要结合起来,共同发挥作用。随着市场经济的发展,诚信原则正逐步从原本的伦理要求,演变为一条重要的法律原则。道德规范与法律规范合为一体。诚信原则既要以道德诚信为基础,更要以法律诚信为保障。只有当诚信原则建立在道德要求基础之上,以制度的形式在全社会形成一个完整的诚信规范体系时,才能对市场经济起到强有力的规范作用。① 金融领域的错综复杂的交易是靠契约关系来完成的,契约关系中的各利益方由于利益不同及信息不对称而处

① 戴木才、曹刚:《论诚信》,《求是》2005 年第 4 期。

于永恒的冲突之中。当冲突加剧到一定程度,契约的稳定性就受到威胁,契约的能否履行就不在乎契约的约束力,它必须有履约的外部保证即法律的强制力,以及内部保证即契约关系人内在的道德伦理准绳,对待责任的态度。党的十六届三中全会《关于完善社会主义市场经济体制若干问题的决定》也明确指出,要形成以道德为支撑、产权为基础、法律为保障的社会信用制度,这为当今我国信用体制建设中道德、法律、制度共同介入的合理性提供了依据。

2. 伦理自律是建立信用体系的根本所在

实际上,在有关伦理道德与法律制度在信用体系建设中的作用发挥问题上,理论界许多专家学者比较倾向于法律制度的根本作用。如鲍宗豪就认为,制度建设的作用首先是减少遵从诚信道德行为的代价和成本,这需要社会制度安排能够保障最起码的公平与正义。当社会中的公平与正义被破坏的时候,诚信便处于相当尴尬的境地。在公平与正义能够得到基本维护的时候,诚信的力量、道德的力量就会强大起来。在这个意义上说,诚信道德规范有赖于公平与正义的社会秩序的支撑。① 因此,必须通过社会的制度安排,使不诚信者、不道德者不但不能受益,而且还要吃亏受惩罚。尤其在道德的谴责不会形成人们生活困难的情况下,道德的宣传和教育对于人们的行为影响力微乎其微。当前中国在道德强制力流失之后,需要形成新的强制力来保证社会信用体系的建立。法律能够建立起人们之间对于彼此行为的预期,是现代社会生活最为保险的守护神。②

然而,随着应用伦理学的崛起与发展,人们越来越倾向于从伦理的角度思考诚信问题,发掘失信的根源,寻找解决问题的道德途径。强调伦理自律作用的发挥,主要基于以下几点原因:

---

① 鲍宗豪:《保护诚信资源,建立社会诚信体系》,《经济参考报》2002 年 10 月 18 日。

② 曹和平、杨爱民、林卫斌:《信用》,清华大学出版社 2004 年版,第 33—35 页。

（1）信用体系建设中的关键要素是人，人基于道德理念而对于诚信原则自觉自愿的遵守是解决信用问题的根本。

人是社会的最基本组成单位，是所有行为的发出者，也是失信行为的行为主体。人没有选择要不要做人的自由，却能够选择要做一个怎样的人。伦理道德规范作为关乎人应该如何做人与生活的最基本规范，在其中有着决定性的作用。作为一个社会人与经济人，人之行为具有自发的经济倾向与社会伦理倾向，在追求经济利益的过程中，伦理的介入程度和影响程度取决于人的伦理素养和道德取向。基于不同的伦理素养与道德思考形成的不同的人生观、价值观也左右着人们对生活、对幸福乃至对最大化利益的不同理解与追求。能够站在更高层次更大角度看待利益问题的人较能够更多地展现其行为中的伦理倾向，其行为在更有助于其自身利益实现的同时也更具社会合理性。

从经济人角度出发，人们是否愿意诚信，主要在于内心对诚信的偏好程度。贝克尔说：个人用市场货品及服务、自己的时间、人力资本以及其他投入品来生产一整套被定义为生活的基本方面的商品，其目的在于使他的偏好最大化。生产虔诚这种商品的能力，相比其他而言，尤其依赖于个人的意识形态资本。个人意识形态的信念强，说明他的意识形态资本大，因而生产虔诚的影子价格低。他配置到虔诚上的时间边际效用高，为此他会配置较多的时间来消费虔诚。[1] 失信从根本上来说，也只能从人们的内心深处去找原因。我们也不能把失信的主要责任推给社会，怪罪于外在的法制的不完善。人的活动至少部分取决于人的动机。我们真正想做的事并不总是决定于外部的压力和条件。给定相同的客观大环境，个人的行为选择各不相同。同样是金融工作人员，同样掌握金融大权，很多人没有去欺诈违法，欺诈违法者只是那些少数人，原因就在于每个人的道德准则和底线不同。道德底线是防

---

[1]　［美］R.科斯等著，刘守英译：《财产权利与制度变迁——产权学派与新制度学派译文集》，上海三联书店、上海人民出版社 1994 年版，第 380—381 页。

止信用风险产生及蔓延的最好武器。假如我们社会上大多数人都有这样一个道德底线的话,骗局即便形成,也会很快中止,欺诈也就不会形成气候。如果公民普遍有良好的道德素养,对法律制度的实施也会起到相辅相成的作用。如果大多数市场行为主体都以蔑视伦理道德为"自豪",那么,即使是再好的法律制度,也只能是一纸空文。法律制度之所以能够有效实施,不仅仅是由于其绝对权威的性质,还因为人们的伦理道德信念给这种强制性的实施提供了心理学的基础。此外,如果伦理道德能够很好地发挥作用,法律制度管辖的范围就可以缩小,由此而来的法律实施成本也可以进一步降低,从而市场秩序的效率将会进一步提高。哈耶克也指出:"如果没有根深蒂固的道德信念,自由绝不可能发挥任何作用,而且只有当个人通常都能被期望自愿遵奉某些原则时,强制才可能被减至最小限度。"①

可见,诚信从来不是强迫的,它是人的一种自觉自愿的行为。信用资本的积累也必须依赖于自觉自愿的守信实践。在进行信用体系建设过程中,能否以人为本,以塑造伦理人与道德人为要任,是成败的关键。

(2)伦理道德是法制作用发挥的基础和保障。

法,首先是一种自然法,自然法即为道德法,正义法。法律包含着最低限度的道德意义,以道德正义为根基,建立在公平合理的道德基础之上,其内容本身具有道德性倾向。制度又何尝不是如此。制度经济学家凡勃仑认为,制度是由人们的心理动机和生理本能所决定的思想和习惯形成的。"从心理学方面来说,可以概括地把他说成是一种流行的精神状态或一种流行的生活理论。"②因此,制度的基础也是人们普遍的伦理道德状态和价值取向。当前,道德的正义概念正越来越多地被专门用作评价社会制度的一种道德标准,被看做社会制度的首要

---

① [英]弗里德里希·冯·哈耶克著,邓正来译:《自由秩序原理》,三联书店1997年版,第72页。

② 薛求知、黄佩燕、鲁直、张晓蓉:《行为经济学——理论与应用》,复旦大学出版社2003年版,第25页。

价值,罗尔斯《正义论》则更明确地指出,在他的正义论中,正义的对象是社会的基本结构——用来分配公民的基本权利和义务、划分由社会合作产生的利益和负担的主要制度。新兴的制度伦理,其任务就是研究社会制度安排的合理性、正当性和正义性,为其提供合理的道德理念和道德规范。

更重要的是,法制在设计与执行中,只有从根本上被视为是正义的、符合道德的,得到人们普遍衷心的认可和尊重,才能被普遍有效地服从和履行。法律若不被信仰,便形同虚设,其结果可能比无法更糟。法制作用的发挥取决于社会的普遍尊重,而对法制的尊重恰恰体现了法制的性质。诺斯也说:在很多情况下,当人们确信自己所面临的法规是合乎义理时,他们就会采取行动。这就是说,如果人们被说服而相信规则是公平正义的,他们就会自动服从这些规则,即使在不服从规则对他们更有利时也是如此。[1]

也正是基于法制的这样一种伦理道德基础、法律和制度,不管它们看起来多么有效率和有条理,只要它们不符合道德正义,就必须加以修改或废除。

(3)法制解决不了道德风险问题,法制他律较之道德自律有着明显的缺陷与不足。

西方发达国家社会信用体系建设不能不说完善。美国是公认的信用管理及其他相关法律最完善的国家。然而,以财务信息不实为例,美国国会审计总署曾指出,美国在2002年即有689家公司公开其重编1997年至2002年之盈余报告的事实。国际知名会计师事务所的调查也显示,美国在2002年民事之证券诉讼案件比2001年多了17%。这些案件主要与企业财务不实有关。同样,美国式的号称完善的制度也逃脱不了制度性勾结的厄运。制度导致勾结,勾结是绕开制度的最有

---

[1] 参见[美]R.科斯等著,刘守英译:《财产权利与制度变迁——产权学派与新制度学派译文集》,上海三联书店、上海人民出版社1994年版,第405—406页。

效途径。制度越完善,为了绕开这种制度的监督而形成的勾结就会越广泛、越彻底。美国的期权制度曾一度被推崇为完美的管理层 CEO 激励制度,它将经营者的收益与公司的业绩或具体讲公司的股价相联系,意图在于使经营者更加关注经营效益,使经营者更能代表股东的利益。然而,事与愿违的是,该制度却导致了经营管理者通过各种手段,包括短期的冒险经营、账务造假、幕后交易等推高股价,兑现期权收益,从而使公司走向倒闭和崩溃。安然会计丑闻开始让人们重新审视这种赞誉有加的制度创新,也开始让人们重新审视法律制度对诚信的他律作用。

现实市场经济是复杂多样的,任何制度法律都不是万能的,难以做到百密而无一疏,仅有相应的法律制度,不足于完全保证市场经济秩序高效率地运转。正如诺斯在其《经济史中的结构与变迁》一书中所指出的那样,在复杂的市场交换过程中,存在着潜在的大量机会主义行为的余地,这是即使非常完善的法律制度也无法触及的死角,新古典经济学家由于缺乏远见,故看不到,尽管有一整套不变的规则、检查程序和惩罚措施,在限制个人行为程度上仍存在着相当程度的可变性,因此他们会认为健全的法律制度是维护和推进市场交易的唯一必要条件。斯诺进一步指出,法律制度之所以不能完全克服诸如此类的机会主义行为,是因为对这类行为进行约束的费用或测定人们履行契约行为情况的成本是极为高昂的,因而不可能事无巨细地检测经济主体的行为。更不用说法律不完善或顾及不到的地方,如在庄家文化笼罩的中国证券市场,庄家操纵股市尚可以绳之以法,而那些散布虚假信息的新闻媒体却可以远离法网,原因是暂时无法可依。

实际上,如果从广义角度来理解,制度本身就包含了伦理道德等的意识形态安排。舒尔茨就将制度定义为涉及社会、政治及经济行为的所有行为规则。① 制度结构是一个社会中正式的和非正式的制度安排

---

① 参见[美]R.科斯等著,刘守英译:《财产权利与制度变迁——产权学派与新制度学派译文集》,上海三联书店、上海人民出版社 1994 年版,第 253 页。

的总和。通常所谓的法律制度属于正式制度安排,而由价值观、伦理道德观等形成的人的意识形态则属于非正式制度安排。林毅夫在其《关于制度变迁的经济学理论:诱致性变迁与强制性变迁》一文中讲到,制度无论是正式的还是非正式的,都可以提供有用的服务。与任何其他服务一样,制度性服务的获得要支付一定的费用。对任何想要得到的制度性服务而言,总有许多制度安排能实现这种功能,因此制度安排的选择将包括对费用和效益的计算。用最少费用提供给定量服务的制度安排,将是合乎理想的制度安排。① 正式制度服务的使用成本很高,包括信息调查成本、谈判沟通成本、详尽契约成本、防控监管成本、法律诉讼成本等。而非正式制度是减少提供正式制度安排的服务费用的最重要的制度安排。诺斯对此的论述是,意识形态是个人与其环境达成协议的一种节约费用的工具,它以"世界观"的形式出现从而使决策过程简化。② 张维迎也说:事实上,与法律相比,信誉机制是一种成本更低的维持交易秩序的机制。③

不仅如此,法律制度过程本身也可能存在道德风险。哈耶克在其《法律、立法和自由》一书中,在强调法律的重要性的同时就对法律的普遍适用性、公正性提出质疑,对制定者的良心与理智提出质疑。法律约束范围往往局限一国一地,不像普世伦理道德那般放之四海而皆准。法律也不可能包括全部的道德,不能囊括诸如较细微的公共场合的礼仪,以及更积极更高尚的舍身救人之类的道德行为,法律只能就执法层面可行的议题订定律则。关于法律制度的公正性问题,布坎南认为,政策的制定者也同经济人一样是有理性的自私的人,他们就像在经济市场上一样在政治市场中追求自己的最大利益——政治利益,而不管这

---

① 参见[美]R.科斯等著,刘守英译:《财产权利与制度变迁——产权学派与新制度学派译文集》,上海三联书店、上海人民出版社1994年版,第373、382页。

② 参见[美]R.科斯等著,刘守英译:《财产权利与制度变迁——产权学派与新制度学派译文集》,上海三联书店、上海人民出版社1994年版,第379页。

③ 张维迎:《法律制度的信誉基础》,《经济研究》2002年第2期。

些利益是否符合公共利益。与此同时,公民作为选民,也是有理性的自私的人,其选举行为也是以成本—收益计算为基础的。普通选民无力支付了解政治的成本,作为理性人往往不参加投票,这就使政府往往为代表特殊利益集团的政策制定者所操纵。① 因而经济立法的结果往往是有益于特殊集团的利益,特别是政治生活各参加者的自身利益,对广大公众而言,则往往意味着不公平。斯蒂格勒的《公民与国家》一书就阐述了对政府政策的不信任,对法规管理效力的质疑。因此,政策法律制定者与执行者的伦理道德水平,在一定程度上决定了法制过程的道德风险的大小。

另外,法制外在的他律作用也不及伦理道德的内在自律作用的效果。强制性的法制只能通过对失信的惩戒对公众起警示作用,对于信用资本的正面积累没有帮助。《论语》中的一段话值得我们思考:"道之以政,齐之以刑,民免而无耻;道之以德,齐之以礼,有耻且格。"即仅仅用政令来禁止,用刑法来惩治,百姓会因害怕而避免受罚,却没有廉耻之心;但以德来引导,以礼来规范,百姓会因知廉耻而遵守法规。相反用恶的办法不可能导致善,只能产生恶。张维迎教授在"2002中国证券投资基金发展国际研讨会"上谈到基金市场的发展时也表示了同样的观点:中国基金业发展的关键是建立信任。而信任大体建立在两个方面:基于监管的信任和基于信誉的信任。而监管超过一定点以后,监管越多,企业就越不讲信誉。而伦理道德标准与法制作用不同的一个很重要方面是:拥有内化了的规范和信仰的人对逆道德标准的行为反而会产生强烈的不满,特别是当这些标准已成为自己的习惯时。因而,道德标准不仅会被主动执行,而且会由于遭到触犯而得到强化。

最后,法制在发挥作用时,还存在着滞后性、其制定与出台通常是对不道德行为的反映、缺乏预防作用,僵化性、不能随意修改、解释和灵

---

① 张杰、殷玉平:《大师经典 1969—2003年诺贝尔经济学奖获得者学术评介》,山东人民出版社2004年版,第212—213页。

活执行,模糊粗糙、缺乏明确解释和实际操作性,以及间断多变性、无助于长期预期的形成等固有缺陷,从而使法制的作用效果受到影响。

(4)我国当前的诚信法律制度建设落后,完善工作是一个长期的过程,法制对信用体系建设的他律作用尚难以有效发挥。

在立法方面,我国的《民法通则》、《合同法》、《反不正当竞争法》以及金融法规中虽然都有诚实守信的法律原则,《刑法》中也有对诈骗等犯罪行为处以刑罚的规定,但这些仍不足以对社会的各种失信行为形成强有力的规范和约束,特别是针对信用方面的专门立法仍然滞后。并且,由于我国立法长期以来都奉行"立法宜粗不宜细"的方针,所制定的法律多为原则性的规定,缺乏可操作性。同时,有法不依和执法不严的问题也相当严重,导致法律自身的信用也得不到维护。

同时,社会主义市场经济体制的基本框架刚刚建立起来,市场运行机制同样十分薄弱,特别是被作为我国信用体系建设基础的产权制度尚处于初步改革与建设当中。由于历史原因,产权制度改革在我国是一个艰难复杂的系统工程,任重而道远。无论是国有企业现代企业制度的建立,还是私有企业产权的保护,都不是短期内能够解决的问题。

在法制不健全的现状下,伦理道德的自律作用更显重要。信用的基础是诚信的道德理念,伦理道德作为一个社会、国家和民族所必须储存的无形资源和精神资本,在信用体系建设中必须也应该发挥其应有的作用。中国是一个诚信道德文化底蕴深厚的国家,在信用体系建设中,应重视发掘和充分利用好这份宝贵的文化资源。

(三)完善金融信用的伦理环境建设

完善金融信用的伦理环境建设,重视伦理道德在金融诚信体系建设中的作用的发挥,可以通过营造浓郁的道德文化氛围,为金融诚信体系建设提供广阔的人文素质基础,加强金融企业伦理文化建设,使诚信原则成为金融行业伦理规范的重要内容,加强金融法律制度的伦理化建设,为金融信用体系的建立提供有力保障等渠道进行。

1. 营造浓郁的社会道德文化氛围

营造浓郁的社会道德文化氛围目的是为金融诚信体系建设提供广阔的人文素质基础。经济金融领域并非孤立的空中楼阁,它是社会生活的一个组成部分。社会文化结构与文化信念在很大程度上规定了经济金融参与主体的道德价值观。社会文化在此处的意义是提供伦理框架,经济金融行为主体在该框架内制定自己的行为规范。文化因素是任何经济活动都无法回避的基础。或更进一步讲,经济活动本质是一种文化活动。弗朗西斯·福山说:"经济无法脱离文化的背景"。[①] 丹尼尔·贝尔也说:"为经济提供方向的最终还是养育经济于其中的文化价值系统。"

中国传统文化以儒学伦理文化为主,义利观是儒家伦理的核心内容。义利观的要义是:义是最重要的把握伦理准则的行为原则,在义与利的矛盾抉择中,义远胜于利。因此儒家的伦理准则可表述为"见利思义"、"重义轻利"。信是义在实践中的具体体现,从而,上述义利观便自然而然地演化为"重信轻利""信为利本"的信利观。以儒家伦理文化为框架指导所形成的商家之道必然表现为:诚实守信、公平交易。改革开放后西方伦理思想传入我国,伦理文化出现了多元化的趋势。这种多元化在现实社会中造成了人们思想的迷茫、伦理观的混乱,成为一些人道德伦理沦丧的借口,成为经济活动中经济人单纯追求经济利益的凭据。这种伦理的多元化实际上是一种伦理相对主义,它因否认伦理普遍根本的价值判断而失去对实践的规范指导意义。当今的普世伦理所追求的就是在文化多元化的背景下寻找一种道德共识。我国传统的儒家义利观、信利观应该作为这样一种道德共识继续继承和发扬,成为社会伦理道德文化的框架核心,为信用体系的建立提供坚实的伦理依据和文化保障。

---

① [美]弗朗西斯·福山著,李宛容译:《信任——社会道德与繁荣的创造》,远方出版社 1998 年版,第 20 页。

　　这样一种诚信道德文化能否成为社会文化的主流,关键在于社会大众的了解程度和认可程度,特别是人们能否在经济人的面具下重新找回自己社会人、伦理人、道德人的本位。多方参与的多层次的伦理道德教育在其中的作用不可小视。哈耶克认为,人不是生而具有聪明、理性和良知,人必须通过教育才变得聪明、理智和良知。彭林也说,社会是由人组成的,所以治理社会就要从教育人开始。现实社会中很多问题归根结底都出在人的素质问题上,不从这个根本入手,头痛医头,脚痛医脚,就不会长治久安。重视对民众进行道德教育,在中国文化中具有悠久的传统。"修齐治平"之道的首要一点是修身,即提升个体的道德素养。《中庸》又说"修道之谓教"。儒家的礼乐文化,就是用来培养人的行为规范和道德意识的。道德教育的首要目的是增加人们的伦理道德知识,知是行的前提,有什么样的知,便会导致什么样的行和果。应在社会、学校和家庭各个层面大力倡导和普及中国传统道德文化以及西方先进伦理知识,使人们把握其中的精髓,积淀丰富的道德知识储备,在此基础上通过教育引导树立正确的道德信念,确立积极向善的人生观、价值观,为日后的行为提供有益的道德动机。借用亚当·斯密"内心的那个人"的说法,道德教育的目的就是要使"内心的那个人"的形象更加完善、更加清晰、更有号召力。在广泛的公民道德教育基础之上,职业道德教育也必不可少。金融职业道德教育的目的就是要使所有金融主体进一步增加经济行为中的道德理性与社会责任感,淡化机会主义倾向,深刻理解信用就是金钱的寓意,理解金融经济的信用基础,理解当前信用资源的稀缺与宝贵,从而在实际行动中主动用心地呵护信用,自觉减少失信行为的发生。

　　社会道德诚信文化环境的营造还要依靠社会舆论导向作用的发挥。社会舆论可以通过形式多样、贴近大众、影响广泛的宣传渠道抑恶扬善,达到强化意识、教育公众的目的。离开了舆论,道德的守信行为得不到褒扬,不道德的失信行为得不到指责,就会使人们模糊善恶观念和善恶界限,久而久之,整个社会诚信道德文化环境恶化,金融乃至整个社会信用体系的建设就会成为一句空话。

2. 加强金融企业伦理文化建设

加强金融企业伦理文化建设的目的是使诚信原则成为金融行业伦理规范的重要内容。企业文化是企业在长期的生产经营过程中所形成的特有的精神风貌和信念,以及一系列保证这种风貌和信念得以持久存在的制度和措施。企业文化的作用在于,引导员工树立合规意识,提高员工职业道德水准,规范员工职业行为,指导企业或员工明确应该做什么,不应该做什么,如何做能被大家认可或符合公司规定。这犹如是企业的方向标,使企业及员工朝着某个方向前进。如果一个企业文化中企业的价值追求和企业的经营目标就是简单的经济利益的最大化,那么企业在遇到问题需要选择的时候就会把利益最大化放在第一位,而忽略其他方面;同样,如果一个企业的价值观中认为外部的信任对企业发展最有价值的时候,企业就会在更多的时候重视企业道德形象的树立,时刻注意通过诚信的履行来体现道德责任,维持企业的道德信誉和形象。

因此,金融企业诚信伦理文化的建设首先要求企业能树立长期持久的经营理念。企业短期的繁荣可以通过许多方式获得,但企业持续增长的力量却只能从人类几千年来操守的价值公理中获得,诚信作为企业的核心价值观,便是这样的公理之一。除此之外,还要求企业注重经营目标的道德属性,树立开明的利己观,遵循建立在顾及他人利益的自我利益之上的道德标准;坚持诚信为本的经营之道,重视诚信道德资源的积累;完善信用考核评价体系,强化信用奖惩机制等。特别要指出的是,企业诚信文化建设能否卓有成效,与企业管理者甚有关系。一个公司的行为是伦理的还是非伦理的,管理者起着关键性的作用。从某种程度上讲,企业领导者本人的道德素质决定了企业伦理建设状况。一个道德高尚、理想远大的企业领导必然重视企业道德建设,重视企业经营长期利益,重视消费者的利益和员工的利益,重视企业伦理规范的制定完善、维护落实与身体力行。特别是领导者本人的伦理道德实践尤为重要。从前面的金融案例中可见,绝大多数的欺诈失信行为是管理者所为。正因为如此,MBA 教育的先驱哈佛商学院开发出"领导艺术、伦理和企业责任"的课程方案,实乃十分必要。

　　体现诚信原则的企业文化要充分发挥其对实践的指导意义,必须精炼并具体为企业行为的伦理规范,以便明确对具体行为的期望,同时可以用做尺度来评判人的行为。霍夫曼就曾指出,道德企业文化的本质应以一定的伦理目标、结构和战略被清晰地提出来,以便为道德决策形成一个概念和操作性的框架。① 好的伦理规范有益于提升企业的对外形象,对企业的运作也会有正面的影响。企业是否制定并严守明确的伦理规范还直接关系到其业绩的好坏。据国外一项对 300 家企业的调查,能够对伦理规范作出明确承诺的企业(47 家)为股东创造的价值几乎 3 倍于其他企业。

　　金融企业伦理规范可分为行业性伦理规范和个体性伦理规范两种,后者以前者为指导。不论哪个层次的伦理规范,诚信都应成为规范的重要内容之一。在金融各行业行为规范的制定中,行业协会应发挥其应有的自律与指导作用。凡金融业发达的国家或地区,其经济的发展都离不开行业协会的规范协调与业务管理,如香港银行公会、美国银行公会、美国金融服务业协会、台湾证券投资顾问商业同业公会等行业组织,都对其所在国或地区金融的发展起到过良好的促进作用。2005 年 5 月 14 日中国信托业协会正式成立,标志着中国四大金融支柱行业全面建立了各自的行业协会。今后的关键是要真正发挥这些行业协会的规范指导作用。

　　3. 加强金融法律制度的伦理化建设

　　加强金融法律制度的伦理化建设,为的是进一步完善法律制度环境,为金融信用体系的建立提供有力的外部保障。伦理是法制的基础。金融法律政策和制度规范制定中应遵循和体现基本的伦理要求,具有

---

① [美]P. 普拉利著,洪成文等译:《商业伦理》,中信出版社 1999 年版,第 102 页。

道德合理性。如金融垄断行业法律制定中要体现弱者保护的要求,以避免霸王条款的大量存在,如信用征集与使用方面的法律制定中要体现客户隐私保护的要求,充分体现对消费者的尊重等。同样,法制执行过程也要体现起码的伦理要求,特别是公正诚信的要求。由于法制的订立与执行主体是执掌有关权利的人,因而,法制的伦理化首先对法制制定者与执行者提出了伦理人的要求。其次,公开是建立信任的关键。因此,无论法律制度的制定还是执行都应倡导公开原则,最大限度地接受公众的监督,从而使法律制度的建立更加完善,使公众对法律制度建立的动机及诚意没有怀疑,使法制更具权威性。实际上,金融法制的诚信伦理化建设不仅仅是金融信用体系建设的重要组成部分和有力的外在保障,更是金融法制建设的内在要求。

第 八 章

会计伦理的理论蕴涵

我国财经信用体系的伦理机制研究,目的就是要使财经工作者不仅成为经济活动的主体、也要成为道德主体,既用理性为自己立法,又用个人的意志品位服从职业法则。近些年来,在会计领域里,不少会计信息严重失真,假账盛行。会计信息失真成为了一个国际性的难题。人们越来越意识到会计发展必须加强伦理教育。使会计从业人员做到不能作弊、不敢作弊、不愿作弊。美国欧文(IRWIN)出版公司出版的《财务会计》和《基本会计原理》都把伦理问题放在非常突出的地位,都在序言中指出:伦理是最基本的会计原理。因此,将伦理作为会计的最高原则,加强会计伦理的研究十分重要。

一、会计与伦理

鉴于在人文社会科学领域内,学科的发展往往遵循两个向度,即分开与整合。分开也就是学科不断地细化、不断地深入的过程。这一过程使学科研究在不同时间和空间结构中延伸和发展。学科由此而分得越来越细,越来越精密。虽然这有利于把握理论本身的规律,但无疑只揭示了现象的一个方面而不是一个多维的立体结构。另一方面由于形而上的研究思路有可能使学科逐步远离事物的本质。因此人们越来越注意从普遍联系等辩证法的观点出发,关注相关学科的整合研究。在不断综合与整合过程中,交叉学科如雨后春笋一样出现了,跨学科研究越来越多地被重视。作为社会科学分支的会计学离不开伦理的人文支持,没有伦理内涵的会计学是不完善的。另一方面,如果伦理学离开了对会计现象的研究,同样也不完整。会计与伦理相互渗透、相互影响。

我们认为会计伦理的研究始于会计与伦理之间关系问题的探讨。将伦理观念融入会计学基础理论概念的思考,是有一定理论价值的,而且还会对现实财务实践产生一定的影响。

(一)会计概念的伦理透视

长期以来,我们已经习惯了会计理论界对会计定义、会计任务、会计立场的解释。如果我们从伦理学的角度再次审视这些专业问题。我们可以得出如下不同的观点:会计是伦理的会计;会计的任务是利己性与利他性的统一;会计立场可分成"雇佣型"、"尽职型"和"献身型"三种不同的道德层次。诸如此类的研究有助于会计伦理的建设,在此我们将分别进行阐述。

1. 会计定义的伦理内涵

会计的定义主要有如下几种:一是认为会计是管理经济的一个工具,即管理工具论。这个观点来自苏联。管理工具论认为会计是一种管理手段,是记账算账,为管理服务,本身不具有管理职能。二是认为会计是一个信息系统,即信息系统论。这个观点主要来自西方。信息系统论认为会计是一种旨在传达一个企业的重大财务和其他经济信息,以便其使用者作出判断和决策的经济信息系统。三是认为会计是一种管理活动,即管理活动论。会计是以货币作为主要计量尺度,采用专门方法,对经济活动进行连续、系统、全面的核算和监督,它是一个提供经济信息的信息系统,是加强经济核算、提高经济效益的一种管理活动,是经济管理的重要组成部分。四是马克思曾认为,会计是对过程的控制和观念总结。

综合不同观点,我们认为:各类不同的论述,即无论是何种定义都有一个共同点,都可以得出一个结论,会计是伦理的会计,它必然地内涵着伦理问题,不内涵伦理的会计无法理解,也不可能存在。

首先,所有的会计行为都是行为主体的价值取向的一种表达方式。不管人们自觉还是不自觉,会计总是通过有意识的对象性活动,将自身的才能、品质、意志和信念等对象化在对象物上。即使仅仅简单的核算也存在着代表着何人利益的问题;在核算过程中是否受到拜金主义、享乐主义的影响等。否则,会计的行为应该受到质疑。

其次,会计行为一定是人的群体行为,其行为方式和特性一定受制于人的素质和人际利益关系的协调原则和效益。这客观上也是评价会计行为过程和成就的重要内容和依据。

再次,作为物质的存在形式的财务成果(例如会计报表、会计信息分析等),它们也被人们精神化了。人们在对财务报表的分析过程中,不得不把自己的价值观念融会到分析过程中,并给出自己的事实判断和价值判断理由。这与商品的生产有着相同之处。商品生产者作为经济主体,他生产商品的过程可以说是人格化过程。商品作为物,同样体现了商品生产者的人格。①

最后,财务管理的目标和动力是利益和利益追求。而利益和利益追求只能在人际关系尤其是利益关系的协调中才能实现。而且利益实现的过程应该遵循合道德性的原则。由此可见,会计是伦理的会计,伦理是会计的内在的、必然的要求。

2. 会计任务的伦理意义

会计学中对会计的任务做了明确规定,其中明确了会计行为主体

---

① 参见王小锡:《经济的德性》,人民出版社 2002 年版,第 42 页。

活动的标准是什么和应该是什么,然而没有回答在"是什么"和"应该是什么"的背后的终极目的是什么,终极原因是什么,内在本质又是什么。从表面上看,规范的会计行为直接结果是真实反映分析经济活动情况,加强核算,提高经济效益,维护财经纪律,保护财产物资的安全完整等。而事实上,不管人们自觉还是不自觉,其财务结果必须符合人的有用性这一属性。也就是说满足人的需要这个最终目的。这一最终目的实现依赖于人有意识的对象性活动。人们通过财务活动获得更有利于自身发展的物质条件和精神空间。由此推理,会计行为的内在本质不仅是会计信息的提供和评价。会计信息的提供与评价是一种手段,通过这种手段获得会计信息需求者的意见和要求,再通过各种财务行为进行会计信息提供者与需求者的双向式互动和反馈,最后获得会计信息需求者的信任和满足。这是会计任务的利他性。同时,会计信息提供者也在互动中,自我满足自身利益的需求。由此,我们可以将会计任务的本质看成是利他性与利己性的统一。因而,会计学原理中的会计任务是手段,伦理价值的实现才是内在本质。

3. 会计立场的伦理意蕴

立场一般是指观察事物或处理问题时所处的地位和所持的态度。而会计立场是指会计人员在确认、计算、记录、披露会计信息等过程中的主张和处理态度。换句话说,会计在处理会计事项时应该代表谁的利益,客观上又会为谁服务,这个问题随着现代受托责任关系的发展而变化。因为,会计的存在离不开受托责任,受托责任的完成也离不开会计。从伦理的角度,会计立场可分为"雇佣型"、"尽职型"和"献身型"三种不同的道德层次。"雇佣型"指会计人员用雇佣观点来对待自己的会计工作,看待本职工作中的人与人之间的关系。他们一般将从事的会计工作看成谋生手段,只求得到理想的工作和报酬,道德上也就满足了。因而,时常缺乏对道德性问题的正面表达和直面交谈,或者躲避道德责任,或者默认不道德,或者放弃道德责任。是一种"道德缄默"的会计立场。"尽职型"指会计人员以做好分派给自己的会计工作作为最高的追求。他们缺乏远大的道德理想。当个人利益与国家、人民的整体利益一致时,他们会认真工作;一旦两者利益出现矛盾,就会动摇、退却。"献身型"指会计人员往往能从大局出发,能摆正并正确处理个人与集体的关系,能从他人和社会利益出发,提出会计道德的自我要求,整个身心全面投入会计工作,使自己的会计行为符合道德规范要求。

需要是人类一切行为活动的基本动因。人们总是为了满足自己的各种具体需要而进行着各种活动。人的需要可分为物质需要和精神需要两类。精神需要包含了人对道德的需要。人对道德的需要在古代思想家们就有了清醒的认识,并把道德作为人类区别于动物的重要标志之一。亚里士多德说:"人类不同于其他动物的特性就在于他对善恶和是否合乎正义以及其他类似观念的辨认。"[1]在中国从先秦时期的孟子到明清之际的王夫之,也都强调"德之不好","人之所以异于禽兽几希"。[2] 人的道德需要既是人的多层次的需要中一种高级的需要之一,也是人作为一种社会动物的精神规定,又是人行为的规定。因为任何一个成熟的人都通过其行为目的把自身体现于行为之中,但同时人的行为又必然同他人发生各种各样的联系,这就是说,人在自己的行为中又把他作为一个社会成员的存在体现于其中。可见,人作为社会产物,作为由一定需要而推动起来从事一定社会实践的人,他必须把道德的需要纳入他的内在规定之中。[3] 由此推理,会计也必须把道德作为自身行为的约束,才能成为真正意义上的人。那么,会计所从事的职业活动也必定包含了对伦理道德的需要。

(二)会计活动的伦理需求

会计人员的职业活动是集体性的活动,是一种在人伦关系下的财

---

① 亚里士多德:《政治学》,商务印书馆 1965 年版,第 8 页。
② 《孟子·告子上》。
③ 唐凯麟:《试论道德价值的生成》,《伦理学研究》2004 年第 5 期。

务活动,因而需要伦理道德的支撑。同时,在现实生活中,这种集体性、社会性的活动客观上又包含了各种真与假、理与情、利与义的内在矛盾冲突,需要伦理道德进行调节。另外,目前会计人员的职业活动是在市场经济环境下的财务活动,市场机制利益至上的物性特征影响着财务活动,人们呼唤以人为本的理财观。

1. 会计职业活动需要伦理团队的协作

财务活动的集体性特点决定了财务工作者必须具备良好的协作道德。财务活动的集体性表现在,会计人员的分工。无论是大单位还是小单位,会计活动都不可能由一个人独立完成,需要相互之间的密切配合。这种配合不仅涉及财务部门内部,而且还需要其他相关部门的协作。会计人员的分工也是保证会计人员之间相互有效的监督。例如,出纳与会计不能由一人担任。但是,监督也是在协作基础上的监督。同时,会计队伍中的个体差异使协作道德显得尤为必要。作为财务集体,一般是由不同年龄、不同个性、不同专业、不同阅历和工作经验以及不同思想觉悟的会计组成的。这种个体差异,虽然并不必然导致相互的矛盾和冲突,却自然地内含着产生矛盾的因素。面对这种状况,会计之间在理解、沟通基础上的良好协作显得尤为必要。

在 20 世纪中期的美国,当会计学正在寻求职业定位时,注册会计教育和经验标准委员会通过报告的形式指出了会计的七项职业特征。其中第六、第七条阐述会计必须承担这一关涉公众利益的职业内在的社会责任。会计是一个致力于提升团体责任的组织。由此可见,会计职业活动与责任紧密相关。会计活动的责任存在于人与人之间的委托—代理关系之中。

2. 会计活动中的矛盾冲突需要伦理道德调节

在现实的会计活动中,各种各样的矛盾冲突需要伦理道德来调节人们的行为。一般来说,矛盾冲突是由矛盾的普遍性、环境的复杂性、人的差异性等造成的。会计活动的冲突概括起来有真与假的冲突、理与情的冲突、利与义的冲突。

真与假的冲突。主要反映在会计信息严重失真这一问题上。2001年12月25日国家审计署公布了对16家具有上市公司年度会计报表审计资格的会计师事务所实施质量检查的结果,在被抽查的32份审计报告中,有14家会计师事务所出具了23份严重失实的审计报告,涉及41名注册会计师,造假金额达70多亿元人民币。[①]

理与情的冲突。主要表现在,权力在手,搞亲疏关系。例如,有些单位财务人员的选拔中,任人唯亲是一个非常普遍的现象;财务工作的展开与裙带关系密不可分;对违德、违纪、违法问题的处理更会因为亲疏关系的不同,而进行不同的主观裁定。这是由于我国特有的乡土人情的负面作用造成的。乡土人情很容易使人丧失应有的理性,言行失去必要的法纪约束。

利与利的冲突。会计活动的所有冲突说到底都是利与义的冲突。利益问题一直是人类社会生活中的一个焦点问题。人类的全部社会活动,都莫不与利益和对利益的追逐有关。人们之间的全部社会关系,也都莫不是建立在利益关系基础之上的。[②] 财务活动是人类社会活动的一部分。利益问题不可避免。人们为了自身的利益,才会在财务活动过程中任人唯亲、搞裙带关系、违法违纪、弄虚作假,并引发利益冲突。真与假、理与情的矛盾都是围绕着利益而展开。面对这些利益冲突,会计活动离不开伦理道德进行调节。

3. 会计活动的物性特质需要伦理道德把关

会计活动的物性特质需要伦理道德把关,因为市场机制特点规定了会计行为需要以人为本的伦理精神。市场机制的特点决定了经济利益在经济活动中的至上性质,因此,会计行为作为经济活动的组成部分也不得不围绕经济利益,离不开物质利益的驱使和左右。随着这种以利益为本思潮的四处蔓延,人们在物欲横流的惊涛骇浪里往往会找不

---

① 杨雄胜:《会计诚信问题的理性思考》,《会计研究》2002年第3期。
② 张玉堂:《利益论》,武汉大学出版社2001年版,第1页。

到精神支柱,失去了方向和自我平衡,或在金钱的涡流中沉沦升浮,或在贫困的泥塘里嫉恨抱怨,甚至丢失了精神家园和作为会计人的职责。正如马克思所指出的那样:"它把宗教虔诚、骑士热忱、小市民伤感这些情感的神圣发作,淹没在利己主义打算的冰水之中。"①人们发现会计在"囚徒困境"中越陷越深。因而,在会计职业领域需要呼唤以人为本的伦理精神,倡导会计活动中的人文意识,淡化会计活动的物性特质,从而缩小物性文化与人性文化之间的差距。应该说会计活动的物性特质是不可避免的,但它可以被融入到现实的人文情境之中,让物性的文化以提升人性的道德特征来表现。同时在基于制度和法律的安排上,以良好的激励机制和道德意识遏制财务唯利主义思潮,阻止物性文化特质过分膨胀。②

考察会计活动的历史和现实,不难发现,共生共荣的和谐原则、诚信原则和独立性原则是人类会计活动不可或缺的道德基石。

(三)会计活动的伦理基石

由于会计活动的伦理特性还不是一个专门的范畴,为了便于讨论,我们把它初步界定为会计活动所具有的基本道义精神以及会计活动所遵循的基本道德前提。也就是说,会计活动的伦理特性实质上是从伦理角度对会计活动本性进行了分析、把握和规定,是对会计活动进行伦理界定。这一界定的基本前提是:第一,人类社会的任何领域都有伦理道德在起作用,会计领域也是如此;第二,会计活动有多种多样的属性和前提,其中伦理属性和道德前提是重要的方面。从这两个基本前提出发,要确立会计活动的伦理特性这一范畴,关键之处在于科学地回答如下两个问题:一是人类社会不同领域的伦理要求有无异同?二是不同历史时空中的会计活动有无共同的伦理基础?只有肯定地回答这两

---

① 《马克思恩格斯选集》第 1 卷,人民出版社 1995 年版,第 275 页。
② 罗明星:《经济伦理的价值蕴涵》,《道德与文明》2001 年第 2 期。

个问题,会计活动的伦理特性范畴才能真正确立。

　　1. 会计活动的伦理共性

　　从人类社会不同领域的伦理要求有无异同分析,这第一个问题的实质在于如何看待人类社会伦理要求的统一性和具体化、个性化之间的矛盾。应该说,在每一个社会里,都存在着一些对每个社会领域都适用的共同伦理要求。比如,古代社会强调的君权神权和等级秩序,现代社会强调的个人权利和人道精神,都是适用于各个领域的共同伦理准则。同时,人类社会的每个领域,又都有各自相对独立的伦理要求,也就是说,在符合人类社会共同伦理准则的基本前提下,每个社会生活领域的具体伦理要求是各具特色、富有个性的。特定领域的具体伦理要求,体现着特定行业的特色,在其他领域并不一定适用。比如,经济领域的商品交换活动要遵守三条重要伦理原则:等价交换、讲求信义和诚实无欺。[①] 这些在商品交换活动中必须遵守的规则,在其他活动中就不一定适用。师生关系就不能讲等价交换,而在军事上对敌人是不可能诚实的。这种个性化的行业性伦理要求或规范是某领域(行业)区别于其他领域(行业)的重要标志,也是某领域能成为社会生活专门领域的前提,它的存在具有必然性。20 世纪 60 年代以后,各种应用伦理学如雨后春笋般兴起,现代社会各个专门领域的伦理规范不断出台,这更有力地证实了个性化的行业伦理的存在。

　　综合起来看,在一定社会条件下,不同社会领域既遵循一些人类社会最基本的共同伦理规范,又有着体现本行业特色的行业伦理准则。这是讨论会计活动的伦理特性问题的一个大前提。既然不同社会领域都具有一些特定的伦理标准,那么,作为特殊社会活动的会计领域也必然存在着自己的伦理标准和道德前提。这样,会计活动的伦理特性问题就是一个真实问题,讨论这一问题在逻辑上具有合理性。

---

　　① 参见王小锡:《经济伦理与企业发展》,南京师范大学出版社 1998 年版,第 66—71 页。

从不同历史时空中的会计活动有无共同的伦理基础分析,这第二个问题涉及在历史发展的层次上如何看待会计活动的伦理特性,以及是否可能认识会计活动的伦理特性等问题。其实质是如何把握会计活动的伦理特性的永恒性与历史性之间的矛盾关系。伦理道德具有发展性和社会历史性,这是马克思主义的一个基本观点。恩格斯在《反杜林论》中指出:"善恶观念从一个民族到另一个民族、从一个时代到另一个时代变更得这样厉害,以致它们常常是互相直接矛盾的。"①这就是说,善恶观念是不断变化的,而社会历史条件是造成这种变化的主要原因。会计善恶观念和标准也是如此。对同一会计现象,不同时代、不同地域、不同种族和国家的人对会计现象是非观念常常是不尽相同的。那么,会计活动还存在什么共同的伦理前提和道义精神吗? 这的确是一个非常关键的质疑。对此,我们的回答是肯定的。虽然不同时代、不同阶级、不同国家的人们所持有的具体会计伦理观念和价值前提是千差万别的,但这些差异并不排斥一些共同的东西存在。在人类文明发展过程中,人们形成了一些关于会计活动的共同认识:会计活动要立信、合法、节俭、敬业等。这些共同认识的存在,是不可否认的历史事实。人们对会计的这些共同认识,在很大程度上表达了他们对会计活动的基本伦理预设,说明会计活动的伦理基础在某种意义上具有永恒性和共同性。

会计活动的伦理基础的共同性和永恒性,源于会计活动的基本规定性。会计职业作为和人类共始终的事业,它面对着会计共同体内部和外部的相关问题,这是会计活动的基本问题,会计必须尽力解决这些问题。会计活动的基本价值在于这种基本价值是会计之所以成为会计的根本,也是会计活动伦理预设的出发点。不同时代、不同阶级、不同地域的会计活动的伦理特性尽管有各种不同的内容和形式,但它们总要以自己的形式体现会计活动的基本伦理规定性,总要面对共同的基

① 《马克思恩格斯选集》第 3 卷,人民出版社 1995 年版,第 433—434 页。

本问题来提出伦理要求,从而也就必然具有一些共同的东西。会计活动的伦理特性正是基于会计活动的基本问题而形成的伦理规约,是开展会计活动的基本道义前提。不能以会计活动的伦理观念与标准具有变化性为借口而否认会计活动世界共同伦理规约的存在。同时,也不能机械地看待会计活动的伦理本性,即把它视为抽象的、不变的绝对理念。

会计活动的伦理规约从本质上说是历史性与永恒性的辩证统一。会计活动的伦理特性的永恒性和共同性,并不是会计活动伦理规约的具体内容亘古不变,而恰恰表现为各种各样包括对立、分歧的和富有个性的伦理要求的多样存在,表现为伦理要求的变化与发展。变化、对立、分歧中存在着共同性,共同性包含和表现为变化、对立和分歧,这就是对会计活动的伦理特性的辩证理解。也就是说,会计活动的伦理特性并不是形而上学的超时空的绝对观念,而是体现着同一性与斗争性的辩证联系的伦理精神。讨论会计活动的伦理特性问题,必须以对会计活动的伦理特性的历史唯物主义的辩证理解为前提。离开了这一方法论基础,要么就会感到会计活动的伦理特性无法把握,要么就会陷入与历史事实相悖的绝对主义。

讨论会计活动的伦理共性问题,主要是要把握会计这一行业独特的伦理前提和道义假设,这需要坚持历史唯物主义的辩证法,努力从会计活动发展变化的多样性、丰富性中提炼出共同性的会计活动的伦理规约,并对共同的会计活动的伦理规约加以历史的、发展的阐释。① 会计活动究竟有哪些基本的伦理前提? 这是一个需要大家共同讨论的问题。对此,尚难给出一个系统全面的答案。从现有认识来看,笔者以为,人类的会计活动至少存在如下两个方面的伦理特质,会计活动内部运行的职业伦理规范和会计外部交往活动的伦理原则。前者是从会计共同体的内部进行伦理探析,而后者是从会计共同体外部即会计与各

---

① 王本陆:《论教育的伦理特性》,《教育研究》2003 年第 1 期。

种关系人之间的交往活动过程中,研究会计活动的伦理特征。会计活动的伦理特性应该内外和谐统一。它们在相当大的层面上为会计活动的存在与发展规定了基本价值方向,为会计活动系统提供了独特的道德基石。

2. 会计活动的伦理原则

从社会发生学的角度说,会计活动是一种会计信息共享活动。会计信息共享是和会计信息私有和独占相对立的范畴,它强调的是把会计信息成果传递和传播给所有与会计信息相关的关系人。显然,各关系人的要求是会计活动的重要动因之一。各关系人的要求又是多样的。既有合理的一面,同时又存在不合道德性极端利己的一面。会计活动如何满足各关系人的需要应当进行合道德性的追问。因而,会计对各关系人需求在伦理上的合理性和正当性的认识是寻求各种会计活动的伦理理念和原则的依据之一。会计活动伦理特性的研究是基于会计信息如何适应使用者合理需求为前提,探究会计信息所谓的"应然"状态的研究。再由此推导出作为会计体系基础的具有评判和指导会计计量和信息传递等会计行为功能的会计内部运行职业道德规范。笔者认为从外部会计交往活动的视角探析会计活动的伦理特性有其逻辑的合理性。会计活动的伦理特性包含如下三个原则:和谐原则、诚信原则、独立性原则。

(1)和谐原则。会计交往活动原则是多样的。其中各个关系人之间共生共荣的和谐原则是最为重要的。首先,从社会学角度分析,会计的存在不是孤独性的存在,是与各关系人相互联系、相互依存为纽带的社会性存在。会计的活动也不是个体孤立的行为,而是一种与关系人相联系的社会群体行为。这种社会性客观规定了各关系人必须是理性人和社会人的特征,相互之间要共生共荣,而不是彻底排他。会计与股东、债权人、经营者、审计人员、各级财务管理者等各关系人构成了一张以会计信息为媒介的关系网。各关系人和会计是这张网的各个结点,会计信息是各个结点之间的连接。如果其中的某个连接或者某个结点断裂,这张关系网就会破损,并引发关系人相互之间利益的冲突。这种利益冲突不仅影响着会计行为道德价值目标的实现,也影响着财务资源的调整与重组。甚至会迫使财务行为主体从各自的私利出发,放弃道德规范的要求,盲目追求利益最大化,使会计共同体面临分崩离析、祸起萧墙的局面。其次,在社会主义社会中,人与人的根本利益的一致性和各自利益的独立性、不可侵犯性的利益关系的结合点是共生共荣和谐的道德原则。社会主义经济关系的本质是社会主义公有制。这就决定了人与人的利益具有根本一致性和共同性,绝不允许任何人为个人私利而伤害他人利益。但这绝不是对不同利益主体各自合法利益的彻底否定,而是规定了处理各自利益冲突的原则,即共生共荣的和谐原则。在会计领域,各关系人必然代表着各自的利益,并要求扩大和维护自己的利益,其道德前提是对其他关系人合法利益的尊重。另外,在现实会计工作中,各关系人网的某个连接或某个结点的破裂往往是由于某些关系人的利己而非利他的思想要求造成的,是基于对关系人共生共存的和谐原则破坏的基础上而形成的。例如,经营者为履行股东受托者的责任要编制和提供以一定会计制度为标准的财务报告,接受股东大会就经营决策、经营才能等进行的评估。因此希望会计处理要能够有较大伸缩余地,而不在乎是否真实反映企业活动实际状况,他们一般要求当经营业绩恶化时可以通过“缓和性”会计操作,表现出比实际要好一些的状况,来说明自己并未渎职。而当经营业绩很好却存在遭受非议的担忧时,则要求能有某种可以恰当揭示业绩的“通融型”会计理论和操作。显然这与股东的利益要求相背离,是利己而非利他的行为。因为投资股东期望企业能够保持长期稳定的获利能力,要求企业公平地计量和报告经营业绩和财务状况,视那种有可能通过少报或多报利润使财务报告脱离经营实际情况的会计理论和行为是不道德的。① 同时经营者的利己而非利他的要求与会计的职业操守根本相违

---

① 林浩:《会计学的伦理问题》,《云南财贸学院学报》1996 年第 5 期。

背。正如亚当·斯密认为,人都是受利己心驱使的"经济人"。由于每个人都是利己主义者,都有利己的动机,因而他必须考虑到其他利己主义者的利益,才能达到自己的目的,才能满足自己的利益。诸如此类利己而非利他的行为是暂时的、忽然的现象,不可能存在必然性和永恒性。因而,最终会导致关系网的破裂和自身利益受损。最后,各关系人共生共荣的和谐原则是对孔子财务伦理思想的继承和发展。根据《孟子·万章》记载:"孔子尝为委吏矣,曰:'会计当而已矣。'"①孔子根据亲身的经验体会,提出了财务伦理原则——"当"。"当"的伦理内涵深刻而丰富。其中"当"的思想包含着关系人之间的和谐。孔子主张用适度的方法处理当时社会中钱粮保管、会计和主管会计等所有相关关系人之间的人伦关系,并达到关系人共生共荣和谐与和睦的状态。

(2)诚信原则。会计交往活动中各关系人共生共荣的和谐原则如何才能成为可能?这就是诚信。只有关系人之间以诚相待、互不欺诈,己所不欲、勿施于人,才能形成良好的人际关系,相互之间最终达到共生共荣的和谐与和睦的状态。此外,诚信不仅是会计交往活动中的伦理原则,同时也是会计共同体内部会计行为的伦理规范,它起着内外连接的枢纽作用。例如,中国现代会计之父潘序伦先生曾说过,立信乃会计之本,会计无信不立。诚信是会计立人之道、核算之本。首先,会计诚信指的是一种会计交往方式,以及在这种方式下所形成的会计交往关系。具体而言,它是建立在"契约"基础之上,以承诺合理期待为核心的一种交互主体性的利益交换方式和交换关系,它具有以下特征:

一方面它是一种契约关系。在契约过程中,交往各方基于对会计信息的拥有,以平等的身份,通过在商谈的基础上的承诺及其合理预期,相互交换权利—义务。这种承诺中的权利—义务的交换,既是平等的,又是自愿的,而且各承诺主体在作出自己的承诺时是真诚的,即从内心深处、动机目的而言是愿意尽全力履行自己的承诺的,对方根据这

① 林茂臣:《亦谈诚信与会计》,《会计之友》2003年第1期。

种承诺能够作出合理的预期。在这个意义上,会计诚信关系又是一种信任关系,隐藏其背后的则是一种社会伦理关系。

另一方面它具有利益的预期性。会计诚信体现的利益是预期的,即在未来某一时刻兑现的利益。预期性就暗含着风险性。为了避免风险,产生关系的各方都希望对方是诚实的、守信的,利益到期能够兑现。

再一方面它具有自觉兑现。自觉兑现承诺是会计诚信主题中应有之义,因此,会计诚信的一个特征就是承诺的自觉兑现。但在市场经济活动中,利益是决定行为的原动力,当毁约的收益大于毁约人的交易成本时,一些不诚实的人就可能要毁约。毁约不仅会给交易对方造成损失,也会造成交易秩序混乱,从而影响会计活动正常发展,造成大量的呆账等。因而,自觉兑现是会计诚信关系的保障要求。另外,会计的诚信也是一种时代精神,也应该是会计的自觉价值追求。由于会计活动自身的自发性,由于会计活动都是人的活动,会计行为必须以诚信为指导,并借以获得合理的价值运行导向。

(3)独立性原则。会计的诚信何以成为可能,其诚信的保障是会计的独立性原则。如果会计的存在形式不独立、会计人格不独立,会计的诚信只能是唯上性的虚假,会计合法的权利只能被践踏,关系人之间的利益冲突将无法避免,共生共荣的和谐将被彻底打破。独立性原则是会计共同体内部最基本的伦理原则。在会计理论和现实工作中,我们常把独立性原则作为注册会计师的职业道德原则。注册会计师是会计中的精英。因而,独立性原则自然而然地成为了一种精英道德,或是高层次的道德要求。在广大普通会计人员的职业道德建设中,我们忽视了将独立性原则作为最基本的职业道德规范或较低层次的道德要求。这无疑会直接影响到现行会计机制改革。无论是会计回归制还是会计委派制,不同会计制度体系中的基本伦理要求都应当含有会计的独立性原则。如果会计没有独立性,会计的合法权利问题只能是水中捞月。正如黑格尔所指出的那样,奴隶没有人身自由,所以奴隶只有义务而无权利。会计合法权利的前提就是独立性原则。正因为缺乏对普通会计独立性的研究,在我国现有的道德国情下,会计行为的道德失范是不可避免的。首先,会计一旦掌握了理财权,就很容易失去自主性和独立性,就会被权力的网络体系推着走。因为他属于个人利益的谋求者,他只有在这个权力集团中才能保证自己的个人利益得到实现。所以,只要他希望个人的利益能够得到保障,或者不受损失的话,他就需要听从这个权力体系的安排,努力与这个权力体系保持一致,做这个权力体系的一个被动的从属性的因子。因而,其应当承担的核心道德责任主要就是对直接领导负责。从某种层度上讲,会计的独立性丧失了,会计变成了唯上性的存在。其次,现行的会计人员管理体制所存在的弊端使会计独立性难以成为可能。在多数情况下,会计人员身份具有多重性:例如,代表国家反映经济活动的运作,监督所有者和经营者合法经营;代表所有者和债权人维护资产的完整性和真实性;代表经营者加强经济核算,维护法人利益,督促员工爱护生产资料、节约物料消耗;代表员工保护员工合法权益,监督所有者、经营者按劳付酬,并保障员工的福利待遇。会计人员在同一事务中履行多种不同责任,同时担任经济活动主体与客体,这实际上将会计人员置于左右为难的两难境地。试问在这种制度下,会计到底应该代表谁?会计的意志自由空间到底有多大?最后,各关系人对会计的各种各样的要求使会计容易丧失道德行为选择的自由权,并最终失去独立性。人的存在是一种设定性的存在,那么会计的存在自然也是一种设定性的存在。会计的存在是被社会关系结构规定了的存在,也就是按照社会各种角色要求的存在。多种角色的要求构成了人与人责任和义务的根据。会计处于多种关系设定中,是由社会关系多样性决定的,并对会计的行为选择自然构成了限制。会计行为选择和种种限制很大程度仍反映在各关系人的利益要求中。而希望会计同时满足所有关系人不尽相同的要求是不现实的。因而,合理的和正当的会计行为空间到底有多大?会计道德行为选择的自由权能有多少?这取决于会计的独立性程度的高低。

总之,尽管沧海桑田、世事变幻,会计活动面临着种种冲击和各种变革,但是,共生共荣的和谐原则、诚信原则、独立性原则是会计活动最基本的伦理特性,是会计之为会计的道德标尺。会计活动离不开伦理道德的支撑,如果会计活动的伦理前提丧失,会计职业也将随之消亡。既然如此,进行会计伦理与伦理会计的研究就自然具有了合理性。

二、会计伦理与伦理会计

会计伦理与伦理会计并非是简单的文字顺序不同。两者是对立统一的关系,它们既有差异性又有共同性。

(一)会计伦理与伦理会计的差异性

从字面上看,会计伦理就是会计领域的伦理或会计活动、财务运行过程的伦理理念、伦理关系、伦理规范、伦理价值;而伦理会计则可以理解为是以某种社会伦理准则来指导、规范评价财务(包括财务活动、财务行为、财务运行过程、财务理论)。

1. 研究内容侧重点不同

会计伦理是属于财经伦理的组成部分,也属于应用伦理学的范畴。其性质是由它所研究的对象决定的。会计伦理研究的对象是会计领域中的伦理道德问题。因为,会计伦理是会计学和伦理学相互发展融合的交叉学科,它既是伦理学在会计学中地位的发展和深层挖掘,也是会计学在伦理学中的正确定位与重新审视,二者具有内在的统一性。所以,会计伦理既有财务事实为背景,又有伦理上的价值为导向,具有会计学和伦理学的双重特质。

会计伦理作为发展的伦理观,则表现为对会计规律与会计事实的尊重。会计伦理有两个基本含义:一是着重分析财务活动中具有的伦理价值,即从伦理角度重新审视会计学。其出发点是会计学,而落脚点则是伦理。二是在对伦理现象的分析研究过程中,运用会计学的思维方法。会计伦理的着眼点不只是财务问题,还有伦理问题,因为财务中隐含而又凸显出人的价值和伦理关系问题。会计伦理对会计学的关注是为了对人的关注,为了人的全面发展,为了人全面地占有自己的本质。

伦理会计属于会计学的一部分,是发展会计学的一个分支。作为发展的会计观,它表现为对价值赋予的吸纳与认同。伦理会计则主要从伦理角度对财务活动进行价值规范,它包含大量价值判断和隐含会计价值的事实判断。它主要是指伦理价值规范在财务活动中的运用,或运用伦理道德方法介入对财务现象(如财务报表)的分析研究,其出发点是伦理,而落脚点则是会计学。伦理的有关内容将充分"溶解"到会计学的理论和实践中。例如,对会计原理中的会计一般性原则的论述将更加伦理化,包含更多的价值规范。我们需进一步深入分析会计一般性原则之间的内在逻辑关系,运用辩证法、历史唯物主义的观点从更深层面完善现有的会计一般性原则。我们认为伦理会计在今后的研究中应着重探讨知识经济条件下,无形资产中的道德资本运行的规律问题。我们需要在现有的研究成果上,根据道德资本不同层次的分类,进一步深入探讨有关责任会计、商誉会计、信用会计、价值会计等问题。

把对道德资本的核算作为伦理会计研究重点具有一定的超前意识,不但并非一种空想,而且非常必要。按照有关国际标准,当前我国的企业大多数是转型期的中小型企业。在企业的经营决策方面缺乏对道德资本运作的关注。大多数企业尚未建立企业伦理委员会。随着企业自身的发展和市场经济的完善,企业会越来越重视道德资本的研究和伦理道德的研究。同时,企业发展的研究是理论联系实际的研究,所以必定会关注道德资本的量化分析和探讨。因而,伦理会计的研究价值就会越来越突出。但是,这里有一个问题需要引起我们的注意:对道德资本的核算只应局限在经济领域,并不适用于人们其他非经济的生活领域。

2. 研究方式不同

两者的差异最集中地体现在理论研究展开的方式上。会计伦理着重从质的层面展开学理透视,运用伦理学、哲学的原理和方法对财务现象进行抽象,为会计实证研究提供具有普遍指导价值的理论依据。例如,在会计信息失真问题的研究方面,目前,我们会计学界往往是从会计活动的主体,也就是从人的角度,对会计信息虚假进行全方位的分析,而没有从会计活动的客体,即经济活动状况的表达方式"数"的角度,对这一问题进行分析。因而,我们可以运用黑格尔《小逻辑》的有关观点对会计信息失真这一问题进行更深层次的剖析,为当前会计信息造假原因的分析提供理论参考。

伦理会计更多的是从量的层面展开操作性、实践应用研究,将会计伦理、经济伦理中定性研究的部分有关问题进行定量分析,并在现实会计实务中实现核算与财务分析。进一步完善当前会计学在无形资产核算方面中的道德资本研究。例如,在企业信用问题的研究方面,某企业由于制造伪劣商品,自己毁了自己百年的信誉。往年平均销售收入与本年度的巨额亏损额的总和,应当体现了企业的当期的信用变化状况。并可以根据此数额,初步评估当期的企业信用的现金价值。我们需说明,对道德资本核算的难点有两个:一是对道德资本不同层次构成要素的合理界定和其发生时的会计确认;二是确认以后的会计计量方法的选择。可以直接计算的就直接核算,难以精确计量的发生额必须在会计报表中以描述的方式加以体现。

然而从本质层次上看问题,会计伦理与伦理会计具有共同性。因为二者都涉及会计与伦理的关系,均是会计与伦理这两种社会因素相互作用的结果。两者存在统一性。

(二)会计伦理与伦理会计的共同性

会计伦理与伦理会计的共同性表现在:它们都是会计学和伦理学的交叉;都是为维护财务活动的秩序;都是财务与伦理交互作用的结果。

1. 会计学和伦理学的交叉

从研究角度来看,两者都属会计学和伦理学的交叉。无论是从伦理角度来研究会计问题,还是从会计的角度来研究伦理问题,尽管有着不相同的侧重点,但所论及的范围都是在会计学和伦理学相交叉的地方。我中有你,你中有我,彼此相互依存、相互借鉴、相互补充。

另一方面,任何财务行为都不可避免地关系到是否"应该"的问题。这是否"应该"的问题,包含了会计行为的伦理道德要求。因而,会计行为是否合符道德要求,就应成为研究会计行为的一个方面。由此推理,对会计行为进行研究的会计理论自然也不能忽视伦理道德问题。会计学与伦理学自然而然地交织在一起。

最后,会计伦理是一门职业伦理,会计学的方法应成为会计伦理研究的特色。这是由应用伦理的特点所决定的。边缘学科的研究似乎总是不可避免地要求研究者"脚踩两只船"。叶陈刚教授将经济学中的"成本—效益法(CB)"作为会计伦理的研究方法就很有价值。

2. 维护财务活动的秩序

从研究的宗旨和目的来看,两者共同为了维护财务生活的秩序。会计伦理旨在解决财务生活中出现的伦理问题,分析伦理问题出现的原因、提出有效的解决方法、透视其本质等问题,以维护财务生活的秩序;伦理会计则旨在用社会伦理准则来指导和评价财务活动,使伦理准则在实践环节中得以运用和检验,保证社会财务的正常运行。正因为会计伦理与伦理会计有着相同的目标,彼此才可能互相借鉴。两者有异曲同工之效。

财务活动秩序的维护一是要靠法治,二是要靠德治。德治就要充分发挥伦理道德的作用。会计伦理与伦理会计都包含了伦理道德的因素,因而都具备了维护财务活动秩序的功能。

最后,从理论与实践的关系上来看,我们可以用反证法来证明两者都可以维护财务活动秩序。假设伦理会计和会计伦理都不具备维护财务活动秩序的功能,这样就会造成理论无法指导实践的情况,理论与实践相脱节。这样理论自身就无法存在。而这与当今会计伦理和伦理会计的研究都成为了人们关注的问题这一事实相违背。因而,两者都有维护财务活动秩序的功能。

3. 财务与伦理交互作用

从研究方法看,都是财务与伦理交互作用的结果。无论试图解决财务生活中的伦理问题,还是试图用伦理准则来指导和规范财务行为,都必定要关注现实的财务生活和社会道德现状,并从中引申出财务与伦理交互作用的规律性。任何脱离现实和社会道德状况的研究,必定不可能获得正确的结论。①

无论是会计伦理还是伦理会计都需要人们从普遍联系等辩证法的观点出发,关注会计学与伦理学的合理整合。在不断综合与整合过程中,交叉学科的建设才能兴旺,跨学科研究才成为可能。会计学离不开伦理的人文支持,没有伦理内涵的会计学是不完善的。另一方面,如果伦理学离开了对会计现象的研究,同样也不完整。总之,两者应当以一种包容的态度对待各自的方法,并以多角度、多方法融合的立场去进行学术研究。

三、会计伦理的研究现状与发展

理清会计伦理与伦理会计之间的关系后,进行会计伦理研究时,就需要了解会计伦理的研究现状及发展趋势等问题。

(一)会计伦理的研究现状

东西方对会计职业道德的研究都有着悠久的历史,但由于各自的财务制度和道德建设的状况不同,对会计伦理的研究各有各的特色。

1. 西方会计伦理的研究现状

国外翻译过来的有限的成果有许多启迪意义,其中研究方法和思路很有参考价值。西方对会计伦理的研究,主要集中在以下四个方面:

---

① 窦炎国:《经济伦理与伦理经济》,《道德与文明》2001 年第 4 期。

会计政策选择方面的伦理问题研究、会计伦理推理研究、有关案例的伦理问题研究和会计行为的伦理控制研究（Michael Hoffman and Judith Brown Kamm,1990）。阿米·马威尔（Amin Marwain,2002）指出只有将伦理与实证会计两者相结合才能解释会计政策选择。马查特和诺彻斯（Marchant and Rochess,2002）研究了人们在了解盈余管理行为的动机与种类后对之进行了不同的伦理推理。诺瑟夫·斯查特（Joseph Schachter,2002）总结了一些会计学家对会计伦理问题的研究,这些问题包括会计的社会责任、财务报告中伦理问题的认识、盈余管理中的伦理问题及会计师和审计师的伦理态度等。罗纳德·杜斯卡（Ronald F. Duska,2005）所著的《会计伦理学》是一部出色的专著。

2. 中国会计伦理的研究现状

我国对会计伦理的研究,主要集中在研究者对会计伦理有关专题的探讨和会计的职业道德问题的研究上。部分高校开设了经济伦理与会计职业道德教育等相关课程。于玉林（2001）在《新世纪会计学发展的趋势》一文中谈到,会计学在向边缘化发展,会计学将其他科学的理论与方法移入会计学,从而形成会计哲学、会计逻辑学、会计行为学、会计心理学与会计伦理学等边缘学科。他在《现代会计哲学》一书中对会计认识论、会计发展论、会计哲学与方法做了深入的研究。王开田（2002）在《会计规范理论结构》中将会计伦理规范等同于会计道德规范,并对会计伦理规范的基本范畴、本质、性质、价值及特征等进行了探索,使我们对会计伦理规范有了一个初步的认识。但他将会计伦理等同于会计职业道德。张文贤（1999）则开创性地提出,应将伦理作为会计的最高原则。林浩（2001）在《会计的伦理意义——会计职业道德以外的伦理问题》一文中指出,会计伦理实践意义的根本在于要对会计体系作出伦理方面合理性与正当性的推理,会计伦理要发挥作用须解决的是:不仅要对会计个体提出道德要求,而且要考虑实现这些要求的可能性和途径问题,但他在文中没有继续探讨下去。毛伯林（2000）虽然没有明确提到会计伦理,但他在我国会计界率先提出了会计行为、会计管理行为和会计文化等问题,并进行了系统的论述。吴水澎、陈汉文、谢德仁(2001)对会计行为的基本概念与会计行为规范进行了探讨,对我国的会计行为现状提出了对策。李心合(2002)对会计制度的信誉基础做了探讨,他认为会计信誉危机既是会计的问题,但更主要的是企业信誉问题和社会信任问题,因此只有深入到会计系统以外的社会转型和文化制度变迁之中,才能寻求全面、合理的解释。另外,李心合(2001)还分析了儒家伦理与现代企业理财之间的关联。劳秦汉(2002)通过对会计道德诸问题的理性思考,对会计道德形成的前提、内容构成、配套建设等问题进行重新认识,以促进会计道德规范体系的构建。杨雄胜(1996)在传统以物为本的理财观基础上,提出了以人为本的理财观。在关于会计本质这一会计学基本问题的研究上,杨时展、葛家澍、杨雄胜、伍中信、陈汉文都进行了独到的分析,虽然没有直接提到会计伦理,但为我们从伦理视角透视会计本质问题提供了重要的资料。叶陈刚(2002)在所出版的《会计道德研究》一书中提出了很多独到的观点,并在2005年8月出版的《会计伦理概论》一书中提出了会计伦理学的定义。郭道扬在会计史学研究中虽然没有直接写会计伦理思想的内容,但在会计制度史的描述中,体现了部分会计伦理道德思想的有关内容。胡寄窗和谈敏(1989)在中国财政思想史的研究中,也提到了很多中国古代会计伦理的思想观点。他们的许多真知灼见对于我们进行会计伦理的研究很有启迪意义。

另外,随着市场经济的不断发展,目前学界更加关注会计伦理学学科的建设。学界对会计伦理学的定义主要有以下几种:第一,会计伦理学即研究会计道德的学科。从会计职业道德理论、会计职业道德规范和会计职业道德实践三部分展开研究。这是会计界主流观点。王开田曾提出过这一观点。第二,会计伦理学是研究会计道德本质及其发展规律的科学。叶陈刚在2005年8月出版的《会计伦理概论》一书中提出会计伦理学是一门职业伦理学,但它与人们常说的会计职业道德有所不同。会计职业道德一般是指以通俗、具体的职业守则、章程、职权条例、岗位责任制等表示的会计职业行为规范;而会计伦理学不仅仅局限于会计领域的职业道德规范,它是用一系列概念定义、规范体系、活动体系等对会计道德的发生、发展及其作用进行系统的理论研究和表述,使之成为论述会计道德问题的理论和学说。①

笔者认为,在对会计伦理学的研究还未真正形成气候的状况下,轻率地评价任何一种观点都不利于会计伦理学研究的发展。不同的研究角度,有利于繁荣会计伦理学的研究。在此提出我们不成熟的观点及学科建设的初步设想。会计伦理学定义是:会计伦理学是研究会计及其相关领域中伦理道德理论和伦理道德行为的学科。会计伦理学的基本问题是会计及其相关领域中的善恶问题和利益问题。我们可以认为,狭义的会计伦理学研究应着重研究财务现象中的伦理道德问题。根据会计领域中不同行为主体、不同实践活动,将会计伦理学研究分成审计会计伦理、管理会计伦理、财务会计伦理、税务会计伦理、电算化会计伦理、会计师事务所会计伦理等门类。广义的会计伦理学涉及与会计领域相关的其他领域的伦理道德问题。会计领域是社会结构中的一个重要组成部分,与社会的其他部分以及整个社会存在着互相联系、互相制约的各种各样的关系。我们可以从会计与外部世界的联系中研究会计伦理道德问题。

(二)我国会计伦理研究的发展趋势

会计伦理作为一门从伦理道德的视角对会计活动进行价值分析和行为导向的交叉学科,多年来随着我国社会对会计和会计道德的重视以及伦理科学的勃兴而得到了迅速的发展。但是,冷静地反思多年来我国会计伦理的发展,我们还必须清醒地看到,无论在研究方法的运用和研究内容的安排方面都还存在着某些不足,而这种不足又直接导致

---

① 叶陈刚、程新生、吕斐适编著:《会计伦理概论》,清华大学出版社 2005 年版,第14 页。

会计伦理的研究在经历了一定的发展阶段后难以再有新的突破,从而难以通过卓有成效的研究成果来应对时代发展提出的挑战。而要改变目前的研究现状,应该从以下几个方面有所改观和突破。

1. 会计伦理研究应该具有自身的个性

会计伦理研究必须和伦理学"母体"相分离,以显示出其自身的个性。多年来,发展迅速的伦理学向着两个大方向——理论伦理和应用伦理学——延伸,会计伦理作为昭示会计在财务工作中应该如何的科学,属于应用伦理的范畴。这种渊源关系决定了会计伦理的发展在一定程度上将受到母学科伦理学的制约和影响。伦理学的基本理论对会计伦理的研究具有一定的指导作用。虽然无论是伦理学还是会计伦理都是致力于一定伦理精神的对象化和现实化,都要求实现对人的行为导向的人道化、科学化,但由于面对的对象不同,所要解决的任务各异,因此就表现为不同的研究内容和不同的研究方法。只有注意到这一点,会计伦理的研究才能富有成效,并显示出其存在的价值。

但是,就目前我国会计伦理的研究现状而言,其所构建的理论框架多为伦理学理论框架的"整体位移"。对应伦理学界习惯上将伦理学理论体系分为道德理论、道德规范和道德实践三大部分,会计伦理研究迄今为止在理论框架的设定上则表现为会计职业道德理论、会计职业道德规范和会计职业道德实践三部分;在研究内容上对应于伦理学研究重点在人际关系的和谐与个体德性的完善,会计伦理则将会计活动各类人际的和谐与财务工作者德性的完善作为研究的主要任务。

我们作这样的比较分析,并非认为会计伦理研究应该拒绝科学的伦理学作为自身的理论基础,并非否定财务工作者在一定的道德原则和规范的指导下进行会计实践的必要性,也不是说会计处理财务活动中人际关系和自身德性的状况对会计活动的质量毫无意义,而只是认为会计伦理研究必须立足于会计的实践活动。会计伦理研究应该脱离伦理学的"母体"而体现出自身独特的个性。这要求会计伦理研究不应从现成的伦理学体系出发,而应该根据会计的财务活动特点进行理论研究。要领悟时代的发展和会计改革的现实对财务工作者提出的德性要求,从而准确表述这种要求。会计伦理研究也不应该出于研究者的主观臆想,或者是照搬现成的伦理学理论的成果。只有当我们在科学的道德理论指导下,从当今中国社会现实特别是中国会计改革的现实对会计的德性要求出发,立足于会计的德性现状以及社会对财务工作者的价值期待,才能进行充满个性的会计伦理研究。

2. 会计伦理的价值目标应该具有层次性

价值目标是对人们的行为导向。作为一门从伦理道德的意义上研究会计应当如何的学问,会计伦理归根到底在于使自身所设定的价值目标变为会计自觉的行为选择。所以,价值目标的设定在会计伦理的理论体系中具有重要地位。会计能否认同并自觉追求所设定的价值目标,关键在于其是否能真实反映会计德性的现状并进行正确的导向。从一般的意义上而言,我们固然可以而且应该要求会计比其他职业劳动者具有更高的德性,这是由会计劳动的特点以及会计在社会发展中的特殊地位决定的。但是,就会计自身这一整体而言,其成员的道德水准呈现出不同的层次。以会计的德性水平为例,在会计工作中既具有奉献精神、忠于会计职业道德的会计;也有仅将自己所从事的职业作为谋生手段的会计;还有的会计其行为不仅违背了最起码的会计职业道德,而且违犯了法律。上述会计不同的德性水准是我们无法回避的客观现实,是社会成员道德水准的不一致性在会计领域的具体反映。既然会计的道德水准存有差异,会计伦理所设定的价值目标就应该包含不同的层次,从而反映和满足不同财会人员的价值追求。但是,现有的会计伦理所设定的价值目标并没有呈现出应有的层次性,而仅仅是从一般的意义上对会计的行为提出了一系列要求。这不仅使得会计伦理的价值目标缺乏应有的针对性,从而使得处于不同德性层次的会计工作者缺乏明确的行为目标,而且导致了会计伦理研究效益的低下。所以会计伦理必须潜心研究确立何种能够引导不同德性层次的会计进行价值追求的目标体系。我们认为,这种道德价值目标作为对会计的行为导向,既包含了对会计提出要求其遵纪守法基本层次的道德要求,还可以内含对会计高层次的道德要求。这一系列要求是一个由低到高的序列。在这一序列中,无论是处于何种道德层次的要求,都有其发挥自身功能的特定范围,即都有对特定的人群进行行为导向的价值。忽视了会计人员德性状况的多样性,设定的价值目标就会过于单一,将妨碍会计伦理功能价值的实现。目标过低,对道德层次较高的会计而言就失去了导向的意义;目标太高,对德性层次较低的会计而言就是一种空想。只有设定一个呈现出不同层次的、使每个会计经过自身的努力都能够企及的目标体系,会计伦理才能实现对会计行为的有效导向。

3. 会计伦理研究应该具有历史和现实的维度

会计伦理研究已经取得了诸多成果。展望其发展趋势,笔者认为,我们应该进一步探索中外会计伦理思想的发展根基和历史的逻辑联系。我国的会计实践活动历史悠久,会计学家和思想家星光灿烂,他们在会计实践活动中创造的极富道德价值的会计思想和会计行为构成了我国会计伦理思想发展的深厚根基。时至今日,这些思想,诸如任人惟贤、量入为出、开源节流、公开公正、独立性、诚信等思想对于我们今日的会计道德都具有深刻的启发和借鉴作用。因此,继续探查和挖掘这座"富矿",勾勒出我国会计伦理思想发展的整体轮廓和主要轨迹,揭示出我国会计伦理思想的本质特征和基本内容,无论是为我国会计领域的道德建设提供历史经验还是为当代会计伦理的研究提供历史借鉴,都具有理论的价值和实际的意义。另外,在外国会计思想史上,许多会计学家、哲学家和伦理学家的著作、言论及实践活动中都包含着有价值的会计伦理思想,对于这些珍贵的历史遗产进行考察、挖掘、研究、借鉴和改造并批判地加以吸收,使之为发展和完善中国的会计道德服务,也是研究工作的重要内容。

会计伦理研究要关注现实。高度关注现实会计活动中的各种矛盾和变化,并作出道德评价和引导。这是会计伦理研究工作者的重要使命。用伦理的目光审视会计的道德问题,有利于为进一步研究我国会计的改革开辟出一个更加广阔的理论视野。我国正处于社会转型时期,随着社会主义市场经济体制的确立,会计受到了市场经济所带来的价值观念的挑战。会计价值观的功利主义和拜金主义倾向也有了发展,严重影响、冲击了会计的职业道德。例如,会计诚信的缺失已成为我国会计界的一大难题。深入研究会计的诚信问题是会计伦理的重要任务。总之,会计伦理应着力研究财务活动中的热点问题、重大问题和困难问题,对其进行道德评判且加以褒贬,并提供道义的改进方法和途径;应概括出适用于会计活动的所有伦理规范,以此约束人们的行动,并发挥社会舆论和个人良心的作用,促成财务人员达到会计道德自律、以发挥会计伦理在财务社会生活中的应有作用。①

---

① 刘云林:《教育善的求索:实然与应然》,《教育理论与实践》2003 年第 5 期。

第 九 章

会计诚信的伦理环境建设

近年来的"审计风暴"继琼民源、郑百文、银广夏、蓝田股份等一批上市公司的会计造假事件披露后,再一次向世人公开了令人震惊的会计丑闻,会计诚信问题成为令世人瞩目的社会问题。会计信息失真不仅使会计职业的诚信度受到了社会的质疑,也给社会经济秩序造成严重危害。治理会计信息失真对规范我国资本市场、建立有序的政治经济秩序至关重要。本章试图从伦理角度对会计信息失真进行探析,提出外部环境建设和企业内部制度建设的伦理设想以及会计从业人员的会计诚信伦理规范。

一、会计诚信的现状分析

伦理道德与诚信素来是联系在一起讨论的话题。无论是东方还是西方,诚信历来都被置于一个很高的伦理道德地位,成为人们普遍遵守的伦理道德规范。与此相对应,会计伦理失范直接表现为会计诚信的缺失。会计诚信缺失即会计不能客观、真实地反映企业的财务状况和经营成果,不能为信息使用者提供真实可靠的会计信息。

(一)诚信:会计立业之灵魂

"诚信"意指诚实无妄、信守诺言、言行一致、真实不欺。古往今来,诚信一直是被人们所推崇的一种美德,是为人之道,立身之本。唐代魏徵把"诚信"看成是"国之大纲"。诚信更是现代市场经济发展的基石,会计诚信则是社会信用体系的不可缺少的重要组成部分。

1. 会计诚信的内涵

会计诚信是会计伦理道德规范的最基本要求,是会计伦理的核心。杨雄胜指出,会计诚信表达了会计对社会的一种基本承诺,即客观公正、不偏不倚地把现实经济活动反映出来,并忠实地为会计信息使用者们服务。① 会计诚信是会计的本质属性,是企业管理层、会计行为主体在会计信息的产生过程中对会计信息使用者、其他间接利益相关者的一种承诺(即客观、公正地反映真实经济活动)和应该遵循的基本道德和行为规范。② 会计诚信的最直接表现是会计信息的客观性和真实性。按照会计行为主体的不同,会计诚信具有两层含义:集体性和个体性。集体性是指社会、部门或单位的会计诚信,它涉及与会计信息真实性有关的、能够影响会计信息形成和披露质量的相关人员,如单位的最高领导人员以及由其领导并逐渐形成的单位文化影响下的相关人员;个体性主要指与会计信息形成与披露有直接关系的专门从事会计工作的会计人员。

2. 会计诚信是实现会计目标的前提

会计目标是会计所要达到的目的。当前关于会计目标的主流观点是"决策有用观",即会计目标是向会计信息使用者提供决策有用的信

---

① 杨雄胜:《会计诚信问题的理性思考》,《会计研究》2002 年第 3 期。

② 张学平、章成蓉:《会计诚信体系建设初探》,《四川大学学报》(哲学社会科学版)2003 年第 4 期。

息。美国注册会计师协会（The American Institute of Certified Public Accounting，AICPA）所属的特鲁伯特委员会（Trueblood Committee，1973）认为,财务报告的目标广泛集中于对投资者决策有用的信息;英国会计准则委员会（Accounting Standards Board，ASB，1991）认为财务报表的目标是提供有关企业的财务状况、业绩和财务适应能力的信息,以便对一系列广泛的使用者在进行经济决策时提供有用的信息。企业的会计信息使用者可以分为三个层次:第一层次是国家及有关政府机构。国家利用企业提供的会计信息进行宏观经济调控和管理;有关政府机构,如财政、税收、审计、行业主管部门、证券监管部门等则利用企业提供的会计信息,代表国家履行相应的管理职能。第二层次是投资者、贷款人、往来单位、员工等方面。他们通过企业提供的会计信息了解企业的获利能力、偿债能力、支付能力以及未来发展前景等方面的信息,进而作出投资、贷款、合作等相应决策。第三层次是企业内部管理层。内部管理层在进行企业经营决策和日常经营管理时需要根据会计信息作为支持系统。会计信息决策有用性的前提条件是真实性,决策有用性是建立在真实会计信息基础上的;如果会计信息不真实,也就没无所谓决策有用性。因此,会计诚信是实现会计目标的前提。会计没有了诚信也就失去了其存在的意义,即会计诚信是会计立业之灵魂。

（二）会计诚信成为职业难题

会计信息的有用性一方面取决于会计信息的生成、披露规则的科学性和真实性,另一方面取决于那些直接影响会计信息生成、披露真实性人员的诚信度,即他们能否按规则要求提供客观、公正、可靠、相关的会计信息。从我国当前会计信息供应情况来看,会计诚信丧失成为被社会广泛关注的问题,"不做假账"这一会计职业道德的基本要求,成为会计职业的难题。

1. 会计信息失真现象严重

会计诚信的缺失直接表现为会计信息不能客观、真实地反映企业的财务状况和经营成果,不能为信息使用者提供真实可靠的会计信息。在我国会计信息失真并非一贯如此,随着市场经济对企业利益的影响,会计信息失真则越来越严重。

财政部对 2000 年、2001 年和 2002 年三年会计信息的质量抽查,其结果表明我国会计诚信现状令人担忧。财政部对 2000 年会计信息质量检查显示,被抽查的 320 户企业和事业单位,资产不实 73.75 亿元、利润不实 35.11 亿元。其中,资产不实比例在 1% 以上和利润不实比例在 10% 以上的分别占全部被抽查单位的 50% 和 57%。本次抽查中发现人为调节利润、虚盈实亏的企业有 32 户,占被查单位的 10%,人为调节利润总额达 13.7 亿元,其中,虚增利润 10 亿元,虚减利润 3.7 亿元。① 财政部对 2001 年度会计信息质量的检查发现,被抽查的 192 户企业以及相关的 91 户会计师事务所,共查出这些企业资产不实 115 亿元,所有者权益不实 24.2 亿元,利润不实 24.2 亿元。其中,资产不实 5% 以上的企业有 36 户,占总户数的 18.75%;利润不实 10% 以上的企业有 103 户,占总户数的 53.6%;利润严重失真,虚盈实亏企业 19 户,原报表反映盈利 1.35 亿元,实际亏损 1.72 亿元,虚亏实盈企业 8 户,原报表反映亏损 1.62 亿元,实际盈利 4.13 亿元;有 22 户企业存在账外设账问题。② 财政部对 2002 年度会计信息质量的检查表明,被检查的 152 户企业资产不实 85.88 亿元,所有者权益不实 41.38 亿元,利润不实 28.72 亿元。其中,资产不实比例 5% 以上的企业 23 户,占被检查企业户数的 15.13%;利润不实比例 10% 以上的企业 82 户,占被检查企业户数的 53.95%;利润严重不实,虚盈实亏企业有 5 户,其报表反映盈利 3551 万元,实际亏损 1.5 亿元;虚亏实盈企业有 6 户,其报表反映亏损 1.4 亿元,实际盈利 4 亿元;有 16 户企业违规设置账外账。从对民营企业的检查情况看,大部分民营企业存在会计基础工作薄弱、

---

① 中华人民共和国财政部会计信息质量抽查公告(第七号),见财政部官方网站。
② 中华人民共和国财政部会计信息质量抽查公告(第八号),见财政部官方网站。

白条抵现金、财务管理混乱、内部管理制度不健全等问题,尤其是提前确认收入、粉饰报表的现象比较突出,被抽查的 12 户民营企业资产不实 11.48 亿元,所有者权益不实 10.34 亿元,利润不实 5.9 亿元。①

以上事实说明会计诚信的缺失不是个别现象,它不仅仅是个别单位或个别会计人员的行为,而带有一定的普遍性。

以上事实说明会计诚信的缺失不是个别现象,它不仅仅是个别单位或个别会计人员的行为,而带有一定的普遍性。另据财政部 2006 年和 2007 年发布的《中华人民共和国财政部会计信息的质量抽查公告》表明,虽然近年来监管力度的加大,企业会计信息质量和会计师事务所执业质量总体上有所提高,但会计信息失真问题仍然存在,不仅如此,涉案的作假金额甚至有了急剧增加的趋势。

例如,财政部 2006 年会计信息质量抽查报告显示,在抽查的 39 户地产开发企业中,共查出资产不实 93 亿元,收入不实 84 亿元,利润不实 33 亿元,39 户房地产企业会计报表反映的平均销售利益率仅为 12.22%,而实际利润率却高达 26.79%。另外,一些中央企业集团和部分下属子公司为达到融资和完成考核指标等目的,大量采用虚计收入、少计费用、不良资产巨额挂账等手段蓄意进行会计造假。例如,上海医药(集团)有限公司 2004 年以空头支票冲减应收账款,虚增利润 8782 万元,其下属子公司 2003 年通过虚构业务、虚开发票等方式,虚增收入 1.77 亿元;上海华源制药股份有限公司、上海华源长富药业(集团)有限公司及其下属公司 2004 年通过虚构交易,虚增巨额无形资产,并用不实债权置换上述虚假资产,以避免计提坏账准备而发生亏损。②

而在 2007 年度发布的会计信息质量抽查报告中,同样也涉及了此类问题。例如,天津市天海集团有限公司将利用外国政府贷款购置的

———————

① 中华人民共和国财政部会计信息质量抽查公告(第九号),见财政部官方网站。

② 中华人民共和国财政部会计信息质量抽查公告(第十二号),见财政部官方网站。

价值 7.2 亿元的船舶长期挂往来账,未纳入固定资产核算。其下属子公司天津市海运股份有限公司连续两年伪造银行存款 1.5 亿元,以隐瞒大股东占用上市公司资金的问题。黑龙江省电力有限公司 2005 年通过虚构售电量,虚增收入 5.1 亿元。海南金邦实业有限公司 2005 年度实现销售收入 3.2 亿元,而会计报表反映收入为零,并未按规定预缴企业所得税。①

2. 会计信息失真造成极大危害

会计信息反映一个单位的财务状况和经营成果。提供会计信息的基本目的是决策有用性,因而,会计信息的真实与否直接关系到投资者、债权人、监管部门等所有会计信息需求者的决策行为及其结果。由于会计信息失真,使得企业的财务报告不能正确反映现实的经济活动,使得会计报告的数据缺乏可靠性、真实性和有用性。会计信息失真不仅误导会计信息使用者的决策行为、导致决策失误,而且还会严重地打击投资者的信心,影响资本市场的健康发展,破坏整个国民经济的正常运行,损害国家宏观经济的决策和调控,严重时将导致社会经济秩序的混乱。

会计信息失真导致国家宏观调控和微观决策的失误。在现代企业制度下,国家是国民经济宏观调控的运作者,也可以是企业的直接投资者。如果企业的会计信息失真,不但会导致国家宏观调控的紊乱,也可能导致国有资产的严重流失。根据国家统计局透露,每年年终各地上报的经营业绩数字掺有很多的水分,各个部委都要对上报的材料经过普查、抽查、汇总、修正,取得了正确数字后才能上报给中央领导作为决策依据,制定发展策略。统计局虽然每年都要求各个部门如实上报,但是虚假现象仍频繁发生。由于这些虚假的会计资料,造成经济预测和决策上的不准确,给经济发展带来不必要的混乱,使得国家宏观调控达

---

① 中华人民共和国财政部会计信息质量抽查公告(第十三号),见财政部官方网站。

不到预期应有的效果。虚假会计信息也给投资者决策造成误导,投资者根据企业提供的会计信息进行其投资决策,失真的会计信息将给其决策带来损失。

虚假的会计信息破坏了市场运作的有序性。市场经济是一种信用经济,在市场经济条件下,竞争作用的正常发挥需要一种公平交易的秩序,使市场行为在平等的基础上运行。而平等的要求之一,就是市场交易双方必须恪守诚实信用原则。由于会计是向国家、社会和企业的各个方面提供信息的工作,因此,会计信用水平显得更加重要。然而观察我们的会计市场,会计信用受到了极大的挑战。无论是上市公司还是非上市公司,无论是出于融资圈钱的目的还是逃税的目的,各种造假手段无奇不有。著名经济学家吴敬琏先生说:"信用缺失关系市场大局。"会计诚信的缺失阻碍了市场经济的正常有序运行。

(三)会计信息失真的原因分析

任何企业都不是孤立存在的个体而是嵌入于社会环境之中,社会环境会影响企业及其管理者的行为,影响与会计信息生成与监管相关的人员的行为。因此,会计诚信缺失既有企业内部因素的影响,也有外部环境因素的影响。本文从企业外部环境、制度规范、监管机制,企业内部治理结构、会计人员素质等方面对会计信息失真的原因进行分析。

1. 缺乏公正与诚信的市场经济环境

近年来,在市场经济建设促进了我国经济快速发展的同时,对人们的价值观也产生了消极影响。经济的发展使人们发现了金钱的力量,也使部分人滋生了"一切向钱看"的拜金主义价值取向。许多人从"经济人"的理念出发,忽视了信用问题,认为真正的市场主体的目标就是唯一的"利润最大化"。在此错误的观念引导下,"经济人"的品性把"道德人"的品性挤出了交易市场的舞台。自私自利、损人利己的价值观点开始蔓延,由于经济利益的驱使而失去道德操守的现象屡见不鲜。追求私利的欲望导致一些企业、一些人违背了诚信原则、背弃了我国传统的道德准则,商业欺诈、假冒伪劣产品、虚假广告、偷税漏税等现象屡见不鲜。为了私利而坑蒙拐骗者有之,为了金钱而欺骗顾客者有之,为了官职而弄虚作假者有之,为了荣誉而损害他人者有之。上市公司为了能够达到配股和增发的目的,通过盈余管理人为抬高利润;大股东为了从上市公司捞取实惠,通过各种手段侵占中小股东利益;为了从竞争对手处争取顾客,不惜采取不正当竞争手段。凡此种种,说明我国缺乏公正与诚信的市场经济环境。由此,会计造假也就有了滋生的土壤。会计造假的背后有着巨大的经济利益。企业通过提供虚假会计信息可骗取投资者、债权人、供应商、银行和政府等利益相关者的信任,并因此而获得投资、贷款或减少税金等经济利益;单位负责人也能从会计造假中获得个人及小集团的利益;注册会计师以降低审计质量为代价,与上市公司管理当局合谋,出具假报告,实现"多赢"。正是这些复杂的利益关系构成了虚假会计信息产生的内在动因。

会计信息失真还与我国转轨经济时期市场体制的不完善有密切的关系。我国国有企业经过多年的"放权让利"改革,在围绕落实企业的经营自主权方面取得了一定的成效,但市场经济体制尚不完善,市场秩序还有待规范,产权关系尚未理顺。由于国有资本"所有者缺位",国有企业"内部人控制"问题严重。国有独资企业的财产所有权的主体是国家、是全体人民,但具体到每一个企业,产权主体实际上很不具体,人人所有,即人人都没有。这样国有企业的产权主体形成了事实上的空缺。国有企业没有真正的所有者,因而不能形成有效的内部约束机制。当企业领导人员的利益与国家利益不一致时,领导者的权能急剧膨胀,加上他们拥有极强的国有资产操纵和控制权,为了利益最大化,便产生了短期行为。会计核算以领导者的利益为核心,致使会计信息失真。另外,由于国家授权的国有资产管理机构不是国有资产的所有者,自身又缺少根本利益动力机制,加上不能干预企业经营权,故对企业的监督十分低效。再者,国有企业的债权人大多是国有银行或国有企业,而它们的所有者同样是国家,因此债权人对企业会计信息失真的关注并不很重视,对企业会计信息的约束性不大,不清晰的产权关系使得所有者、债权人无法对经营者形成有效的约束和监督机制。

2. 会计法规不健全

会计造假屡禁不止的一个重要原因是会计造假背后有着巨大的经济利益驱动。对于企业而言,它的目的是利润,只有当诚信能带来利润而不诚信会带来损失时,它才会讲诚信。尽管我国的会计法规建设取得了可喜的成绩,但是,会计假账被揭露的概率仍然很小,即使被揭露出来,在进行处罚时,也是雷声大、雨点小,大事化小、小事化了,显然处罚力度和强度都不够。有法不依、执法不严、监督不力,造成违法的机会成本太小。违反会计法规的巨大利益和低廉机会成本所形成的强大反差,使得会计信息失真现象屡禁不止,不断放大,不断蔓延。比如,《公司法》第 212 条规定:"公司向股东和社会公众提供虚假的或者隐瞒重要事实的财务会计报告的,对直接负责任的主管人员和其他直接责任人员处以一万元以上十万元以下的罚款。构成犯罪的,依法追究刑事责任。"这一条文明示了造假行为预期"成本"的上限,威慑力不足。目前我国对查出的会计造假往往是"重经济处罚,轻行政、法律处罚;重对单位处罚,轻对个人处罚;重内部处理,轻外部公开处理",极少影响到单位负责人及会计人员的切身利益。

会计法规不健全的另一个表现是会计规范的不一致性。现代财务会计是在一定会计规范指导下生成会计信息并对外披露的。我国的会计规范文件包括会计准则、会计制度、财务会计报告条例及其他会计规范文件。但是这些会计规范在一些方面往往表现出不一致性。现将《会计法》(1999 年修订)、《财务会计报告条例》(2000 年,下文简称《条例》)、《企业会计制度》(下文简称《制度》)、《公开发行股票公司信息披露实施细则》(下文简称《实施细则》)、《公开发行证券公司信息披露内容与格式准则第 2 号年度报告的内容与格式》(2001 年修订,下文简称信息披露第 2 号)、《公开发行证券公司信息披露内容与格式准则第 3 号半年度报告的内容与格式》(2003 年修订,下文简称信息披露第 3 号)和《公开发行证券公司信息披露编报规则第 15 号财务报告的一般规定》(下文简称信息披露第 15 号)进行比较。上述文件中,由证监会颁发的信息披露实施细则包括定期报告——年度报告和中期报告,信息披露第 2 号、第 3 号两份文件又是对年度报告和半年度报告的规范,但无论是年度报告还是半年度报告均包括财务报告。因此,从逻辑上讲,将对年度报告和半年度报告的会计责任规定视为对财务报告的会计责任要求应是正确的,而信息披露第 15 号则明确规定了财务报告的责任对象和责任内容。

为了更清晰地说明问题,现将上述信息披露的规范文件对财务报告责任对象和责任内容的规定比较如下:

财务报告会计责任对象和内容的比较

文件名	颁发机构	会计责任人	责任内容
会计法	人大	单位负责人	真实、完整
报告条例	国务院	企业负责人	真实性、完整性
企业会计制度	财政部	企业	真实、完整
实施细则	证监会	公司全体发起人或董事	没有虚假、严重误导性陈述或重大遗漏
信息披露第 2 号	证监会	公司董事会及其董事	真实、准确、完整
信息披露第 3 号	证监会	公司董事会及其董事	真实性、准确性和完整性
信息披露第 15 号	证监会	公司董事会及其董事	真实性、完整性

上表不仅显示了相关法律、规范在会计责任内容和主体方面的不一致性,也显示了其对会计责任内容规定的不具体和不全面性。

第一,不同机构颁布的相关法律、规范文件在财务报告的会计责任对象和责任内容方面存在差异。首先,两类规范文件之间的不一致。就《会计法》、《条例》、《制度》及信息披露规范系列文件的共性来看,其会计责任内容基本相同,主要是真实性和完整性。但这两类规范文件之间仍存在不一致的地方,信息披露规范系列文件比《会计法》、《条例》、《制度》多一条要求,即财务报告的准确性。其次,会计信息披露规范系列文件之间的不一致。关于财务报告责任内容,信息披露第2号、第3号文件的规定为"真实、准确和完整",信息披露第15号则规定为"真实性、完整性",《实施细则》则未作具体规定,仅要求公司全体发起人或董事保证没有虚假、严重误导性陈述或重大遗漏。这些差异或不一致的存在,势必影响到对财务报告质量的衡量和会计责任的鉴定工作,从而不利于促进财务报告质量的提高。

第二,财务报告会计责任内容的规定不具体不全面。就会计责任内容而言,所有法律、规范文件仅作出非常原则的规定,将财务报告的会计责任定位为"真实、准确"或"真实、准确、完整",没有具体的要求或说明,如真实性的内涵是什么等解释。除了《企业会计制度》外,其他法律法规等没有对相关性、及时性、重要性、可理解性等财务报告质量提出要求。因此,从整体上看,我国对财务报告会计责任内容的规定显得过于原则、笼统,不全面不具体,从而不具有可操作性。

第三,规定的内容不明确。如证监会颁布的信息披露规范文件第2号和《实施细则》均提出"没有虚假、严重误导性陈述或重大遗漏",信息披露第15号也提出"公司不得编制和对外提供虚假的或隐瞒重要事实的财务报告"等概念。这些概念与财务报告会计责任内容之间究竟是什么关系?我们能否认为"真实性、准确性、完整性"就是指"没有虚假、严重误导性陈述或重大遗漏"?这些均显得不够明确。

3. 审计监督乏力

完善的制度能否取得成效,执行环节很重要,而制度要得到有效的执行,监督尤为关键。会计信息质量的提高不仅需要完善的法律规范,更需要有力的监督管理。我国对会计信息的监督机制应该说并不缺乏,从财政监督、审计监督到税务监督,从政府监督到社会监督、市场监督,从外部审计监督到内部审计监督都已经形成了相应的机制,然而,由于监督力度不够,监督效果一直不理想。

首先,社会审计监督乏力。一方面由于我国注册会计师制度起步较晚,使得注册会计师的人员结构出现老龄化和年轻化并存的局面。老同志知识老化而年轻同志实践经验不足,这就造成了注册会计师执业水平低下和执业质量低下的状况。另一方面,社会审计机构之间的不正当竞争造成许多事务所为了能够拉到业务拼命压价,低廉的审计收费使得这些事务所在实际进行审计时,必须考虑审计成本,忽略了必要的审计程序,审计结论也因此而不具有客观性。另外,对审计质量的监管不力,对违规注册会计师的惩戒不严,也使一些会计师事务所和注册会计师存有侥幸心理,为了自身利益而与被审计单位进行"合谋"。以上种种原因使得社会审计机构不能客观、公正地对被审计单位的会计报告进行鉴证,影响了会计信息的质量。2001 年,国家审计署抽查了 16 家国内会计师事务所 32 份审计报告,有 23 份严重失实,造成会计信息虚假 71.43 亿元,涉及 41 名注册会计师。例如,麦科特公司通过伪造合同文本,虚构固定资产 9074 万港元;伪造合同及虚开进出发票等,虚构收入 30118 万港元,虚构成本 20798 万港元,虚构利润 9320 万港元。面对这样的虚假问题,作为社会审计机构的深圳华鹏会计师事务所却为其出具了严重失实的审计报告。财政部 2004 年对会计师事务所的执业质量检查发现,深圳中喜会计师事务所是一家仅有 16 名注册会计师的合伙事务所,该所内部管理混乱,质量控制薄弱,从 2003 年 1 月到 2004 年 5 月共出具了 4098 份审计报告,大量审计报告未履行必要的审计程序,造成了恶劣的社会影响。浙江光大会计师事务所明知杭州萧山之江房地产有限公司存在虚增收入 5536 万元的问题而未在审计报告中予以指明,促成该企业骗取了 AAA 级企业信用等级。① 2005 年财政部组织驻各地财政监察专员办事处开展了会计信息

---

① 中华人民共和国财政部会计信息质量抽查公告(第十一号),见财政部官方网站。

质量检查与会计师事务所执业质量检查,共检查 60 家会计师事务所,其中就有 10 家事务所被予以警告,并责令 15 家事务所进行整改;违规注册会计师予以吊销证书 2 人,暂停执业 7 人,警告 30 人。[①] 2007 年,则共有 215 家会计师事务所被处以了行政处罚,其中撤销 22 家,暂停执行 51 家,没收罚款 37 家,警告 105 家,并对 498 名注册会计师作出了行政处罚,其中吊销证书 13 人,暂停执业 163 人,警告 322 人。[②]

其次,内部审计的功能得不到发挥。内部审计是经济活动的重要环节,是自我监督的重要形式,也是保证国家财经法规贯彻执行的重要方式。与外部审计相比,内部审计对会计信息和会计人员的监督更具有信息优势和成本优势,监督应该更全面、更有效。然而,目前我国公司制企业的内部审计机构基本上都处于与其他职能部门平行的地位,其独立性、客观性及权威性难以得到应有的保证。事实是当经营者的行为与会计法规、制度发生抵触时,经营者往往片面强调搞活经营、提高经济效益、增加利润。再加上内部审计机构和内审人员的独立性不强,为了明哲保身采取处处小心、步步留意、少说为佳的处世哲学,对企业领导的违法违纪行为以及企业领导指示的违规财务活动采取视而不见、听而不闻的态度。内部审计事实上成了聋子的耳朵——摆设,不能发挥其应有的职能作用。

4. 公司治理结构低效率

现代公司所有权与经营权的分离,产生了所有者(股东)与经营者(经理人)之间的委托—代理关系,由于委托人与代理人目标函数的不完全一致性、信息的不对称性、契约的不完备性等导致代理问题的存在,即经营者为了自身利益而作出有损委托人利益的行为。指使会计人员做假账,提供有利于自己的虚假会计信息是经营者道德风险的一

---

① 中华人民共和国财政部会计信息质量抽查公告(第十二号),见财政部官方网站。

② 中华人民共和国财政部会计信息质量抽查公告(第十四号),见财政部官方网站。

个主要方面。健全有效的公司治理机制能够对经营者道德风险进行有效的抑制。然而，大量事实表明我国公司治理的效率低下。究其原因，并非缺乏应有的监督机制，而是监督机制的功能没有得到有效的发挥。

首先，监事会监督不力。很多公司监事会形同虚设，根本没有履行法律赋予它的监督职能。《公司法》规定监事会成员由股东代表和适当比例的职工代表组成，但据有关调查显示，企业监事大多为雇员监事，有工会主席、政工干部、劳动模范等，其工资和职位基本上都是由管理层决定，因而其身份和行政关系都不能保持应有的独立性。另外，监事会成员中的职工代表由公司职工民主选举产生，通常职工选举监事的标准往往不是教育背景、专业知识和工作能力，选出来的监事会成员可能连会计报表也看不懂，让他检查公司财务就更勉为其难了。这就造成监事会成员在行使职权时，往往是心有余而力不足。

其次，独立董事的监督功能没有得到有效发挥。几年的实践，已暴露出独立董事制度实施过程中的问题，如"花瓶董事"、"人情董事"等。企业的高层管理者只有在需要独立董事签字时，才会想到他们。独立董事们也只能在一年两次的董事会议上就管理层提出的议案进行表决，其信息的不对称显而易见，监督效果必然会大打折扣。虽然独立董事们是专家，具有较高的专业水准，但其并非真正"独立"。提名制和薪酬制度均制约了他们的独立性，没有大股东的提名，独立董事几乎不可能在董事会和股东大会中获得通过，被大股东提名为公司独立董事，接受董事会拟定的薪酬，却要代表中小股东对大股东主导下的董事会和经营层进行监督，这种使命又使独立董事陷于两难境地。

再次，监事会与独立董事的职责重叠，也影响了监督职能的发挥。我国独立董事制度的规范性文件是《关于在上市公司建立独立董事制度的指导意见》（以下简称《指导意见》）和《上市公司治理准则》；有关监事会制度的法规是《公司法》。《公司法》第126条规定，监事会行使下列职权：①检查公司的财务；②对董事、经理执行公司职务时违反法律、法规或者公司章程的行为进行监督；③当董事和经理的行为损害公司的利益时,要求董事和经理予以纠正;④提议召开临时股东大会;⑤公司章程规定的其他职权。监事列席董事会会议。《指导意见》相关条款以及《上市公司治理准则》第50条规定"独立董事对公司及全体股东负有诚信与勤勉义务。独立董事应按照相关法律、法规、公司章程的要求,认真履行职责,维护公司整体利益,尤其要关注中小股东的合法权益不受损害"。《上市公司治理准则》第54条赋予大部分由独立董事组成的审计委员会的主要职责是:"①提议聘请或更换外部审计机构;②监督公司的内部审计制度及其实施;③负责内部审计与外部审计之间的沟通;④审核公司的财务信息及其披露;⑤审查公司的内控制度。"由此可见,独立董事和监事会都将对公司财务的检查监督作为核心内容;都对公司董事和经理的违法、违规行为以及损害公司利益的行为进行监督和纠正。将同一职责同时授予两个机构,会造成两个机构之间职责不清、互相推诿,从而进一步削弱已有监督机制的功能。

5. 会计人员素质参差不齐和管理体制的陈旧

会计人员是会计信息这种"产品"的"生产者"和"传递者",其职业素质高低直接影响会计信息的质量。目前我国会计人员的整体素质参差不齐急需提高。一方面,会计人员的业务素质参差不齐,从事财会工作并具有大学以上学历的人员在逐年增加但是占的比例不高。尤其有一些年轻的会计人员缺乏丰富的专业知识和熟练的业务操作技能,对较复杂的会计业务不能很好地处理,不得不多次调账。另一方面,会计人员的职业道德素质参差不齐。能够坚持原则、敢于同违规违纪行为作斗争的会计人员虽然也在逐年增多,但是还有一些会计人员对违规违纪熟视无睹,明哲保身,甚至主动为领导作假出谋划策。尤其是在作假能为自己带来切身利益时,有些会计人员往往被物质利益所诱惑而放弃职业道德,会计败德行为时有发生。

我国现行的会计人员管理体制陈旧,缺乏独立性,合法的权利无法保障。现行会计人员管理体制是在计划经济体制下形成的。会计人员身份具有四重性:一是代表国家正确如实反映经济活动情况;二是监督所有者和经营者合法经营,精打细算、维护法人的利益;三是监督员工合理利用生产资料、增收节支,按法律、法规及单位规章制度从事经济活动;四是代表员工保护他们合法的经济权益。在计划经济时期,这种体制发挥了积极的作用。但是随着市场经济的建立和完善、所有权与经营权的分离、政企职责分开,仍旧沿袭老的体制,继续让会计人员在同一事务中履行多种不同的职责,这实际上是将会计人员置于左右为难的两难境地。会计人员作为企业的一员,受本单位领导的控制和制约,其经济待遇、工作安排、职务任免等都基本上由领导决定。出于自我保护,在单位领导要求提供虚假会计信息时,会计人员往往屈服于单位领导。在这种体制下,会计人员缺乏对道德性问题的正面表达和直面交谈,或者躲避道德,或者默认不道德,或者放弃道德责任。据对1200名会计人员调查,对目前发生的会计信息失真现象,约88.8%的会计人员是没有主观故意的,若非领导的授意、指使,他们并不愿意造假。

二、会计诚信伦理环境建设的思路

作为意识形态的道德其发展与经济增长是社会进步的两个重要标志,在经济建设的同时道德环境建设也极为重要。道德环境建设与经济增长如车之两轮、鸟之两翼,需相辅相承,协调共进,不可孤立。近朱者赤,近墨者黑。会计从业人员不仅工作在会计领域,更生活在社会大环境中,其职业道德不可避免地要受到社会各种不良因素的影响和干扰。良好的宏观经济运行环境对会计人员道德行为的影响是客观的,也是职业理性存在的前提条件,它不仅直接影响到会计人员职业道德的形成,同时也关系到整个经济体系的健康发展。

(一)会计诚信的外部伦理环境建设

人是环境和教育的产物,不同的道德环境造就具备不同道德素质的人。同样,会计诚信缺失离不开外部环境的影响,解决会计信息失真需从外部环境建设入手。会计诚信的外部环境建设需要包含道德建设、法治建设、公司治理结构建设等;同时强化审计监督也是外部环境建设不可缺少的重要方面。

1. 形成以诚信原则为核心的市场道德氛围

《中庸》有云:"唯天下至诚,为能经纶天下之大经,立天下之大本,知天地之化育。"会计道德的本质是一种受社会经济基础决定的社会意识形态和上层建筑,在表现形成上是会计主体按会计道德规范对会计活动进行的调节。① 良好的外在会计道德环境对治理会计信息失真起着不可低估的作用。市场经济的实质是契约经济、信用经济,诚信是现代经济发展的基石,没有诚信就没有经济秩序,市场经济就不可能健康发展。市场经济需要新的道德规范的约束,新时期的道德规范既要吸取传统儒家学说道德观的精髓,又要结合市场经济实际,将诚信作为市场道德体系的核心。诚信原则要求当事人以对待自己的态度对待他人,不能损人利己,不损害第三方和社会的利益。道德规范虽是非权力、非制度化的规范,但能起价值导向的作用,通过价值观念来引导人们的行为,通过社会舆论来推动道德规范的约束。而且,从长远的观念来看,道德建设和市场效率是相辅相成的。制度经济学大师诺斯曾言,自由市场本身并不能保证效率,有效的自由市场在需要一个有效的产权和法律制度的配合之外,还需要诚实、正直、合作、公平、正义的道德基础,如果大家不遵守规定的道德规范,主体间就会相互欺骗、相互设防,互不信任,造成经济低效或者无效,提高产权保护的成本,长远看反而不能保证利益最大化。由此可见,市场经济内含着道德经济的意蕴②,市场道德体系的完善有利于经济效率的长远增长和社会的持续

---

① 劳秦汉:《会计道德的理性思考》,《会计研究》2003 年第 4 期。
② 陈国辉、崔刚、叶龙:《上市公司信息披露体制中人文道德秩序的建构》,《会计研究》2003 年第 11 期。

进步。

以诚信原则为核心的市场道德氛围的形成需要全社会的共同努力。为此,诚信工程建设需提到议事日程。诚信工程建设需要从以下几方面着手:第一,加强诚信教育。广泛开展宣传教育活动,对传统文化中"人无信则不立"、"诚信为本"、"一诺千金"等信用观念进行创造性转换,使其在现代市场经济社会获得新的生机。培养全民信用观念和诚信操守,使全社会的人们都认识到诚信的重要性、不诚信的危害性,形成诚信者受尊重、不诚信者遭鄙视的社会环境和舆论氛围。第二,建立信用档案。建立单位和个人的信用档案,以遏制不诚信的行为。为保证诚信工程的顺利实施,还需要建立健全严格的诚信激励约束机制。将单位的诚信评价结果作为年检的一项内容,对于讲诚信的单位在政策上给予适当的优惠,如放宽监管力度、优先信贷等;对于失信的企业定期或不定期的由财政部门实施日常检查和专项检查,并依法处罚有关责任人,限制发行债券,提高信贷门槛,限期整改,取消上市资格等。将诚信评价结果作为会计人员资格证书年检的重要依据,诚信的会计人员在晋升、职称评定等方面优先考虑。

2. 建设企业诚信文化,塑造诚信形象

企业是社会的细胞,社会诚信环境有赖于企业诚信文化的建设,会计诚信则建立在企业诚信的基础上。企业文化对企业员工起着规范和约束作用。以企业价值观为核心的企业文化引导和约束人们的行为,使之符合企业整体的价值标准。在企业文化的引导和约束下,员工能自觉意识到应该做什么事、应该提倡什么,不应该做什么、不应该提倡什么。当前条件下,建设企业诚信文化、塑造企业的诚信形象显得特别重要。诚信的企业文化引导企业诚信的行为,企业的价值观和经营理念决定企业的经营行为方式,先进的企业价值观和经营理念是培育企业诚信文化的前提条件。① 建设企业诚信文化,需要在企业树立先进

① 黄文鳞:《塑造企业诚信文化》,《经济管理》2002 年第 17 期。

的企业价值观和正确的经营理念。企业应以"明礼诚信"作为其基本道德规范,大力倡导讲信用、重信誉、平等竞争、公平交易的道德风尚,坚决反对弄虚作假、坑蒙拐骗等不道德行为。树立持续发展的观念和依法经营的思想,将信誉视为企业重要的无形资产,按《公民道德建设实施纲要》的要求进行企业信用制度建设。

3. 完善法规建设,加大违规成本

道德环境的建设有赖于法制环境的支撑。伦理道德约束是一种自律性约束,而法规制度约束则是一种强制的约束,其突出的特点是无论会计行为主体是否愿意,都必须受制于这种约束,否则将会因违法或违规而受到惩治。健全有效的法律法规和有法必依、执法必严的社会制度是保障会计信息真实可靠的前提。为此,政府应完善相关法律法规,一方面应制定更加完善有效的会计信息形成和披露的制度、准则及其他规范,对会计信息披露的内容和原则及其质量要求作出明确的规定;另一方面,还应通过法律对信息真实性负有责任的有关人员进行法律上的规范,加大对违规人员的处罚力度。美国近些年来严重的会计信息失真,对其国内的会计准则的制定、会计信息的监管、市场制度建设等诸多方面都提出了挑战。而最先采取措施,并得到国会支持的则是从法律上规定有关人员的法律责任。2002 年 7 月 25 日美国国会批准,7 月 30 日美国总统布什签署了《2002 萨班斯-奥克斯利法案》。该法案特别明确了公司财务报告的责任主体等内容。该法案规定,公司任何管理人员包括董事或者其他有关人员均不得故意不恰当地影响注册会计师的审计行为。同时规定,对编制违法违规财务报告的刑事责任,最高可处 500 万美元罚款或 20 年监禁;篡改文件的刑事责任,最高可处 20 年监禁;证券欺诈最高可处 25 年监禁等。① 美国世通公司的会计舞弊案是美国历史上被揭发出来的最大一宗公司会计舞弊案,其

---

① 石连运:《上市公司虚假会计信息的成因及综合治理》,《财务与会计》2002 年第 5 期。

前 CFO 沙利文和前 CEO 埃贝斯均被法庭判定对会计舞弊负有刑事责任;除了他们二人以外,世通会计舞弊被揭发时的其他 12 名董事都受到了代表投资者的机构或团体的民事诉讼,根据 2005 年 3 月 18 日达成的协议,没有直接卷入会计舞弊的世通公司董事会的 11 名成员同意支付 5400 万美元的赔偿款。① 只有使会计造假者的造假成本大大高于其可能的收益,会计法规才能起到真正的约束作用。

4. 强化审计的约束和监管功能

审计在促进会计信息质量提高,保证会计信息可信性方面起着特殊的无可替代的作用,尤其是在资本市场发展越发成熟的今天,审计更是资本市场顺畅运行的保证。然而,当前严重会计信息失真的事实,说明审计制度还有问题,审计监督难以令人满意。因此,改革现行审计制度,强化审计监督是解决会计信息失真问题极为急迫而又必要的措施。

注册会计师是会计信息的鉴定者,他们出具的审计报告是对会计信息是否真实的一个鉴证。社会审计以客观独立的第三者身份对企业的财务报告以及其他经济信息的真实性、合法性和公允性进行审计鉴定。经过审计的财务报告向外部信息使用者传递一个信息:企业的财务报告是真实、可靠的。为了充分发挥社会审计对会计信息的约束作用,加强对社会审计的监管尤为必要。首先,强化注册会计师的法律责任,即应在法律上明确社会审计的审计责任与法律责任。根据社会审计职能发展的最新理论,社会审计责任既包括对财务报告的鉴证和评价,也包括对舞弊现象的发现和揭露。前者既包括对财务信息的评价,也包括对非财务信息的评价。但从现实来看,仅仅将社会审计的审计责任停留在法律文书中是不够的,在明确了审计责任和法律责任后,还须建立一套有效的诉讼程序。反之,再严厉的法律也只是一纸空文,从而不能起约束作用,也就不能够发挥社会审计在会计信息失真治理中

① 魏明海:《法庭上的 CFO 和 CEO——前世通公司会计舞弊中高管的刑事责任》,《新理财》2005 年第 5 期。

的作用。其次,加强对注册会计师和会计师事务所的监督,加大违法处罚力度和违规成本。在这方面各监督主体应相互协调,其中,财政部门作为主管机关应承担其管理责任,加强检查督促工作;政府审计机关应加强对注册会计师业务的再监督,重点监督其审计程序和审计结果,尤其是审计结果的真实与否,看其是否客观公正地开展审计并独立、客观、公允地发表审计意见。另外,我们也可以借鉴他国做法,实行公共监督。按美国《2002 萨班斯-奥克斯利法案》规定,成立一个公众公司会计监督委员会,其成员大多数来自非会计职业界。我们也可以由财政部门、审计部门、证监会及其他人员组成一个公众监督委员会,直属人大或国务院,由上市公司和其他需要提供审计服务的企业和注册会计师承担经费,来强化注册会计师行业外的监管。在加强监督的同时,还应加大惩罚力度,提高注册会计师的违规成本。反之,轻微的处罚,只能被违规者看做是一个不足考虑的机会成本而已。

内部审计在治理会计信息失真中的作用也是不容忽视的。内部审计一方面可以通过自身的监督工作,发现并纠正存在的会计信息失真问题,督促企业各级管理人员及各位员工遵纪守法,严格执行制度规定,客观地对企业各项经济业务进行会计核算并及时可靠地披露会计信息,保证财务报告的真实可靠性;另一方面,内部审计通过评价和咨询活动,为管理当局提供其审计服务,为风险管理出谋划策,从而降低企业风险,提高企业经济效益。也就是说,它可以通过增加组织价值和改善经营,提高有关数据和信息的相关性和可靠性。同时,内部审计还能促进企业内部控制制度的完善及有效运行,为公司治理结构的完善和外部审计打下良好基础。

5. 完善公司治理结构

公司治理结构的完善将从制度上构筑起会计信息失真的"防火墙"。首先,通过优化股权结构,形成多元化的股权结构。多元化的股权结构,不仅能解决国有股"一股独大"的现象,使产权主体到位,而且还能形成对大股东的制衡。多元化的产权主体不仅能对经营者的虚假会计信息起约束作用,还能对大股东利用虚假会计信息侵占中小股东利益的行为进行制约。其次,调整企业内部审计机构的隶属关系,使内部审计部门直接隶属于全部由独立董事组成的审计委员会,其审计结果直接向审计委员会汇报,从而使内审人员避免受到公司管理层的控制,保证内部审计作用得到有效发挥。再次,强化监事会和独立董事的职责。一方面要保证独立董事和监事在经济报酬、业绩考评、职务任免方面保持独立性,另一方面要严格监事会成员的条件,提高监事的准入门槛。监事会成员除了要具有较强的责任心和职业道德外,还必须熟悉企业经营管理工作,具有财务、会计、审计等方面的专业知识。同时,对监事会和独立董事的职责要进行更清晰和明确的界定,避免职责重叠而出现的低效率。

(二)会计职业内部伦理环境建设

中共中央颁布的《公民道德建设实施纲要》中,将"爱国守法、明礼诚信、团结友善、勤俭自强、敬业奉献"确定为新时期公民的基本道德规范。会计人员首先作为一个公民应遵守公民的基本道德规范,同时还应遵守其职业道德规范。

1. 提高会计从业人员的道德素质

高质量会计信息不仅取决于企业的会计人员素质,还取决于企业管理者、董事会成员、监事会成员、内部审计人员和外部审计等监管人员的素质。社会道德伦理氛围的形成是社会成员从我做起、从自身做起的结果。作为社会人,尤其是与会计信息生成与监管相关的人员更需要注重自身道德素养,诚信做人做事,自觉遵守社会道德规范以及制度规范。企业管理者应了解会计的基本内涵及其原理,清楚其应负担的有关会计信息真实性方面的会计责任,并自觉在实践中贯彻执行;监管者应具备专业知识和专业技能,熟悉会计、经济、管理及法律等方面的知识,应具备高度的判断能力和秉公廉洁,勇于怀疑和说真话的精神。

作为会计人员应具备会计职业道德的自律意识,自觉遵守会计规范,在会计信息披露中说真话,努力使会计信息符合透明、全面和真实的原则要求。一个高素质的会计人员必须具备德、能、勤、公、廉、俭六个方面的素质。高素质的会计人员应当具有实事求是的作风,严肃认真、一丝不苟的作风,行为端庄、生活严谨的作风,讲求实效、雷厉风行的作风,艰苦朴素、大公无私的作风,平易近人、以诚待人的作风。会计人员应熟悉会计信息生成、披露的机理,在熟悉会计准则、制度及其他制度规范的基础上,针对具体业务加以熟练应用。只有熟练掌握和深刻理解相关会计制度及规范文件,才能知道哪些可为、哪些不可为,才能将这些规范灵活运用到实际工作中去。同时,现代社会的高速发展还要求会计人员不断进取,努力钻研会计业务,提高自己的专业技能,将新理论、新知识和新方法运用到会计研究和会计实践中,提高会计信息的相关性、可靠性及其有用性,适应不断变化的环境对会计信息的更高要求。会计人员道德素养的提高不仅需要努力学习会计专业文化知识,更要自觉反省自己,以正确的会计道德观念战胜错误的会计道德观念。尤其在当前经济体制转轨过程中,各种新的复杂的问题时常出现,具有较高会计道德素养的会计人员就能按会计道德的基本要求来衡量自己行为的对错和善恶,自觉调整个人行为,纠正错误的不符合会计道德的行为。

2. 改革会计人员管理体制

为了保证会计的独立性,应改革现行会计人员管理体制。当前条件下,实行会计人员委派制是解决会计信息失真的一种较切实可行的方法。会计委派制下,企业的会计人员由上级主管部门或中介公司委派,其工资待遇、业绩考核、职务任免等都不再受制于派驻单位的领导,其自身利益也与派驻单位的经营业绩没有直接的关系,这样就为会计人员独立行使其职能,客观公正地提供企业的真实会计信息创造了良好的环境条件。在会计委派制下,如何处理好会计的核算职能与管理职能之间的关系,孟菊香提出的财务会计中介化和管理会计企业化的观点不失为一种较好的改革设想。其中财务会计中介化是将原隶属于企业,主要从事经济业务确认、计量、记录和报告等财务会计活动的会计人员,剥离为独立于企业和政府之外的"第三者",对委托者负责,履行会计反映的职能。管理会计企业化是将原隶属于企业的从事非财务会计活动的会计人员,彻底摆脱政府和企业"双重"管理体制的束缚,实现会计角色的"回归",使其个人利益与企业的经营效益挂钩,有效运用利益驱动规律,促进管理人员竭尽所能对企业整个经营管理活动进行预测、决策和监控,为企业出谋划策,不断向企业管理当局提供有助于提高经济效益的会计管理信息,充分发挥管理会计在企业经营管理中的作用。[1]

3. 完善会计职业道德规范体系

会计职业道德是一般社会道德在会计业务或活动中的具体体现,由会计职业的具体义务和利益、具体活动内容、方式等决定的,以其特殊的行为规范、道德准则引导、制约会计行为,维系和协调会计执业人员与社会、不同利益团体以及会计执业人员之间的关系,使这种关系符合社会价值体系与利益。[2] 它是会计职业界各成员应当遵守的行为规范,在本质上体现着会计职业界各成员之间以及每个成员与相关当事人之间的社会经济关系。[3] 会计职业道德规范是对会计人员的会计行为所提出的道德要求,是会计人员从事会计工作应遵循的道德标准。具体而言,会计职业道德规范规定了会计人员在履行职责中应该怎样做和不应该怎样做,即从道义上规定了会计人员应以什么样的思想、什么样的态度和什么样的作风去完成本职工作。

财政部1996年6月发布的《会计基础工作规范》指出,会计人员职业道德规范主要包括爱岗敬业、熟悉法规、依法办事、客观公正、搞好

---

① 孟菊香:《会计人员管理模式构想》,《财会通讯》(综合版)2005年第6期。

② 汤谷良、安娜·里奇:《借鉴美国经验建立中国会计职业道德体系》,《会计研究》1996年第3期。

③ 于增彪:《略论我国会计职业道德》,《会计研究》1996年第10期。

服务、保守秘密六个方面。我们认为，新时期会计人员职业道德规范除了以上六个方面外，还应包含诚实守信。

爱岗敬业。会计人员应当热爱本职工作，努力钻研业务，使自己的知识和技能适应所从事工作的要求。爱岗敬业要求会计人员应有强烈的事业心、进取心和过硬的基本功，忠于职守，珍惜自己的职业声誉，向会计信息使用者提供真实、可靠的信息。

诚实守信。诚信是会计立业之根本、是会计行业的基础。会计人员应当讲真话、守信用，视"诚信"为荣，视"欺骗"为耻。工作之外重视个人信用，工作之内重视业务信用，真实记载企业的经济活动，如实反映企业的财务状况，"诚信为本，操守为重"，保持执业尊严，以高尚的品德打造会计人的信誉和品牌。

熟悉法规。会计人员应当熟悉财经法律、法规和国家统一会计制度，并结合会计工作进行广泛宣传。法律、法规是会计人员进行会计处理的基本依据，只有对相应法规了如指掌，才能正确、准确地进行日常会计操作，会计信息的真实性、可靠性才能得到保障。

依法办事。会计人员应当按照会计法律、法规、规章规定的程序和要求进行会计工作，保证所提供的会计信息合法、真实、准确、及时、完整。依法办事要求会计人员遵纪守法，严格按照规章制度办事，不为主观或他人意志左右。不畏权势，对于违反会计法规的行为要敢于抵制，更不能为了一己私利而知法犯法。会计人员整天与钱打交道，要具备"常在河边走，就是不湿鞋"的道德品质和高尚情操。

客观公正。会计人员办理会计事务应当实事求是、客观公正。会计人员在履行职能时，应摒弃个人私利，避免各种可能影响其履行职能的利益冲突。只有做到端正态度、依法办事、实事求是、不偏不倚、保持独立性，会计人员才能达到客观公正这一职业目标。

搞好服务。会计人员应当熟悉本单位的生产经营和业务管理情况，运用掌握的会计信息和会计方法，为改善单位内部管理、提高经济效益服务。会计人员不应满足于客观公正地反映企业的财务状况和经营成果,而要更多地参与管理,主动为企业领导出谋划策,通过合理、有效的财务决策来提升企业价值。

保守秘密。会计人员应当保守本单位的商业秘密,除法律规定和单位领导人同意外,不能私自向外界提供或者泄露单位的会计信息;不将从业过程中所获得的信息为己所用,或者泄露给第三者以牟私利。

4. 建立会计职业道德评价体系

会计职业道德评价是以会计职业道德原则和规范,对会计人员的职业道德行为进行的评价。① 根据评价主体的不同,会计职业道德评价可分为自我评价和社会评价。自我评价是会计人员对自身会计职业行为的评价,通过运用会计职业道德原则和规范来衡量自身的职业行为,不断完善自身的职业素养。自我评价实质上是一种道德自律,是会计人员在职业活动中将外在职业道德规范内在生成为自我的职业良心,形成自己的职业道德认识、职业道德情感、职业道德意志以及职业道德习惯等,并以此作为自己职业活动的基本规范。会计人员职业道德的自我评价过程是一个连续的过程,它不仅仅是会计职业活动之后的评价,更是会计职业活动过程中随时进行的评价,公司创造诚信的氛围是会计人员在职业活动过程中的自我选择的前提,当"管理层推行一套守则时,也就确立了一种他们将严格按照道德标准行事的氛围"② 进而形成自我监督的内在机制。会计职业道德的社会评价是指会计组织或社会其他组织和个人对会计从业人员的职业行为进行道德或不道德的评价。它对广大会计从业人员来说,是一种无形的精神力量和重要的行为约束方式,是促进道德力量发挥作用的必要环节。社会评价是会计职业道德的他律机制,多半属事后评价和监督,它以社会舆论为导向,通过公众舆论的褒贬抑扬实现行为的社会调控,引导会计人员弃

---

① 参见孟凡利主编:《会计职业道德》,东北财经大学出版社 2003 年版,第 211—212 页。

② [美]霍华德·西尔弗斯通、[美]霍华德·R.达维亚著,谢盛纹译:《舞弊侦查技巧与策略》,财经大学出版社 2008 年版,第 102 页。

恶从善。时至今日,会计职业活动仍然是人们用以谋生的手段,会计人员个体的特点及其矛盾性决定了会计职业道德建设中必须运用他律机制。社会道德评价通过社会舆论对会计从业人员的行为进行制约。任何人在自身行为与社会的道德要求不符时,都会体验到舆论的压力,并按照舆论的要求修正自己的行为。为增强社会评价的实效,建立会计职业道德跟踪监测系统显得非常必要。建立会计人员、注册会计师、会计师事务所的职业道德信用档案,并实行计算机联网使各地区信息互通,将会计人员流动、晋级、聘任专业技术职务、表彰奖励以及违法违纪在网络和新闻媒体上予以公布,使严守职业道德者得到社会的认同和尊重,而违法乱纪者被社会唾弃。

会计职业道德的自我评价和社会评价是相互促进不可分离的。自律以他律为前提,就会计人员所受到外部世界的约束来说,是他律的;而在一定程度上对理解和把握生活范围的要求来说,又是自律的。越是尊重他律的人,其主动性就越强,自律程度就越高。会计职业道德评价不仅是让会计人员认知会计职业道德规范,更主要的是使他们将会计职业道德规范逐步形成自身的思想观念,并指导和约束自身的行为,提高职业道德自律能力。

第 十 章

财税风险消减与伦理制度建设

　　财税伦理的发展和完善就在于财税风险的有效消减,即依存于财税等一应制度系统的发展和完善。财政作为社会经济与政治的综合反映,是全社会风险的最终承担者。从税制完善来看,则需侧重于税制的协调性构建,使相关涉税人的权与责有均衡而明确的制度界定和强效约束。从总体上说,降低财政风险,应以发展和完善适应于市场经济的公共财政体制为要旨,因为公共财政的伦理维度既表现为在市场配置的私人品性质的领域维护市场经济的效率和机会均等的规则公平,又表现为在公共品性质部分的生产提供中展现高效率、协调分配结果的社会公平。这些都依凭于公共财政的制度建设,要凭借制度的力量来改善政府的"职能错位"和公众的"责任缺位"。通过紧密联系中国当前财政经济现实,采取一般与具体相结合的分析方法进行阐述,局部内容运用了经济学中的成本—收益分析,并且结合了信息经济学的相关方法。

一、财税风险的伦理探因

我国当前经济社会转型期存在于财政收支运行过程中的诸种风险表现及危害,政府与社会公众是其基本行为主体,而在伦理视角之下,这些财政风险归结为政府机构及其人员方面的"职能错位"以及社会公众方面的"公民责任缺位",是双方道德能力或其实现程度弱化的表现;深入分析则是两方面元素同存而合为的结果:一是转型期间新旧制度更替从而在伦理和谐性和制约力上的欠缺与不足,二是当前特定国情民情下人们超强的逐利欲念。

以税收为切入点具体分析纳税人等有限理性的涉税行为人,以成本—收益分析程式进行各自净效用分析,以自身效用最大化为标准,在不同行为方案之间取舍,存在不确定性,形成道德风险。而物质、精神两者因素的效用贡献度最终取决于客观规则对涉税人主观经济理性与道德理性之实现程度的影响力。税权委托人与税权代理人,税制供给人与税制使用人,征税人与纳税人这些税收运行中的制约、对应关系,也造成道德风险上的紧密性相关效应。沿此思路,税收道德风险的现实原因及其消减就不难得出了。

(一)财政风险的一般危害表现及其伦理探因的概括性分析

财政是政府集中一部分国民收入用于满足公共需要的收支活动,以期达到优化资源配置、公平分配及经济稳定和发展的目标。财政作为社会经济与政治的综合反映,是全社会风险的最终承担者。当前,我国财政运行的各个具体环节都承载着巨大风险,这些风险威胁着财政相关职能的正常发挥,也威胁着财政自身运作以及经济和社会发展的可持续性。

1. 财政风险的一般危害表现

当前,在各种财政风险中,对财政债务风险和赤字风险关注较高,而事实上它们是政府收支运行风险的集中反映。

从财政支出方面看。不管在作用广度还是在影响深度上,财政支出都是政府职能的直接展现和真实反映。当前我国财政支出运行中的风险表现可以归结为一点,那就是财政支出的效益还急需大力提升。就预算内财政资金的使用来说,具体到使用部门和单位上,存在着使用规模和结构上的随意性,导致相应效能的弱化、虚化甚至异化,众多的政绩工程、面子工程就是典型。同时,在预算内财政支出以外,还有相当规模的预算外甚至制度外的财政性资金在经济社会中发生作用,相对于预算支出来说,这部分资金的效用更不确定,甚至变质为某些单位或个人的私有资金而任意支配,极大干扰了预算内财政资金宏观调控效能的发挥。另一方面,在社会公众中也存在诸如对免费提供的公共设施浪费或破坏性地使用,有些人为获取财政补助的少量保障金而不惜弄虚作假等多种问题。

从财政收入过程看,也存在类似风险。在税收以外的收费领域,存有大量不规范、不确定性很强的预算内以或及预算外的费用设置和收取,影响了税收的主导秩序,加重了公众的负担。比如有些部门单位靠乱收费、任意罚款来抵补发放工资甚或奖金福利的缺口。在税收领域,一直以来,对于征税所造成的直接征管成本费用以及经济效率损失,也就是对于财政支出资金的获得成本,缺乏科学有效的考量和评估。而有些地方政府为了足额甚至超额完成下达的税收计划任务,不惜采用非正常手段,如让干部四处去"拉税"、"买税",争抢税源,并给予纳税人高额税收回扣、税收返还等。从社会公众方面来看,诸如偷税逃税乃至骗税以套取财政资金之类的不法行为在单位或个人中也并不少见。这无疑降低了税收效率,增加了诚实纳税群体的实际负担。

不难发现,如此种种财政收支风险凸显出了两大方面的主体:政府和社会公众,这两者之间政府处于相对直接的主导地位。当然,在这两大主体的内部可进一步细分的亚主体之间所承担的财政风险有相当区别。以政府方面为例:我国金融体制、投资体制和企业体制等正深入进行市场化改革,而对诸如国有企业改革、国有银行改革等经济社会重大

改革中可能出现的困境,对由行业主管部门或政策性银行等发行而由
财政担保的债券,以及由铁道、煤炭、石化等行业性经济组织发行的债
券这样一些"准国债",对于地方财政可能出现的困境等等,中央财政
不可避免地承担着出面营救的社会责任,从而使财政系统外的经济社
会风险也可转化为财政特别是中央财政的隐性风险。现实中,政府财
政的这种责任成了公众的理性预期,为此,公众中相关行为主体很可能
以财政作为转移其自身风险的"避险港",从而构成了这些主体的相关
行为风险向财政风险的转化。

总之,我国当前的财政风险存在于政府的收支过程中,其表现样态
尽管变化多端而具体,却总归是由政府或者社会公众这两大方面的主
体造就或加剧的;当财政风险的主体被凸显出来,影响主体行为取向的
道德元素及主体间的伦理关系就应成为分析中国财政风险之现状的必
要思考向度。

2. 财政风险中道德因素的概括性分析

不可否认,我国当前的财政风险有其客观的经济背景和条件,其突
出表现:在经济正常的周期性波动中,为避免经济发展陷入通货紧缩的
不利境地,我国自 1998 年以来连续六年采取扩张性财政政策,这必然快
速地增大财政赤字、扩增国债规模,从而加剧赤字和债务风险。而当前
中国经济社会正处于转型期,这既可作为财政风险客观方面的现实环
境,但若以伦理之眼加以审视,不难发现,其间浸染渗透的是作为财政活
动基本主体的政府与社会公众于特定时期所具主观道德能力的高低及
其实现程度的深浅。"要进一步理清政府与市场的关系,首先应明确
市场经济条件下政府究竟应该'干什么'？其次,就是政府应该'怎样
干'"？"按社会主义市场经济的要求,构建市场经济体制框架,进一步
解决好政府'缺位'和'越位'的问题,使市场在资源配置中起作用"。①

---

① 李朝鲜、陈志楣、李友元等著:《财政或有负债与财政风险研究》,人民出版社 2008 年版,第 244 页。

政府是财政活动的运作主体,政府部门及其人员不恰当的行为表现会扭曲财政的应然职能,使其无法正常有效地发挥乃至偏向、异化,直接构成或极大地助长财政风险。这些不当行为可概括为"职能错位",它包括"职权越位"以及"职责缺位"。前者指政府及其人员超越自己应当或者能够的职能范围而行使权力,不适当地延伸、放大了自己的职权。后者则相反,细看有两层含义:一层含义是本应当而又能够履行的职责功能却没有去做、做得不完全,是"量"上的缺位;另一层含义则是对于职能所在,明明都去做了、都在做着,却做得不好,是"质"上的不到位。其间展现出政府系统中公职人员个体或集合体的主观道德能力,特别是其实现程度的相对缺失,而这种缺失很大程度上导源于转轨期财政体制及相关具体制度系统所蕴涵的伦理道德力——所蕴涵的效率和公平性——在和谐性和制约力上的欠缺和不足。

与我国的经济转轨相适应,财政体制正由计划型向市场型的公共财政转变,财政职能由以往的大包大揽转而定位为与市场职能达成互补合作,在诸多领域需放权于市场。一方面,在转轨期,不仅政府(特别是中央政府)也包括社会公众,对于财政效能发挥的广度及深度仍留有某些计划体制的思维惯性,这种惯性渗透在多种财政具体制度的设置和执行中,它与试图解决旧体制遗留难题(比如国有企业单位及其众多人员的生存发展问题)和当前经济问题的迫切现实需要一道,构成了我国大量的财政赤字和沉重的显性及隐性政府债务,加剧了转轨期财政风险;这造成体制性的财政职能越位。另一方面,各级政府对自身在市场经济中的功能定位还在磨合期,不可能即刻到位,这形成职能缺位的体制因素。比如,在预算管理体制设置中,各层级政府间财力上移而职责下移,使基层政府负担偏重,不少县乡财政困难,滋长"拉税"、"买税"、乱收费、挪用挤占资金等问题。又如,预算外财政收支运行仍是制度允许而管理制约弱化,从而干扰妨碍了政府职能的协调性。诸如此类的财政相关制度设置和执行问题既直接构成财政风险,又在规则层面导致或加剧了财政收入和支出的风险度。

从社会公众方面来看也有类似状况。社会公众是财政活动的参与主体和受益主体,之所以会有危害财政效能的诸种风险行为表现——这些其实是"公民责任缺位"的表现,既归咎于一部分人高于一切的自利动机和目的,又在相当程度上是很多人对于现有财政运行及相关社会制度合伦理性(即服务于以纳税人为主体的社会公众的过程中之效率和公平性)的协调性或其执行约束力不足的一种行为反映,或者说是相当程度上对政府"职能错位"造成的"公民权利缺位"的一种现实反馈。总归是社会公众主体道德能力或其实现程度弱化的表现。

值得注意的是,财政活动中两大主体道德能力的高低及其实现程度的深浅,即表现为政府及其公职人员的"职能错位"情况以及社会公众方面的"公民责任缺位"状况不容乐观,这并不仅仅是转型期新旧制度的磨合之痛,更少不了物质基础方面的重要动因——我国在人均国民低收入水平状况下的社会各类主体之间显著的收入落差。这种在改革开放之后二十余年迅速拉大的收入差距存在于城乡之间、地区之间、行业之间,造成了社会不同主体物质生活水平上乃至心理、精神上极大的不平衡感,而这种不平衡感在中国这样一个人口如此众多而资源相对紧缺、技术相对落后的国家极大地强化了人们追逐物质利益的欲念和动机,而这样强烈的逐利欲望恰在转型期具体制度的系统性更新磨合中的薄弱环节和不完善阶段找到了突破口——权责不对称、不均衡,使相当部分政府中公职人员和其他社会公众道德能力及其实现程度不足,在当前财政风险及其危害后果中广泛而清楚地呈现出来。

由上可见,政府机构及其人员方面的"职能错位"也好,社会公众方面的"公民责任缺位"也好,其实是双方道德能力或其实现程度弱化的表现;而进一步说,这既由于转型期间新旧制度迁替在伦理和谐性与制约力上的欠缺与不足,亦是由于当前特定国情民情下人们特强的逐利欲念——更确切地说因为二者的同存而合为。即使我们转移视角、转换方法来看待财政风险,比如以税收为切入点、运用经济学方法来分析财政风险中的道德风险度,也会得出与此相一致的结果。

（二）以税收为切入点的财政道德风险具体分析

本部分将以税收为切入点，借助信息经济学，分析涉税人经济理性和道德理性对比影响下的税收道德风险，以透视财政风险的伦理关系因素。

从税收层面具体来说，财政运行就直接体现在纳税人（社会公众）、征税人（政府）、用税人（政府）的行为关系和结果上面。如前所述，我国当前的财政风险在相当程度上其实是道德风险，而在税收的动态运行中，纳税人、征税人、用税人道德缺失的行为选择和税制供给人所供给税制的道德欠缺都会直接或间接地造成税收流失、削弱税收功用、加剧财政风险并减损社会福利。这些可以通过成本—效益分析反映出来。

1. 涉税人的成本—效益分析

纳税人、征税人、用税人都是现实中有限理性的涉税行为个体，他们在既定规则和能力之下寻求自身效用的最大化，其途径即以成本—收益分析程式进行各自不同内容的净效用分析。对纳税人而言，纳税还是逃税；对征税人而言，公正执法与否、执法公正的程度如何；对用税人而言，是否照章而高效的用税（即公共性财政支出）。这些备选方案在不同情况下导致净效用对比结果的不确定性，存在道德风险。一般而言，他们的成本函数、收益函数总是由物质的和精神的两大方面因素构成；作为有限理性的涉税人，其经济理性和道德理性的对比度极具个体差异，这导致物质、精神两者因素的效用贡献度对比的多样性，直接影响到各自净效用分析过程及结果；而这种影响的大小有无取决于客观规则对其主观经济理性与道德理性之践行程度的制约。

以纳税人为例：如果纳税，则他们的成本函数将包含因为纳税而造成的直接的收入损失和间接的物质消耗，同时也包含自己依法足额纳税而意识到有他人偷逃税之不平衡而形成的精神成本；他们的收益函数则主要由精神方面的道德满足和信誉的确立、消费公共品间接带来的物质收益组成。如果逃税,纳税人为此目的要花费物质成本,另一部分物质成本则是经查处受到经济惩罚的强度与概率之积、信誉损失间接造成的收益损失,而对该行为被查惩的担心、信誉损失及可能的道德歉疚感构成其精神成本;收益函数方面则是因为逃税顺利达成并且照旧享用公共品而带来的物质收益和精神满足。一个经济理性程度高而道德自觉性缺失的纳税人往往忽视精神成本和收益的度量,他的成本—收益分析偏重于直接的物质因素;如果纳税,进入他头脑的主要是实实在在的税收负担,所以他会偏向于选择逃税,道德风险增加;如果逃税,收益方面一目了然,其成本则取决于受到查处惩罚的概率及强度和征税人公正执法的程度。假如逃税成本在一定规则制约下高出其预期收益,形成负的净效用,那么逃税的方案就不可行,这说明纳税人主观上低程度的道德理性所蕴涵的较高道德风险未能践行成为现实的危害性后果。换做是一个经济理性高而道德理性与之相当的纳税人,就会自觉地综合考虑精神成本和收益的因素,选择纳税的可能性较高,降低了道德风险;但是在规则明显失当而失德时仍有可能现实化为逃税选择。

税制供给人尽管也是有限理性的涉税人,但他们不可能进行个体选择而必须是集体决策;其决策结果一经颁布实施就被置于众目之下、经受税收实践的全面彻底的检验监督;这样的规则使税制供给人的净效用分析必然要纳入税制运作的整体成本—收益分析的轨道,从而消解了个体道德风险。但是,他们可能集体(多数)认为社会发展的整体经济理性的践行先于、高于道德理性的,或者某些利益集团经济利益的实现先于、高于其他社会成员的,造成税制在效率性、公平性上的协调失当而失德,体现为税制运行中税收规模、税收功能的减损和税制使用人道德风险的加剧。

2. 税收运行中的制约、对应关系

上述涉税人各自成本—收益的分析始终互相影响,造成道德风险的紧密性相关效应;对此,必须考察税收运行中如下几种重要关系:

（1）税权委托人与税权代理人

征税人行使税收征管权、用税人行使用税权、税制供给人行使税制确立权都是基于政府或公民的直接或间接委托而代理行使相关的税政权力，即所谓的税权代理人；这些代理人的税收权限与其相应的职责理应均衡。而从信息经济学的角度来看，委托人政府或公民所掌握的通常只是其税权代理人的一部分信息而不可能是全部（尤其当委托—代理关系确立之后），而税权代理人只要把握了相关运作监控制度也就相当于把握了委托人的全面委托信息；这就形成了双方的信息不对称，客观上形成委托人的被动局面并提供了税权代理人机会主义道德风险行为的可行性。换言之，基于税权代理人是否到位地履行其税政职责、政府（或公民）又如何进行有效督促，在双方之间存在着以成本—收益分析为程式的信息不对称的重复博弈。其中税权代理人权、责意识的失衡是其道德理性相对缺失的体现；信息不对称是其道德风险实化的客观必要条件。因为对彼此信息资源的掌握程度是影响双方效用分析准确性和行为选择走向的重要因素，代理人据其信息资源掌握的相对优势而有机会作出道德缺失的选择，从事寻租活动、造成税收流失或功能低效。

在我国税权代理人的道德风险问题上：征税人于征管环节的道德缺失行为最易于为人所关注，征税人公正执法与否直接而广泛地影响着纳税人成本、收益函数的构成及度量。同时，用税环节尽管已处于公共性财政支出领域，但它是征税环节必要和必需的延伸，是征税的目的所在；在这个意义上，用税人道德风险的危害丝毫不亚于征税人的，它侵蚀的是税的本质层面；用税公正与否、效率的高低间接而深刻地影响着理性纳税人的效用分析及行为选择。另外，如前所述，税制供给人决策的集体性和决策检验全民性的规则制约大大弱化了信息不对称的道德风险。

（2）税制供给人与税制使用人

税制供给人所供给的税制是基于社会有序化运作的需求而产生的一种公共品，纳税人和征税人是其使用人（用税人使用财政支出方面制度,结论类似)。供给税制的低效、不公就是失德,它助长税制使用人个体经济理性的追求而抑制其道德理性及践行度。鉴于税制供给人有限理性和信息不完全的现实而导致税制的不可能完美性,社会要求税收实体性和程序性制度在效率、公平上实现相对协调;如果税制效率与公平明显失调(税制供给人道德风险现实化的表现)势必导致税制公共品供求的非均衡,形成对社会净效益高于现存税制安排的新的潜在税制之需求;换言之,在税制供给人与税制使用人之间,前者确立后者的博弈规则,后者凭借相对一致的征纳实践选择的指向来反馈信息、影响前者的税制供给选择;如此反复相互作用,构成双方之间整体决策对总合反应的较长周期的特定博弈过程,即税制的优化创新过程和税制供给之道德风险的消解过程。而我国当前税制供给之道德风险的突出表现是:对征税人具体税政权制度设置的明显创租痕迹,程序性制度监惩体系的低效运作构建等。

(3)征税人与纳税人

以既定税制为规则,围绕税收征纳关系,纳税人与征税人之间同样进行着基于各自净效用分析的重复博弈。信息的不对称表现为:征税人对纳税人应税情况的把握有客观限度和范围,而新兴电子商务的"虚拟"贸易形式加剧了这种不对称;而纳税人优势的信息掌握提供他在纳税与逃税之间选择的余地,形成道德风险。而作为税权代理人的征税人同样可以在是否公正尽力执法间进行选择,也存在道德风险。综合所有涉税人道德风险作用力的合效应,征、纳双方的博弈结果既可表现为道德风险消解(征税人依法征税且纳税人依法纳税),也可能表现为单方道德风险现实化(征税人依法征税但纳税人逃税、纳税人依法纳税但征税人消极低效征税),还可表现为双方道德风险现实化(征税人寻租或消极征税而纳税人合谋或非合谋逃税)。不可否认,后两者在我国并不少见。

3. 税收道德风险的现实探因

综上所得的观点显然与第一大部分的相一致、相吻合:税收运行中的道德风险之高低及其实化为危害性后果的程度与涉税人经济理性和道德理性的对比及践行度密切相关,进一步具体分析则主要取决于如下因素:

第一,人均收入的横向落差度。如前所述,一个生产力极度发达、资源稀缺消失的国家有可能提供给行为人一个经济理性与道德理性不再冲突而是协调一致的客观环境,一个生产力高度发达的国家有可能提供给行为人一个经济理性与道德理性冲突较少较小的客观环境,但我国当前显然还不具备这种能力。我国改革开放以来经济纵向发展迅猛,但由于过多的人口和其他掣肘因素,国民人均收入仍远落后于发达国家,国际横向比较落差较大;同时,国内横向比较,个人收入水平也有参差不齐至差距悬殊的对比。这种经济收入的双重横向落差在今天的信息时代尤为突出地展现在国人面前,加之物质决定精神的唯物史观,相当一些国人经济理性先于、强于其道德理性的格局并非不能理解,这恐怕是造成涉税人道德风险的首要客观基础。

第二,信息资源的不对称。如前所述,信息不对称及其约束弱化是道德风险现实化的必要客观条件,它可能会降低拥有优势信息涉税人的原有道德理性的践行水准。

第三,相关制度的设定及其被认同度。制度①。是人类相互交往的规则,它抑制着可能出现的任意行为和机会主义行为,有效能的制度运用惩罚使人们的行为更可预见而由此促进劳动分工和财富创造。它既包括法规、政策等正式制度,也包括文化传统、道德规范等非正式制度。在现实中,上述两种制度相生相成,不可截然断开。在税收领域,作为税政博弈规则的税收及相关正式制度在效率和公平上的有机协调本身就贯穿着伦理道德的精神,同时又是制约纳税人、税权代理人道德风险的直接而有效的他律手段;而纳税、征税、用税乃至税制设置各方

① 参见[德]柯武刚、[德]史漫飞著,韩朝华译:《制度经济学》,商务印书馆2000年版,第35页。

面具体道德规范的被认同程度也就是涉税人的道德理性程度,这种自觉的认同需较长时间。

4. 我国税收运行中道德风险危害的消减

要消减我国税收运行中的道德风险及其危害,必须从以下三方面入手。

一是进一步提高我国人均收入,缩小横向落差度。这一方面依赖于经济的持续健康发展,另一方面受制于收入分配制度的效率、公平之均衡。影响我国经济发展的因素相当复杂,须遵循客观规律,只能是一个循序渐进的过程,但一套高效而公平的经济制度体系(包括税制)的构建无疑能极大地促进经济发展。

二是改善税收运行中行为人间信息不对称的状况、强化对优势信息掌握者的监控。即使是信息技术高度发达和普及的社会中,涉税人客观上不均衡、不对称分布的有限理性及其践行能力就已决定了信息不对称的不可能消失,何况涉税人(如纳税人)为了自己的利益可能会人为制造信息获取的障碍,使得信息获取成本过高而不得不被放弃。因此信息不对称的改观是有限度的。而对掌握优势信息涉税人的监控途径则需依赖规则即制度的有效运作。

三是增进税收及其相关制度设置的效率性、公平性的协调,注重提升相应道德规范的认同度。相对而言,制度(尤其是正式制度及蕴涵于其中的伦理道德规则)对于短期和长期降低防范税收道德风险及危害后果的功效都比较突出:一方面如上所述,良性的制度运作是前两条防范对策的必要和极其重要的激励、制约的规则保证;另一方面,协调适度、监惩得宜的税制体系设置既有益于涉税人主观道德理性的培养,又能直接控制涉税人经济理性的客观践行度。为此,税收及相关制度(正式的和非正式的)的优化创新应为防范当前我国税收道德风险乃至财政风险的首要突破口和持久的支撑力量。

二、财税伦理依存于财税制度的发展和完善

基于以上两大部分的种种分析,不难发现:当前我国财税风险的有效消减,需要政府与社会公众道德能力及其实现程度的提升,这就需要切实均衡二者之间及其各自内部的权与责,需要在我国经济不断发展、国民收入整体提升中,财税制度以及其他相关社会制度系统地发展和完善;这一进程其实也同时是财税伦理的发展和完善进程。

(一)以税制的完善为代表的具体分析

以税制的协调性构建为代表,为使相关涉税人的权与责有均衡而明确的制度界定和强效约束,当前应特别关注以下几点:

1. 税权代理人责任与纳税人权利的制度强化

在我国,税权代理人责任意识的淡化和纳税人权利意识的淡化是一个问题的两个面,这在很大程度上应归咎于长期以来相关正式及非正式制度相应规范、引导功能的弱化。为此,在税收程序性制度方面应构建体系完备、有力高效的税权代理人监惩制度,以规范其行为来强化其职责意识和道德理性。如能像税制供给人供给税制那样,将所有税权代理人的行为选择置于全民的理性监督之下、辅之以强效的惩罚制度,征税人及用税人的道德风险行为可大减。而通过多渠道(如财税制度的明确条文、媒体的宣传)让纳税人领会税收存在的本质内涵、履行纳税义务的应享利益和权利等,这才能深层面地增强其纳税理性——既是经济的又是道德的,也才能真正担当对税政权力的理性监督和制约。我国今年施行的新税收征管法正体现出这一向度。

2. 减少创租的制度设置

从执行角度来看,税制就是关于税怎么来征的各项具体执行权划分归位的集合,这些具体税收权限的设置如果界定不清、约束乏力或者界定清楚但约束软化,就意味着创造诱人的制度租金,会引发征税人单

方面或与纳税人合谋的非法寻租活动,造成税收大量流失和一系列严重负面影响。我国当前进一步深化改革开放的特定情况造就了税制中为数相当不少的优惠性政策(税收的减、免、退等),政府本意上是通过倾斜政策调整产业结构或收入分配结构,但客观上提供了大量的制度租金,有创租泛化的趋势;而同时我国税政监控体系相对软化,因此道德风险实化问题十分突出,造成税政效率低而不公平。因此税制供给人应适时适当地减少创租的制度安排,同时尽可能健全、强化相应监控惩戒制度。

3. 税收电子化的制度完善

信息技术的迅速发展、互联网的日益普及极大地更新着人们的生产营销和生活方式,我国税收管理的电子化进程正是适应这一趋势而推开。依托于计算机网络的税收电子化有益于相关信息资源的广泛流通、有效获取和科学分析,因此有益于提高我国税政决策效率、征管效率以及税收管理的透明度。但作为一种先进管理手段,如果没有与之相适应的税收管理制度、没有与之相适应的管理人员素质,税收电子化难以持续有效地发挥作用,甚至转而变成部分征税人的非法寻租工具。客观地说,税收电子化的发展有助于减轻税收运行中的道德风险,特别是由于电子商务加剧征纳双方信息不对称而导致的纳税人道德风险;而这必须以税收电子化本身软硬件的高水平配置和税收管理模式的优化、税收政权行使主体较高的运用能力和道德理性等元素的全面协调为前提。为此,相关的正式制度与非正式制度的健全完善必不可少。

(二)发展和完善体现伦理和谐性的公共财政机制

综上所述,切实构建、不断发展完善体现伦理和谐性的财政体制及其相关制度系统,并以其高效执行的约束力和规制力来提高政府与社会公众的道德能力特别是其实现程度,是减少当前转轨期财政风险的必要途径和重要环节。而就财政体系本身的制度建设来说,降低财政风险,就是确实以发展和完善适应于市场经济的公共财政体制为要旨——这首先是因为公共财政所具有的与市场经济相适应的伦理维度。

1. 公共财政的伦理维度

依照公共财政理论,市场机制擅长于对私人物品的提供,而对具有非排他性、非竞争性的公共物品的提供则处于失灵状态。为此,有必要由政府以税收等形式集中一部分国民收入,再通过各类财政支出提供诸如国防、行政、环保、市场竞争的规则等公共物品,发挥经济和社会管理、服务职能,以满足社会公共需要。所以,公共财政体制的核心在于:政府的财政活动自始至终是为了满足社会公众的共同需要;就这一明确定位的目标来说,其制度整体的合义性或者说其道德蕴涵已得到根本上的揭示。

(1)与市场机制的伦理维度相适应和相配套的公共财政伦理维度

在现代社会,市场经济是主流经济体制,市场成为经济资源配置的基础性手段,这无疑要归因于人们对市场机制运作的经济高效率所形成的普遍认同。尽管市场系统运作的高效率通常被定位在经济的层面上,但不容否定的是,市场之手的这种经济高效率其实也正是它的伦理维度重心所在。因为,一方面,在整体而一般的意义上,市场机制所意味的经济上的高效率是一种发展能力,是推动一定经济及其社会发展、增进人们社会福利的最强大而持久的重要能力——在这个意义上,它本身就具有伦理价值,就成为一种伦理维度。另一方面,在具体而现实的经济生活中,市场之手的高效率总是与公平有着种种关联,它渗透着与规则公平的深刻结合——这便是市场机制的又一伦理维度;但在起点不可能充分公平的经济社会实践中,它往往带来结果上的极大不公平,从而侵害相当一部分人(特别是弱势人群)的生存条件和发展空间,损害经济社会发展的协调性和持久性。

与此相对应、相补偿的是,公共财政体系需要通过自身的有效运转来维护规则公平——以便市场机制能够高效率运作,以及协调结果的适度公平并适当弥补起点条件的种种不公平现实——以便经济、社会、主体人尽可能获得平等、协调、可持续的生存样态和发展潜力。因此，公共财政的伦理维度在取向上十分明确，就是要与市场机制的伦理维度形成相生相成的配套系统，这显然是与二者在经济社会运行中的"硬件"配合相适应的"软件"协调。具体来说，公共财政的伦理维度仍旧可以归纳为公平和效率两个方面，但其意蕴必然与市场机制的大不相同。就其公平的伦理维度来说，一方面，公共财政不应干扰而应维护市场机制运作的规则公平；另一方面，公共财政需要依据经济社会整体的健康和谐发展目标，适度地以适当的方式来扶助弱势人群、弱势地区等的生存和发展能力，从而体现适度而必要的结果公平。倘若公共财政的自身运行缺乏效率，就无法达成这样一些目标，从而也就无法有效地促动整体市场经济的发展和社会福利的提升。因此，效率是其伦理维度的又一支撑点，而这种效率集中体现在其提供各种公共性物品的界面上。

（2）由计划型财政伦理维度转变和创新为公共财政伦理维度

基于以上分析，不难发现，计划经济体制下财政的伦理维度与市场经济条件下的公共财政伦理维度有很大不同，不仅是力度上的不同，更是指向上的差异——而这种差异正是我国发展市场经济、发展公共财政的社会实践所体现的创新伦理精神和伦理价值。

计划型财政伦理维度有一个主导的社会公平定位，即定位于社会主体利益分配上趋向于极端的结果公平、趋向于平均主义的分配模式，这与计划型经济体制的伦理维度是完全一致的。在我国过去几十年的计划经济条件下，政府的财政不仅承担着纯公共物品、准公共物品的生产提供，而且还大量包揽了本应由市场加以配置的私人物品的提供。这本来是意图迅速而普遍地实现高度的社会公平分配，但是，由财政所越位兼管的大量私人物品的生产提供，由此而丧失了利益机制的驱动力，丧失了作为增进社会福利的物质能力的经济效率；同时，财政也无法全力而充分到位地提供公共物品，从而在公共物品提供的范围和质量上既有失效率，也在公平上有明显缺陷。也就是说，计划型经济体制下财政系统运作所蕴涵的那种伦理价值趋向、所呈现的那种伦理维度样式,虽然包含了设计、实施者的良好初衷和愿望,却具有片面性,因无法适应经济、社会与主体人和谐可持续发展的现实需要而必须更新转化。

而市场型财政即公共财政的运作系统及其渗透着的伦理维度,就是对如上所述的计划型财政及其伦理维度的扬弃和创生。因为,公共财政的伦理维度不是单立独行的,而是与市场机制伦理维度的侧重侧轻相协调、相适应而同时并存的——市场机制的伦理维度侧重于私人物品,以及准公共物品中私人品性质部分的生产提供过程中的经济效率和规则公平,并由此而渐次推及福利提高的社会效率及分配公平的根基,而公共财政的伦理维度既要在公共物品以及准公共物品中公共品性质部分的生产提供中展现高效率、协调分配结果的社会公平,又要在市场配置的私人品性质的领域维护市场经济的机会均等、规则公平。由此可见,公共财政的伦理维度不是单层存在的,而是多维共导的——在体现公平的同时,特别重视效率的经济价值及其伦理价值:不仅努力协调社会分配结果上的相对公平,而且强调规则和过程的公平维度;不仅讲求社会公平,而且突出经济公平。公共财政这些丰富而多维多层的伦理维度,是随着人类经济社会发展而发展的财政系统运作的经验和教训的总结,对我国来说,又尤其是对前几十年计划型财政运行及其伦理维度的深度反思,换言之,我国市场经济下公共财政体制的建立和发展,不仅是对旧有计划型财政在内容和形式上的取代更新,更是在深层利益协调的伦理价值取向和规约、导引上的创新和发展。

当然,我国目前的公共财政体系仍处于建立健全的进程中,其伦理维度的发展定位虽然明朗,但就新旧转换的现实情况来看还存在一些困难——集中表现在我国的市场机制虽初步成型但尚不成熟,因此应有的功能发挥及其效率主导的伦理维度还不能到位,这就为与之相配套的公共财政及其伦理维度的展现制造了麻烦。不过,随着我国市场经济的客观环境及主体相应意识的进一步发展、完善,公共财政的伦理维度必然会越来越清晰、越来越成熟地呈现在我国日益到位的公共财政实践的系统运行和功能发挥中。而公共财政多维多层的伦理维度，在公共财政运行的不同具体环节中有着不同的侧重。比如，税收是公共财政提供各种公共物品的"成本"、"价格"，政府应以民为本、以人为本，提高征管效率，促进税收收入，同时充分、高效、合理地加以使用，从而更多更好地提供公共品，服务于纳税人，造福全社会，这直接立足于公共财政的运行效率；税收广泛而深入市场经济微观运行的众多环节，因此流转税、所得税的适度中性，凸显了对市场机制的经济效率和规则公平的维护；税种税制的优化更新、公共品的提供也总是渗透着诸种效率及公平导向。而公共财政中诸如城市居民最低生活保障线等社会保障举措则直接侧重于社会分配结果的必要而适度的公平；如此等等。

2. 公共财政制度建设的概括分析

如上所述，公共财政具有与市场经济规范和发展要求相适应相配套的伦理维度，而这同时也是对于旧有的计划经济型财政所具伦理内核的扬弃。基于此，从总体上说，我国当前在公共财政的制度建设中，所迫切需要的一是有效均衡政府主体及其人员在提供公共物品全过程中的权责关系，二是有效均衡社会公众主体的公共需要满足和纳税之间的权责关系；也就是说，要切实凭借制度系统的现实力量来抑制政府的"职权越位"、弥补政府的"职责缺位"从而改变政府的"职能错位"，同时也依赖于制度来改善公民的"权利缺位"和"责任缺位"状况。

事实上我们不难发现，财政运行所涉两大基本主体政府与社会公众各自的权责均衡恰恰意味着二者彼此之间的权责对称和均衡，因为他们之间的权与责就是互生互制的；政府的"职能错位"的纠正其实也就意味着公民的"权利缺位"的改善，从而有利于公民的"责任缺位"的改善，这进而也能促进政府及其公职人员职责的正常行使——公共财政中政府的职能就应是为了满足社会公共需要，公众的生存发展权利通过公共物品有效率的、公平的提供而得到维护，他们的责任意识和行动（纳税及监督政府及其公职人员）就会更加普遍和强化，为此政府及其人员的行为亦能更加规范和有效。

从这个视角延伸下去,这种公共财政制度系统所应体现的两方面主体权责的均衡协调,其实也就是政府与社会公众之间互信关系的确立和巩固;当然其间政府的公信力是主导的直接的方面,就体现在其职责的规范性和职能的有效性、公平性上。若政府相对于社会公众而言的信用一旦稳固存续,社会公众也会在不同环节反馈以不同的社会角色信用;在公共财政运行中,这种信用关系的存在可以细分得很有对应性,比如站在税收层面所看待的财政运行中包含的税权委托人与税权代理人、征税人与纳税人、直接用税人和最终受益人之间等等。总之,政府及其公职人员与社会公众之间,通过制度建设,权责均衡互制互生,才能互信,相互的信用关系稳固体现在各自行为中,公共财政才能协调运作,财税伦理就蕴涵于其中。

如前所述,不论是我国人均低收入水平下的社会主体收入落差的协调,还是具体制度本身问题的改善,财政制度系统的发展完善都不可或缺。一般来说,公共财政系统的制度建设主要应包含以下三大方面:

(1)首先是预算管理体制及其外围实体财政运行制度的完善

在作为核心的预算管理体制中,应赋予各层级政府主体以权责相对均衡、匹配的财权财力和职责范围,并以科学、合理为其原则,而所需合乎的"理"也应包含"伦理"之意。在保持中央政府相对集中的财政管理权限的同时,应适当增加地方基层政府的财力,以适应其大分量的公共品提供需求的职责。而对于财权财力越大的上层级政府越应确实承担起与之相称的职能和责任,特别是在所辖范围内协调、缩小城乡之间及地区之间公共品提供上的巨大差距,比如社会保障制度的完善等。

(2)财政支出和财政收入绩效评估制度的健全

当前我国对于财政支出的绩效评估制度的建设正在进行之中。这种评估如果不能够落实到政府系统内部作为财政支出具体主体的各部门及各单位的具体支出项目的事前、事中和事后全过程上,恐怕难有整体性的实质制约效果,而要达到这一点,我国当前显然还有大量的工作要做。另一方面,对于财政收入的绩效评估体系和方法的构建也应给予重视,毕竟税收等财政收入的效率高低直接决定了政府以支出安排提供公共品、满足公共需要之成本和代价的高低。

(3)财政运行监督制度的建设及其高效运行不可或缺

其基础方面必须是"信息平衡"制度的建设。不仅政府内部信息应当互通,以便于专职的政府监督机构充分及时掌握财政运作各方面的信息,从而有效实施监督,更重要的是,应当确立完备的政府信息的社会公示制度,以便于以纳税人为重心的社会公众能够迅速而全面地了解财政运行方方面面的具体情况,比如特定收支运行效能的高低等,从而表达意见和建议,施以广泛的社会监督。以此为基点,构建和完善政府与公众之间顺畅的反馈、反应制度以及配备高效有力的惩奖制度是必不可少的。

总之,以上三方面的制度建设和完善相辅相成,必须齐头并进,并且应随着我国经济的不断发展、人均国民收入的不断提升,与其他相关社会制度建设相配套,以效率和公平为核心,改变政府与社会公众"权"与"责"的错位失衡,共同构建互信而体现伦理和谐性的制度系统,以切实提高政府与社会公众的道德能力及其实现程度,从而大大少极具"转轨体制性"特点的财政风险,并且日益确立与中国经济、社会当前和未来发展走向相适应的财税伦理。

第十一章

审计关系与审计伦理

近年来,国家审计署连续几次掀起"审计风暴"使人们在更多地了解审计的同时,开始关注审计对财经活动的监督作用,审计伦理的研究也随之兴起。审计关系既是一种经济关系也是一种信用关系,其中最根本的是信用伦理,因此信用问题是审计伦理的核心。尤其在对研究审计人员的职业素养和道德品质的研究上,需要打破仅仅局限于审计准则、审计规范等的制度建设层面,进一步拓展到应用伦理学的范畴,即从审计的本质及其伦理价值入手,拓展到研究审计活动中人与人、人与组织及人与社会的关系,从研究审计伦理关系、审计伦理研究的基本问题上升到审计伦理制度建设研究的高度。

一、审计的本质与审计关系

传统意义上的审计是一种查错纠弊,要求对于经济业务、会计凭证、会计账簿和会计报表等进行审核,以发现记账差错和舞弊行为。现代审计的内涵与外延已进一步拓展,不仅有财务审计,也有管理审计、绩效审计等。随着市场经济的发展,我国的审计体系日渐完备,呈现出了两大发展趋势:一是审计市场日益开放,另一个是审计在公司治理、国家治理中日益发挥出不可替代的重要作用。从而,审计的内涵以及人们对其本质的理解都处在不断发展之中,准确地把握审计的本质及其新的内涵对构建审计伦理有着十分重要的意义。

(一)审计的本质

审计是社会经济发展到一定阶段的产物,它伴随着社会政治经济的不断发展而逐步发展完善。审计从本质上说是一项具有独立性的经济监督活动,它是由接受委托或授权的独立专职机构或人员,对被审计单位特定时期的会计报表及其他有关资料的合法性、公允性以及经济活动的真实性、合法性、效益性进行审计监督、评价和鉴证的活动,其目的在于确立或解除被审计单位的受托经济责任。审计行为是一种非常复杂的社会现象,它既可以表现为政府行为,具有宏观控制的特点,也可表现为企业行为,具有微观控制的特点。①

1. 审计的产生

审计作为一种经济监督活动,自从有了社会经济管理活动以来,就在一定意义上存在着。所不同的是,在社会发展的各个时期,由于生产力发展水平以及社会经济管理方式的不同,审计的广度、深度和形式自然也各不相同。② 生产力低下的原始社会不需要审计;在经济不发达的时期,经济规模小,生产资料的占有者可以亲自管理、亲临监督,当然也不需要第三者去审计;当社会经济发展到一定水平,生产资料所有权与其经营权或管理权相互分离时,就会出现因授权或委托经营、委托管理而发生经济责任关系,这种由经营者或管理者对所有者承担的经济责任,只有交办于和责任履行者不存在经济利益关系的人员,并由所有者授权或委托

① 参见李金华:《审计理论研究》,中国审计出版社2001年版,第18页。
② 参见李凤鸣:《审计学原理》,中国审计出版社2002年版,第9页。

而独立进行审查和评价,才能予以确立或解除。因此,审计产生的动因理论有多种,但主流观点是:受托责任关系是审计产生的根本动因,出于确定经营者或管理者是否履行经济责任的需要,就产生了审计。

如果说,受托责任关系是财产所有者,或更宽泛地说是资源占有人实现对资源有效管理与使用的必要手段和保证机制,那么,审计则是受托责任关系能够顺利实现的必要手段和保证机制。

2. 审计的特征

独立性是审计的灵魂,是审计最本质的特征。要准确地确立或解除受托经济责任,必须要有客观公正的、独立于委托者与经营者以外的第三者来进行审查和评价,这才能保证审计活动的公正性和权威性。正因为审计的这种独立性,才受到社会的信任。我国《宪法》明确规定,审计机关在国务院总理领导下,依法独立行使审计监督权,不受其他行政机关、社会团体和个人的干涉。国际审计组织的最高机关在《利马宣言——审计规则指南》第一章中涉及审计属性的时候,首先就提到最高审计机关的独立性,其次就是最高审计机关成员和官员的独立性。

经济监督是审计的第二大特征。监督即监察并督促,经济监督就是指有制约力的单位或机构监察和督促其他经济单位,使其全部或部分经济活动符合一定的标准和要求,按照预定的方向合理运行。经济监督是审计最基本的职能,也是审计的本质特征。从国家审计的情况来看,其审计活动就是对国家各级政府及企事业单位的财政财务收支的真实性、合法性、效益性进行监督。从内部审计的情况看,内部审计的主要职责是对本部门、本单位的经济活动进行监察和督促,以保证本部门、本单位的有效管理,实现其既定的管理目标。对于注册会计师审计而言,注册会计师审计本身就是以对被审计单位的经济活动进行审查、鉴证而实现审计委托者对被审计单位的经济监督。

(二)审计关系

目前,我国的审计体系是由国家审计、民间审计和内部审计组成的

"三位一体"的构成方式,虽然国家审计、民间审计和内部审计都具有审计的共性,在审计关系中也均涉及作为审计主体的第一关系人,作为审计客体的第二关系人和作为审计授权或委托人的第三关系人,但由于审计组织形式不同,其审计目标、审计职责与范围以及在经济监督中的地位与作用也各不相同,审计关系人的具体体现也各有差异。如:国家审计的审计关系一般是审计机关作为审计主体,财政机关、政府行政部门等作为审计客体,审计授权人为立法部门。民间审计的审计关系,从理论上说,审计主体应是注册会计师事务所或注册会计师,审计委托人即第三关系人应是股东、债权人和其他利益相关者,经营管理层为审计的客体。内部审计的审计关系,一般认为,审计授权人是政府部门的最高行政首脑或单位的主要负责人,审计主体是部门或单位负责人领导下的专职审计机构或人员,审计客体则是各级行政管理部门或单位。由此可见,不同的审计主体其具体的审计关系不尽相同。

1. 审计是一种经济责任关系

在现代审计理论中,所谓审计关系一般是指审计活动中所涉及的审计主体、审计客体和审计授权或委托人之间的一种经济责任关系。审计委托人产生审计需求,审计人产生审计供给,被审计人提供审计对象,无论是国家审计、内部审计还是社会审计都具有这三个基本要素,审计工作必然由这三方关系人所组成。

审计主体为第一关系人,指审计行为的执行者,即审计组织和审计人员。审计客体为第二关系人,指审计行为的接受者,或者说是处于被审计地位的资产代管者、经营者等。审计授权或委托人为第三关系人,指依法授权或委托审计主体行使审计职责的单位或人员。按照受托经济责任理论,财产的所有者不直接参与审计,而第一关系人即审计主体接受第三关系人的授权或委托进行审计。

2. 审计关系的演变

上述我们分析了审计关系及具体的审计三方关系人,但受托责任不仅是一种普遍的静态的经济关系,同时,它也是一种普遍的、动态的社会关系。受托责任关系反映了审计委托人的社会需要,而伴随着社会政治、经济的不断发展,审计委托人的社会需要在层次上和水平上也在不断变化和提高,因而受托责任关系的外延总是在不断演变与拓展。

从受托责任性质看,现代审计从原始的受托财产保管责任、受托财务责任向受托管理责任发展,受托人不仅要保管好受托资产、做好财务管理工作,而且要做好整个管理工作;从受托责任范围看,已是由特指的委托人的责任向非特指的委托人的责任扩展,如原始的受托责任主要是对国王、王室、国家权力机关、股东、债权人、董事的责任等,而现在已扩展到对环境、全体纳税人、全体消费者、国家政治稳定因素等;从受托责任的履行看,已从程序性受托责任向结果性受托责任发展。由此而来,一是履行不同职责的各审计主体应运而生,以国家审计为例,各级政府及其部门和众多的国有企业、事业单位客观上承担着公共受托责任,而建立在受托经济责任关系,尤其是公共受托责任关系基础之上的资产所有者管理资产的需要就是国家审计诞生和存在的根本原因;二是审计种类的迅速增加,伴随着受托经济责任的演变,审计已由单纯的财务审计向经营审计、管理审计、绩效审计乃至向监督受托社会责任的环境审计等方面发展。

二、审计伦理的内涵

如前所述,审计是一种独立的经济监督,是一种经济行为或管理活动。审计监督或管理活动本身不仅涉及监督与被监督者、管理者与管理对象等多方利益相关者之间的关系,同时更是一种为了满足某种客观的社会需要而产生和发展的社会现象。因此,在这种社会需要及社会活动中,审计必然涉及人与人、人与社会之间的相互关系问题。

所谓审计伦理是指审计工作及审计程序中所涉及的人与人、人与社会、人与自我和人与自然之间相互的伦理关系及其责任。在审计关系中,审计伦理表现为主体对社会进步、人际关系和谐、人与自然关系协调以及自我完善的追求过程。

(一)审计关系蕴涵着伦理关系

在中国,"伦"、"理"二字,早在《尚书》、《诗经》著作中即分别出现。"伦"有类别、辈分、顺序等含义,可引申为不同辈分之间、人与人之间的关系,"理"最早是指玉石上的条纹,具有条理、道理、治理的意义。① 伦理道德指处理人与人之间相互关系所应遵循的道理和准则。道德是社会意识形式,是人们共同生活及其行为的准则与规范。人们的许多行为是受道德准则及伦理关系约束的。

审计关系虽然不能简单对应成伦理关系,但是审计关系中蕴涵着道德关系完全可以从伦理学视野来审视,具体表述为:以审计对象(即审计标的物)为客体,以审计活动过程为载体所形成的委托主体、审计主体、被审计主体及相关社会主体四者之间相互作用、相互影响的关系。从审计活动本身而言,至少在以下三个方面体现出具体的伦理关系。

1. 审计促进经济管理和经济效益的提高

审计促进经济管理和经济效益的提高是指审计通过财政财务审计和经济效益审计,可以对被审计单位的经营管理制度以及经营管理活动进行评价,发现影响被审计单位财务成果和经济效益的各种因素,并针对问题之所在提出切实可行的改善措施。这样就有利于被审计单位不断改善经营管理,改善物质技术条件和人员管理素质,进一步挖掘潜力,不断提高经济效益,从而审计活动的外在监督有利于促进和激励审计对象,提高责任意识与义务感。

2. 审计促进社会经济秩序的健康运行

审计促进社会经济秩序的健康运行是指就审计产生的社会效益而言。通过微观审计和宏观调查,审计可以发现社会经济生活中一些违

---

① 王正平、周中之:《现代伦理学》,中国社会科学出版社 2001 年版,第 2 页。

法乱纪和破坏正常经济秩序的现象和行为,审计机关和审计人员不仅有向宏观管理部门反映信息的义务,而且有提出处理意见和改进措施的权力。维护财经法纪,有利于维护正常的经济秩序,保证国民经济健康地发展。在这之中体现了审计主体与政府部门之间的伦理关系,其中大量发生的审计活动,往往是由政府有关部门作为委托主体而形成的,其间常常表现为一种委托责任伦理。

3. 审计促进各种经济利益关系的正向调整

审计促进各种经济利益关系的正向调整是指通过审计可以发现在处理国家、地区、集体、个人之间经济利益关系方面存在的问题,通过信息反馈和提出一些改进意见并形成具体措施,有利于协调各方面的经济利益关系。审计活动对各种社会经济行为的监督与评价,有利于理顺各种类型的经济利益关系,有利于发挥审计独立之"公器"的作用,把追求社会和谐、社会公正的价值理念融入到各种经济利益关系中起到调整与规制的作用。

(二)审计行为蕴涵着伦理价值追求

近年来,伦理价值越来越受到人们的关注,学者们已将道德伦理与利润收益联系在一起提出"道德资本"的观点。[①] 以道德的方式谋取利益的"道德资本"观念逐渐开始深入人心。1988 年 2 月,由美国著名企业参与的"企业圆桌会议"发布了一项报告:"公司伦理:企业的首要资产",强调"公司伦理是企业生存与赢利战略的关键"。[②] "审计风暴"更表明了广大人民群众对审计的伦理价值的期待,期待正常、正当、公正的经济利益关系。

审计不仅是一项独立的经济监督活动,同时也是一种伦理行为与

---

① 关于"道德"资本的理论,参见王小锡教授教授等著的《道德资本论》,人民出版社 2005 年 1 月版。

② 参见罗能生:《经济伦理:现代经济之魂》,《道德与文明》2000 年第 2 期。

伦理现象,经济监督与伦理行为不是相互排斥的,而是相互渗透相互依存的。在审计活动中必然产生与之相应的伦理关系。审计有着深刻的伦理内涵,审计行为蕴涵着伦理价值追求。

1. 审计本身具有伦理价值

按照目前的主流观点,审计是一种独立的经济监督活动,审计是独立、客观地对财政、财务收支及其经济活动进行评价,以实现确立或解除受托经济责任这一审计目标,因此,客观公正始终是审计永恒的追求。

2. 审计主体的道德素养决定审计活动的效果

审计目标随审计主体的行为而实现,审计关系也受审计行为的影响。因此,审计行为主体的道德水准不仅影响审计结果,也必然决定着审计关系是否能够健康有序。审计主体的道德素养决定着审计活动的效果。

3. 审计行为需要道德调整

审计是一项复杂的社会活动。审计活动需要审计人员的品质、精神境界及其处理人与人之间关系时应遵守的行为规范和准则等进行规定和调整。因此,提高人们的道德素养,规范审计工作,有利于提高审计质量,规避与防范审计风险,对协调各种经济利益关系并发挥其应有的作用具有重要的意义。

(三)审计伦理关系剖析

考察审计关系的演变和审计发展历史,可以越来越多地感受到审计伦理关系不仅在经济领域发挥着越来越深入的作用,而且在社会领域也产生了越来越广泛的影响。随着对审计伦理关系的剖析,根据对主体之间关系的归纳和研究范围的界定,我们可以将审计伦理关系定义为广义与狭义两个方面。

1. 广义审计伦理关系

广义审计伦理关系是以审计对象为客体而构成的多重伦理关系,

即由委托主体、审计主体、被审计主体和社会主体(受审计行为影响的社会各方面、各阶层)之间产生相互影响、相互作用所构成的开放互动、错综复杂、非线性的伦理关系。在这样的伦理关系中,审计对象(客体)是相对稳定、客观存在的,其自身并不能引起主体关系的变化,变动的只是四大主体之间的关系,而审计主体正是产生这种变动的主动力。随着对审计对象(客体)真相的揭露,以及对这种揭露予以公开的范围的变化,各主体之间的伦理关系必然产生新的变化与调整。从此角度来看,审计伦理则涉及社会伦理、经济伦理甚至政治伦理。广义审计伦理关系的丰富与发展为审计伦理的研究提供了客观条件,并使之成为可能与必然,而"审计风暴"则从另一角度宣示了广义审计伦理进入了一个崭新的阶段。

2. 狭义审计伦理关系

狭义审计伦理关系是以审计对象(客体)为中介由审计委托主体、审计主体、被审计主体所构成递次影响与反馈的线性伦理关系。与广义审计伦理关系一样,其间推动伦理关系变化的主动力仍是审计主体的审计行为,以及对审计结果的披露方式。狭义审计伦理关系是广义审计伦理关系的基础,而在审计影响越来越广泛、审计工作越来越深入、民众对审计行为效应愈加期待的形势下,广义审计伦理关系对狭义审计伦理关系的影响与制约也越来越直接、越来越深刻。狭义审计伦理关系的重点是审计主体与被审计主体的互动过程,从这个角度来看,审计伦理更多表现为审计人员的行为准则和职业道德,这方面目前较之广义审计伦理关系的研究要具体得多、关注得多,但不足的是大多仍只停留在操行的评定与拟定上,自觉的理论研究不多。随着审计职能的扩展,必须高度重视审计职业道德建设,并高度重视这样的建设对整个审计伦理的影响。

(四)现实的审计活动的伦理道德调节

目前,我国的审计制度由国家审计、民间审计和内部审计组成,虽说审计职能的主流观点认为审计的职能主要是经济监督、经济评价、经济鉴证等三大职能，但不同的审计组织其审计职能实质上各有侧重，而且由于审计目标是审计行为的出发点，审计目标决定审计活动和行为，不同审计组织的审计目标不尽相同，这就使不同审计主体间的以及这些审计活动中所涉及的人与人之间的相互关系及行为规范也相当复杂。因此，审计现实需要伦理道德对审计关系进行相应的调整。

1. 审计关系的伦理道德调整

审计人员与被审单位之间应该不存在任何利益关系。在民间审计方面，审计主体应接受审计委托人的委托向经营管理层实施审计，审计主体即注册会计师应是股东的"代理人"，然而，现在的普遍情况是公司管理当局成为注册会计师或者说会计师事务所的"客户"，审计业务合同经常在管理当局与审计师之间签订，因此，这种利益相关性就很难保持审计人员的独立性。在经济全球化的背景下，公司的所有权已经被稀释，形成"弱所有者、强经营者"的局面①，股东通过代理权投票或者干脆放弃投票权的方式，已经将雇佣、聘任注册会计师以及支付注册会计师薪酬的决策权交给了管理当局。因此，在激烈的市场竞争及利益驱动下，这是一种影响注册会计师独立性的致命的制度缺陷，在这种制度安排下，极易出现利令智昏的不公平、不公正审计，甚至参与造假，这种审计关系的错位急需伦理道德的调节。

2. 审计行为的伦理道德调节

安达信与安然公司的串通舞弊案，使著名的国际"五大"会计师事务所变成了"四大"，安达信会计公司解体。国内的"中农信"倒闭、株洲"有色"巨亏，上市公司如琼民源事件、红光实业事件、东方锅炉事件、大庆联谊事件、渝太白事件、银广厦事件等丑闻，中创集团和海南发展银行被接管，"广国投"关闭等一些事件相继发生，触目惊心，令人深

---

① 参见雷光勇、李淑君：《审计师聘任机制改革与审计独立性保持》，《审计与经济研究》2005 年第 5 期。

思。在这些案例中,会计人员缺乏应有的职业道德,价值观念发生偏差,而审计人员也职业道德水平不高,出现假审计、假评估等问题,主动或被动地参与了制假、造假等。由此可见,随着我国社会主义市场经济的确立和逐步完善,审计在市场经济中的地位越来越重要,审计人员的职业道德、职业纪律、业务能力、工作规则等需要进一步完善,审计行为的伦理道德调节也成为迫切需要研究和解决的问题。

三、审计伦理研究的应用

美国当代著名哲学家、亚拉巴马大学教授詹姆斯·拉歇尔斯指出:"在20世纪70年代早期,发生过两大事件,这两大事件为众多新观点的产生开辟了道路。其中第一大事件是应用伦理学运动的兴起。"[1]《牛津哲学词典》对应用伦理学的释义是:"把伦理学应用于具体的实践问题,如流产、安乐死,对待动物或其他环境、法律、政治和社会问题的学科。"[2]从目前的研究现状看,伦理学已从四个方面介入社会现实:一是关注和研究社会生活的不同领域,出现了政治伦理学、行政伦理学、经济伦理学、宗教伦理学、科技伦理学、军事伦理学等;二是关注和研究人们的不同职业,出现了教师伦理学、医生伦理学等;三是关注和研究各类不同人群,出现了妇女伦理学、青年伦理学、老人伦理学等;四是关注和研究当代各种重大问题,出现了环境伦理学、生态伦理学等。伦理学已全面地直接地介入现实生活,致力于解决当代人类生活和实践中已经出现和可能出现的各种问题。由此可见,审计伦理属于应用伦理学范畴。

---

[1] 江畅:《应用伦理学研究的深层关注及其旨趣》,《光明日报》2005年1月4日。

[2] Simon Blackburn, *Oxford Dictionary of Philosophy*, Oxford University Press, 1996, p. 126.

（一）审计伦理的研究对象

审计伦理源于审计和伦理二者的内在联系，源于审计发展目标和社会伦理目标之间所存在着的逻辑上的一致性。审计伦理问题涉及的面很广，有审计主体的职业道德、被审计主体的行为准则，有审计计划、审计过程中的操作准则，也有审计终结阶段的报告准则，还有复杂的人与人相处的关系哲学等。概括地说，审计伦理是把规范伦理学理论应用于审计实践的道德学问，是关于审计伦理的本质特征、存在价值、职责任务、活动原则等的理性认识，是要揭示审计主体在审计监督活动中的角色，分析审计活动中的各种利益关系，探讨理顺和协调各种利益关系的原则和途径。具体说来，其研究对象至少应包括以下两个层面：

1. 审计人员的职业道德规范

伦理是人与人相处的道德准则，伦理学一是关于道德准则的研究，二是研究人与人相处的关系的学问。因此，审计伦理研究的是对审计活动中审计人员的品质、精神境界和处理人与人之间关系时应遵守的行为规范和准则等，其研究对象是审计领域中的道德现象，是关于审计道德的研究。更具体地说，是审计组织、审计人员在履行受托经济责任时，至少不做有损于他人、有损于社会的事情。

审计人员职业道德规范，其有形、显性部分存在于许多准则、规定之中，如《审计机关审计人员职业道德准则》、《中国注册会计师职业道德基本准则》等。需要更加关注的是，如同中国审计事业还处于发展过程中一样，我国各级各类审计人员的职业道德也处在不断调整、升华、成型、发展之中，前述各类成文规定是审计人员职业道德的基本框架，而其更加丰富、生动并直接发生作用的是审计人员的行为方式、行为习惯，这是无形或隐性的职业道德，是内化为审计人员职业灵魂、职业意识、职业精神的职业道德，是有形职业道德的基础，也是其归宿与实现之途。

现有的成文条例已经发挥了很大作用，如审计机关审计人员的

"八不准",为审计事业的发展起到了重大的保障作用,但深入思考,这方面在执行中尚有很多不到之处、不实之处,不够自觉、自律、自警,且现有条文尚不足以反映不断发展的审计职业道德的状况与要求,而纵观全国学术界、教育界、实务界对这方面深入研究还相当匮乏。而从研究途径上看,至少可以开展以下三个方面的工作:一是实证研究,如前所述,对现有审计职业道德状况、现象,可以作大量的收集、比较、分析、提炼,将其成果直接加以运用;二是哲学研究,就是需要对职业道德的范例、现象、成果作深入的理性分析,以对审计职业道德加以准确定位,对其与其他职业道德乃至社会公德、家庭美德的内在逻辑关系加以梳理,对中国传统文化及现行政治文化对审计职业道德的形成与实现的制约、影响与促进作用加以深入探讨,使审计职业道德进入自觉阶段;三是借鉴国外的实践与理论,加以比较分析,扬弃以至吸收、变革、升华,最后不仅在实践上而且在理论上促进我国审计职业道德建设,这方面有大量的正反两个方面的成果可以汲取,而现代审计也正源自发达资本主义国家,在这方面我们还需作大量的研究与探索。

2. 审计活动中的各种利益关系

社会活动必然涉及各方面的利益关系,审计是社会经济发展到一定阶段的产物,也是社会活动的一部分,审计活动也必然与经济生活的各方面存在着利益关系,如社会、国家利益与个人利益,社会、国家利益与团体或组织利益等。审计伦理就是对审计关系进行道德调整,探讨理顺和协调在审计活动过程中的各种利益关系的原则及途径。

审计利益关系按审计学分类,可以概括表述为第一关系人、第二关系人、第三关系人之间的关系,这方面在前文已作论述。按照不同类型的审计,其审计利益关系又会表现为各种不同的具体利益关系。从审计伦理学的视野看,审计利益关系则表现为不同审计主体之间的利益关系,而委托主体、审计主体、被审计主体的利益关系表现得比较清晰,也很容易引起关注,而利益关系中的社会主体表现得则不清晰,特别是在国家审计中,社会主体的利益因缺乏直接的利益表现渠道,只能在媒体舆论和民众良知层面表现出来,因此往往使最大的、真正的、根本的利益主体出现缺位现象,这一现象的背后则实际上是审计利益关系乃至审计伦理关系的错位。而在实际的利益关系中,小集体、小团体甚至小团伙的利益,往往被置于国家利益之上,利用各种规则缝隙而谋小利、私利,实际早已成为审计利益关系中合法、半合法、不违法谋利的诀窍,这也正是"审计风暴"后整改不力的重要原因之一。

因此,无论是从狭义审计理论关系,还是从广义审计伦理关系出发,审计利益需要加以严格的界定,审计利益关系需要加以认真辨析,错位的伦理关系需要加以调整。没有对现有利益关系、伦理关系的深入、系统、理性的逻辑分析,不找出其中的本质特点,不认识审计的价值与审计伦理的价值追求,审计职业道德和审计伦理均无从说起。审计职业道德研究的重点是审计行为,审计伦理研究的重点是审计利益关系,这两者则构成了审计伦理的基本框架。

(二)审计伦理与信用

市场经济是一种商品经济。从本质上说,市场经济是契约经济、法制经济、信用经济。审计在市场经济中也形成了独特的市场。在激烈竞争的审计市场中,在独立的各项审计活动中,审计主体与被审计主体、审计人员与委托人以及审计组织之间等,由于存在着信息不对称问题,各审计关系人之间隐藏着道德风险和逆向选择的机会,而且在证券市场、审计市场发育不健全的情况下,现实中也确实存在着审计主体与被审计主体串通舞弊、造假等现象,因此,审计关系中最根本的是讲信用,信用问题是审计伦理的核心。

信用作为一种特殊的价值运动形式,其经济学意义是指商品资本的赊购赊销和货币资本的借贷行为,它是在信用交易双方都拥有独立的财产所有权(或产权)的情况下,用各自的财产进行交换,且交换行为在时间和空间都发生分离,由此产生了在信用基础上的信用支付行为。在发达的市场经济条件下,信用主体间会产生更多更复杂的信用关系,以至形成各种信用链,在这样的情况下,从中文本意可以理解为以"信"为"用"的信用,越来越从一种经济行为方式向着伦理道德的蕴意转化和递升。人们说市场经济是信用经济,更多是指市场经济实际也是道德经济。从伦理学的意义上讲,信用即承诺的可期性,信用即委托(方)与受托(方)之间的责任承诺。既然是一种责任承诺,也就意味着信用只能是一种有条件的相互性信任担保和平等对应的信用责任。① 经济信用的依据是契约,而伦理信用的依据是人格,信用只有从经济约束规范转化为人格的内在素养,才能够发挥出无所不在的道德作用,而在诸如审计这样的受托责任关系中,信用则更具有不可或缺的根基作用。

1. 审计市场与信用

2001年年底,"安然"公司会计造假,虚报近6亿美元的盈余,掩盖10亿多美元的巨额债务的丑闻曝光,导致股票大跌,公司破产,而为其办理审计鉴证业务的原国际"五大"会计师事务所之一的安达信公司,不仅对"安然"的账务审计不实,而且在案发后为其销毁数千页文件,以致身败名裂。这是典型的审计主体与审计客体的串通舞弊案,而"世通公司"案例也给人们揭示了信用的重要性。从2001年开始,世通公司用于扩建电信系统工程有关的大量费用没有被作为正常成本入账,而是作为资本支出处理,这一会计"技巧"为世通公司带来了38亿美元的巨额"利润",通过滥用准备金科目,利用以前年度计提的各种准备金冲销成本及其他一些手法,以夸大对外报告的利润。但是再高明的会计师也不可能将会计报表上的数字变成真金白银,世通公司对财务账目的杜撰,完全忘记了商业的诚信,最终导致世通陷入破产局面。

由此可见,在注册会计师审计市场的竞争激烈的情况下,确实存在着信用缺失的问题,有的会计师事务所在利益驱动下,为了拉客户、保

---

① 万俊人:《信用伦理及其现代解释》,《孔子研究》2002年第5期。

客户,不惜与被审单位串通舞弊,也有的为了拉客户、争业务,在审计市场上竞相压价,出现"劣币驱逐良币"的现象。因此,如何在竞争激烈的审计市场上,为社会提供客观公正的会计信息的同时如何树立信誉是举足轻重的。

2. 审计目的与信用

德国著名学者马克斯·韦伯在概括资本主义精神时曾说道:"切记,信用就是金钱。如果有人把钱借给我,到期之后又不取回,那么,他就是把利息给了我,或者说是把我在这段时间里可用这笔钱获得的利息给了我。假如一个人信用好,借贷得多并善于利用这些钱,那么他就会由此得来相当数目的钱。"在德国,无论是大型企业奔驰公司,还是中小企业,都认为企业卖的不仅仅是产品,更是在卖信誉。①

从伦理学的意义上看所有审计行为,不论其类型和对象发生多少变化,最终审计的都是信用。朱镕基同志曾题字的"不做假账",一语道出了审计的根本目的,从这个意义上讲,审计实际上是对被审计主体信用的审查与评价,是为了查实查真被审计单位表象信用与实质信用之间的差异,并理清其根源,呈报给委托主体。

从另一方面来讲,在逐步开放的审计市场体系中,审计主体的竞争也将更趋激烈,"四大"事务所的根本,不仅在于实力雄厚,人才出众,而且在于其具有良好的信用。所谓"老字号"的魅力,正在于其信用历史绵长。审计是委托主体的一种监督、管理行为,应不受被审计主体的干扰,一心一意对委托主体负责,但在当下是一件本应做到实际很难做全的事情。审计双方沆瀣一气蒙骗委托人,几乎是一种常见情形。因此在这样的背景下,必然是对信用的审计。

可以毫不夸张地说,"审计风暴"是我国信用伦理进入新时代的标志和信用从个人与个人、个人与团体、团体与团体的范围上升到了阶层

---

① 参见王小锡、宣云凤:《现代经济伦理学》,江苏人民出版社2000年版,第10页。

与阶层、民众与国家的广度与高度，这一方面说明了信用缺乏，也从另一方面揭示了我国正初步具备从某一行业到全社会、从经济到政治建立信用伦理的必要与可能。

3. 信用与审计伦理

鉴于信用是审计伦理的核心，任何不同于他者的伦理体系，都有着与其他伦理体系既相互联系更相互区别的伦理核心、原则及与之相对应的范畴和行为准则，审计伦理也同样。审计伦理以信用为核心，主要在于它充分反映了诸多审计利益关系的根本要求。如前所述，审计是一种受托责任关系，信用是其不可或缺且须臾不可分离的核心要素。从审计伦理关系看，四大主体之间的共同伦理核心就是信用，没有信用，委托主体与审计主体就无法存在。审计主体对被审计主体审计的最终衡量要素也是信用，而社会主体在"审计风暴"中的表现，实质上就是对信用的赞誉、呼唤和期盼。审计公告的权威，正是建立在信用的基础之上，公告的目的，不仅展示了审计主体的信用形象，更是审计主体接受其他各方主体信用监督最重要的、最有效的途径。

信用是审计伦理的出发点。审计伦理的基本原则、基本范畴和行为准则、职业道德，都是以信用为出发点又是以信用为归宿的，各项原则及其具体表现与要求无不是信用在各个不同方面、不同层面的体现，如独立的目的正是为了信用不受干扰，而公正则是衡量信用的重要尺度，诚信则是为了实现信用而必须建立的主体内在价值追求和主体间最基本的行为准则。至于各项具体的条文、规范则无一不是围绕信用而开展的。从这个角度来看，信用则是审计伦理区别于其他应用伦理体系的重要标志，离开了信用则审计难以存在，审计伦理也难以存在。

（三）审计伦理的基本原则——独立、公正、诚信

审计伦理的基本原则，是人们在审计活动过程中处理人与人、人与社会的相互关系时应当遵循的根本价值标准。根据审计的特性，独立、客观公正、廉洁是对审计人员职业道德的基本要求，也是审计师、注册

会计师应遵循的基本原则,从审计的本质特点、业务特点及其广泛影响出发,对审计伦理的原则可以作如下概括:

1. 独立原则

审计的最本质特征亦即审计区别于其他管理活动的独特之处在于审计的独立性,无论是国家审计还是社会审计,审计组织或审计人员在进行审计活动时,都必须具有较强的独立性,不受其他方面的干扰或干涉,这是审计区别于其他管理的一个根本属性,独立性是审计的最本质特征,是审计的灵魂,是审计职业道德体系中的重要内容,也是保证审计工作顺利进行的必要条件。2002 年美国《萨班斯-奥克斯利法案》将审计独立性提到了该法案的重要位置,规定:事务所为某一客户提供审计服务时,审计项目合伙人担任该项目负责人的任期不得超过 5 年。这也是监管者试图从监管的角度保持审计师的独立性的一种措施。[①]

审计独立性具有形式上的独立和实质上的独立两个方面。理论上讲,我国各审计主体均具备独立性。我国《宪法》规定,审计机关在国务院总理的领导下,依照法律独立行使审计监督权,不受其他行政机关、机关团体和个人的干涉。我国颁布的审计法规和注册会计师法等,也都对各审计机构、人员的独立性给予了明确的说明,如《中国注册会计师职业道德基本准则》规定:"注册会计师执行业务时,应当实事求是,不为他人所左右,也不得因个人好恶影响其分析、判断的客观性","注册会计师执行业务时,应当正直、诚实,不偏不倚地对待有关利益各方"等,但由于受审计环境和审计主体主观因素影响以及体制等因素的制约,我国审计独立性方面还存在不少问题,如我国的地方审计机关实行"双重领导"体制,地方审计机关对本级人民政府和上一级审计机关负责并报告工作,这客观上就一定程度地影响了地方审计机关组织机构设置上的独立性;注册会计师由于是提供审计鉴证服务,涉及收

① 雷光勇、李淑君:《审计师聘任机制改革与审计独立性保持》,《审计与经济研究》2005 年第 5 期。

取费用的问题,因此,现实中就出现了降低收费招揽业务,甚至与被审单位联手造假。综上所述,我们不仅要有审计的"形式上的独立性",更要有审计的"实质上的独立性"。

实现"实质上的独立性",不仅需要改革与完善审计体制、机制甚至涉及国家治理,这是一个艰难而曲折的过程,需要假以时日,创造时机,抓住机遇。就审计伦理而言,独立性审计的出发点也是信用的出发点,在审计中因独立而确立了各审计关系主体的地位,在审计伦理关系中,独立选择、独立判断、独立实施审计程序则是相关各主体都必须遵循的原则。委托主体独立选择审计主体,审计主体独立开展符合性测试、实质性测试等审计活动,被审计主体独立承担相应的会计责任、社会责任,社会主体则对审计及其结果与事物、人物、活动等作出独立判断。

"实质上的独立性"可以从体制、经费等技术层面去研究,但最内在最核心的内容是人格独立,这是首要的也是完全可以先行实现的。在审计伦理关系中,各主体都是独立的,而起主导作用的是审计主体的人格独立,不趋炎附势,不追名逐利,不以原则作交易,必须具备独立的人格,审计人格的建立健全将是审计伦理研究的一个重要课题。前国家审计署署长、审计长李金华经常提及的一句话是"不怕得罪人,但得罪了所有人就等于没有得罪人",就生动形象地暗含着独立人格的首要精义是培育独立精神的寓意。莫茨、夏拉夫在《审计哲学》一书中,也指出审计独立性应从财务利益、精神态度等四个方面去考察,由此可见人格独立之重要性。增强审计的独立性才能保证审计更加客观、公正。

2. 公正原则

独立性是审计人员客观、公正地进行审计和报告的前提,是审计的本质和灵魂之所在,而审计的公正性则反映了审计工作的基本要求。在市场经济不健全时,由于缺乏完善的独立审计社会化的契约制度安排,审计的公正性很难保证。亚里士多德是古希腊最早思考公平的学者之一,他认为:"公正就是比例,不公正就是违反了比例,出现了多或少。"①因此,审计人员应站在第三者的立场,进行实事求是、不带任何偏见的、符合客观实际的判断,并作出公正的评价和公正的处理,这样才能正确地确定或解除被审计人的经济责任,才能发挥审计监督应有的效用。

公正原则就是要求审计人员应以客观的态度进行事项调查、判断和意见的表述。应当基于客观的立场,以事实为依据,实事求是地不掺杂个人的主观臆断,也不被委托单位或第三者的意见所左右,在分析问题、处理问题时,做到注重调查研究,一切从实际出发。

公正是审计的基础与目的,是审计伦理的社会基础,是处理各审计主体之间交叉交融多重交易利益关系的唯一尺度,在实际工作中审计利益关系及相关各方的利益权重和利益关系常常是不断变化的,而支撑这种变化并维护审计客观性、权威性的基础就是不可撼动的公正。

透明才能公正,我国审计事业权威来自公正,公正影响的产生来自透明,信息畅通并追求信息有效对称是实现审计公正的保障。客观才能公正,真实地反映事物的本来面目是公正的基础,审计的目的是揭示审计对象(客体)的本来面目,而从审计伦理角度来看,更为重要的是要通过审计准确揭示出个相关主体,即委托主体、审计主体、被审计主体、社会主体之间的利益关系,而还原利益关系本来面目的目的正是为了建立更加公正的利益关系。因此审计伦理的公正包含了公开、客观两个不同的层次,而开放则是实现公正的前提条件。在自闭体系中,在垄断甚至独裁的管理体系、市场体系中是不可能实现公正的,从这一意义上讲,我国审计制度、体系的改革及统一开放的审计市场建设对审计公正具体十分重要的意义。

---

① 亚里士多德著,苗力田译:《亚里士多德全集》第八卷,中国人民大学出版社1992年版,第101页。

3. 诚信原则

诚信作为一个表述人的基本德性和精神状态的道德概念,其最基本的含义就是诚实、守信。从伦理角度来看,诚信是由"诚"与"信"两个方面构成。"诚"是忠诚、真诚、坦诚,更多的是表现为主体的内在道德素养,侧重于主观的人生价值、人生态度方面的追求,是道德的人格化体现,是为人处事的基本准则。从更深层次说,是不自欺也不欺人。

中国有句谚语:"诚信无价"。的确,将诚信作为一种精神,作为道德修养境界,其价值是绝对无法计量的,在交易费用经济学的研究中,也未曾见过诚信作为一种交易费用的解释,然而,在审计契约及审计活动中,人"诚"方能事"信","诚"是内在的,而"信"则是外在的,"信"是各审计主体的"诚"发生相互关系所产生的良好道德状态,也可以说"信"即互"诚",从这个意义上讲,诚信是无形资产,是信用的人际条件与根本保障。

根据《中庸》的解释:诚信重在"诚"字,而"诚者,天之道,诚之者,人之道。"①本体论意义上的"诚"可从言语意义的说到做到、是什么就表现为什么,引申为万事万物内在与外在的统一性、形式与内容的统一性,即本质必然表现为现象,现象必然由本质所决定。针对审计工作而言,审计的目的就是穿过层层迷雾,抽丝剥茧还原出事物的本来面目,因此"诚"本身就是审计的目的。

从价值论意义上讲"诚",是指人的一种价值追求,人的价值追求的境界,就是使主观认识达到与客观事物本质的一致。事物内在与外在的一致性是客观的,但产生不一致的原因往往是人们的认识或有限理性,尤其是价值判断的差异,使得任何事物一旦进入社会领域便呈现出丰富多彩甚至千奇百怪,许多假象与混乱并不是由事物本身造成的,而是一种人为的干扰,因此审计过程要实现"诚",从伦理学意义上讲,主要是排除时时处处都会存在的内心干扰,而淡泊名利、廉洁自律正是

---

① 《中庸·第十七章》。

排除这些干扰的关键所在。所以,我国相关的审计职业道德准则都明确规定:审计主体的行为应当清正廉明,不得利用自己的身份、地位及职业的优势为自己或其所在事务所谋取利益,不得向委托单位索贿或受贿,不得以任何形式接受馈赠和得到好处,不得提出非正常工作需要的个人要求等等。不廉洁,也就不可能保持独立性,更不可能发表客观公正的审计意见,不可能做到诚信。

诚信是审计的根本保障,离开了诚信,既无独立之条件,也无公正之基础,诚信是审计人员最基本的职业道德操守。在狭义审计理论关系中,诚信大量表现为审计主体的职业行为准则,失去诚信,委托主体就不可能信任审计主体,而在审计过程中大量出现的违规案件,大多都是由于"猫鼠"一家造成的,即审计主体为被审计主体所收买,轻则欺骗委托主体,重则欺骗社会主体,为了确保诚信少受、不受污染,审计系统长期秉承廉洁是诚信的前提。

综上所述,审计关系中蕴涵着伦理关系,审计活动中蕴涵着伦理价值追求,而且在证券市场、审计市场发育不健全的情况下,审计关系中最突出的还是要讲信用,信用问题是审计伦理的核心。在审计关系中,没有审计的独立性,客观公正的审计将不复存在,审计人员只有充分具备了独立性,才能客观公正,只有坚持了清正廉洁才能实现诚信原则,才能客观公正。因此,审计的伦理原则是相辅相成、相互影响的,审计人员应同时保持独立性、公正性,坚持诚信,才能取信于审计授权或者委托者以及社会公众,才能真正树立审计权威的形象,才能对全社会伦理建设作出应有贡献。

第 十 二 章

审计风险与伦理建设

　　审计的目的之一就是为了解决委托—代理关系中信息不对称而产生的风险,但审计过程中由于审计内外部的种种因素影响,又导致了审计风险的出现。审计风险无论是广义的还是狭义的,对审计质量及其社会效应都会产生潜在危害及负面影响。因此,民间审计、国家审计及内部审计对审计风险问题都高度重视,在相关的具体审计准则中对审计风险都做了明确的说明,并制定了审计风险防范的措施。然而,明确责任、加强伦理建设、建立社会信用体系才是降低或减少审计风险最根本的措施。本章将从审计风险入手,探讨审计人员应有的社会责任,审计活动中审计人员应有的品质、精神境界和处理审计关系及应遵守的行为规范和准则等,为进一步加强审计伦理建设提供一些思路和借鉴。

一、审计风险及其影响

　　审计风险不仅给审计主体带来了严重后果,甚至导致审计失败,也给社会产生了负外部效应。如银广厦股份公司以"倒推"的方法,根据

"成本"计算"销售量"和"销售价格",并据此安排每个月的进料和出货单以及每月、每季度的财务数据,同时采取虚开增值税发票、伪造销售合同、采购合同、银行票据等手法,使 1999 年虚增利润 1.7 亿元,2000 年虚增利润 5.2 亿元。而负责对其审计的深圳中天勤会计师事务所在审计时,没有发现这一重大舞弊行为,并且出具了标准的无保留意见的审计报告,致使中天勤会计师事务所被吊销执业资格,在社会上产生了极大的负面影响。由此可见,加强对审计风险的研究不仅对审计的制度管理而且对审计伦理建设都具有重大意义。

(一)审计风险

审计活动是一项社会活动,在这个过程中,除了审计主体、审计客体及审计委托人这三者间的审计关系外,审计主体与社会的关系也是不可或缺的重要内容,也就是要跳出审计学的领域进入伦理学范畴。从注册会计师的角度看,其审计意见要对股东们负责,同时也要向社会公众负责;从国家审计的角度讲,公共资金审计、经济责任审计、环境审计等均是一种对社会的责任。因此,这一部分,我们将专门对审计风险产生的社会影响即审计与社会的关系进行探讨。

1. 风险及其产生

风险概念最早是在 16、17 世纪欧洲人开辟新航路和开始资本主义早期扩张活动的背景下出现的。据吉登斯考证,风险概念最初指西方探险家在周游世界中冒险进入新的水域,后来渐渐转移到对时空的探索上。它是指一个我们既在探索又在努力加以规范和控制的世界。[1]随后"风险"逐步成为商业行为和金融投资中的一个日常性概念,意指某项旨在盈利的行为可能承担的利益损失,这种风险是可以通过计算量化的。在此,"风险"是一个中性措辞,只与可能性以及损失和收益

---

[1]　参见[英]安东尼·吉登斯:尹宏毅译,《现代性:吉登斯访谈录》,新华出版社 2001 年版,第 193 页。

相关。至 20 世纪 70 年代，风险也扩展至一系列更广泛的问题上，80 年代以来已从单纯的"技术—科学"的范畴扩展到一个社会理论的范畴，1986 年在德文版的《风险社会》一书中，贝克首次使用"风险社会"的概念来描述后工业社会并进而加以理论化。①

2. 审计风险的含义

关于审计风险的概念理论界有不同的解释，阎金锷、刘力云认为：审计风险是指审计主体遭受损失或不利的可能性；②朱小平认为：审计风险是指审计人员在审计后发表了不恰当审计意见的可能性③；徐政旦、胡春元认为：完整的审计风险的概念应从广义上解释，即不仅包括审计过程的缺陷导致审计结果与实际不相符而产生损失或责任的风险，而且包括营业失败可能导致公司无力偿债，或倒闭所可能对审计人员或审计组织产生伤害的营业风险；④耿建新、宋常认为：审计风险有广义和狭义之分，广义的审计风险是指审计主体遭受损失或不利的可能性，包括审计职业风险和审计项目风险。审计职业风险是指审计职业整体面临的生存和发展的风险，审计项目风险是指审计人员审计单个项目时提出错误审计意见的可能性。狭义的审计风险是指会计报表存在重大错报或漏报，而审计人员审计后没能发现并发表了不恰当审计意见的可能性。⑤

综上分析，关于审计风险的概念有多种分析视角及不同的表述，但有以下几点是共性的、公认的：一是审计风险是在审计业务或审计活动过程中发生的；二是风险是一种可能性；三是这种可能性更趋向于负面的影响，如审计主体遭受损失的可能性、审计主体发表不恰当意见的可

① 刘婧：《风险社会与责任伦理》，《道德与文明》2004 年第 6 期。

② 阎金锷、刘力云：《审计风险及其应用的探讨》，《财会通讯》1998 年第 9 期。

③ 朱小平、叶友：《审计风险概念体系的比较与辨析》，《审计与经济研究》2003 年 5 期。

④ 徐政旦、胡春元：《论民间审计风险》，《审计研究资料》1998 年第 1 期。

⑤ 参见耿建新、宋常：《审计学》，中国人民大学出版社 2002 年版，第 88 页。

能性等,而不再是"风险"概念初期的中性措辞。当然,财政部《独立审计具体准则第9号——内部控制与审计风险》的定义是:"审计风险,是指会计报表存在重大错报或漏报,而注册会计师审计后发表不恰当审计意见的可能性。"由此可见,它是对狭义审计风险作了定义,并且更偏向于将审计风险视为"发表不恰当意见的可能性"。

3. 审计风险的基本特征

无论是广义的审计风险还是狭义的审计风险,都有"风险"的共同的基本的特征,这就是审计风险的客观存在性、多因素性、可预防性及潜在危害性。

一是审计风险的客观存在性。在现实的社会经济活动中,风险总是客观存在的,由于审计环境、审计项目的复杂多变、审计人员工作强度大等因素引发的审计风险无时不在,无处不在。

二是审计风险的多因素性。影响审计风险的因素很多,有主观因素,也有客观因素;有审计人员自身因素,也有外部环境因素;有技术层面的因素,也有制度体系方面的因素。因此,审计风险的发生,往往是多种因素共同作用的结果。

三是审计风险的可预防性。尽管审计风险是客观存在的,也是难以避免的,但只要认真研究分析影响风险的各种因素,对风险及时进行识别、反应与处理,不断加强风险管理,审计风险是可以被控制、被规避、被化解的,或者将审计风险降到最低的、可接受的程度。

四是审计风险潜在危害性。审计风险与审计主体相关,与审计主体发表不恰当意见有关,或者说审计结果没能真实地反映被审单位的经营状况与实际情况有关。显然,审计风险的第一潜在危害就是有损审计主体的信誉与收益;同时,由于审计关系的相互联系,审计风险还会给审计委托者、审计客体产生潜在的危害性。而且,由于审计关系的演变,现在的受托责任已扩展到对利益相关者、全体纳税人、全体消费者等负责,因此,审计风险还会形成对公众利益的潜在危害。

(二)审计风险的影响

无论是广义的还是狭义的审计风险,无论是狭义审计风险的"意见不当论"还是"损失可能论",从伦理学的视角分析,审计风险不仅给审计主体、审计关系人带来了潜在的危害及影响,而且审计风险还会给社会产生负效应。

1. 审计风险对审计主体的影响

审计风险,重者有可能导致审计失败,如"银广厦"案例中的中天勤会计师事务所;轻者有可能影响审计主体的信誉,而信誉就是利润。例如,街头小店,铺面上挂着"童叟无欺"的金字招牌,而且也确实把同样的货物以同样的价格售予一切顾主,不论是白发老者还是黄口小儿。这确是合乎"要诚实"的责任戒律。然而,小店东之所以这样做是出于诚实吗? 当然不是。出于尊老爱幼之情吗? 恐怕也不是。他的真正动机只能是维护店铺信誉,以便更多地增加财富的完全个人利己的动机。① 事实可见,信誉能够带来收益。

2. 审计风险对被审计主体的影响

按现行的准则制度要求,在民间审计报告中,必须明确会计责任和审计责任,如《独立审计基本准则》第八条规定:"按照独立审计准则的要求出具审计报告,保证审计报告的真实性、合法性是注册会计师的审计责任;建立健全内部控制制度,保护资产的安全、完整,保证会计资料的真实、合法、完整是被审计单位的会计责任。"在"东方锅炉"的案例中,从法律角度看,会计报表造假,"东方锅炉"的管理层应承担会计责任,注册会计师没能查出截止日期上很显然的问题,应负担审计责任。但试想,如果审计人员总是存在不能正确评价,或者经常发表与事实不相吻合的审计结果与报告,不能在重大方面对会计报表的合法性、公允性等作出鉴证与评价,不能有效地遏制被审计主体的"机会主义"行

---

① 参见康德:《道德形而上学原理》,上海人民出版社 2002 年版,第 9 页。

为,那么,这将会从另一面更助长会计信息的失真或经营者造假。

3. 审计风险对委托主体的影响

从产权角度来看,当所有权与经营权相分离的时候,财产所有者仍拥有对经营者的监督权。然而,由于股份公司的出现,股权分散化,使真正意义上的财产所有者——全体股东难以对经营者行使监督权,而且,随着现代股份公司的发展,委托代理层次的不断增多,财产所有者的监督力度也在不断减弱。

因此,财产所有者必须寻求一个独立于财产所有者与经营者之外的第三者来专门行使审计监督权。所以,由于审计产生的"两权分离观"认为,民间审计与股份公司的出现有着密切的关系。但是,若审计主体不能正确地评价财务信息,评价经营者的经营与管理责任,帮助审计委托人确立或解除被审计单位的受托经济责任,实现审计的终极目标,那么,审计终将会失去它原本的意义。

4. 审计风险对社会主体的影响

审计伦理体现了审计活动中人与人之间的关系,审计风险不仅对审计关系人产生影响,而且,由于审计报告是对社会公众、全体股民的一种社会责任,审计风险会通过审计委托人、被审计人等传导影响社会主体。审计本身就是一种社会行为,与审计有关的各种政治环境、经济环境、法律环境、文化环境构成了审计存在与发展的空间,即审计环境,审计环境制约着审计的发展,而审计对其所处的环境也有反作用。注册会计师如果提供的是高质量的审计报告,那么社会资源也将在高质量审计报告的影响下得到有效配置;反之,注册会计师若发表了不恰当的审计意见,可能会引起证券市场的波动或助长"泡沫经济"产生等。而国家审计若没有很好地监督公共资金的使用、财政支出的执行情况,则可能会影响整个国民经济的运行。因此,一个简单的分析推理便可知,审计风险对社会的影响是很大的,2003 年 3 月开始试行的国家审计公告制,审计机关通过媒体依法公布审计报告,将被审单位违规违法的情况详细地公布出来,客观上提高了政府部门使用财政资金的透明度,增强了法人和公民的知情权,在某种程度上可以说,也是在履行向社会公众负责的社会责任。

二、审计风险产生的原因分析

东方锅炉有限公司连续多年编制虚假财务报告,虚增净利润 1.23 亿元、上市后又任意调整销售收入及销售利润的年度,将应列作 1996 年度的销售收入 1.76 亿元、销售利润 3800 万元,转列到 1997 年度,而将应列作 1997 年度的销售收入 2.26 亿元、销售利润 4700 万元转列到 1998 年,炮制了其试点发行股票连续三年稳定盈利的假象,而注册会计师未能完全履行程序,四川会计师事务所为其出具了虚假验资报告,从而受到了暂停从事证券业务 3 年,并处以 20 万元罚款的处罚。审计风险乃至审计失败的原因是多方面的,有"有限认知"等技术层面的因素,有证券市场、审计市场不规范等制度缺陷,有会计师事务所为了拉客户、保客户,竞相压价,甚至"偷工减料",省略必要的审计程序以降低审计成本等原因,更有审计人员不执行法律法规、不遵守职业道德、不遵循职业操守、替客户隐瞒问题等伦理方面的问题。

(一)技术层面的原因

像任何其他复杂的事物一样,审计工作具有较强的专业技术性,也需要审计人员具备很强的职业判断力。就账项基础审计而言,它需有复核法、核对法、调节法、分析性复核等多种审计方法,而且在具体的审计项目中,多种审计方法还需综合运用,在实际审计程序中,还需要不断运用替代审计程序或追加必要的审计程序等。因此,审计是一项复杂劳动,其间的信息不对称及人的"有限理性"是导致审计风险的重要原因。

1. 审计主体的"有限理性"

人的"有限理性"决定了审计人员不可能对所有的被审计事项完

全认知。审计风险与经济活动的复杂程度相关,经济活动越简单,审计人员对它的把握就越准确,审计风险必然会越低;相反,经济活动越复杂,它在审计人员的主观上就难以得到全面的反映,审计风险也就会越高。①

2. 信息不对称

在传统经济学基本假设前提中,重要的一条就是"经济人"拥有完全信息,但现实生活中市场主体不可能占有完全的市场信息,信息不对称必定导致信息拥有方为谋取自身更大利益而使另一方的利益受到损害,这种行为在理论上称作道德风险和逆向选择。在现实审计关系中,信息不对称现象是客观的、普遍存在的,如财产所有者不了解注册会计师的信息,以价格低来选择事务所,则会造成质量差的事务所充斥审计市场,出现"劣币驱逐良币"的现象;如果注册会计师与被审计单位之间存在严重的信息不对称,被审计单位严重违背会计准则造假舞弊,而审计师从账簿及会计报表层面由于其"有限理性"没有发现问题,则有可能发表不恰当的审计意见,导致审计风险。

(二)制度层面的原因

安然公司会计造假,安达信公司与之串通舞弊;东方锅炉股份有限公司采用"包装上市"的办法,连续多年编制虚假财务报告,四川会计师事务所为其出具虚假验资报告,对于"主营业务收入"这一项目截止日期上完全可以揭示出来的重大失误,却没有能够查出,很显然这不是技术性问题,而是与现实中审计独立性差、审计关系错位等影响因素有关。

1. 审计独立性的弱化

在本书第十一里,我们分析了审计独立性之重要性,然而现实中,形式上的独立与实质上的独立还有较大差距。从国家审计的管理体制

---

① 吴联生:《社会审计风险及其责任关系分析》,《审计研究》1995 年第 5 期。

看,现行的"双重领导"审计体制,使得地方审计机关出现严重的"政府内审化倾向",审计人员的职业行为往往受到来自地方政府及权力机关行政领导的不正确干预,审计人员的独立性受到严重影响,审计质量难以保证。而且,双重管理体制使得审计机关工作经费完全依赖地方政府,受经费、时效性等因素影响,审计人员往往力不从心而出现"不作为"现象,审计人员责任难以澄清,风险难以规避。①

2. 现实审计关系的错位

从民间审计的视角考察,审计委托人产生审计需求,审计人产生审计供给,被审计人提供审计对象,可见,审计关系决定了审计费用理论上应由审计委托者来支付,但事实是:不少被审计单位成为了会计师事务所的客户,审计关系由稳定的三角形变成了失衡的直线型,违背了"谁委托,谁付费"的交易原则和权责对等的要求,②而且,由于现实中的投资者被忽略,更容易使审计人员接受为被审计人服务的错误观点,使独立审计的立场发生倾斜,Walter B. Meigs 等认为"审计人员接受被查公司管理当局的委托和公费——这种事实可能使他难于保持超然独立的态度"③,因此,在这种制度安排下,未能实现应有效率,且易导致审计风险。

3. 市场竞争的负效应

一般来说,市场竞争将促使能提供质优价廉审计服务的事务所胜出,社会资源也将在高质量审计报告的影响下得到有效配置,但过度的竞争,甚至通过竞相降价的方式来争夺客户或抢占市场,很容易出现逆向选择,或"次品"充斥市场。而且,按照成本—收益原则,审计收费低而实施审计程序的成本高,则事务所将亏损,若要在收费低的同时仍使事务所获得收益,实现"利润最大化",则必须采取降低审计成本的手

---

① 汪国钧:《论审计人员职业风险及其防范》,《经济学家》2005 年第 10 期。

② 冯均科:《审计关系契约论》,中国财政经济出版社 2004 年版,第 246 页。

③ Walter B. Meigs, O. Ray Whittington & Robert F. Meigs:《审计学原理》(第七版),冯拙人译,台湾大中国图书公司 1983 年版,第 24 页。

段与措施,而降低审计成本的一个重要路径,就是在实质性测试时省略必要的审计程序或将审计重要性水平定得较高以减少抽查的样本,至此,按照审计风险与审计证据的反向关系理论,审计人员确定的重要性高,审计证据少,就必然加大审计风险。

(三)伦理层面的原因

张岱年先生曾说过:"自古以来所讨论的问题虽然很多,事实则可析别为两大类问题:其一为道德现象的问题,其二为道德理想和道德价值问题。"①红光实业事件、东方锅炉事件、大庆联谊事件、银广厦事件等触目惊心、发人深省,究其原因,除制度缺陷、法律不健全、执法不严等因素外,其根本原因在于人们的道德标准下滑,真假、善恶、美丑、是非界限模糊,无法抑制人们的不良心欲,进而导致败德行为。

1. 相关主体道德失范

法国社会学家埃米尔·杜尔凯姆指出:"失范是社会结构在转换过程中所引起的负值现象,社会结构解体,越轨行为增多;社会整合加强,失范的越轨行为减少。"我国正处于市场经济建设与完善的过程中,新旧观念、行为相互摩擦、冲突、交融、分解,导致社会诸领域产生形形色色的失范行为。②"失范"有行为失范和道德失范两种类型,行为失范是道德失范的表象,道德失范是行为失范的根源。众多的审计风险及审计失败的案例已显现,虽然审计风险产生的原因是多因素的,但审计关系中各相关主体的道德问题是根本原因。现实审计活动中,如果审计人员不独立、不公正、不诚信,就可能与被审计主体串通舞弊,出具与事实不相符的虚假审计报告;被审计主体不诚信,违背真实性原则,提供虚假信息,这就增加了审计的难度,增加了审计风险;如果审计

---

① 郭建新、杨文兵:《新伦理学教程》,经济管理出版社1999年版,第4页。
② 刘同君、夏民:《伦理文化与法制文化同构》,东南大学出版社2001年版,第96页。

委托主体不是真正的信息使用者,也很容易出现道德失范,在利益驱动下,可能发生审计委托人与会计师事务所合谋的结果。

目前,为了规范注册会计师职业道德行为,提高注册会计师职业道德水准,维护注册会计师职业形象,中国《注册会计师职业道德基本准则》对注册会计师的职业品德、职业纪律、专业胜任能力及职业责任等都作了明确的规定,《会计法》也明确规定了会计人员及企业法人的经营管理责任等。

2. 社会信用缺失

履行市场合约,仅有法律是不够的,还必须要依赖于良好的市场环境,这就是社会信用体系。信用是现代市场经济的基石,信用机制缺损,市场机制不可能有效运行;信用机制扭曲,会降低市场的有序性,从而市场经济难以健康发展。① 中国新技术创业投资公司(简称中创公司),1985 年成立,是我国最早专营风险投资的全国性金融机构,主要业务是投资、贷款、租赁、财务担保、咨询等方面的业务,曾为科技成果产业化和创新型高新技术企业(或风险企业)提供有效的资金支持,可以说是我国风险投资业的先行者。但不幸的是,1993 年,中创在海南投资建药厂因论证不慎而损失十几亿元,后来在若干重大项目上的投资包括房地产、期货、股票等出现几十亿元巨额亏损,又由于国内企业经营不景气和三角债,致使中创公司到关闭时总债务达 60 亿元。中创公司的失败原因是多方面的,但金融风险、三角债等社会信用问题也是其重要原因。

由此可见,造假舞弊行为已不是一时一事,社会信用的缺失不得不引起我们高度重视。与此同时,被审计单位的造假也给注册会计师带来了惨重的后果。

---

① 《如何理解建立健全社会信用体系是完善社会主义市场经济体制的重要内容》,《人民日报》2003 年 11 月 25 日。

三、审计责任与伦理建设

审计风险不仅影响了审计主体的信誉、利润,也给社会带来了负外部性。应如何防范和化解审计风险,根据上述风险产生的原因分析,从伦理学的视角度看,运用责任原则,强化审计伦理建设是十分必要的。

(一)审计责任伦理

康德认为责任是一切道德价值的源泉,合乎责任原则的行为虽不必然善良,但违反责任原则的行为肯定都是恶邪,在责任面前一切其他动机都黯然失色。[①] 责任对人类来说是最基本的道德规范,无论是个人还是复数以上的个人组织的协作行为,都承担着相应的责任,否则人类社会就难以存在。责任是社会成员根据社会需要和个人能力确认的自己应当承担的社会任务。每个社会成员,根据所处经济关系和社会关系,经过理性思考和自由选择,自觉自愿地承担和履行任务,就是承担责任。因此,责任是行为主体对在特定社会关系中社会任务的自由确认和自觉服从。[②]

1. 审计法律责任

随着我国社会主义市场经济体制的确立和民主法制的不断加强,我国经济生活正从"人治"向"法治"转变,经济法规不断建立和健全,各种专业人员的法律责任相继明确。因此,审计人员在造成审计风险甚至审计失败后,应根据情况承担相应的法律责任,《中华人民共和国审计法》、《中华人民共和国注册会计师法》,已对审计组织及审计师的民事责任及刑事责任做了明确规定,如《审计法》第四十九条规定:"审计人员滥用职权、徇私舞弊、玩忽职守,构成犯罪的,依法中华人民共和

[①]　康德:《道德形而上学原理》,上海人民出版社2002年版,第7页。
[②]　程东峰:《责任论》,中国林业出版社1994年版,第14页。

国追究刑事责任;不构成犯罪的,给予行政处分。"《注册会计师法》第三十九条也明确指出:"会计师事务所、注册会计师违反本法第二十条、第二十一条的规定,故意出具虚假的审计报告、验资报告,构成犯罪的,依法追究刑事责任。"深圳原野公司事件、长城机电公司事件、海南新华事件三大审计案件的审理使人们对注册会计师的法律责任有了更深刻的认识,标志着我国民间审计进入了诉讼时代。

2. 审计社会责任

审计活动是一项社会活动,在这复杂的社会活动中,虽然由于审计主体、审计客体在审计中的作用不同以及审计风险中的影响因素不同,也区别为会计责任与审计责任,但审计人员理应履行的社会责任是不可推卸的。从社会审计的角度看,注册会计师应对委托单位负责的同时也对社会公众负责,而且,随着生产的发展科技的进步,人们的自由度越来越大,人的自由选择能力也不断提高,因而人的社会责任变得比以往任何时候都更加尖锐。审计学家莫茨和夏拉夫在《审计理论结构》一书中曾指出:"作为一种职业,审计应对所有依靠其工作的人承担责任。审计只有接受这些社会责任,才能确立它作为一种职业的地位。"西方民间审计界也有一句相似的谚语:社会公众是注册会计师唯一的委托人。这说明注册会计师要面向全社会承担审计责任。承担社会责任、承担伦理责任,是历史发展的必然,注册会计师的违法行为不但损害了利益相关者的经济利益,而且损害了行业的声誉,除应受到行业协会的警告、降低信用等级等制裁外,还应受到公开谴责,承担伦理责任。

3. 审计伦理责任

审计是一项崇高的职业,审计行为本身就蕴涵着伦理价值追求,审计对部门或单位经济效益的提高、对国民经济的健康运行、对国家治理具有不可替代的作用,因此,从事审计工作是很光荣的也是不容易的,审计人员必须首先具备胜任这项工作的职业素质,包括业务素质、身体素质、心理素质、思想素质,一句话就是必须要有充分的职业准备,其中最关键的是必须具备良好的职业意识与敬业精神。所谓职业意识,是指审计人员对审计职业有充分的认同,对审计的功能有透彻的把握,对审计使命有崇高的敬意。所谓敬业精神是指对审计工作发自内心的热爱,在工作中有着明确角色意识和责任感,并将对事业的忠诚融入自己的生命,成为一种自觉。

从审计伦理来看,职业意识和敬业精神要成为一种内在的稳定素养,必须也必然要化为审计职业良心。所谓良心,就是个人在处理对他人对社会的道德关系上,对自己行为所具有的道德责任感和自我评价能力。就其内容来说,它是社会关系在人们意识上的反映,是人的道德感情、道德信念、道德意志在意识中的统一。① 良心是责任的内化,所谓伦理责任,就是通过每个个体内在的道德良心而实现的,以伦理责任应对审计风险,不同于法律责任、社会责任之处,就在于它是完全自律的,也就是无时无处不在的,因此培育审计人员的职业良心,是防范与化解审计风险最有效的途径。

要有效落实伦理责任,还必须要唤起全社会的良知,除了内在的良心监督,还必须要发挥社会评价的监督作用。仍以"审计风暴"为例,广大民众不可能通过法律来参与对国家审计的监督与评价,只能通过社会舆论发挥作用。民心不可违的古语,是值得珍视的,从这个意义上讲,"审计风暴"并不是由国家审计署独立发起的,而是由广大民众参与的全社会的伦理行动,其根基即是伦理责任。由此可见,以伦理责任应对审计风险一靠审计人员的良心,二靠广大民众的良知。

(二)审计伦理建设

审计承担社会责任、承担伦理责任,是经济发展的必然。然而,在为自己的行为负责的同时,也必须防范风险于未然,这需要强化审计风险的事先控制。在社会经济制度结构或制度安排体系内,法律和道德

---

① 参见高裕民:《金融职业道德导论》,中国金融出版社 1995 年版,第 124 页。

是共同起作用的①,而且,经济分析法学(也称"法与经济学")已经对法律与社会经济发展的影响以及法律制度自身的效率进行了大量的研究。法律可以保障产权、防止胁迫、减少不合作的损失来降低交易成本并进而提高资源配置效率和推进经济发展,但道德作为非强制性的、内省的、正向激励的社会规范和准则,也确实是社会经济运行和发展中更宝贵的资源,而且比法律更经济,减少了法律的执行成本,正如考特和尤伦所感叹的那样:"没有人知道法律纠纷花费了多少社会财富。"②诺贝尔经济学奖获得者、新制度经济的代表人物诺斯也认为,即使在最发达的经济中,法律等正式规则在规范人们行为的总体约束中也只占少部分,大部分行为空间是由伦理道德、习俗等非正式规则来加以约束的。因此,面对复杂的社会经济形势,在审计事业快速发展的今天,在审计关系中,我们不仅要加强法制建设,还应突出伦理性的审计关系,强化审计伦理建设。以下将从社会、审计行业、审计人员这三个层面对审计伦理建设进行阐述。

1. 营造道德建设的社会环境

马克思主义伦理学认为,道德是调整人与人之间关系的一种特殊的行为规范的总和。江泽民同志曾强调指出,我们在建设有中国特色社会主义,发展社会主义市场经济过程中,要坚持不懈地加强社会主义法制建设,依法治国;同时也要坚持不懈地加强社会主义道德建设,以德治国。对一个国家的治理来说,法治与德治从来都是相辅相成、相互促进的,而且,审计是一种社会行为,它的作用的发挥深受社会文化环境和人们思想观念的影响,加强思想道德建设,更新人们的政治、经济、法律、文化、道德观念,将对审计产生非常有力的推动作用。

---

① 华桂宏、王小锡:《四论道德资本》,《江苏社会科学》2004 年第 6 期。
② [美]罗伯特·考特等著,施少华译:《法和经济学》,上海三联书店 1994 年版,第 660 页。

（1）重视审计道德体系的建设

审计是一项影响广泛的社会活动，自从有了阶级统治就有了审计。从审计发展看，审计受生产方式制约，受国家治理方式的制约，社会进步是审计发展的内在动力，因此现代审计在对社会产生越来越广泛影响的同时，也越来越受到社会的制约，离开社会的支撑，审计不可能完成自己的使命，而广大审计人员首先就是社会的一员，无时无刻不与社会产生着千丝万缕的联系，审计关系人的道德问题诚然属社会问题，社会大环境的建设是审计伦理建设的前提。

首先，个人的道德品德依赖于社会大环境，大的社会环境对审计人员有着深刻的影响，个人品德本来就是天人合德、伦理道德、社会公德在个人身上的体现，而且社会道德体系的构建从根本上强调了诚实信用，抑制了道德风险，客观上减少了与被审计单位串通舞弊带来的审计风险。

其次，道德体系本身就是指整个社会的诚信建设。市场交易常常以双方建立契约的方式来完成，诚实守信便成为市场交易不可缺少的条件，它要求人们兑现自己所承诺的各项责任，因此，道德体系应是以诚信为基础的在政治、经济等领域的一个全方位的架构。

再次，市场经济发展的历史表明，崇尚伦理道德管理是一种新趋势。市场经济作为一种社会经济运行方式，一方面是以人们利益的分离和自利的追求为基础的经济主体对利益最大化的追求是市场经济的内在动力和市场机制发挥作用的基础；另一方面，市场经济又是一种高度社会化的交换经济，人们的利益都是相互联系、相互依存的，个别劳动、个别价值、个别利益只有通过他人和社会才能够得到实现，人们之间在利益上形成了一种越来越密切、深刻的关联性。[①] 从整个社会的角度强调道德体系构建，客观上减少了被审计单位造假舞弊带来的审计风险。因此，市场经济不仅需要法制，更需要有良好的社会风范和道

---

① 罗能生：《经济伦理：现代经济之魂》，《道德与文明》2000 年第 2 期。

德体系。

（2）强化社会信用建设

信用作为一种特殊的价值运动形式,其经济学意义是指商品资本的赊购赊销和货币资本的借贷行为,它是在信用交易双方都拥有独立的财产所有权（或产权）基础上,用各自的财产进行交换,并由此产生了在信用基础上的信用支付行为。我国的社会信用体系的建立发端于20世纪90年代初清理三角债,其后各类信用评比不断推动这项事业的发展。以加入WTO为标志,信用体系的建立开始步入快速增长期,社会信用体系有了较完备的标准,党的十六届三中全会的决议更鲜明地表明了当代中国人对建立社会信用体系已进入自觉自为的时期,道德、产权、法律成为构建社会信用体系的三大基础,理论界关于社会信用的研究也进入了新阶段。①

伴随我国市场经济与审计事业的发展,竞争变得日益激烈,信用已不仅仅是一种美德,而且还是一种商品,具使用价值和价值。近年来,在经济学、管理学中已引入了"无形资产"等概念,信用、商誉的作用也更加举足轻重。茅于轼先生说:"契约必须建立在信用可靠的基础之上,缺乏信用而光有法律保障的契约,其作用即使不等于零,也要大打折扣。"②在市场经济中,信用文化也从道德诚信转变为道德诚信与法制诚信并重的文化,变为自律和他律相结合,因此,应着力强化信用意识,增强全社会的信用意识和信用观念,推进我国的社会信用体系建设,这不仅是审计事业、审计市场发展的需要,也是我国市场经济发展的需要。市场经济以不同利益主体之间的交换为基础,是建立在各种各样的、错综复杂的信用关系上的经济,交换双方的诚实可靠可以降低

---

① 许莉、郭宏之:《探析南京社会信用体系的构建》,《南京社会科学》2004年5月。

② 茅于轼:《中国人的道德前景》（第二版）,暨南大学出版社2003年版,第141页。

交易费用、减少风险、活跃国民经济。①

2. 构建审计行业文化

20 世纪 70 年代末 80 年代初,企业文化在美国兴起,现在"企业文化"又称"公司文化"这个概念在管理学、经济学、伦理学中频繁出现,企业文化的导向功能、凝聚力功能、激励功能、约束功能等促进了企业的发展。在这里,我们不仅强调企业文化,而且更进一步地提出要打造审计行业文化的观点。所谓审计行业文化是在长期的审计活动实践中逐步形成,并为大家所认可、遵循、带有审计特色的价值取向、道德情怀、思想意识、行为方式、制度规范及其具体化的物质实体等因素的总和。审计行业文化不仅对规范审计市场起着积极的作用,而且可以帮助人们树立正确的价值观,提升审计人员职业道德水准,提高审计人员整体素质,推进审计制度创新。

(1)通过提升审计文化协调审计同业间的关系

由于会计师事务所的追逐利益最大化的目标,各会计师事务所之间难免出现占市场、抢业务的现象,而事实表明,审计费用的多少与审计质量的高低成正相关。因此,盲目的不正当的竞争极易产生审计风险,甚至导致审计失败,所以,我们可通过行业文化的构建及儒家思想来协调审计行业的关系。"重义轻利"是儒家的义利观,孔子、孟子、荀子均不反对社会生产,人为追求利益是人类的一种普遍愿望,"高与贵,是人之所欲也;贫与贱,是人之所恶也。"②但是,他们在普遍肯定"利"的同时,特别强调"利"的道德价值,重视"利"的增加是否有利于人的道德修养和促进人伦道德的和谐,即"利"服务于"义",这对于我们的审计行业竞争有很好的启示。

从宏观层面看,审计伦理也是一种社会资本。"社会资本"概念首先是由著名的社会学家科曼提出的,指的是社会团体或组织中人们为

---

① 林毅夫:《推动社会信用体系建设》,《人民日报》2003 年 10 月 22 日。
② 《论语·里仁》。

了共同目标而一致努力的能力。弗朗西斯·福山在《信任》一书中,则把社会资本定义为"在社会或其下特定的群体之中,成员之间的信任普及程度",强调社会资本状态制约着社会经济发展的类型和效率。[①]可见,审计伦理、审计行业文化的提升从宏观层面上对社会资源配置和经济效率提高产生着重大影响。

(2)加强审计行业自律与他律相结合的管理

在现代市场经济条件下,企业摆脱了计划经济时代的僵化管理与控制,获得了自主经营、自负盈亏、自我发展的"自由空间",但这种自由发展并不是毫无约束的。为了维护审计市场的理性与秩序,防止盲目竞争,客观上要求用道德与法律对审计市场的运行与发展进行双重调控,以完善审计职业道德约束机制。一方面,应加强伦理道德建设,防止审计过程中的利益冲突,遏制和克服"搭便车"、投机取巧、损人利己等消极行为倾向;另一方面,应通过行业协会确立行为准则和伦理约束机制,降低人们在审计活动中的不确定性和复杂性,从而减少"摩擦成本",降低交易费用。

(3)协调不同审计主体间的关系,共创合作效益

所谓合作效益又称合作剩余,指的是不同审计主体通过相互合作而产生的超出单个主体所能创造价值的总和的那部分效益。通过合作,社会审计可以降低交易费用和竞争成本,通过合作,国家审计、内部审计、社会审计可以形成一种资源的相互共享和优势互补,当然,这种资源共享即优势是要建立在一定的伦理约束和道德自律基础上的。

3. 提高审计人员的道德与素质

"伦理"是人与人之间的关系,同时,它也体现了一种文化。我国有着博大精深的传统文化,有着源远流长、历史悠久的传统伦理,儒家思想就提倡道德修养应从个人抓起,即所谓修身、齐家、治国、平天下,我国道德体系是由天人合德、伦理道德、社会公德、职业道德和个人品

---

① 罗能生:《经济伦理:现代经济之魂》,《道德与文明》2000 年第 2 期。

德共同构成的,因此,培养审计人员的伦理意识,不仅是必要的也是可行的,而且它与审计行业文化及社会信用体系的建设是相辅相成的。

(1)树立正确的审计价值观

从审计伦理来看,其建设的核心在于树立正确的价值观,这涉及各个审计关系主体,而其中起着推动作用的首先是审计人员价值观的选择与确立。树立正确的价值观大体可分为以下几个方面:一是明确价值所在,即明确审计的意义及个人从事审计工作的意义;二是必须学会辨析、选择对人类进步、社会发展、个人成长有利的价值追求,抵御不良价值观的侵蚀;三是必须明确这是一个漫长而艰巨的过程,它不仅受到外界的刺激,也会更多地受到内在欲望的干扰,只有战胜内外诱惑,将人生的意义建立在对社会、对审计作出贡献的基础上,才能体味到奉献的乐趣,才能真正自觉地追求正确的价值观。

(2)加强审计职业道德建设

道德在哲学范畴中是指行为规范或原则,即关于人们应该怎么作出行为,道德原则在广义上虽然具有一般公认原则,但在不同行业、不同文化背景、不同社会发展时期,道德具有不同的内容。对审计执业而言,诚信问题、职业道德至关重要,因为审计的质量好坏具有一定的隐蔽性,审计人员的诚信度如何不容易被评价,审计人员缺乏诚信也不容易被察觉,因此,一定要讲求个人操守,重塑审计人员的诚信。《审计机关审计人员职业道德准则》明确指出:审计人员职业道德,是指审计机关审计人员的职业品德、职业纪律、职业胜任能力和职业责任。中国内部审计协会2003年发布了《内部审计人员职业道德规范》,也要求内部审计人员在履行职责时,应当做到正直、客观、勤勉和保密,不做任何违反诚信原则的事情。可见,审计人员职业道德是为指导审计人员在从事审计工作中保持独立的地位、公正的态度和约束自己行为而制定的一整套职业道德规范,审计职业道德规范是确保审计职业可持续发展的关键。

（3）提高审计人员综合素质

审计工作是一项政策性强、专业性强的工作,审计人员是实施审计的主体,他们的个人素质和专业水平都对审计质量有很大影响,苏格拉底认为,一个工匠要做出好的手艺品,必须先要有这种产品的知识,一个治国者要治理好国家,必须先有关于国家的性质和目的的知识,并且他的伦理思想的主要内容是:"美德就是知识"。① 因此,每个审计人员包括国家审计、内部审计和社会审计人员,都必须具备与审计工作性质及某一方面工作任务相适应的专业水平、业务素养、人文精神与人文素质。素质是一种素养、修养,它包括文化、思想、心理、业务等各个方面,人文精神和人文素质是人文科学知识的内化与升华,人文精神的失落与混乱必然导致社会责任感和使命感的淡漠或阙如。以人力资本研究闻名于世的舒尔茨最近也提出,人力资本当中包括了人的伦理道德。无论是国家审计,还是内部审计、社会审计,都必须努力提高审计人员的素质。《审计署2003 至2007 年审计工作发展规划》中提出的审计工作的总体目标是,以审计创新为动力,以提升审计成果质量为核心,以加强审计业务管理为基础,以"人、法、技"建设为保障,全面提高审计工作水平,基本实现审计工作法制化、规范化、科学化。② 从总体目标中可以看出,今后审计工作对审计人员素质提出了更高要求,而且在五年规划中还特别强调了:全面提高审计队伍素质;着力培养复合型人才等。

审计伦理研究是财经伦理研究的一个重要方面,随着审计市场、审计事业的不断发展,审计不仅体现为一种经济管理行为,更多地体现为民主与法制建设的产物和工具,涉及伦理的意义将日益彰显,审计伦理建设的紧迫性将日益凸显,而现实状况大多凭借的是"被称为'实证经济学'方法论,不仅在理论分析中回避了规范分析,而且还忽视了人类

---

① 郭建新、杨文兵:《新伦理学教程》,经济管理出版社1999 年版,第21 页。
② 《审计署2003 至2007 年审计工作发展规划》,2003 年7 月1 日。

复杂多样的伦理考虑,而这些伦理考虑是能够影响人类实际行为的"。① 目前,审计伦理研究几乎仍是一片处女地,本项研究将审计伦理定位于应用伦理研究,从我国审计事业的实际状况出发,以审计学为背景,伦理学为导向,进行了初步尝试,这是很有意义的一件事情,正如审计伦理建设对社会伦理建设有重要影响一样,我们希望这些上述研究能够对审计事业的进步作出一些微薄的贡献。至于对审计伦理的关系、核心、原则和审计伦理建设的探讨才刚刚开始,肯定还有许多不科学之处,结合业务热点而着力探讨以责任伦理及伦理建设对应对审计风险的作用,也是实务性研究的一个开端,今后还很有必要对审计伦理的基本范畴和审计职业道德的基本规范作更深入的研究,我们相信,经过理论界、教育界、实务界的共同努力,审计伦理研究一定会兴旺发达,由此也必将对审计事业的发展产生有益的影响。

---

① [印度]阿玛蒂亚·森,王宁、王文玉译:《伦理学与经济学》,商务印书馆 2000年版,第 13 页。

第 十 三 章

企业信用与伦理

　　人们总是习惯于把信用与社会伦理规范以及个人美德联系在一起而解释一些失信现象。然而,在学术研究的狭小范围内,信用往往是被定格在经济范畴中的,它或多或少地带有某种道德无涉的倾向但又脱离不了一些含糊的道德说辞。由此,倘若要对企业信用与伦理的关系问题有一个清晰而合理的说明,就必须首先确立一种恰当的研究视角与维度。这一视角与维度需要以伦理相关的立场来看待企业信用的问题。而这一任务恰恰就是经济伦理学所关注的领域。

　　市场经济是信用经济已经成为人们的共识。无论这一观点是在何种意义上被提出的,它无非是对信用在市场经济中的地位和作用的一种社会评价。现代经济学认为,作为一种交易方式,信用交易更加适合市场经济的发展趋势。它在交易成本、交易绩效等方面有着实物交易与货币交易所不可比拟的优势而愈发成为现代经济交易的优选方式。如今,在欧洲,企业以信用为支付方式的交易已经达到80%以上,美国甚至达到了90%以上。而这一数据在中国的表现仅仅为20%。实物交易与货币交易仍然是当前我国主要的经济交易方式。造成这一现象的原因有很多,其中有三个最为重要的方面:一是社会整体性的信用体系尚未建立;二是企业缺乏甚至忽视信用管理及其信用意识;三是社会成员的个体道德素质存在缺损。由此观之,就当前我国的信用状况来看,信用发展的要素供应与背景条件还尚未成熟。许多企业由于缺乏信用意识与科学的信用管理体制甚至尚未涉足信用领域。因此,当我们在讨论企业信用与伦理的关系问题时就需要以两条线索来进行把握:一方面,在以相对完备的市场经济条件下的企业信用与伦理的一般关系中说明两者之间的关联度。它可以作为一种信用伦理的发展模式与目标,提供某种理论上的支撑与经验上的说明。另一方面,以我国现阶段的市场经济发展现状为着眼点,结合一定的社会背景与历史境遇,就当前我国企业信用建设与伦理的关系问题作一种特殊性说明。它旨在针对当前存在的信用危机,对企业信用的健康发展与良性运作提供一种实践方式与途径。由此,本章将从以下三个方面来探讨企业信用与伦理的关系问题:其一,对企业信用中所存在的伦理维度与道德基础提供一种正当性的说明。也即是说,企业信用与社会伦理道德之间是否存在着某种关联。如果有,它究竟是一种什么样式的关系。其二,伦理道德能够在多大程度上影响并作用于企业的信用存在与发展。它在哪些方面可为,在哪些方面不可为。这里牵涉到道德在企业信用中的适度定位问题。其三,如果以上两点条件是成立的,那么,我们就有理由进一步说明,如何以道德的功能和作用来推动和促进企业信用的建设与发展,并且它是以何种方式与途径来完成这一过程的。

一、企业信用的伦理内涵

企业信用是一种经济信用形式。而这里的信用伦理概念并不是广义上的信用所牵涉到的伦理范畴。一般来说,信用伦理是把信用看做一种社会信用体系来关注它的伦理维度和道德基础。在这个意义上,信用不仅包含着商业信用、银行信用、企业信用等经济信用的方面,同时它也指涉政府信用、个人信用、公共信用等其他社会方面。由此,这里所说的信用伦理只是一种狭义的信用伦理范畴。它集中关注信用范畴中的经济信用的一个方面,即企业信用。所以,这里的信用伦理就是一种企业信用伦理。但这并不代表,当我们在研究企业信用伦理的时候不考虑到信用的其他社会方面对企业信用伦理的社会条件功能和建构作用。

(一)企业是一个信用实体

企业是市场经济的主体之一。企业在市场领域中通过自主性的经营行为进行信用交易,因而企业也就是一个信用实体。企业信用的实体性体现在信用作为一种交易行为的主体性。

1. 企业信用的现代性

信用作为一种交易方式古以有之,它的雏形产生于早期的商品赊销与资本借贷。在传统社会的惯例经济当中,信用交易多半只是局限于熟人社会的商业团体。信用交易的范围较小且形式简单。信用的运作与管理也并没有十分严格的制度法给予保障或惩罚。信用为经济增长所带来的效用是有限的。而信用交易作为一种普遍性的大规模的交易方式是以市场经济的形成与确立相伴生的。市场经济是一种有效的资源配置形式。它通过自身的传导机制和运作规则,使资源在不同的市场主体之间进行优化配置,以此带来资源所能实现的经济利益的相对最大化。在这里,信用最为重要的作用在于,它能够缩短资源在不同市场主体间的流动速度以提高资源的利用效率。并且,信用本身也构成了一种可再生的经济资源,仅仅因为本身的价值和作用就可以为信用的所有者带来更多的资源占有。从这个意义上说,信用也可以看做是一种对资源控制权的竞争。① 这一点对企业来说至关重要。在市场经济条件下,对资源的更多占有和充分利用是企业实现利润的一个基

---

① 汪丁丁:《也谈"信用黑名单"》,《经济世界》2004 年第 2 期。

本前提。在以买方市场为主导的情况下,企业不可能再像以往那样仅仅通过粗放型的发展模式来实现风险较小,甚至无风险的利润。企业要求得生存与发展,必须从潜在市场的有效开发中获得风险收益以及通过规范科学的管理机制节约成本。而这两个方面恰恰是现代信用所能发挥长处的地方。

2. 信用实体的市场基础

市场经济是一种信用经济。它的含义可以从两个方面来理解:一方面,对于整个市场经济来说,企业之间总是在以明晰的产权基础上开展分工与合作的。分工意味着每一个市场主体只负责承担一部分的市场生产,而它的前提是它相信其他的市场主体会承担其余部分的市场生产。于是,合作才有可能。这种基于合作的分工信任并不是企业之间所能提供的。这是一种基于制度的信任。也就是说,所有的企业都相信,按照市场规则进行生产必定能在市场上得到相应的交换,因为市场经济就是这样一种提供交易的机制。由此,在这个意义上,市场经济是一种信用经济,而企业总是生存在这种广义的信用关系中。失却了这种信用,市场经济就不复存在。另一方面,如果说以上这一点是一种实然判断的话,那么说市场经济是信用经济也表达了对每一个市场主体的应然性要求。虽然市场经济从整体上讲是一个信用关系系统,但这并不表明每一个市场主体都会自觉地履行信用关系。市场经济同时也体现着自身趋利性的一面。市场主体在经济利益的驱动下,存在着背信弃义的可能。这就需要每一个市场主体从自身的立场出发,培养自身的经济德性,从而建立企业信誉。

以上两个方面其实是相互统一的。只有市场经济是一种信用经济,那么企业信用才有可能成为现实。然而这种信用经济的维系并不是市场经济自身所一手包办的。市场经济的信用是具体地现实地靠每一个市场主体的诚信经营来实现的。即使市场经济是信用经济,但企业根本不讲信用,那么这只能是一句空话。因此,可以这么说,市场经济只是为企业提供了一种信用关系的环境机制,而每一个企业就是这种信用关系的现实载体。也正是在这个意义上，我们说，企业就是一个信用实体。

（二）信用实体与实体伦理

企业作为一个信用实体，是存在于纷繁复杂的市场交易关系当中的。作为关系的实体，企业不但体现着信用作为一种经济关系的实体性载体，同时，它也是作为一种伦理关系的实体性载体。这种伦理关系是一种经济伦理的关系。

1. 作为实体伦理的企业信用

企业是生存于市场经济的信用关系中的。所谓企业信用也只是信用经济的一种特殊形式。在传统社会中，商业信用是和血缘关系联系在一起的。彼此之间所建立的信用是一种基于个人品格的信任。因此，一个人是否讲信用和他的道德品质密切相关。而这种传统社会的信用关系被市场经济所取代后，这种信用形式开始逐渐由对于身份的信任转移到对于契约的信任。这里的契约是一种有国家和政府给予法律或制度保障的契约形式。那么，这是否就意味着信用关系完全脱离了它的道德内涵而与道德无关了呢？

我们再回到这种契约性的交易关系上来。对于信用双方来说，交易是以双方对彼此财产权的认同和尊重为前提。因此，信用的交易就不仅仅是一种经济上的权利义务的对等性承诺，同时也是对这种经济关系中所体现的经济人格的一种承认与尊重。作为一个经济事实，信用一方在享受了信用的权利的同时，相应地，他也就必须要履行义务的承诺。换句话说，信用构成了一种客观性的经济关系事实，即它要求信用双方在以权利—义务的对等性承诺中来完成交易过程；同时，一种伦理关系要求也被建立。它基于信用交易的形式，在客观上形成了信用双方应该建立的一种权利要求与义务承诺相对等的伦理关系。因此，信用关系不仅仅是一种经济关系，同时它也是一种伦理关系。这种伦理关系往往以一定的经济关系作为载体，而通常以伦理原则或道德规范的形式被相应地确立下来,形成一种实体性的伦理要求。反过来,背信弃义不仅要受到制度的惩罚,蒙受经济的损失,同时也要承担道义上的谴责。

2. 企业信用是经济伦理实体

当我们把企业看做是一种信用实体,而这种实体又在信用关系中客观地包含着伦理关系的时候,企业信用就可以被看做是信用实体与实体伦理的一种结合,即它是一个经济伦理实体。这种实体的伦理性体现在:一种基于自由平等的产权及其经济人格的相互尊重。企业作为经济实体的首要条件是有明晰的产权基础。产权是企业主体性的体现。没有明晰的产权保障,是无所谓企业的自主性的。也正是在这个意义上,我们说企业是一个信用实体。然而这种主体性的实体并不仅仅是在经济上取得唯一的解释维度的。我们说,企业基于产权保障所获得的经济自由是企业实体性的体现,它承认了企业在市场领域内的合法地位,同时也就是给予了企业法人以合法化的经济人格保证。这不仅是市场赋予企业的一种道德权利,同时,它也暗含着企业对市场应该负有的道德责任。这是基于市场制度的伦理内涵所赋予企业的实体性要求。

3. 一种基于权利和义务对等性承诺的契约伦理要求

我们说企业信用的伦理内涵不单纯的是一种道德要求,这样就会脱离信用具体的实际内容而空谈伦理道德。企业信用的伦理性是和其经济性不可分割的。因此,从这个意义上来说,企业信用的伦理要求实质上是一种经济伦理要求。它不仅仅基于在自由交易基础上的经济权利义务对等承诺的经济事实,同时也是规定企业在市场中应该对这种权利义务之实现载体——契约的遵守。只有在这样两层不可分割的完整意义上,我们说企业信用是经济伦理实体才是成立的。

4. 一种基于自律性的主体德性的体现

既然是经济伦理要求,那么自律就是这一要求的首要条件。这意味着,企业是否自身意识到自己作为既是经济的又是伦理的这样一个实体存在于市场当中,也就是说企业是否具有经济伦理意识。另一方面,如果企业能在信用经营中具有这种意识,那么它是否能按照这种意识所提倡的要求去自觉自律地履行契约义务。这一点对于任何企业来说都是至关重要的。因为过于迷信制度能解决一切问题本身就是有问题的,在任何时候,主体的德性在伦理学的意义上永远是不可或缺的。

二、企业信用与道德实现

既然企业信用中包含着不可或缺的伦理维度和道德基础。那么,道德也就必然能够在企业信用的建立和发展中产生作用并发挥功能。当然,这里有一个前提,即伦理道德在企业信用的建设与发展中的功能发挥是有其限度的。从这个意义上讲,就需要正确地认识道德实现在企业信用关系中的适度定位问题。也就是说,在企业信用建设与发展的过程中,道德究竟能够在哪些方面发挥它的作用,这是一个值得谨慎的问题。我们认为,在企业信用关系中,道德实现的方面主要体现在以下几点:

(一)作为资本形态的道德实现

从企业信用的立场来看,信用不仅仅是一种交易方式。如果企业作为信用主体在信用交易中能够以真诚的意愿履行交易契约,那么企业就能在信用关系的基础上建立起企业信誉。

1. 信誉是企业的无形资产

企业信誉是一种无形资产,从企业内部而言,它是企业在长期的信用关系中所建立的一种企业的诚信度,是企业伦理价值在信用关系中的集中体现。从企业外部而言,企业信誉是社会对企业在信用关系中诚信度的一种社会评价。这表明,讲信誉的企业在信用交易中是值得信赖的,信用交易的风险是相对较小的。因此,对于有良好信誉的企业来说,这意味着它更有机会去获得更多的资源控制权,并且在信用交易中总是占据着主动的地位和积极的姿态。尤其是一些信誉经营较好的企业,信誉甚至能为企业带来一定的垄断性价值。

应认识到企业信誉作为一种无形的资本只有在市场经济条件下才能够成立。在计划经济条件下,企业作为政府的附属单位,并没有自主性的产权基础,因此,企业并不需要建立信誉,因为对企业的诚信度并不体现在企业本身,而是转嫁给了政府。企业对政府负责,只要相信政府,企业无须经营信誉。在西方早期的企业管理思想中,实物资本是备受青睐的。人们相信,利润的获得和企业资产必须是一种看得见、摸得着的实物资本。而正如舒尔茨所言:"设想某一经济体系拥有土地和进行再生产的物质资本,包括如同美国现在所可能拥有的生产技术,但是它的运转却受到下列的各种约束:不可能有人取得职业经验;没有受过任何的学校教育;除了所居住地区的信息之外,谁也不拥有任何别的经济信息;每个人都受其所在环境的巨大约束;人们的平均寿命仅仅为40岁。在这样的情况下,经济生产肯定会悲剧性的大大下降。除非通过人力投资使人的能力显著地提高,低水平的产出必定会与极其僵硬的经济组织同时并存。"①舒尔茨的这一观点,代表了西方20世纪70年代的企业管理思想,即由原来的注重实物资本开始转向人力资本的开发与管理。90年代后,这一观念又一次发生了变化,如今,社会资本这一概念被企业管理理论所接受。社会资本的概念认为,企业必须重视在经营管理中的人际关系的和谐,它是企业进一步提高生产效率、降低企业成本、创造团队价值的核心。其实在西方企业管理中所提到的社会资本,就是一种以企业道德为核心的道德资本。而企业信誉就是道德资本的一种表现形式。

2. 信誉是信用的道德资本

在国内,王小锡教授曾经首倡道德资本,并进行过精辟而细致的论述。他认为:"在社会主义条件下,由其经济制度决定了资本是能带来

① ［美］舒尔茨:《论人力资本投资》,北京经济学院出版社1990年版,第19页。

利润的体现为实物和思想观念的价值。"①在现时代,"资本是一种力,是一种能够投入生产并增进社会财富的能力"②。而道德就是这样一种资本形态的集中体现。在道德资本的意义上,企业信誉就是这样一种能为企业带来价值增值的一种道德资本。

在企业信用方面,道德资本的价值实现体现为这样一个方面,即企业信誉的建立总是以一定的企业信用交易为载体。也就是说,企业信誉作为一种道德资本,它是无形的,它体现的是人力资本的精神层面与实物资本的精神内涵。这意味着企业首先要在信用交易中具备这种资本道德的意识,并且在信用交易以及企业信用管理的全过程中注重这种资本的渗透与培育。然而企业信誉的建立并非是一蹴而就的,这意味着道德资本的形成过程是漫长而艰巨的。由此,对道德资本的运作与管理必须走向制度化和规范化。把它和企业文化精神、企业职业道德规范、职业培训等企业管理内容有机地结合起来。而企业信誉实质上是累积化的企业信用所形成的一个后果。只有在企业多次的信用交易中,才可能积累起企业信誉,而企业信誉一旦建立,就会以道德资本的价值形态对企业信用发挥作用。

(二)作为企业文化的道德价值

信用在信誉方面的伦理升华,不仅仅是一种资本形态的再生资源;同时,它也可以作为企业文化的一部分,成为企业核心竞争力与企业文化的精神内涵与价值支撑。然而,并不是每一个企业都会把这种信用伦理中所体现的价值精神作为自身的文化核心。不同的企业会在价值观与企业实践中对自身有一个定位与自我理解。因此,不同的企业文化是企业个性所在,它的特征就是差异性而非统一性。

---

① 王小锡:《经济的德性》,人民出版社2002年版,第84页。
② 王小锡:《21世纪经济全球化趋势下的伦理学使命》,《道德与文明》1999年第3期。

1. 文化体现信用的理念和价值追求

企业文化是企业全体员工在理性共识与长期的企业实践中形成的共同的理念,其核心是价值观。企业文化通常会在各种企业规则、企业员工的素质等方面体现出来,并影响着企业经营管理的各个方面。虽然,我们并不能笼统地说一些企业文化是建立在信用及信誉的基础上的,然而每一种企业文化,无论它的核心价值观是什么,都明显地或潜在地内涵着一种基于企业信用伦理性的价值精神。

企业文化是企业共同体内利益相关者之间的一种理性共识与价值认同。企业信用首先是一种整体信用。所谓整体信用,是企业在信用关系中,总是以一个企业共同体的信用实体身份出现的。这意味着企业的每一个成员都必然是企业信用关系形成的一种要素支撑。价值认同首先是员工对企业的一种信任。企业要对外讲信用,其前提条件是企业自身必须是一个统一的信用实体。换句话说,只有企业的员工相互信任,并且在共识的基础上认同信用伦理的价值精神,企业信用才是有可能的。不然,企业信用就是一句空话。现在有许多企业,尤其是一些管理不规范的企业,其信用度低的原因之一就在于企业内部的信任关系有所缺损。由于管理不规范,监督力度不强,许多小企业对员工的福利待遇不甚关心。这就造成了企业雇主与雇员之间的不信任。这也是小企业人员流动性大的一个原因。

2. 文化是团队精神与整体合力的表现

企业文化是凝聚企业员工形成团队力量的关键因素。它比物质上的奖罚与制度上的激励更具有稳定性与持久性。而这种整体合力往往是以信任为依托的。前面已经提到过,企业在市场经济条件下,是一种基于分工性的信用实体。企业之间只有发挥合作的力量,才能使市场经济良性运行。这种外部的分工合作同样也表现在企业内部。企业部门之间以及员工之间的其实也是一种信用关系。要把各部门及其员工团结在一起,形成凝聚力,他们之间就必然是要相互信任的,要彼此合作的。因此,基于信用关系的信誉及其信任,其实是任何一种企业文化得以成立的构建基础与核心要素。

3. 文化能够弥补信用管理在制度上的缺损

无论是制度的完备与不完备,制度所能管辖的范围是有限的。因此制度的设计总是存在着缺损。这既是制度创新的活力所在,也是制度不力的原因所在。没有企业制度是万万不能的,但是企业制度不是万能的。从这个意义上,企业文化提炼的信任能够弥补企业管理在制度上的缺损,我国现在许多企业非常重视制度的建设是一件好事,但以为只要有了制度,一切问题都解决了,这就错了。制度的有效性是有其依赖条件的。制度的这种不完满性往往需要企业文化给予提供精神支撑,这就是通过信任的提炼来弥补企业管理在制度上的缺损。

(三)作为制度要求的道德价值实现

现代企业信用已经不是单纯的一种偶然性的企业行为,现代企业信用管理已经成为企业是否能够充分地利用与运作信用的充分条件。科学的企业信用管理离不开相应的制度建设。目前,国内较为前沿的企业信用管理模式是"3+1科学管理模式",即在企业内部建立起"3"个不可分割的信用管理机制,分别为交易前的资信调查与评估机制、交易中的债权保障机制和交易后的应收账款管理与追收机制,以及"1"个独立的信用管理部门。① 不难看出,现代企业信用管理是把信用实施的全过程都纳入到一个制度安排的管理体系当中。那么这和信用伦理有什么关系呢? 换句话说,道德能够在信用管理的哪些方面发挥作用呢?

1. 道德规范是企业价值实现的实践基础

我们知道,道德的实践价值之一在于道德的规范作用。如今,已经不在是一种单纯的个人德性的体现,道德规范也不在是零散而不成系统的道德要求了。道德制度化的发展愈发受到人们的重视。所谓道德

---

① 参见李敏等主编:《企业信用管理》,复旦大学出版社2004年版,第38页。

的制度化,也就是把道德规范在一定的条件与背景下,通过制度化、程序化的方法使道德成为一种规范系统,以此来规范制度集体中的行为人。一般来说,道德的制度化体现在两个具体的方面:其一,道德规范的制度要求和企业现有的制度要求进行有机的融合,即在企业制度建设中融入道德要求。其二,建立企业道德规范,并以制度化的形式独立进行建设。第一个方面的道德制度化是在企业现有制度建设中把道德价值与道德精神融灌在其中。在这里,制度要求既是职能部门的功能性要求,同时也是一种道德要求。而在第二个意义上的道德制度化形式是单列的道德规范。它的好处是,有相对的独立性,更容易理解或操作。而第一种道德制度化的建设由于是现有制度中体现的道德精神,因而理解起来不是十分明显,而且有被既存制度的职能要求所挤占。企业进行何种形式的道德制度化建设并不是绝对的。它应该根据企业发展的现实状况,企业制度建设的不同阶段进行相应的变化与调整。

2. 企业信用管理体系的设计应融入道德要素

在企业信用管理方面,作为制度要求的道德实现是同时可以和两种道德制度化的形式进行有机结合的。一方面,从企业信用管理的既存制度中的道德内涵来看,信用管理体系的设计应该考虑到道德建构方面的作用;并且,这种道德精神应该贯穿于整个企业信用管理的过程当中。比如说在企业信用管理的前期,资信工作的开展就要充分考虑到既要更多地了解企业所需要的信息,又要确保和被调查的对象之间进行良好的沟通与对话。在交易后的应收账款的管理与追收机制中,要充分地了解客户的实际情况,既要收回应收账款,也要和客户保持良好的关系,在这里,协调和沟通是很重要的。而在企业信用管理的过程中,企业内部之间的协调和配合是十分重要的。因为诚信工作关系到企业许多部门,如果没有其他企业部门的支持与合作,信用管理工作是很难开展的。因此,在制度设计与安排的过程中,要充分地注意协调企业内部各部门与信用管理部门之间的关系。这需要在既存的制度安排中充分地考虑制度的伦理内涵和道德基础。

另一方面,从单独的道德制度化建设来看,首先要让企业员工充分地意识到企业间由于团队合作所带来的彼此之间相互信任的道德基础。把企业信用关系的外在性的实体伦理的要求内化到企业中来。也就是说,企业是一个信用实体,也是一个信用主体,企业之间在信用关系中所建立的信誉及其诚信度要内化为每一个企业员工的制度性要求与道德要求。企业的员工是讲信用的,相互信任的,由此企业守信用、讲信誉的外在形象才可能被建立起来。这一点,要在道德规范的制度化建设中体现出来;并且它要和企业文化建设相互影响,相互补充,无论是在日常企业员工的行为规范层面,还是企业文化在员工身上所体现的素质,都应该以这种道德精神及其规范的体现为纽带和支撑。

(四)作为个体美德的道德实现

如果说,在资本形态、企业文化、制度要求中的道德实现是企业作为一个信用实体所体现的实体伦理,那么个人美德将是这一实体伦理的主体基础与具体实现。这是因为,道德在企业信用方式中任何一种形态的实现都是与人相关的。况且,道德实现主要是通过企业成员的主体实践来完成的。没有人作为主体支撑和实践基础,一切都只能是空谈。

1. 个人美德是实现企业信用的主体基础

个体美德在企业信用中的道德实现主要体现在这样两个维度中:一方面,信用是一种经济伦理实体,它以信用关系为经济事实,内含着客观的伦理关系。这种伦理关系前面已经提到过,即是一种权利与义务的对等性承诺。人或企业在这种关系中,作为实体性的主体,履行信用承诺与完成道德承诺是一回事。它是关系的实体性对在关系中的角色人格的客观要求。在这个意义上,无论主体自身是否意识到,他都是身处于这种关系中。另一方面,是一种主体性的道德。即主体会把这种客观的伦理关系内化为自己的一种自律选择,而在信用关系中诚心诚意地履行信用。一般来说,个体美德的基础在于这种客观的伦理关系,而其实质则在于后者的主体性道德。换句话说,履行信用是伦理关系,它客观存在,是一种规范要求。而个体只有把这种伦理要求内化为自身的自我要求,作为个体美德的道德实现才在企业信用中具体地表现出来。

2. 个人美德的分类实现

个体美德在企业信用中的实现方式,具体到个人,这里同样牵涉到两个层面:一是企业管理人员的个人美德,另一个就是企业一般员工的个人美德。企业管理层是企业决策的制定者、规划者与领导着。管理层往往在企业中的行为空间较大,控制的资源较多,因此,从权利与义务对等的条件来看,企业的管理层在享有更多管理权利的同时,也应该更多地承担企业管理中的责任。在此,企业管理人员的个人德性主要表现在以下几个方面:其一,充分地调动员工的积极性与工作热情,最大限度地发挥员工的潜力,这不仅是企业管理层的工作职责,更是他对企业承担的道德义务。其二,领导企业团队形成良好的团队精神与管理合力,使企业的决策能够充分地得到有效的实施,发挥理想的效果与应有的作用。其三,企业管理人员应该树立道德榜样给下属起到带头示范作用。因为企业管理人员的行为会对员工的工作积极性以及道德素质产生较大的影响。所以,企业管理人员往往不仅仅是一个领导者,同时也是一个道德榜样。在一定意义上,企业管理层的素质甚至能够左右企业的生存与发展。

企业的一般工作人员是企业最大的基础性群体。企业一般员工的道德素质往往反映着企业的整体素质与职业水平。重视企业一般人员的道德素质的培养相当重要。那些仅仅以为有好的管理层就能够使企业获得更大发展的观念是站不住脚的。企业的一般工作人员是具体的企业行为的操作者、执行者,是企业决策的终端,没有企业一般人员的积极工作,任何企业决策与规划都将是泡影。企业要重视一般工作人员道德素质的培养,提供良好的工作环境与生活福利,通过团队合作与职业培训为员工的德性锻造创造良好的条件;同时,员工也应该增强自身的道德素质,尤其是在企业信用管理制度所涉及不到的领域更是要贯彻信用伦理的价值精神。以上两个方面要相辅相成,相互促进,要把企业管理层与一般工作人员道德素质的培养结合起来进行全面的把握。惟此,一种基于信用伦理的个人美德才会在企业信用建设中充分地体现出来。

三、企业信用与道德功能

在考察了道德在企业信用方面的实现内容之后,接下来,我们将讨论道德是如何具体地在这些方面发挥自身特有的功能的。我们认为,道德在企业信用建设中所发挥的功能主要有以下三个方面:道德的激励功能、道德的协调功能、道德的规范功能。

(一)道德的激励功能

道德的激励功能是对信用主体而言的。从内涵上看,企业信用中的主体不仅仅是企业中的个人,而且还包括企业这种经济组织的集体性人格。道德的激励功能体现在个人上,就是个人德性在信用行为中的体现。道德的激励功能体现在企业的集体性人格上,就是对企业共同体的一种整体性激励。当然,由于激励对象的差别,道德激励在表现形式、激励方式以及运作机制上都有所不同。但是,辩证地看,企业的每一个员工实际上也是企业集体性人格化的体现,因此,道德的激励功能在这样两个层面所发挥的作用往往是可以同构的。也就是说,道德激励应该同时在这样两个层次相互发挥作用。既要考虑到对企业全体的激励,也要考虑到激励的差异性和个体性,结合两者至关重要。

近些年来,经济学中的激励理论一直是学界与社会备受关注的焦点问题。该理论体系中的逆向选择、道德风险、团队精神等现代激励理论的最新成果被大量地运用于企业的经营与管理。这些理论形态多数富有精致的分析工具与数理模型作为基础,实证性较强,可操作性在不断提高,并且已经产生许多成功的范例。然而,如果我们秉持着一种经济伦理的视角来审视的话就不难发现,其实,这些激励理论中都含有不同程度的道德因素。道德激励功能的建构可以适当地和其他不同形式的激励相结合而产生激励合力,其中道德激励在企业信用行为中的一些主要及其相应的功能作用更为重要。

1. 作为企业人格的整体性道德激励

道德对企业整体的激励存在着这样一个前提,即这种集体性的人格化是否已经形成。这一问题又引申出其他几个相关问题:其一,企业员工是否对企业的组织目标有所认同;其二,企业员工是否对企业核心的价值理念及经营管理方式有所认同并在一定程度上达成了共识;其三,企业成员在认同与共识的基础上,能够在多大的限度内去实践它们。实际上,这关系到企业是否能够形成以企业伦理文化为核心的团队精神的问题。员工只有对企业产生归属感与认同感,才会以积极地主体姿态去工作。然而,这种集体合力往往不是单个企业成员所能主宰和决定的。它是企业在经营管理的制度、理念、方式中形成,并以职能性的人格化要求对企业每一个成员发挥作用的。例如,倘若某一个企业的制度环境、经营管理理念是有利于信用行为的,并且员工是在一定基础上理解并认同的,那么,我们可以说,该企业相对的失信行为就是风险较小的。可是,相对意味着不排除这样两种可能性:其一,如果企业整体都处在一种集体信用无意识状态,那么相反,信用风险的程度会更大。其二,个人即使是在一定程度上对集体的认同并不意味着在所有条件下都会产生守信行为。就第二点来说,关键是企业如何通过各种管理的设计与运作,能够尽可能地避免个人的失信行为,这是下面将要讨论的话题。

2. 道德激励是一种经济伦理式的激励

它既不等同于单纯的物质与货币的奖励,也不同于仅仅是在道德上的精神性褒奖与评价。它是把基于平等人格和个人价值的实现同个人经济利益紧密联系的一种激励方式。这种激励方式的前提是,在企业集体利益的框架内,在自由平等的基础上,充分地满足个人利益的实现。它能够使员工在企业中不仅仅获得经济利益,还能找到自我价值与自我实现的归属感。然而对企业个体的道德激励往往不局限于企业自身,它往往能够成为企业信用行为的扬弃者,在企业集体失信的情况下,超越企业的集体人格化。因此,辩证地看,企业全体的与企业个人的道德激励其实是相互补充、相互制约的一种制衡,并且道德激励也应该和反向的惩罚性、谴责性激励联系起来共同发挥作用。

(二)道德的协调功能

企业信用牵涉各式各样的经济关系,企业要建立信用就必须处理并协调好这些关系,前面已经说过,企业信用关系也是道德关系的一个载体。因此,企业信用关系的和谐就不仅仅是经济利益关系的协调,同时也包含着道德关系的协调。道德以其特殊的功能协调着企业与各种利益相关者之间的关系,从而维系着企业信用的建构与正常发展。

1. 企业信用有助于协调企业之间的利益关系

企业信用最为重要的方面,是企业之间所建立的信用关系。它是企业与外部利益相关者所构成的一种信用关系。是企业信用最为主要也是最为核心的关系形式。在这里,道德的协调功能主要体现在基于信用关系基础上并对这种关系起到一定的稳固作用。信用关系的建立首先是基于利益的需要。然而利益,尤其是经济利益本身具有趋利性,它会随着资本的增值效应而忽视其他方面的社会规约。如果趋利性已经具备了产生的土壤,那么此时的道德介入就是外生性的,发挥的作用几乎很小。这需要在信用行为发生的最初,就应该使信用关系中所体现的道德实体充分地展示出来,并被意识所把握。信用行为总是含有一定道德价值取向的经济行为。因此,在这个意义上,只有把经济利益的实现同诸如诚信、信任、信誉等有关信用的道德价值在信用关系及其行为产生的最初就予以确定,那么这种利益实现及价值就真正地成为了一种经济伦理式的价值,道德的协调功能会在不同的企业主体之间发挥作用。企业也就会把经济的德性看做是利益的一部分而承担相应的信用职责。

2. 企业信用有助于协调企业内部的利益关系

企业内部各部门之间的关系以及企业成员之间的关系是企业与内部利益相关者之间的一种关系。道德的协调功能在企业信用的内部实现上主要就是指这个方面。

信用关系牵涉到企业各部门之间的协调与配合。如果企业部门各自为政，并不配合企业信用的管理职能，那么信用关系在企业内部就是难以建立的。道德的协调关系必须首先依赖于这样一个前提，即企业在信用管理的过程中，通过组织结构的设计与制度安排，已经把信用运作的各个环节都进行了规划与设置。在此基础上，基于部门职能之间的交流与共识才是可能的。一般来说，信用管理必须依靠企业部门之间的相互支持与帮助，单独的信用管理部门往往会从本部门的职能要求出发，可能会和其他部门之间发生利益上的摩擦。因此，企业内部之间的相互理解与保持信息的有效沟通是维系整个信用管理流程在企业内部良好运作的基础。各部门应该对企业基于信用管理的目标，以及这种目标的价值观念有所认识并主动接受。接下来，企业必须要明确各部门职能以及相关人员的权利与义务的相互要求，明确职责。重要的是，明确的职责必须落实到相应的制度安排中去。但制度设计与安排的完善并不能代替全部的道德调节作用。在实际中，企业领导者及其管理阶层在企业管理中所体现的领导艺术对这种道德协调作用至关重要；并且，如果一种企业文化形态业已形成，那么这对道德调节的作用也将是大为有益的。

（三）道德的规范功能

目前，许多企业已经意识到在企业管理中要注重道德的作用，其中最为普遍的方法就是制定相应的企业道德规范条例。在企业信用管理过程中，道德规范条例同样可以发挥作用。然而，仅仅是制定一些道德规范还是不够的,虽然道德规范可能是道德最为普遍、最为实际的效用形式。这就需要企业能够在充分认识道德规范作用的基础上,发掘多方面的道德规范作用,而不是仅仅限于制定简单的规范条例。同时,不能夸大道德在企业信用管理中的规范作用,好像认为,只要把道德规范操作好,单纯靠道德规范就可以解决企业信用方面所存在的问题了。正确的方法应该是,理解道德规范的作用究竟是什么,它的实现方式和作用途径是如何产生的;并且如何把道德的规范作用和企业信用管理的其他方面紧密地结合起来,以发挥道德规范的实效性。唯此,道德的规范作用才可能在企业信用管理中真正体现出来。

1. 道德规范的约束作用

道德的规范作用首先是一种带有自律性的约束作用,它是一种基于自律的约束,这种约束是道德主体自己给自己的良心立法。正是在这个意义上,如果仅仅是列出规范条例就认为道德的规范作用定能产生,那就是对道德规范作用的误解。一般而言,企业成员就是道德主体,他们一般都具有自己的道德观念与价值意识。因此,为了企业的组织目标能够最大限度地实现,企业就必须把组织目标与理念表现出来以让企业成员有所了解。道德规范条例就是其中的一种表现形式。了解的过程是一种磨合的过程,它是企业成员进行道德价值的选择,并最终是否认同这些目标、观念的过程。

2. 道德规范的范导作用

道德规范的另一种作用体现在它的范导性上。它是企业成员认同企业通过种种努力所表现出来的观念、目标、规范,那么道德的规范作用在这个时候就真正开始发挥作用了。这里有三个问题需要进一步说明:

其一,道德规范作用所指出的规范内容通常都是企业信用实践的内容。这在一定意义上说明,道德规范在企业信用中的作用并不是要让人们成为"人人独善其身"的有德者,而是要人们在具体的信用实践中根据企业的目标约束自己的行为以保持整个信用过程的良好运作。

因此,反过来说,道德的规范作用必须依赖于企业信用实践与信用管理为依托,要符合信用的工作流程与职业特性。

其二,道德规范作用的表现形式是多样的,它不仅仅局限于规范条例、守则等企业规则中。要充分地发挥道德规范作用在多途径上的实现,形式要多样,方法要灵活。比如说,企业文化实际上也是一种道德规范,它对企业成员的约束力是很强的。因为,企业文化是企业成员在对其核心价值理念认同的基础上形成的,因此,道德自律的作用表现得是较为明显的。

其三,道德的规范作用要产生实效,必须最终要落在企业成员道德自律的基础上。道德规范从他律到自律,历经着一个道德价值的认识、选择、践行的过程。在这一个过程中,外在的管理与约束要充分地促进这一过程的形成。包括各种激励、建立企业归属感、尊重个人价值实现、处理好各种关系等对道德规范作用的产生都会起到不同程度的影响。

其四,我们必须认识到,道德作用在企业信用管理中作用的发挥并不是一蹴而就的,而是要经过长期的积累与经营才可能逐渐形成并产生作用的。然而,当道德的作用一旦得以建构与维系,那么其效能与功用也是相当的巨大和稳固的。

第 十 四 章

广告信用与伦理规范

　　广告是市场经济的产物,市场经济的成熟发展,一方面加快了新产品的开发和产品的更新换代,促进了当代广告的迅速发展;另一方面却又为自身带来了严重的信用危机,不管是此前李嘉欣代言芮玛黄金叶坠,黄铜变黄金;周杰伦代理闪亮滴眼露,夸大其词;还是刘嘉玲戴着假发套代言洗发水,或是刚被央视连续两次披露的竞价门黑幕,都直接损害了广大消费者的利益,而且对广告主、对大众传媒事业、对广告经营者、乃至对国家的经济发展,都产生了严重的负面影响。仅认 2008 年的三鹿奶粉事件为例,"每天一斤奶,强壮中国人"的蒙牛乳业,不仅没有强壮中国人,反而差点结石了全中国;"品质保证,我信赖"的三鹿婴幼儿奶粉,不仅不能让人信赖,而且还导致了十几名婴幼儿死亡,几十万婴幼儿泌尿系统出现异常。

　　我国广告诚信的缺失是由多方面的原因引起的,例如相关法律不完善、广告界经营机制不健全、广告主见利忘义、广告经营发布者缺乏职业道德素质、消费者缺乏必要的区分真伪的能力与监督维权意识等等。针对这种种或历史或社会制度的原因,当前要解决广告失信问题的首要任务就是要建立完整有效的广告信用体系。我们需要在沿袭诚实守信的传统美德的基础上,制定完善的广告法律和广告道德标准,加强全方位的广告监管机制,以促进广告经营单位、媒体单位以及广告主的意识转变,最终将行政部门的监管要求转化为对自我的规范和约束上去。

一、现代广告信用的伦理呼唤

信用是中华民族的传统美德,也是伦理道德的基本要求之一,它被人们广泛地运用到修身立业当中。一个失去信用的民族将失去宝贵的尊严,一个失去信用的行业将失去赖以生存和发展的基石。如今,方兴未艾的中国经济建设正遭遇着社会信用危机,它的负面影响已经延伸到各行各业中。广告是社会经济发展的必然产物,商业广告中已存在着严重的信用危机,这个事实是不容置疑的。当代广告失信不仅扰乱了我国广告业正常发展的秩序,也给企业广告的投入带来了巨大的损失,从而又引发了一系列的社会问题。

信用是伦理道德的重要内容,时时指导着人们行为规范。因此面对当前种种广告问题现象,要求我们要从伦理这个视角去关注广告,用有效的道德准则去指导广告行为的健康发展。对此,广告信用问题便成为人们关注的焦点。

(一)广告与信用

信用的内涵是要"受人之托,忠人之事",即诚实、讲诚信。从经济活动的基本需求来看,市场经济所需要的公平、信誉以及各种法律方面的规范都要求以信用为基本出发点,它不仅是道德的基本原则的基础,更是经济活动的基础。"诚招天下客,信揽四方财","信用"在当今社会不仅适用于一般意义上的企业,更适用于以经济运作获取利润报酬的一切单位。随着我国的改革开放,我国的商品经济越来越发达,广告业也越来越发达,广告形式愈加生动活泼。遵守信用可以说是现代企业的基本要求,对于市场经济中涉及范围很广的广告业而言,讲求信用更是其成功的基石。

1. 广告信用的历史追溯

我国有着深厚的思想文化资源,传统的思想道德意识深深地植根于现代社会与生活中,具有不可忽视的影响力和感染力。广告行为作为一种"传"的现象,与我国传统的伦理道德思想有着无法割舍的历史渊源。传统的广告伦理思想中,孕育着诚信意识与诚实原则,早至先秦诸子对传者的品行,就提出过"诚"、"信"、"实"、"公"的要求。这可以说是社会责任意识的萌生形态,自然也是广告伦理学的构建中重要的道德思想根源。正是这些历史财富为我们今天构建和实施社会主义广告伦理道德、建立广告信用机制提供了难能可贵的理论依据和实践经验。

广告历史之悠久几乎可以同人类商品经济的发展史相同步,据文字记载,我国早在商代就出现了广告,只是由于长期的小农经济和封建专制集权的束缚与制约,商品经济发展缓慢,商业始终被贬抑。这也使得很长一段时期内商业活动中的商业和广告是混为一体的。广告虽然始终没有形成独立的行业,但也形成了一些夹在商业活动规范中的行为准则。尽管这些广告道德因子并不具有明显的独立性,而是附着在商业道德中,以商业行为准则的方式存在并传播着,我们依然能够找到一些传统广告道德成分。"诚实可信"、"童叟无欺"等成为我国传统商业中广为流传的经营信条,从某种角度来说更贴近广告,更符合广告行为的道德规范准则。正是这些遵守职业道德,重视信誉、力求正当公平经营的传统道德规范和准则,成为我国传统广告伦理的主流。它们指导着经济贸易的正常进行,促动经济的发展和社会的稳定。

(1)千斤一诺。中华民族是一个重诺守信的民族,在人与人之间的交往中,人民把信守诺言看得非常重要,"千斤一诺"、"君子一言,驷马难追"等警句就表现出人们对守信准则的普遍推崇,在儒家文化中尤为体现。在儒家看来,讲究"诚信"是最基本的道德要求。孔子把它作为做人的根本:"人而无信,不知其可也。"①"主忠信,徙义,崇德也。"②"信"可以训练人诚实的品质,也是取得他人信任的前提。"朋友有信"历来是中国人交友的基本准则。孔子就把"老者安之,朋友信之,少者怀之"③"与朋友交,言而有信。"作为自己行为的导向。董仲舒以后,中国传统道德更是把"信"视为仁、义、理、智、信的"五常之本,自行之源"。由此看出守信用、讲信义是人们在交往时共认的价值标准和基本美德。

广告是一个参与人群众多的行业,广告的出现必然需要与人交往,因此中国的广告从开始就要求货真价实。像"童叟无欺""货比三家"等,早期广告虽在形式上不可避免地显得幼稚、简单,缺少创意,在广告内容的真实性上的要求却极为严格,并把它视为广告的生命。在中国流传这样的故事:老两口经营着一家酒铺,由于酒好加之经营有方,使远近街坊慕名前来,酒铺生意十分红火。有一天老头出外,再三叮嘱老伴照料好酒铺。老伴心想缸里有这许多酒,喝酒的人又这么多,我不妨给酒里加上些水,不会有人能尝出来。于是老伴就这样做了,酒也卖光了。老头回来后,老伴高兴地告诉了他。老头听后放声大哭,一边哭一边说:"我们的牌子让你给毁了!"果然,酒铺的生意逐渐清淡,买酒喝酒的人也逐渐减少。如此看来中国人把信誉看做生命,也就是把广告的真实性看做是生意长久不衰的保证。时至今天,广告的形式发生了巨大的变化,而广告的真实性更显重要。

(2)传统广告的道德原则。在我国最早正式提出广告道德问题的学者徐宝璜在《新闻学·新闻纸之广告》一文中提出的广告道德原则包括:一是广告须遵循新闻与广告分开;二是登载正当之广告;三是树

---

① 《论语·为政》。
② 《论语·颜渊》。
③ 《论语·公冶长》。

立广告之信用。① 这些道德原则对现代广告活动依然有着一定的指导意义。在建设社会主义市场经济的今天,传统道德中的"诚实"、"信用"与现代广告中强调的"真实可信"、如实履行广告承诺等相结合,正好构成了当今社会主义广告道德信用的基本伦理原则。"海尔——真诚到永远"是海尔电器面对广大消费者发出的信誉誓言;香港集友银行以一个硕大稳重的"诚"字和两支紧紧相握的大手向消费者展示着集友银行愿做顾客的忠实朋友。两则广告无独有偶地都紧紧抓住了诚信二字。守信用、讲信义是中国人公认的价值标准和基本美德,又是市场经济相通融的经营原则。事实证明只有抓住诚信才能赢得消费者的心。

2. 现代广告的理性要求

信用的现代广告的理性追求,市场经济追求诚信,这也成为广告业永恒的话题。广告遵循以诚为本、真实可信的道德原则,不仅是市场经济道德的内在要求,也是广告整个运作成功的基石和广告业健康发展的根本保证。广告的成功不仅会赢得顾客的信任,还会增强商家、广告公司以及媒体的信誉度。当今是"注意力经济"时代,需要的是有效的广告投入。鲁迅说过:"唯有真实才有力量。"当广告效力失去的时候,也就是广告业衰败的开始。而我国广告业最大危机所在也就是广告失去了效力,即广大消费者对广告失去信任。水平不高,可以学习;资金不合理,可以调整;可消费者不信任,这是广告业的致命问题所在。

我国市场经济在参与国际竞争后,对市场的规范化、理性化程度的要求越来越高。市场经济本身是信用经济,现代广告业就是信用关系发展的产物,因此一切广告活动则都要求建立在纷繁复杂的信用关系之上,它是一种以信用作为市场交易活动中介的经济行为。过去在较狭小的区域内的信用交易,相当数量的本土企业顽强地生存下来并得以发展壮大。他们不可避免地带有急功近利的生命烙印,使得企业从

---

① 参见徐新平:《新闻伦理学新论》,湖南师范大学出版社2001年版。

其经营理念到营销广告活动都一定程度地带有随意性及投机性,缺乏整体和长远的战略管理。具体表现在其广告行为中,即是其以广告行为的夸大、虚假为特征的广告信用缺失。有关媒体披露:2004 年的前 9 个月,仅在电视台播放的 3 万多条药品广告中,就有 62% 以上存在着虚假问题。而当今发生在国际市场上的现代交易,"必然需要以具有切实保证度的信用中介作为国际性交易的基础,这是市场经济发展的必然趋势和要求。"①随着我国加入 WTO,在日趋激烈的国际化市场竞争中,企业需要不断地学习、进步、变革来增强自身的竞争力以适应新的环境,否则所谓的成功经验可能成为今后发展的绊脚石。在成熟的市场经济生态环境下,企业的一切经济活动,都将是"信则立,不信则废"。我国市场经济的不断成熟,市场经济相关法律法规制度的不断健全,以信用为基础的市场商业规则也将建立,无疑偏离甚至违背这一原则的企业将难以获得长远及健康的发展,其推出的广告也将被淘汰。

(二)广告信用的伦理底蕴

信用是广告业的生命之所在,只有真实地反映商品的本来面貌,才能取信于消费者,取信于社会。无论在哪个国家,还是在哪个时代,都要求广告能以真实的面目出现,不真实的广告不可能得到社会公众的信任,也会失去其存在的意义和伦理价值。不诚信的广告不符合伦理信用要求,是社会主义道德原则所不允许的。可以说,社会发展和市场的有序,企业的形象和公众的利益都需要良好的信用环境,需要以经济信用和社会信用来支撑。

1. 广告诚信符合公众的利益

信用是一种社会信用和经济信用的融合体。广告信用就是一种经济信用和社会信用的一种表现形式。广告失信不仅会给消费者造成利益损失,失去消费者的信任,从而严重降低企业的社会信誉,使整个商

---

① 李有爱:《用制度拒绝"无信"》,《市场报》2001 年 8 月 24 日。

业信用度大打折扣,从长远看,还会造成经济秩序的混乱,导致经济信用乃至整个社会的信用危机,增加整个社会的运营成本。因此,广告是否讲求信用,不仅决定着能否会赢得顾客信任,还会影响到广告主、媒体、政府甚至竞争对手之间正常的竞争秩序。巨资广告宣传的真正付费者是广大的消费者,广告是广大消费者了解和认知产品的直接途径,由于缺少必要的商品知识和鉴别能力,因而广大消费者往往容易受到虚假广告夸大其辞的迷惑而成为最直接的受害者。当广告信息和产品事实不符的不等价交换的频率出现过高,这种社会责任意识淡薄的表现,最终必然影响到国家的声誉和利益。在西方,广告职业道德规定"核心内容就是'社会责任意识',要求广告从业者在追求广告主的经济利益的同时,不能损害消费者的利益和社会的利益"①。

2. 广告信用有利于企业良好形象的提升

广告讲求信用有利于企业(广告主)与广告公司良好形象的共同提升,有益于维护广告业整体的经营秩序。广告业在市场经济中起着不可低估的作用,是企业参与市场竞争的得力助手。广告主、广告经营者、广告发布者在重视自身的经济效益的同时更应重视广告的社会效益。诚信是一种文化,是一种无形资产,关系到企业的信誉、实力、形象与生命力,勇于创造必须勇于运用。它会随公司财产价值与日俱增,同时也会创造更多的潜在价值。广告主应该认识到,要想使自己的产品或者服务能够长久地占领市场,从而获取长久利润,必须考虑从产品或者服务的质量上下工夫,用提高产品或者服务的质量作为吸引顾客的最终手段。日本美津浓公司的体育用品享有盛名,产品远销世界各地。该公司销售的运动衣口袋里都附有一张纸条,上面写道:"这件运动衣在日本是用最优秀的染料,用最优秀的技术染色,但我们仍觉遗憾的是茶色的染色还没有达到完全不褪色的程度,还是会稍微褪色的。"这种

---

① 陈绚:《广告道德与法律规范教程》,中国人民大学出版社 2002 年版,第 63 页。

讲求信用的广告宣传赢得了顾客的信赖,使有缺点的美津浓运动衣仍畅销不衰,年销售额达40亿元。

而如今面对着各种铺天盖的难辨真伪的广告,消费者只能身心疲惫地认为"广告所依据不是事实,而是广告客户的钱袋"。广告业这种信用匮乏最终成了葬送企业广告费的罪恶根源之一。消费者在受骗受害的同时,也丧失了对企业广告的信任。以至于一些消费者产生了这样可怕的逆反心理:你的广告做得越大越多,我对你的产品越是不屑一顾。这不能不说是广告业的一种悲哀,这种悲哀给企业带来的是企业广告费的巨大浪费。

诚信地制作、发布广告,使广告客户对广告经营者、广告发布者的服务能力、水平和权威性产生信赖,进而维护和改善广告的经营秩序,塑造出广告业的良好形象,促进广告活动的正常开展。从这个意义上讲,"诚信也是生产力"的观点是很有道理的。

3. 广告信用的建立与完善有利于稳定市场经营秩序

信用本来就是支撑社会的道德支点,是人类社会稳定发展的重要基础。目前广告市场中仍不同程度地存在着广告经营行为不规范、广告发布内容虚假违法等问题,如医疗广告夸大疗效,药品广告擅自更改审查内容,保健食品广告宣传治疗功能,在广告中违法使用医疗机构、医生、专家、患者的名义和形象作证明,或者以人物传编、专题报道等新闻形式发布广告,这些都损害了消费者的合法权益和大众传播媒介的良好声誉,更严重地破坏了广告市场正常秩序。由于发布虚假广告和欺骗性广告的厂家的产品质量大大低于名优商品,只是利用虚假广告轻而易举地获取高额非法利润。这必然刺激那些厂家以更大的规模和更快的速度进行这类产品的再生产,这种恶性循环的结果,使人民生活、经济建设需要的商品不能大幅度增产,而假冒伪劣产品却以非常的速度膨胀起来。而且这种市场上的不合理竞争,不仅搅乱了正常的经济秩序,造成某些商品生产经营活动的无政府状态,而且刺激了一部分产品和行业的畸形发展。

4. 广告诚信有利于增强发布广告媒介的权威性

媒体是广告发布的唯一途径,而有些媒介由于把关不严、审查不力,发布虚假广告使得消费者的利益受损。消费者自然会由反感虚假广告进而怀疑媒介的权威性,甚至对媒介所发布的其他信息也产生怀疑,从而造成了企业不可弥补的声誉和权威损失。现代广告的诚信必然会增强消费者对广告的信任,从而增强对广告媒介的信任,即对其权威性的认同。也只有媒介的权威性提高才能促使广告主加大对媒体广告的投入,从而形成媒体与企业双赢的良性循环的局面。

(三)现代广告的困境

广告是经济发展的产物,是商品市场的晴雨表。目前广告业已成为中国最为市场化的行业之一,是当今社会经济生活的普遍现象。它正在向我国社会各个层面广泛地渗透,并对人民群众的日常生活产生深刻的影响。

1. 经济利益与道德

不可否认,近20年来随着我国改革开放和现代化建设的发展,广告业走上了历史快车道。从1980年全国广告总额只有1500万元到2004年实现了1238.61亿元,速度是惊人的。广告业从一个特定的侧面,展现出一派繁荣发展、前景无限诱人的图景。但辉煌数字的背后,我们也付出了沉重的道德代价。近年来,我国不少广告却往往是"自卖自夸",经常以"首创""独创""最佳""最优"等终极的褒义词,让消费者一看就是夸大其辞的广告,无真实性可言。据广州市工商局对电视媒体做过一次调查,15%的属于明令禁止的电视广告,其中不包括打"擦边球"夸大其辞,与实际效果不符的。当经历了一次次的广告谎言之后,人们怀疑广告的真实性,开始拒绝广告,进而对其产品质量大打折扣,广告的促销功能也就毁于这种虚夸的思维定势之中,广告的效力大大下降。目前商家在广告经费投入上不再像以往敢于放之一搏了,因为谁也不敢保证广告费用会不会打水漂。作为一种商业文化的大众传播,这个注定要引导潮流、创造奇迹的产业,广告业似乎也陷入了一种经济发展与道德失范二元对立的古老悖论之中。

2. 真实性原则与虚假推销

广告是个塑造形象、传递信息的领域,要树立自身形象,成为品牌,最核心的基础就是诚实、讲信用。因此,真实性是广告信息的生命,是广告要遵守的首要原则。但是,我国商业广告在规模急剧扩大、影响逐渐加深的同时,也遇到了效益提升与广告失信的难题。就广告自身而言,其基本职能是引导购买、劝导消费。而要切实履行这一职能,广告必须采取说服、劝服、诱导等诸多方法和手段,在其传播商业信息的过程中,利用一定的观念和思想,在法律许可的范围内夸大商品本身;相反,如果广告不夸耀自己的产品或服务的优势所在,恐怕广告也就丧失了其推销产品或服务的基本功能,而一个失去了基本功能的广告,也就不成其为广告了。

总之,正是由于广告的真实性原则与其推销的根本目的的矛盾无法化解,广告从业人员总是在经济利益和职业道德之间徘徊,从而导致近几年来,违背道德准则的广告失信行为呈现急剧增加的趋势。面对这种情况,作为企业文化组成部分的广告,有责任在广告宣传的过程中,遵守并提倡社会公德,唤醒诚信,调整自己的社会思想与行为,营造一种积极向上、讲信用的社会氛围。

二、现代广告失信的伦理追问

从伦理学的角度来看,任何社会性的活动无不触及深层伦理关系,也无不内在地包含着伦理的精神。广告信用体现在广告活动行为中,属于商业信用的一种,它自然也与生俱来的体现的伦理精神。信用是加强道德建设的基本道德要求之一,伦理道德又给信用得以运用的理论支撑。在市场经济活动中需要遵循规则和秩序,其健康运行和发展必然需要依靠诚实和信用。因此,广告业作为市场经济的产物,势必要求它遵守真诚守信的信用原则。在广告活动中遵守承诺、注重信誉的广告行为规范要求，也正是广告信用的伦理内涵之体现。然而，事实上广告信用的缺失现象却比比皆是，为方兴未艾的广告业蒙上阴影。

（一）广告行为的信用缺失

商业广告的成功推广给商家带来了丰厚的利润，使得商家对于广告作用无限信赖而趋之若鹜。为了尽快地抢占市场赢得市场份额、获取利益，一些广告主体无视广告管理法规的规定，违反广告的"真实性"原则，发布虚假的、不健康的、过度夸张的广告内容和形式进行欺骗、诱导、误导消费者，以牟取高额利润。

1. 广告内容失信

广告失信首先体现在广告的内容上，它直接接触到人们的生活，给消费者带来经济损失或精神伤害。从目前来看诚信缺失的广告类别主要分为三种。

第一，虚假性广告。这类广告的信息发出者有意在广告中利用假话或与事实不符的虚假信息欺骗人们，使其上当。曾经震撼全国的"盖中钙"口服液广告事件，就充分暴露了这一点，广告内容请某女巨星为广告女主角，以希望工程的名义制造了虚假的捐药情节，期望借此提升品牌的公益价值。结果适得其反，受到了广大消费者、新闻媒体包括"青基会"的严厉批评，并且禁止此广告播放。

第二，遮蔽式广告。这类广告又叫误导性广告。这些广告"在内容上或形式上由于存在不确切、不恰当、不清楚的信息符号"，只宣布了产品或服务的部分真实情况（往往只说优点，不说缺点），而对其他部分的真实情况却避而不谈，"从而导致广告受众在接受广告信息时产生了不正确或错误的印象，并进而使其在制定购买决策并付诸购买实践时，产生了与其意愿和目标不一致甚至背离的现象"。现在我国许多美容机构一味鼓励消费者做美容，却没有向消费者如实反映其医疗条件、医师水平和消费者可能遭遇的医疗风险，使得许多消费者美容不成,反而毁容,后悔莫及。据《中国质量报》报道,过去 10 年里,中国约有 20 万宗因整容引起的官司。

第三,夸大性广告。这类广告在传递信息的过程中过于夸大产品或服务的功效,对消费者作出过分承诺。随着消费者对产品和服务的了解,不能和其先前所接收到的广告信息产生相应的对接,导致消费者的不信任。这类现象在保健品广告中尤为突出。将保健食品的广告混同为药品,将其宣传重点定位于治疗作用,或者是在广告中对产品的适应症或者主治功能、治疗效果进行夸大宣传、作出夸大承诺,误导消费者。上海市消费者权益保护委员会的一份问卷调查结果显示:上海有 57.3% 的消费者对保健食品广告不相信或者半信半疑,保健品广告的平均信任度处于"不及格"的水平。据统计,2003 年上海保健食品的违法广告达到 2068 条,占食品违法广告总数的 56%,其中,有 926 条保健食品广告夸大宣传产品功能。①

2. 广告主体失信

在一定意义上说,商业广告的真实性反映广告主体的诚信意识和道德认知水平。这是对广告的基本要求,也是广告主体在从事广告活动中应当承担的责任和义务,更是商业广告活动的道德准则,"只有遵循这一基本道德规范,广告主、广告经营者与消费者之间才能建立良好的伦理关系,广告事业才能沿着健康的方向发展。"②在整个广告活动中,广告主、广告经营者和广告发布者均为广告活动主体,广告的信用缺失自然在他们的行为中表现出来。

其一,广告主的失信现象。广告主是广告的源头,是广告行为的发起者和广告信息内容的来源,其广告意识和道德意识的强弱对广告活动产生直接影响。一些广告主为了片面追求生产利润,提高经济效益,

---

① 参见《近六成消费者不信任保健食品广告》,中国食品产业网 2004 年 10 月 7 日。

② 周中之、高惠珠:《经济伦理学》,华东师范大学出版社 2002 年版,第 264 页。

置广大消费者的利益于不顾,编造或夸大自身商品的功能,采用隐去主要事实、偷换概念的手法误导消费者。如在一些药品宣传中,往往只强调药品的疗效,而回避其副作用;一些厂家对所生产的化妆品宣传言过其实,给消费者造成了伤害;还有一些广告主为广告经营者提供虚假的关于商品质量的证明文件或不合法、不科学、不公正的评比结果或奖项。这些不合法的做法都是对消费者不负责任的行为,最终使社会和人民的利益受到损害。

其二,广告经营者的失信现象。广告经营者是接受广告主和广告发布者的委托,既为广告主提供专业的广告宣传服务计划和实施,又为广告发布者提供媒体版面和时间,在广告活动中起着桥梁和纽带作用。有些广告经营者为片面追求经济效益,对广告主提供的广告内容不按规定审核把关,任其广告主的意愿制做广告。对"内容不实或证明文件不全的广告,广告提供设计、制作、代理服务,广告发布者不得发布"①的规定置若罔闻。从而导致广告对产品介绍、许诺的真实性大打折扣,含有虚假内容的广告、欺骗性广告和误导性广告泛滥。例如,有些广告表明在推销某商品或提供某种服务时赠送礼品,当消费者在购买商品或选择服务后却没有获得相应的礼品,或根本不是广告承诺的那种服务,使消费者利益受损,大大降低了消费者对广告的信任度。

其三,广告发布者的失信现象。广告发布者在广告活动中承担着广告信息发布的职能,是广告主向消费者传达产品信息的传播工具,是市场经济中企业与消费者之间不可缺少的联系纽带。作为广告信息的传播者,媒体应是广告进入市场的"第一道门槛",媒体单位应该对广告信息内容及真实性进行核实,这是杜绝欺骗性广告的基本保障。然而分析我国的大部分广告媒体单位,在微观利益的驱使下,考虑的是如何拿到广告业务,而忽视广告内容是否属实、是否合法。一些媒体不仅没有对所发布的广告内容严格把关,甚至于将刊发广告

---

① 《广告法》第二十七条。

时,连要交复印件、审验原件等这些必需的程序都省却了,只要广告主交钱我就播,于是本应成为传递真实信息的媒体却成了欺骗性广告的源头。

首先,对于广告主和广告经营者而言,有些媒介部门夸大其媒介覆盖率、收视率、发行量等等,使企业无法正确地选择广告费的投放,从而影响了广告发布效果。其次,对于受众而言,有些媒介部门以新闻发布会或采访录的新闻运作方式来制作"有偿新闻",从中牟利;有些大众传媒以新闻报道的形式发布广告并收取巨额费用,这就失去了新闻的公正性和客观性,而对于受众来说,更具有隐蔽性和欺骗性。据新华网北京报道,在全国重拳痛击虚假医药广告之时,某省一家颇有影响的晚报上却堂而皇之地出现了"根治"食道癌的广告。这则欺骗性广告出笼以后,有关记者对此进行追踪采访时,媒体单位却以"把关不严"来搪塞。所以,从这个意义上,广告媒体对于欺骗性广告的出现有着不可推卸的责任。

(二)广告失信的原因分析

广告诚信的缺失是由多方面的原因引起的,不仅有广告主自身的因素,同时也有社会制度以及相关支持机构等大环境的因素。纵观我国相关法律不完善、广告界经营机制不健全、广告主见利忘义、广告经营发布者缺乏职业道德素质、消费者缺乏必要的区分真伪的能力与监督维权意识等主要相关原因,主要归纳为以下五个方面。

1. 广告活动片面追求经济利益最大化

随着市场经济的发展、社会的转型,人们的生活、行为、思维方式发生了很大转变。人们从来没有像现在这样迫切地追求物质利益,追求感官的满足与享受,及时行乐成为当今的一种时尚。金钱以其巨大诱惑力冲击着社会生活的各个方面,影响着每个人的心灵。在广告活动中传统的价值体系被动摇,而新的价值体系尚未建立,"呈现出前所未有的价值多元化","当前在广告活动中出现的诸多与市场经济相适应的价值观念具有客观必然性"①。在市场经济体制转换过程中,形成了追求利益最大化的社会环境,社会行为都以"唯效益论"来判断成功,人们的趋利性和务实性凸显。而所谓广告,特别是商业广告,就是指商品经营者或者服务者、提供者承担费用,通过一定媒介和形式直接或者间接地介绍自己所推销的商品或者所提供的服务的一种广告。经济性就是它的本质属性。"功利的理性追求就是其最初的生长点"。这在广告活动中就会导致人们的行为失度,急于对功利的追求,使广告行为处于"道德无政府状态"。

当前市场上出现大量低劣广告,一部分广告人过分强调经济人角色,片面追求经济利益最大化,认为实现广告价值,就是利用一切手段,包括损害他人的利益来牟取暴利。特别是在"注意力经济"时代,为了争夺人的眼球这一稀缺资源,有些广告商早已将广告传播应见利思义的价值取向抛之脑后,故意夸张商品的使用价值,欺骗公众,以达到刺激消费的目的,给广告道德造成了严重的负面影响,也无益于广告事业在社会主义市场经济条件下健康发展。因此,经济利益驱动也就成为虚假广告泛滥的直接原因。

2. 广告法律法规不完善

我国的广告业起步较晚,《中华人民共和国广告法》(以下简称《广告法》)于 1995 年正式实施,到目前为止法规不健全,审查办法和发布标准不确切。尤其是我国正处在计划经济向市场经济的过渡时期,已有的法规得不到有效贯彻执行,部分规范还属于模糊、不明确或空白区域,许多广告借此打"擦边球"。例如,《广告法》第 38 条规定广告经营者和广告发布者发布虚假广告应承担连带民事责任,但这种连带责任是有条件的,只有在广告经营者和广告发布者明知或应知是广告虚假,还依然设计、发布的情况下才承担连带责任。这对于保护消费者权益

---

① 陈绚:《广告道德与法律规范教程》,中国人民大学出版社 2002 年版,第 61、121页。

是非常不利的。作为广告的经营者和发布者应对广告的真实客观性尽到必要的审查义务,而其并没有做到,当消费者因受到虚假广告的侵害提起诉讼时,却需证明对方"明知"或"应知"。这种举证对于处于弱势地位的消费者来说是另附加义务,显失公平,也容易使广告经营者、发布者逃脱责任,从而不能切实保护消费者的利益。

还有一些对虚假广告的界定及其法律适用范围不明确。如《广告法》第4条是对广告真实性原则的一般规定,非常抽象《消费者权益保护法》第19条和《反不正当竞争法》第9条关于虚假广告的界定虽然具体些,但也不完整,并且角度不同,因而不能从现成的法律条款中直接找到虚假广告概念的一般表述。

3. 广告经营机制不规范

一些商家对媒介的选择往往不考虑广告公司的意见,任凭自己的主观而定。广告公司为了维持生计到处拉商家找业务,不注重对商家的验证审查工作。而媒介为了完成广告业务的硬性指标,对广告客户所提供的广告证明不予严格审查。正因为目前广告业的经营机制不合理、不规范,从而导致虚假广告流向社会,给社会造成了很大危害。

规范性的广告活动过程,应该是一个经营机制合理、规范有序的系统运作过程,在广告投入与效益产出之间存在一个"灰箱",这个"灰箱"大小取决于广告公司、商家与媒体三方面合作的过程,如果合作得不好相互推诿扯皮则"共输",相反则"共赢"。媒体、广告公司、商家都是经营广告的一部分。媒体应关注社会,表现公正性与丰富性,广告公司应表现出新颖的创意,商家应全力提供货真价实的商品。但实际上,三方面在运作过程中则表现为:要么合伙谋利,要么互相倾轧,蔑视消费者的利益进而制造虚假广告。这都致使消费者失去对三方面的信任,形成"共输"局面。

4. 广告人的道德修养欠缺

广告活动要求广告主体应该恪守见利思义、义利兼顾的价值取向。由于我国的广告业尚处于成长阶段,具有专业的广告复合型人才稀缺,使广告人大多重业绩指标,轻德行表现,广告伦理教育尚未受到应有的重视,导致了广告人文化道德修养不高,职业道德素养滑坡。当今的广告业已经陷入了尴尬的信用危机。一些广告公司在商业利益驱动下,违背消费者的利益,随意发布一些虚假广告、低劣广告;对有损自身形象的不道德广告行为听之任之,甚至自身投机取巧,进行违纪违法的广告活动,这都大大降低了广告业在社会公众中的信誉。

5. 广告监督体系不健全

我国的广告业发展还不够成熟,主要表现在重在盲目实践而忽略监督体系的完善。因此广告内部的管理机制、监测和监督机制如国家及地方的广告协会的监督职能没有得到应有的重视,外部监督实体作用没有得到充分发挥。

社会舆论监督,如受众监督不仅没有有效的实施,在一定程度上,消费者的轻信反而为欺骗性广告提供了生存的土壤。欺骗性广告之所以有存在的空间,消费者自身并非完全没有责任。这一理由虽然会遭到消费者的反驳,"受害者"怎么还要为"罪犯"承担责任,但正是由于消费者的轻信、盲从、侥幸甚至贪图便宜的心理,使得欺骗性广告有机可乘。就以上所述的"根治"食道癌的欺骗性广告来说,稍有常识的人都会知道,目前世界上尚未有治疗癌症的特效药,一旦研制出来了,根本不需要研制者自己花钱做广告宣传。至于某些房地产、保健品及招聘、招生等欺骗性广告,只要消费者稍加分析,就能发现破绽,之所以受骗就在于消费者没有理性的思考而一味盲从。

在市场经济大潮中,在低投机成本和高投机利润的诱导下,不排除虚假信息的存在,消费者应该学会分析、判断,在接受广告信息时进行理性思维,是消费者自身素质的表现。欺骗性广告之所以屡禁不止是因为一大部分消费者的文化层次较低,对商品的真伪缺乏应有的辨别能力,总能找到受骗者。这部分人对广告产品是一味的相信,认为只要是通过广告播出的产品,一定是质量很高的产品。即使他们中有些人发现某种产品或者服务和广告所播出的内容不符,他们也不会去投诉的,因为他们不想"小题大做",他们坚信:上一次当,买一个教训,只要下次不买就行了。消费者自身素质较低,判断力不强,缺乏必要的辨别真伪的能力和保护自身利益的法律意识,这也就成为社会监督力量软弱的重要原因之一。

(三)广告信用的伦理规范要求

信用是市场经济对广告的客观要求,也是广告业得以正常经营和健康发展的道德基础。这就要求商业广告活动的主体在合理追求功利,充当"经济人"角色的同时,又毫不犹豫地承担着"道德人"的责任与义务。

1. 广告的道德价值追求

广告是一种以谋利为归依的商业行为,它最直接目的是为商品生产者、经营者以及广告代理人带来最大限度的利润,这是广告功利价值功能的体现,它提供了商业广告活动中每个利益主体合理利益要求存在的可能性。而要使这种可能性成为现实,其有效途径便是整个广告行业在创作活动中所遵循的信用道德原则,即诚信原则。诚信原则是广告信用的首要道德原则,是体现广告信用的精髓。广告的功利属性与诚信原则是商品经济规律与伦理道德精神相结合的产物。我们强调广告的传播在追求利润的同时,更应该恪守见利思义、义利兼行的价值取向,遵循广告信用的道德规范,把诚实守信作为执行广告行为的首要道德原则。

作为广告的道德价值追求它要求商业广告所传播给受众的信息必须客观和真实。由于竞争机制和意识的转变,广告主体"求生存、求发展"的进取心理使他们越来越注重迎合大众口味的作品创作,力图以最佳的视听效果来吸引消费者。但广告无论以何种形式、何种途径出现,它都不能歪曲甚至背离商品的本质,不能夸大商品的使用价值。真实可信是广告的本质属性和首要特征,是广告伦理道德基本规范的首要内容,也是广告信用的重要的伦理规范。把客观、真实的广告展示给受众是广告主体对于广告信用道德的尊重,也是广告伦理思想的必然要求。

2. 广告信用的伦理内涵

中国消费者协会曾对全国大中城市进行"中国消费者权益保护状况"调查,结果显示,约73.4%的消费者权益受到不同程度、不同类型的伤害。2003年中国消费者协会专项调查表明:虚假广告成为公害。①虚假广告作为广告的一种"变态",是市场经济的非正常产物,成为消费者和业界人员日益关注的问题。它降低了广告的可信度,导致消费者对广告的信用危机,阻碍广告事业的发展,同时降低了媒体的共信度,助长了企业的不良竞争发展,更侵害了消费者的合法权益。任其发展将严重破坏我国尚未成熟的社会主义市场经济,阻碍国民经济的发展。

只有各方参与者都能自觉地遵循经营的基本法则,市场规律才能最大限度地发挥它的自动调节作用,才能提高经济效益和社会效益。因此,在广告活动中,无论是广告主、广告经营企业还是广告媒体都要讲究诚实信用的原则,这样才能遏制广告信用严重缺失的现象。

其一,广告诚信的前提在于广告产品真实可信。广告要遵守真实原则,首先要求广告的商品本身在内容上真实可信,在其各种售后服务的承诺和保证上也要经得起消费者的考验。

首先,广告宣传的内容符合广告产品或服务本身,遵从与企业理念宗旨。广告主应把产品、服务、企业理念的真实内容告之广告代理公司,对广告产品或服务的说明具体、完整,不能以偏概全;对于产品的价格、服务质量、生产商、产地等更不能虚报或不报。当前许多房地产广告中都存在着广告价格失真、模糊相应产权、过分夸张房屋质量等不诚信的做法,一些商品房广告中没有发展商或代理商名称、以效果图代替实景拍摄照片,等等。另外,当广告中表明推销商品、提供服务附带赠

---

① 王海:《虚假广告成为社会公告》,《广西质量监督报》2003年12月9日。

送礼品的,应当标明赠送的品种、数量或服务的限制。宣传的企业理念也要真正地与企业实际理念相符。

其次,对消费者的承诺、保证必须真实,能够兑现。有些商家在搞促销活动时,广告中称"买一送一,送完为止",但据不少商家内部人员透露,根本无此事,他们对每位顾客均称已送完,目的只是多拉人气造势而已。还有一些厂家宣传时保证商品"三年包换",但消费者一旦买了就翻脸不认人了。更有些药品广告中的真人真事现身说"药",经调查却都是子虚乌有的事。这些虚假、带有欺骗性的承诺让消费者对广告望而生畏。要树立广告信用就必须遵守诚信,对消费者真实地承诺,能够兑现。

其二,广告制作应遵循的原则。广告的真实性除了需要商品的真实外,更重要的环节就是要求广告制作要遵守真实原则,广告的表现形式要根据原有的商品制作,不能过于夸大,给消费者造成误导。

第一,广告的内容要真实可信,画面表现要清晰明白。广告的内容要真实可信,包括商品的信息、广告文字、画面等。广告语言表达不能吹嘘或弄虚作假,广告画面表现要清晰明白,让消费者能够较好地通过画面了解宣传的含义不能产生误解。当然,广告也不能够是对商品完全理性的实用信息说明,为了增强吸引力,会借助很多的艺术手法来突出强调事物的本质特征。但"广告毕竟不是文学作品",这就要求广告人准确把握对夸张手法运用的"度",既能向消费者传达产品的特点或优点,又要让消费者看得出广告中善意的欺骗,也就是动机有利于他人或无害于他人的欺骗,并且这种虚构和夸张应该能被理解、认可和接受,不会给消费者造成误导。比如美国一则牛奶的广告词:"只要你连续1200个月每天都喝上一杯牛奶,你准能活上一百岁。"①句中1200个月就是100年,100年都在喝牛奶至少能活100岁。这既运用一点

---

① ［美］丹·海金司著,刘毅志译:《五位广告名家谈——广告写作的艺术》,中国友谊出版公司1993年版,第10页。

夸张的艺术手法,又是一种真实的表达,同时还带有一种美好的祝愿,这样的广告自然会被消费者欣然接受。

第二,广告内容必须明了清楚,能够让消费者正确理解,不产生误解。有的广告只宣布了产品或服务的部分真实情况,而对其他部分的真实情况或附加条件避而不谈,从而误导消费者。例如,商家在报纸上打出中奖的广告,不少人买了报纸以为真的中了大奖,结果很远的跑来看到很多人"中"了头等奖,而且要在自付几百块钱的前提下才能获得奖品。商家这种变相的促销广告即违背了消费者本来的意愿,也违背了广告真实可信原则。这不仅使消费者的利益受损,从长远来说,商家的利益更会受到损害。

第三,广告宣传包装形式要真实。一方面,由于人们对于新闻的信任度比较高,一些广告便以新闻的形式包装成"软新闻",极易对消费者造成误导;另一方面,消费者对专家或技术认证的信任,对于专家名人推荐的产品容易产生认同感,并在此基础上作出选择。这就要求广告人在制作广告宣传包装要真实,要对消费者和社会负责。

3. 广告发布应遵循的原则

公布于众的广告是否真实,最终还要取决于广告发布者是否遵循自身的职业道德和原则,能否真正维护人民的利益和社会的利益。

一是维护广大消费者的利益,并维护媒体的公信力,拒绝发布虚假广告。告媒体应以讲信誉为根本,以求真实为原则,坚持对社会和对人民负责的态度,严把审查、检查关,任何损害消费者经济利益、身心健康的广告都应坚决拒绝发布。一旦媒体刊登违法、虚假广告,实质上就是凭借公众对自身的信任而愚弄欺骗消费者,长期如此,受伤的不仅仅是公众,更是媒体自身的公信力。

二是促进社会主义精神文明建设,确保广告的社会效应。媒体不仅仅是一个发布信息的经济实体,更是社会主义精神文明建设的重要窗口和渠道。因此,媒体在播放广告时,要本着诚实信用的原则,确保有利于社会主义精神文明建设,为社会信用体系的建立起到积极推动的作用。

三、建立现代广告信用的伦理机制

面对着现实中的各种广告失信行为,我们应当从分析其产生的原因入手,逐步寻求、建立并完善一套行之有效的广告信用机制,从而促进广告信用由他律向自律转化,使道德教育、他律与自律,法律、行政、社会监督与自身道德进修相互补充、相互促进。

(一)建立广告信用管理体系

针对以上导致广告失信的各种原因,我们急需要建立一个全方位的广告信用管理体系。由于广告业具有广泛性、社会性、广告经营的特殊体制及广告执法环境的客观性,所以要根治欺骗性广告,不仅需要健全现有的广告法律体系,还必须依赖全社会的共同参与,建立广告业信用管理监督体系。广告信用体系建设是一个社会化工程,需要多管齐下,综合治理。这样才能控制住广告失信行为,规范广告经营活动,维护良好的市场经济秩序。

1. 完善广告法律体系

健全的广告法律体系是市广告信用体系得以实现的保障。市场经济是诚信经济,但诚信的基础不仅仅是市场经济主体的自我道德要求,还需要法律的约束和强制。这种约束和强制比道德要求和自律更实在、更可靠。商业广告必须遵守法律规范。遵守法律规范就是指广告主体在从事商业广告宣传的过程中,一定要按法律、行政法规、规章的要求办事,这是广告活动中最为基本的伦理准则。社会主义市场经济既是法制型经济,又是伦理型经济,法律作为道德的基本底线,任何单位和个人都必须严格遵守。因此,遵守法律规范构成我们对商业广告行为进行道德评价的首要原则,也是基本的底线的道德要求。

(1)要完善保障广告真实性的法律法规,制定具体实施办法,增强广告各种法规的可操作性,真正把广告管理纳入法制轨道。

首先,立法对虚假、不真实广告的法定概念界定不明确。在我国,有关虚假广告的规定也过于简单而笼统,只在《广告法》、《反不正当竞争法》、《消费者权益保护法》等法律条文中找到少许,也没有具体的认定标准,不利于界定广告的性质,增加了实际操作难度。传统观点认为广告真实在于内容真实,如《广告法》第9、10、11条的规定。实践中,有些广告大部分内容真实,只是在某一方面表述虚假,能否把整个广告认定为虚假广告,即达到何种程度才算虚假广告,《广告法》在这方面没有相应规定,致使查处案件时难以定性,影响了查处工作的顺利开展。

其次,《广告法》规定虚假广告的范围界定狭窄,外延过小。广告行业的法律法规尚不够健全,《广告法》、《广告行业自律条例》等虽已颁布实施多年,但与广告形势的发展还不适应。而且随着市场经济的发展还出现了一些"边缘广告",如带有宣传色彩的虚假公益广告、虚假科普广告等。现在还有很多非商业广告诸如医疗广告、招聘广告、征集广告、征婚广告等,都可以在法律面前打着"擦边球"。

(2)强化执法、管理部门的职能,加大对虚假广告的查处力度

执法不严、违法不究是造成广告行业混乱无序的重要原因。规范广告活动最为直接的法律便是于1995年实施的《中华人民共和国广告法》(以下简称《广告法》)。《广告法》明确规定"广告必须真实",对于虚假广告的处罚,《广告法》规定是以广告费为基础的,处罚最高金额为广告费的五倍,而实践中广告费用很难计算。往往违法者受到处罚的可能性及程度与违法的获利机会差别很大,即获利很多,但被处罚的几率和处罚数额相对较小,对失信者的制裁力度不够,这就使得很多广告经营者、发布者甘愿铤而走险,以身试法。假若一个非法广告能为广告主带来100万元利润,而有关部门只作出处罚50万元的决定,广告主仍纯赚50万元,这绝对起不到震慑作用。更何况还有许多比这多得多的利润,一些不法企业情愿去冒这个险。因此,对这些广告主的处罚

就需要各地公安、工商行政管理等执法部门运用法律手段,对违法广告进行及时严肃的查处、制裁,提高失信成本。加大执法处罚力度,尤其是依法进行经济处罚,对不具有经营能力和有失信行为的广告经营单位给予取缔或加以整顿。依法治理广告市场,净化广告环境,努力把非诚信广告消灭在萌芽状态。

还有一些部门规章与地方性文件明显带有地方保护与行业保护的色彩,如医药部门制定的广告管理法规即成为行业的保护伞。因此,要推进广告业的健康发展,必须以完善的法律体系为保障,坚持法规优先,制度先行。要在国家统一的法律、法规框架下尽快研究制定广告业的管理法规和相关制度规范,用法律确保广告信用。

同时,我们在完善广告管理法规时可借鉴国外的一些做法,对于广告行为的约束可以在不同的法规里体现出来。例如,日本对广告业的管理,可以在《宪法》、《民法》、《轻微犯罪法》、《刑法》、《独禁法》、《不恰当竞争防止法》、《赠表法》等多种法律中体现,同时可见国外广告管理的法制体系之完善。

2. 健全广告的监管机制

作为专业监督机构,例如政府监督机构和企业监督机构,在广告监管中要围绕倡导和树立广告信用,不断探索建立和完善广告监管长效工作机制的工作方针,着手建立广告活动监控体系,实施动态式广告监管,发挥监督管理职能。

首先,对企业实施分类管理是以建立广告主诚信指标为基础,而广告行为是企业诚信的重要方面,确立科学的广告诚信评价指标在企业分类管理工作体系中具有重要意义。按照广告违法轻微、一般和严重的具体情形,建立对广告活动的监控体系确立广告违法分类指标,对被查处的广告经营单位和广告主进行归类,做到能够比较客观地反映广告活动主体的广告诚信情况。其次,实施对广告经营单位分类监管。例如,2003 年上海工商系统就将大众传媒单位分至 20 个分局开展一一对应的网状管理,并根据媒体的不同形式分成三类实施分别管理,同时,设定相应的违法广告警戒线。"一类媒体"应做到不发布虚假广告,年违法广告发生率低于2%;"二类媒体"应做到基本不发布虚假广告,年违法广告发生率低于4%;"三类媒体"应做到一般不发布虚假广告,年违法广告发生率低于6%。这样有利于对媒体实施广告监测和查处。另外,还可以推行"违法广告警示公示"制度和违规广告主、广告公司的警示制度,借助媒体向社会曝光,以督促广告主加强行为的自律,媒体单位和广告公司加强广告审查的力度和监督管理。

3. 加强社会舆论监督

有效的公共权力监督首先主要是针对媒体监督而言。新闻媒体既是党和人民的舆论喉舌,又是舆论监督机构,在人民群众中享有很高的权威性。由媒体进行监督是遏制广告业中违法现象发生和不良风气蔓延的有效途径。广告是一种传播,广告的发布要通过一定的渠道,如果广告发布时,媒体能见利思义,仔细审查、监督,必然可以杜绝虚假、误导性广告传播,真正维护广大人民的根本利益,弘扬社会正气。而且媒体还可以将发布虚假广告者予以曝光,从而更好地惩恶扬善。

有效的公共权力监督其次是针对受众(消费者)监督。随着广告在他们生活中扮演的角色日益重要,广告的最直接对象就是大量的受众,因此受众的监督是全方位的、最真实的,而且反应迅速。广告的受众监督一般由各种保护消费者权益的机构来完成,他们代表消费者和广告受众的利益,以保证其不受侵害为出发点,主要对广告本体进行约束,并通过大众传播的舆论监督、广告受众的自觉监督来保证其执行。在现实调查中,在受到虚假广告伤害的消费者中有38%的消费者对此选择沉默。因此,消费者在监督时的前提就是必须提高自身判断力,加强自我保护意识。受众在遏制欺骗性广告中一是要做到求证,对有些心存怀疑的广告不要轻信,要向有关部门进行查证,其中最简单的做法就是直接向广告信息发布的媒体单位求证;二是积极举报,做到只要发现欺骗性广告就报告相关部门,尽量使其危害最小化;三是借助法律武器,保护自身权益。广大消费者要增强法律意识,学会保护自身利益。

一旦出现虚假广告,其直接的受害者就是广大消费者。所以为了保护切身利益,受众一旦发现虚假广告,要能及时揭发;如果由于虚假广告而损害了自身利益,要寻求法律援助,把虚假广告消灭在萌芽状态。

(二)重塑广告人的自律精神

广告信用体系的建立不仅需要我们积极地探索法律规范和行政监管措施的完善执行,也应该努力将行政部门的监管要求转化为广告经营单位、媒体单位以及广告主的自我规范、自我约束。

1. 培养广告人的道德修养和道德意识

呼唤广告信用,首先要关注广告活动的主体,要求广告人加强自身修养和道德意识,加强广告行业自律。"解决广告活动中存在的问题不仅要靠法律的力量,而且很大程度上也要靠职业道德与社会舆论的力量。"①广告行业自律以保证行业经营的合法性和维持良好的同业竞争秩序为出发点,主要对广告主体(包括广告主、广告经营者、广告发布者)的行为进行自我监督和道德约束,并且通过行业的批评与监督保证其执行。我们知道,广告的制作和发布是广告的必经环节,广告主要是广告活动思想的来源。所以要想避免和杜绝虚假广告的产生,必须对广告主、广告经营者和发布者进行职业道德教育,提高他们的自身修养,让他们在制作和发布广告的时候能够遵循诚信原则,即真实性原则,把虚假广告扼杀在萌芽状态。我国的《广告行业公平竞争自律守则》已颁布,但由于行业自律属于广告行业的内部环境建设的要素,故各地在执行该守则过程中,容易形成上下沆瀣一气的局面。作为广告主,应清醒地认识到诚信的重要性,要恪守质量第一、信誉至上,在广告传播上要不虚假、不欺骗、不给人造成误导,只有这样,才能更好地生存与发展。作为与媒体紧密联系的广告人,更要自重、自省、自励,做好维护广告业良性发展的先锋与表率,靠信誉来赢得客户。作为广告发布

---

① 王军:《广告管理与法规》,中国广播电视出版社 2003 年版,第 67 页。

者,则要顾全大局,不因私利而放松审查,要充分认识到自律不仅维护了广告行业的利益,维护了消费者的权益,更维护了作为党的舆论阵地的荣誉和信誉。因此,公司要加强对员工的培训,使每个员工珍惜公司的"诚信"形象、维护公司声誉,除了对他们进行必要的职业伦理道德训练,制止有违诚信的做法,防患于未然;还要与相关群体沟通与交流,比如同行、政府部门、客户,多做调查及时沟通,严于律己,建立信任与合作的关系,树立公司诚实守信的社会形象。

2. 提升经营者道德选择的自觉性

广告经营者是广告活动中最重要的角色,应兼顾广告主的利益和消费者的利益,一方面帮助广告主纠正不良思想认识,树立质量第一的观念,促使其时刻关爱消费者,绝不弄虚作假;另一方面要真诚为广告受众着想,绝不以低级趣味的策划与创意来欺骗或戏弄消费者,同时积极与不道德行为作斗争。广告之父大卫·奥格威先生曾说:"勇于在你的客户和同事面前承认自己的失误就会赢得他们的尊敬。坦诚、客观和富于理智的诚实是专业广告人必备的素质。"广告失信会失去消费者的信任和企业的社会信誉,失去了信誉也就失去了市场。这就要求广告人在强烈的趋利内心中树立正确的思想道德观念,追求理想的广告人格;在行为上正确处理好"利"与"义"之间的矛盾,时刻考虑国家利益和消费者利益,在追求经济效益与社会效益之间找到一个平衡点。

由此看来,诚信经营是广告业发展之本。广告行为是一种以社会道德为基础的市场信用行为,它反映了社会的责任与利益、市场秩序、法律与道德。在社会主义市场经济下,广告固然需要创意和新颖,但在运作中必须以伦理道德信用为基本要求,以消费者的利益为责任。而且中国的广告业毕竟是一个年轻的行业,与发达国家的广告业相比,仍显得相对滞后。中国广告业要想抗衡生存竞争、求得发展,必须拥有并依托一个规范完善、环境优良的本土广告市场。无论是企业、广告公司还是媒体,要想取得持续稳定发展,广告信用显得尤为重要。从一定意义上说,广告信用机制的健全是我国广告业长期健康发展的必要条件。我们希望广告事业蓬勃发展,能为商家带来丰厚的财富,创造活跃繁荣的市场经济与商业文化氛围,但我们迫切需要广告的真诚与信用,需要广告告诉我们一个真实的形象。

第十五章

信用道德体系现状分析

——江苏省银行信用道德体系调查研究报告

在社会信用道德体系中,银行的信用道德是联系社会、国家和个人信用的基石,在整个信用道德体系中占据主导地位。目前全社会融资总量和全年净融资量中,通过银行信贷融资的比例分别高达80%以上。良好的银行信用道德体系是维护我国金融业健康发展的保证,也是社会信用道德体系完善的标志。

但是,由于我国市场经济发育不充分,再加上新中国成立后很长时间内处在计划经济体制下,真正的社会信用道德意识很淡薄,银行信用道德体系也相当的不健全。目前,银行信用道德的缺失在一定程度上破坏了金融市场的有序性、公正性和竞争性,给金融发展环境造成许多不利影响。2001年中国企业联合会理事长张彦宁透露,中国因缺乏诚信造成的经济损失达5855亿元。信用道德缺失已成为制约经济持续健康快速发展和完善社会主义市场经济体制的巨大障碍。中国加入WTO后,在国际竞争中处于什么样的位置与中国信用道德体系的建立有直接的关系。随着我国对金融市场的开放程度不断加大,国外银行等金融机构除了对我国的银行经营产生冲击和挑战,也对我国银行的信用道德提出了更高的要求。因此,从江苏省银行信用道德体系调查入手,通过对当前信用道德体系现状的实证分析,发掘根源,提出加强与完善我国信用道德体系建设的对策与建议,具有十分重要的现实意义。

一、江苏省银行信用道德体系调查统计数据

针对我国信用道德现状,课题组设立了信用道德体系问题的调查与研究问卷,在江苏省金融系统内,就江苏省银行信用道德体系现状进行问卷调查。

(一)调查样本基本信息

此次调查共发放问卷 145 份,实际回收 135 份,回收率达到 93%。调查对象主要有:市级分行机关部门的领导和员工,计 100 人(实际回收 90 份);市区三个支行的客户经理,共 45 人。

调查对象的学历结构分布:本科 70 人,大专 50 人,中专 7 人,未填学历 8 人。具有本科学历的人数占此次调查对象人数的 51.85%,具有大专学历的人数占此次调查对象人数的 37.04%,具有中专学历的人数占此次调查对象人数的 5.19%(见图一)。

(二)调查问卷统计数据

对江苏省银行信用道德体系现状调查的内容涵盖广泛,问卷共设有 35 道题,其中,29 道选择题,6 道简答题(见调查样卷)。主要针对社会信用道德体系中存在的问题,从银行从业人员对社会信用道德理论认识、对待信用道德的态度以及如何加强银行信用道德体系建设等方面,剖析当前银行信用道德体系现状,发掘根源,分析对策,能在一定程度上反映出我国信用道德体系概况。

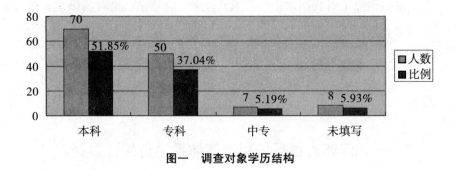

图一　调查对象学历结构

1. 社会信用缺失情况调查

（1）银行从业人员对信用道德理论的了解数据

根据调查问卷（题1），在135个调查者中，对"信用道德理论的了解"程度如下图：

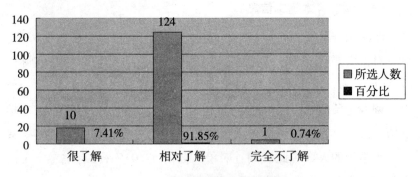

图二　信用道德理论了解程度

图二显示，有91.85%被调查者只是表示相对了解，说明人们对于信用道德在社会生活中的重要程度虽有所认识的，但对于相关理论还停留在一知半解的状态中，局限性很大。

（2）银行从业人员对信用缺失认识情况

根据调查问卷（题11），对被调查者是否了解"当前社会生活中严重的信用缺失"调查，结果显示：77.78%的被调查者"相对了解"；22.22%的被调查者"完全不了解"；"完全了解"的在此次调查人员中为 0,如图三所示。

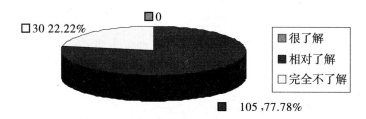

□30 22.22%　　■0

■ 很了解
■ 相对了解
□ 完全不了解

■ 105,77.78%

图三　你对信用在社会生活中严重缺失了解多少

可见,银行从业人员多半处在对信用缺失现状略有所知但关注程度较低的状况。在"诚信"备受重视的今天,作为银行从业人员应当对整个社会信用缺失的现状要有深刻的了解。

(3)银行从业人员对国内外财务造假案例的了解情况

调查问卷(题 12、题 14)列举了近几年国内外影响比较大的财务造假案例,调查结果显示见表一。

表一　对财务造假案的了解情况

调查问题　　　　　　　　　　比例	很了解	相对了解	完全不了解
对中国的蓝田、银广夏的财务欺诈,中天勤隐瞒真相提供虚假审计报告的了解	14.07%	50.37%	35.56%
对世界五大会计师事务所的"数字腐败"违规现象的了解	0%	39.26%	60.74%

(4)银行从业人员对国内外著名专家学者主要观点的了解情况

调查问卷(题 8、题 16、题 17),列举了近几年国内外著名专家学者关于"信用"的主要观点,调查银行从业人员对其了解的情况,结果如见表二。

表二　对国内外著名专家学者的观点了解情况

调查问题　　　　　　　　比例	很了解	相对了解	完全不了解
对中国企业联合会理事长张彦宁所说的"不诚信的代价"的了解	0%	86.67%	13.33%
对社会学家郑也夫指出的"重新产生信用乐观"的了解	14.07%	35.56%	50.37%
对斯蒂格利茨将道德风险应用到汽车保险市场的分析了解	0%	12.59%	87.41%

从表一、表二中的调查数据可见,被调查者中,选择"很了解"的人数极少甚至为0;"完全不了解"比例很大;在选择"相对了解"的被调查者中也不排除对调查问题只是道听途说,而并不真正知道其主要内容。

2. 银行从业人员对信用道德的态度调查

(1)"社会信用的调节作用在财经伦理中的发挥"认同程度。

完整的信用道德理论体系渗透在社会生活的方方面面,而社会信用道德在其中起到支撑的作用。根据调查问卷(题5),"社会信用的调节作用在财经伦理中的发挥"的调查数据反馈:81.48%的调查者认可这一观点。

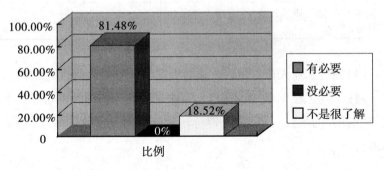

图四　社会信用在财经伦理中的调节作用的发挥是否有必要

(2)对道德风险规避的认识调查

问卷调查(题6)是反映人们对于道德风险规避问题的认识,调查结果如图五。

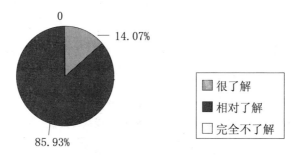

图五 对道德风险规避问题了解多少的调查

被调查者中对于风险规避有所了解的占100%,其中很了解的人数仅占总人数的14.07%。道德风险规避意识的提高,反映了人们对道德风险的态度,应积极采取合理的规避措施有效弱化风险。

(3)对建立高标准的商业伦理道德的态度调查

美国总统布什曾呼吁美国强大的经济需要更高的商业伦理道德标准,调查问卷(题18)针对这一观点进行调查,反馈结果显示如图六所示。

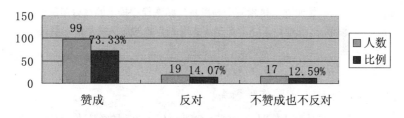

图六 对布什所说的"美国强大的经济需要更高的
商业伦理标准"所持态度的调查

73.33%的被调查者认为商业伦理道德是经济发展的有效保证。强大的经济需要高标准的商业伦理道德标准作支撑。

(4)关于"杜绝作弊,建立诚信"的调查

课题人员就"杜绝作弊,建立诚信"从多角度对此进行了调查研究,以了解银行从业人员对信用道德的态度,如图七、图八、图九所示。

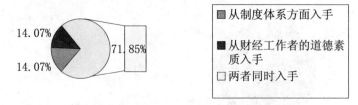

图七 关于杜绝"会计造假"方面,你认为应从哪方面入手的调查

有14.07%人认为应"从制度体系方面入手",14.07%人认为应"从财经工作者的道德素质入手",71.85%人认为应"两者兼顾"。

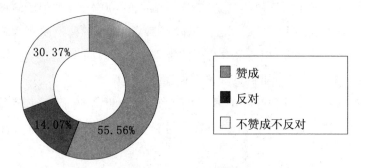

图八 你对"不愿作弊",是指基于制度基础和法律安排上的良好激励机制和道德艺术,使财经工作者在主观上没有作弊的念头持怎样的看法

如图八所示:55.56%的被调查者赞成建立良好的激励机制,使财经工作者在主观上消除作弊念头。

图九显示:仅有14.81%的被调查者认为,使财经工作者在主观上克服作弊念头是"基于个人修养"。

3. 信用道德体系建设有效性调查数据

(1)完善信用制度建设的思路与要求调查

分析研究我国信用制度的现状和特点,建立与完善我国信用制度,应从多角度、全方位进行探讨与研究,既要注重财经伦理理念的建立,

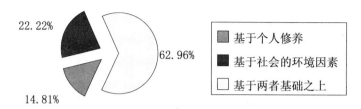

图九 使财经工作者在主观上没有作弊的念头的看法的调查

又要注重财经道德实践的提高。

a. 根据调查问卷(题29),关于"从信用制度完善的研究角度应从哪些方面提出具体的研究思路和要求"的调查,85.93%的被调查者认同应从财经伦理与财经道德建设两方面加以思考,如图十所示。

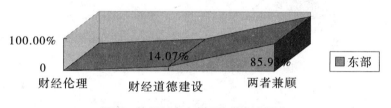

图十 信用制度完善研究的角度调查

b. 根据调查问卷(题23),关于"对信用制度的建立需要新的道德理念支撑"的调查,持赞成观点的占被调查者的73.30%。如图十一所示

c. 根据调查问卷(题20),关于对"借鉴美国成熟市场的经验,找准财经伦理机制对社会主义信用制度建设之间的切入点,将两者融合、渗透到我国财经体系建设中的"调查,持同意意见的占55.56%,持反对意见的占14.07%,持不赞成也不反对意见的占30.37%,如图十二所示。

(2)建立信用道德体系方法的调查

科学有效的研究方法是建立和完善信用道德体系保证。方法的选择既要注重理论研究又要结合实证分析,在进行国内外财经道德现状

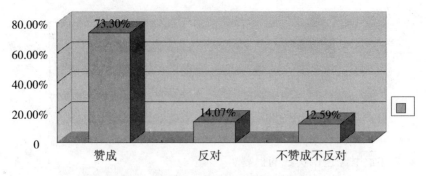

图十一　对是否需要道德伦理支撑的调查

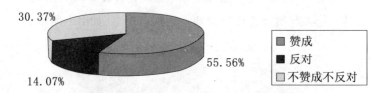

图十二　对伦理机制融合与渗透的调查

比较研究的基础上,大胆借鉴国外成功的经验,建立具有中国特色的信用道德体系。

　　a. "采用理论研究与实证分析相结合的方法对认识社会信用的提高和信用规范机理与伦理调节机制"具有重要的意义。对这一问题的调查,如图十三所示:持赞成意见的占 74.07%,持反对意见的占13.30%,持中立立场的占 12.57%。

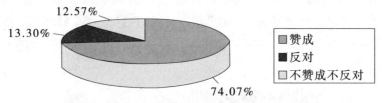

图十三　对认识社会信用的提高和规范机制与伦理
调节机制具有的重要意义调查

　　b. 对"进行国内外财经道德体系理论研究,有利于分析国内外财经伦理现状和存在的缺陷和问题"的观点调查,如图十四所示。

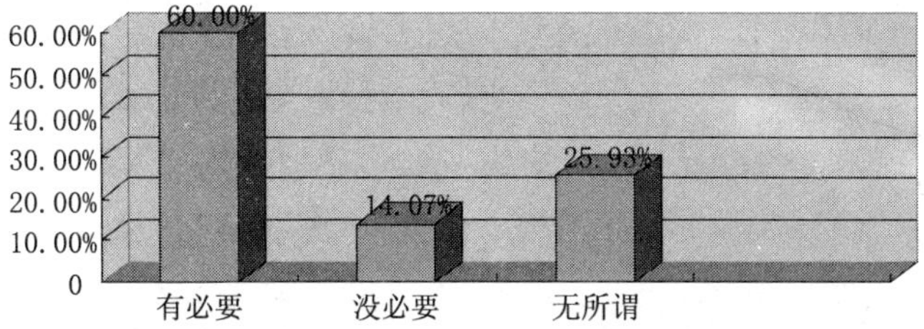

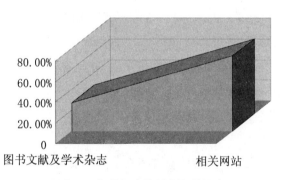

图十四　对进行国内外财经道德体系理论研究的调查

对此观点持肯定态度的占被调查人数的 60.00% ,认为没必要或者无所谓的人分别占 14.07% 和 25.93% 。

c. 对"在研究中关于财经信用道德体系过程中,要想获得一些必要的资料应从何取得"问题的调查,如图十五所示:27.41% 的被调查者认为可从"图书文献及学术杂志"取得,72.59% 的被调查者选择"相关网站",选择"参加国内外学术和信息交流会"的为 0 。

图十五　相关调查资料获取的调查

可见,加强国内外交流,注重借鉴国外先进经验的意识有待进一步加强。

(3)信用道德体系构建基础的调查

a. 对"政府转换职能"观点的调查数据

政府在构建信用道德体系中具有不可或缺的作用,信用道德体系建立依赖政府职能的转换。对于政府在新时期如何发挥职能作用,完善社会信用道德体系建设,在问卷中设立了"信用制度建设需要以政府职能道德化为管理机制"的调查,75.56%的人对这一观点表示赞同,无人表示反对,24.44%的人持中立态度,如图十六所示。

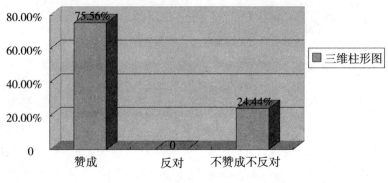

图十六　对政府转换相关职能的调查

b. 政府信用是改善融资环境的基础。对这一问题的调查,问卷是采取问答题的形式(如题34):"关于政府信用构筑金融体系来改善融资环境方面你有哪些建议?"对这一问题回答,被调查者的建议主要集中在三点。一是建议提高政府的信用度,并制定相关的法律、法规加以约束;二是建议转变政府职能,明确政府在市场经济管理中的职责和范围;三是在法律框架内构筑金融体系,加强内部控制、完善风险管理。

二、信用道德体系现状原因分析

根据江苏省银行信用道德体系调查统计数据,分析信用道德体系现状,目前信用道德体系建设存在的主要问题有:

(一)信用道德缺失影响制约作用的发挥

社会信用是市场经济的基础,是实现公平与有序竞争的内在约束机制。长期以来,由于没有重视信用制度和信用体系的建设,信用立法滞后,特别是没有失信后惩罚机制,以致失信的"成本"低,失信得不到应有的惩罚。这是当前信用缺失最直接的原因。从社会信用缺失情况调查来看,其间接原因主要有两点:

第一,社会缺乏对信用道德理论知识的认识。当前,我国经济增长中遇到的最大问题是总需求不足。究其原因,经济学家茅于轼解释是信用不足。[①] 这里其中也包括人们对信用道德理论知识的认识不足。由问卷的统计结果来看,大多数人缺乏对银行信用道德理论知识的认识,虽有一小部分人对其了解较为深刻,但也仅仅是停留在传统概念上的道德和信用。以银行信用道德有关理论了解程度的问卷调查为例(见图二),很了解相关理论的人数(18 人)仅占调查总人数的 7.41%,社会大众在诚信与道德理论知识上的缺失可见一斑。而对于国外的信用道德体系建设和相关的经济学的理论研究,则是大多数人完全不了解,很了解的几乎没有(见表一、表二)。

理论认识是自律行为的基础,在我们责问银行道德信用缺失、责问体制不健全、责问惩治制度发挥不得力的同时还是从提高理论认识开始。

第二,社会信用道德体系的制约和推动作用薄弱。党的十六届三中全会通过的《中共中央关于完善社会主义市场经济体制若干问题的决定》明确指出:"建立健全全社会信用体系,形成以道德为支撑、产权为基础、法律为保障的社会信用制度,是建设现代市场体系的必要条件,也是规范市场经济的治本之策。"良好的社会信用道德体系既是开创良好社会精神风貌的基础,也对银行的道德信用体系起到了支撑。全社会开始把诚信提到了相当的高度,把它和社会生活的方方面面联

---

① 茅于轼曾在《不是消费不足,而是信用不足》中指出:中国当前经济萎缩的局面根本原因不是消费不足,而是信用不足。靠信用生存的金融业离开信用更是寸步难行,离开法制则难以维护信用。

系在一起,呼吁全社会的诚信意识。诚信既是为人之本,也是商业行为之本,只有建立全社会的诚信基础,才能维系信用关系。当一个高度发达的社会信用道德体系建立并有效地发挥在社会生活各方面的制约作用时,信用道德也就有了依托的基础。从"你对世界著名会计事务所普华永道、安达信、安永、毕马威及德勤都有'数字腐败'的违规现象了解多少"的问题调查,回答"很了解"答案的没有一人;同样,在回答"中国企业联合会理事长张彦宁所说的不诚信代价了解多少"和"你对信用在社会生活中严重缺失了解多少"的调查答案中,选择"很了解"答案的也是为零。说明社会信用道德教育机制不够健全,其制约作用就难以发挥。因此,只有当社会的信用道德深入并影响到每一个人的时候,这种影响力也就自然地折射到银行信用道德和各种商业行为中。

(二)信用道德研究缺乏实证分析和理论研究有机融合

随着社会信用道德体系的不断完善和备受重视,国外很多经济学家开始投入了大量的精力研究财经伦理的现状和存在的缺陷及问题。许多银行业人士也开始关注国内外信用道德现状的比较研究,但是这方面的理论研究目前还显得单薄,实证分析与之结合的程度不大(见图十三)。在我们的调查中 74.07% 的人认为采用理论研究和实证分析相结合的方法对认识社会信用度的提高和信用规范机制机理与伦理调节机制的研究持赞成的态度;13.30% 的人持反对态度。

首先,行业内信用道德的宣传教育力度不充分。在推动我国社会主义市场经济由市场经济向信用经济发展过程中,必须注重提高人们的信用观念,加强信用管理。在美国,信用管理协会、信用报告协会、美国收账协会等一些民间机构在信用行业的自律管理和代表行业进行政府公关等方面发挥了重要作用。行业协会的主要功能在于联系本行业或本分支的从业者,进行行业自律方面的建设,同时为同业者提供交流的机会和场所,替本行业争取利益。行业协会还提供信用管理的专业教育,举办从业执照的培训和考试,举办会员大会和各种学术交流会议,发行出版物,募集资金支持信用管理研究课题等。而我国的银行业在这些方面发展相对滞后,宣传教育功能没能有效发挥。

其次,借鉴国际经验加强国内外信用道德比较研究意识不强。从对"借鉴美国成熟市场的经验,找准财经伦理机制对社会主义信用制度建设之间的切入点,将两者融合、渗透到我国财经体系建设中的"调查(见图十二)以及对"进行国内外财经道德体系理论研究,有利于分析国内外财经伦理现状和存在的缺陷和问题"的观点调查(见图十四)来看,借鉴国际经验的意识并不是太强。世界上一些著名的跨国公司之所以能够在国际舞台上长盛不衰,重要的原因之一就是恪守商业信誉和公认的道德规范,讲究维护企业的良好形象,并把它看成是企业价值和企业竞争力的重要标志。这些成功的案例应该成为我国信用道德研究的佐证。

(三)维系市场经济的信用制度和道德体系尚未建成

较长时期以来,我国没有将信用放在社会发展和经济建设基础性条件这样一个重要位置,缺乏实际的、扎实的、长期的制度建设,把企业和银行等市场主体的信用集中在国家身上,计划指标、政府管理代替了市场信用主体的基础地位和基本作用。特别是在市场经济条件下的利益取向对过去传统的价值观念提出了挑战,导致了人们传统思想观念、价值观念和道德观念的迷失,削弱了信用的基础。当经济建设发展到一定阶段,与全球市场接轨程度越来越深时,信用制度和道德体形与市场经济的不适应性就越来越明显,所产生的不良影响也就越来越严重。表现形式为信用制度和道德体系建设不适应市场经济体制的要求。而现代市场经济是建立在法制基础上的信用经济,规范严谨的信用制度和道德体系在有效进行资源配置以及调动人的积极性等方面发挥着重要的作用,从而促进市场经济的健康发展。但是,从"完善信用制度建设的思路与要求"问卷调查(见图十、图十一、图十二)来看,我国信用制度建设相对国外发达国家的信用建设情况是薄弱的,表现为思路不明晰、途径单一,缺乏新的道德理念支撑等。信用制度建设不健全,造成社会信用秩序混乱。据研究表明,目前我国每年订立的经济合同大约有 40 亿份,但合同的履约率仅有 60%。合同失效率高达 40%①,严重地破坏了正常的经济秩序,影响了我国现代化的进程。

(四)政府职能缺位导致银行信用道德体系建设滞后

信用体系作为一种制度建设,如果仅靠市场秩序本身的自我纠错和市场主体的自我约束,那么合同违约、恶意逃债、偷税逃税、走私骗汇、假账等种种违信行为就得不到遏制,更谈不上信用体制的建设。政府在社会信用道德体系建设中的不可或缺,也从反面意味着政府职能缺位在我国目前体制转轨、经济结构转换的特殊时期带来负面影响。如有些地方政府为企业融资活动以口头形式提供变相的信用担保,而当偿还出现问题时,又不履行责任。再如有些地方政府将兴建公益事业的债务负担任意转嫁给企业,使企业负债超过其偿还能力,客观上造成履约清偿困难等等。这些不利因素,使得银行与企业的关系并非是严格意义上的信用关系,而只是完成财政拨款的一种出纳形式。因此,政府职能缺位,造成社会普遍缺乏现代市场经济条件下的信用意识和信用道德观念的培养,导致银行信用道德体系建设滞后。在江苏省银行信用道德体系调查问卷中,可以看到有 75.33% 的银行从业人员赞成"信用建设需要以政府职能道德化为管理机制"的观点(见图十六),可见银行从业人员对政府在信用道德建设中发挥作用是抱着支持与期待的态度。政府在社会信用道德体系建设中的作用不可或缺。

(五)信用道德体系建设缺乏制度化与法律化

我国的信用道德体系建设从总体上看,虽已初步具备了与市场经济相适应的法制环境与竞争机制,但至今没有完整系统的规范信用的

---

① 徐瑞娥:《加快中国社会信用体系建设观点综述》,《经济纵横》2005 年第 3 期。

法律。既没有系统的信用方面的法律法规,也没有公平的信用评估体系和技术,没有统一的信用数据库,没有完备的信用信息披露制度,更没有严格的行之有效的失信惩戒制度。正是在这样的社会背景条件下,各种失信行为屡见不鲜。现实中,不管个人还是企业,不讲信用得到的收益远大于所付出的代价(法律惩处和道德谴责),银行、企业、公民乃至全社会的信用观念远远不能适应市场经济发展的要求。

从关于"杜绝作弊,建立诚信"的调查问卷分析(见图八、图九),有55.56%的被调查者赞成"对'不愿作弊'是基于制度基础和法律安排上的良好激励机制和道德艺术"的观点,有62.96%的被调查者认为"使财经工作者在主观上没有作弊念头,是基于制度基础和法律约束机制"说明信用道德体系建设制度化、法律化的重要性已开始被银行从业人员所认可,但也只停留在认识的层面。

三、完善信用道德体系对策建议

在中国,虽然诚实守信始终是几千年传统文化的主流,但由于多种原因,无论是银行业还是个人,都普遍缺乏现代市场经济条件下的信用意识和信用道德观念的培养。加上国家信用管理体系不完善,相关的法律法规和失信惩罚机制不健全,导致社会上信用缺失行为盛行,所以,在社会上没有树立起以讲信用为荣、不讲信用为耻的信用道德评价体系和约束机制。因此,培育信用观念,健全信用制度,构建信用道德体系,是一项极其重要而又紧迫的任务。

(一)强化社会道德体系的支撑作用和加强行业内部自律

加强行业内部自律,强化社会道德体系的支撑作用。就是要加强信用道德教育,增强行业内部人员的信用意识。社会道德的约束是法律的前提和基础,人们只有具有道德约束的品质修养,才能自觉遵守法律的约束。市场经济实质上是信用经济、道德经济。信用的健全与维护与每位从业者息息相关。因此,推动信用道德体系建设,重点是要从制度上规范商业行为,从源头上堵住不良信用产生的可能。

首先,建立健全内部稽核体系,保证内部自律功能的实现。通过行业内部稽核部门对业务经营、制度执行、资金运用、经济效益的经常性监控,及时反映业务现状、监督经营管理、防范信用缺失引发的风险。内部稽核监控系统应有明确的监控目的和必需的资料、独立的机构和人员、科学的监控方法和程序、跟进稽核的办法以及向有关部门及领导者反馈信息的整套制度。内部稽核体系是信用自律的基础。

其次,要充分发挥行业协会的作用。随着我国市场经济的逐步发展,应适时成立行业协会,一方面进行行业自律,制定行业规划和从业标准信用以及行业的各种规章制度;另一方面,开展信用管理与应用研究,如提出立法建议和有关信用管理法律草案等,协调行业与政府及各方面的关系。使之成为行业的自律组织。正如中国银监会主席刘明康在中国银行业协会第四次会员大会暨第三届理事会会议上的讲话中指出:银行业协会作为银行业的行业自律组织,是外部监管的有益补充。

(二)加强审计检查力度和完善信用道德体系外部监管机制

就金融系统来说,中国目前的外部监管体制是中国人民银行和审计机关联合监管,已初步建立起了一套法规制度。目前中国银行业监督管理委员会已正式挂牌成立,标志着我国银行监管体制的重大变革已进入具体实施阶段。通过增强外部监管透明度,既有利于增进外部监管者之间的信息共享,也有利于约束监管者和被监管者的行为。

加强外部监管,应完善社会监督和举报机制,鼓励社会各界对行业信用的缺失行为进行监督和举报,增加透明度,强化市场约束,建立失信惩戒机制和守信增益机制,努力提高行业服务的质量和水平。同时,应充分发挥会计师事务所在监督、监察方面的作用,加强审计检查力度,建立防范风险的内控制度,把各个业务处理环节都置于制度监督之下,在诚实守信的基础上经营,使商业行为更加规范,为完善信用道德体系外部监管机制打下基础。

(三)加强信用道德体系理论研究与实证分析

此次调查问卷反馈资料显示:大部分调查对象认为我国建立银行信用道德体系应当借鉴发达国家成熟的体制和模式。发达国家在社会信用体系建设的基本内涵方面没有根本的区别,但各国国情和立法传统等方面的差异决定了不同的模式。但由于中国近代市场经济发育不充分,信用经济发育较晚,市场信用交易不发达。虽然这几年我国的银行业在建章建制上不比国际同行差,但最终贯彻执行的信用环境、信用文化还没有最后形成,影响了信用道德体系的建立与完善。因此,借鉴成熟市场经验,加强信用道德体系理论研究与实证分析,迫在眉睫。

冰冻三尺,非一日之寒。国内信用缺失现象由一定的历史因素导致。没有很好地传承历史的商业传统和价值、道德、信用体系,又与国际市场的发展产生了从理念到行为方式的隔阂,加上长期发展停滞造成的卖方市场、旧体制遗留下来的信息垄断,共同导致了社会信用体系的缺失、紊乱甚至不健康的发展。这种缺失体现在从日常行为到商业贸易的各个层面,有意的欺诈、猖獗的制假与无意的失信纠缠在一起,形成了市场经济良性发展的主要障碍。在此次调查中就有 75.76% 的人赞成"信用制度的建立需要新的道德理念的支撑,需要确立市场经济是信用经济,信用既是经济契约又是道德经济"的观点。

可见,当前大多银行从业人员对信用道德体系建设的态度是明确的,但是与之配套的研究氛围还没有形成,因此,以我国社会主义经济建设为切入点,借鉴国外的案例和成熟的财经伦理机制,加强信用道德体系理论研究与实证分析,有利于整个社会信用道德体系的建立与完善,有利于相关市场主体的自律和对信用资源的开发利用。"人无信不立,国无信不治。"加强信用道德体系理论研究与实证分析,并充分利用各种舆论工具大力宣传信用观念,对营造"守信得尊,悖信遭耻"的舆论环境,规范商业行为,培养信用道德意识,具有长远战略意义。

(四)发挥政府在信用道德体系中的积极作用

政府缺位影响了信用道德体系的建设。政府的特殊角色和职能要求政府率先垂范,以自身的道德化来带动其他社会群体的信用道德提高。决定信用道德体系建设程度的基础是政府对信用秩序的有效管理。如果没有政府的依法执政和政府职能道德化,一个国家的国民经济就不可能由无序的市场经济发展到信用经济,作为市场主体就不可能自觉实现自身的信用管理。只有以市场经济的自发演进作用和市场主体的呼唤为内力催发,加之以政府的积极作为为外力推动,才能真正达到信用道德体系建设的要求。所以,发挥政府在信用道德体系中的积极作用,就要正确地确立政府职能定位。信用道德作为现代市场经济的一项基本制度体系的建立与完善,政府应在此过程中扮演好倡导者和组织者的角色,发挥规划设计、制定法规、规范监管的积极作用,要做到有所为和有所不为。

首先,政府应积极推动社会信用道德体系的建设,为各市场主体营造良好的社会信用环境。政府角色定位要求首先要致力于制度建设,利用具有普遍约束力的制度营造一个信用环境,用良好的社会信用环境塑造一个和谐有序的竞争氛围,在和谐有序的竞争中促进经济发展。以银行业为例,2006 年我国金融市场将完全对外开放,届时我国金融机构,特别是银行系统面临的将是全球的流通资本的竞争。一个统一、开放、竞争、有序的信用环境将为我国金融系统,特别是银行系统真正融入到世界资本市场竞争中提供有力保证。[①] 其次,政府应率先垂范,以政府职能道德化为管理机制优化社会信用道德体系的建设环境。根据此次江苏省银行信用道德体系问卷调查结果显示,"对信用制度建设需要以政府道德化作为管理机制"的支持度达 75.56%。政府作为信用主体的示范和带头作用,是构建社会信用体系的关键。一方面,由

---

① 于天英:《法制社会与信用制度》,《辽宁行政学院学报》2005 年第 7 期。

于政府的特殊地位,加之政府与其他主体关联的密切性,使政府行为容易引起公众的关注和效仿,政府的守信程度影响企业和个人的守信程度,政府信用的改善会有放大效果,从而带来全社会信用的改善。政府信用状况直接影响政府与公众的关系,政府公信度提高,随之带来的是社会信用度的改观。另一方面,政府作为市场游戏规则的制定者和仲裁者以及人民群众利益的代表者,其行为将直接影响市场经济能否健康发展,社会正义能否得到有效维护。

因此,在推动我国社会主义市场经济由市场经济向信用经济发展过程中,必须首先提高政府的信用观念,加强政府自身的信用管理。

(五)加强信用制度和法规建设为基础的信用道德建设

制度和法规的良好机制为信用道德体系建设提供了体制上的支持与保证。当前信用缺损的环境在短期内无法做到根本转变的情况下,推动信用道德体系建设,就要以从制度与法规建设为基础,从源头上堵住不良信用道德产生的可能,从而促进社会信用的不断完善。信用道德体系建设必须采取相应策略,充分关注缺乏诚信所引发的道德风险,做好各项防范措施。但"截堵不如疏通",在制定相关制度与法规对信用道德缺失行为进行惩戒与激励的同时,要加强信用道德建设。

首先,以制度与法规来保障信用道德体系的建立与完善。经济秩序是社会主体权利得以实现的保证。不同社会机制及体制都是一个权利体系,在这个体系,各个权利主体间的互相认可形成了特定的经济秩序。

市场经济是一种契约经济又是一种信用经济。要维护市场经济秩序,需要人的感性与理性发挥作用,换句话说,即信用道德与法律制度的共同作用。而信用道德需要法律制度的维护。维护信用关系的严肃性,要靠严密规定而且严格执行的法律和法规体系。由于我国市场经济建立时间不长,各项信用制度和法规的制定还不完善,滞后于经济的发展,有些地方就产生了有法不依或无法可依的情况。所以,国家和有关管理部门要加强国家信用、商业信用、金融信用、个人信用的管理政策和法规的建设,强化法律保障力度,规范社会信用行为。通过法律法规对信用的界定、对信用双方的制约,以形成一种同时具备约束力与鼓励机制的信用道德体系。

其次,在制度和法规的基础上加强信用道德建设。党的十六届三中全会在《关于完善社会主义市场经济体制若干问题的决定》中不仅把社会信用体系作为"建设现代市场经济的必要条件",更是在这一体系之前加上了"以道德为支撑、产权为基础、法律为保障"这三个层面的定语。可见,信用道德体系建设是现代市场经济的必然要求,不仅包括制度和法规建设,还应包括信用道德建设。离开了相应的道德规范和行为自律,市场经济就会无法正常运行。正像江泽民总书记所指出的:"没有信用,就没有秩序,市场经济就不能健康发展。"

从根本上讲,信用需要成为扎根于人们内心的观念和认识,所以仅仅依靠制度和法规的保障还不够,还需要加快市场经济的信用道德建设,发挥思想政治工作在信用道德体系建设中的作用。通过积极宣传信用道德意识,激励良好的信用行为,加强信用道德管理等各种方式,形成讲信用、守信用、以信用为生存之本的社会风气,从而建立符合社会主义市场经济内在要求的信用道德体系,将信用道德作为一种"支持性资源",内含在市场经济中,作为市场调节和政府调节的一种有益补充。

参 考 文 献

著作：

1. 罗国杰:《伦理学》,人民出版社 1989 年版

2. 万俊人:《道德之维——现代经济伦理导论》,广东人民出版社 2000 年版

3. 郑也夫、彭泗清:《中国社会中的信任》,中国城市出版社 2003 年版

4. 夏伟东:《变幻世界中的道德建设》,河南人民出版社 2003 年版

5. 唐凯麟、张承怀:《成人与成圣——儒家伦理道德精粹》,湖南大学出版社 1999 年版

6. 王小锡:《道德资本论》,人民出版社 2005 年版

7. 唐永泽、朱冬英:《中国市场体制伦理》,社会科学文献出版社 2005 年版

8. 牛京辉:《英国功用主义伦理思想研究》,人民出版社 2002 年版。

9. 曾钊新、吕耀怀等:《伦理社会学》,中南大学出版社 2002 年版

10. 曹和平、杨爱民、林卫斌:《信用》,清华大学出版社 2004 年版

11. 石晓军、陈殿左:《信用治理——文化、流程与工具》,机械工业出版社 2004 年版

12. 韦森著:《制度分析的哲学基础——经济学与哲学》,上海人民出版社 2005 年版

13. [美]弗朗西斯·福山著:《大分裂——人类本性与社会秩序的重建》,中国社会科学出版社 2002 年版

14. [德]赫尔穆特·施密特著:《全球化与道德重建》,社会科学文献出版社 2001 年版

15. [美]麦特·里德雷著:《美德的起源——人类本能与协作的进化》,中央编译出版社 2004 年版

16. [英]宾默尔著:《博弈论与社会契约》第 1 卷,上海财经大学出版社 2003 年版

17. 韦森著:《经济学与伦理学——探寻市场经济的伦理维度与道德基础》,上海人民出版社 2002 年版

18. 万俊人:《三维架构的"中国道德知识"——21 世纪中国道德文化建设前景展望》,刊于《在二十一世纪的地平线上——清华人文社科学者展望 21 世纪》,东方出版社 2001 年版

19. 郭建新、杨文兵:《新伦理学教程》,经济管理出版社 1999 年版

20. 黑格尔,范扬、张企泰译:《法哲学原理》,商务印书馆 1982 年版

21. 费孝通:《乡土中国》,三联书店 1985 年版

22. [英]坎南编著,陈福生、陈振骅译:《亚当·斯密关于法律、警察、岁入及军备的演讲》,商务印书馆 1962 年版

23. [德]马克斯·韦伯,林荣远译:《经济与社会》(上卷),商务印书馆 1997 年版

24. 谢名家主编:《信用:现代化的生命线》,人民出版社 2002 年版

25. 蒋先福:《契约文明——法治文明的源和流》,上海人民出版社 1999 年版

26. 苏国勋:《理性化及其限制——韦伯思想引论》,上海人民出版社 1988 年版

27. 何怀宏:《良心论》,三联书店 1994 年版

28. 亚当·斯密,蒋自强等译:《道德情操论》,商务印书馆 1997 年版

29. 周辅成主编:《西方伦理学名著选辑》(上卷),商务印书馆 1964 年版

30. [英]霍布斯,黎思复、黎廷弼译:《利维坦》,商务印书馆 1986 年版

31. 亚当·斯密,郭大力、王亚南译:《国民财富的性质和原因的研究》(上卷),商务印书馆 1974 年版

32. 杨伯峻:《孟子译注》,中华书局 1960 年版

33. [德]弗里德里希·包尔生:《伦理学体系》,中国社会科学出版社 1988 年版。

34. [英]亨利·西季威克:《伦理学方法》,中国社会科学出版社 1988 年版。

35. 陈国富:《委托代理与机制设计——激励理论前沿专题》,南开大学出版社 2003 年版

36. [美]P. 普拉利:《商业伦理》,中信出版社 1999 年版

37. 张杰、殷玉平:《大师经典 1969—2003 年诺贝尔经济学奖获得者学术评介》,山东人民出版社 2004 年版

38. R. 科斯、A. 阿尔钦、D. 诺斯等:《财产权利与制度变迁——产权学派与新制度学派译文集》,上海三联书店、上海人民出版社 1994 年版

39. 何怀宏:《底线伦理》,辽宁人民出版社 1998 年版

40. 薛求知、黄佩燕、鲁直、张晓蓉:《行为经济学——理论与应用》,复

旦大学出版社 2003 年版

41. 何怀宏:《道德·上帝与人》,新华出版社 1999 年版

42. 董裕平:《金融:契约、结构与发展》,中国金融出版社 2003 年版

43. 安德里斯·R. 普林多、比莫·普罗德安:《金融领域中的伦理冲突》,中国社会科学出版社 2002 年版

44. 黄达:《货币银行学》,中国人民大学出版社 2000 年版

45. 安德瑞·史莱佛:《并非有效的市场——行为金融学导论》,中国人民大学出版社 2003 年版

46. [美]博特赖特:《金融伦理学》,北京大学出版社 2002 年版

47. 潘金生、安贺新、李志强:《中国信用制度建设》,经济科学出版社 2003 年版

48. [法]爱弥尔·涂尔干:《职业伦理与公民道德》,上海人民出版社 2001 年版

49. 卢风:《应用伦理学》,中央编译出版社 2004 年版

50. [美]约瑟夫·F. 辛基:《商业银行财务管理》,中国金融出版社 2002 年版

51. 中国人民大学信托与基金研究所:《中国信托业发展报告》,中国经济出版社 2005 年版

52. 王小锡:《经济的德性》,人民出版社 2002 年版

53. 王小锡、朱金瑞、汪洁:《中国经济伦理学 20 年》,南京师范大学出版社 2005 年版

54. 厉以宁:《经济学的伦理问题》,三联书店 1995 年版

55. 于玉林:《现代会计哲学》,经济科学出版社 2002 年版

56. 国际会计师联合会:《职业会计师道德守则》,中国财政经济出版社 2003 年版

57. 陈长寿、杨仕鹏:《会计人员职业道德与自律机制》,民主与建设出版社 2002 年版

58. 项怀诚：《会计职业道德》，人民出版社 2003 年版

59. 叶陈刚：《会计道德研究》，东北财经大学出版社 2002 年版

60. 胡寄窗、谈敏：《中国财政思想史》，中国财政经济出版社 1989 年版

61. 郭道扬：《会计史教程》，中国财政经济出版社 1999 年版

62. 叶陈刚等：《会计伦理概论》，清华大学出版社 2005 年版

63. [美]迈克尔·查特菲尔德著，文硕、董晓柏译：《会计思想史》，1989 年版

64. [美]A. C. 利特尔顿，林志军等译：《会计理论结构》，中国商业出版社 1989 年版

65. [美]夏恩·桑德，方红星等译：《会计与控制理论》，东北财经大学出版社 2000 年版

66. [加]威廉姆·R. 司可脱，陈汉文等译：《财务会计理论》，机械工业出版社 2000 年版

67. [美]R. G. 布朗等：《巴其阿勒会计论》，立信会计图书出版社 1988 年版

68. 阿玛蒂亚·森：《伦理学与经济学》，商务印书馆 2000 年版

69. 罗纳德·杜斯卡：《会计伦理学》，北京大学出版社 2005 年版

70. 莱昂纳多·J. 布鲁克斯：《商务伦理与会计职业道德》，中信出版社 2004 年版

71. 杰克·莫瑞斯：《会计伦理》，上海财经大学出版社 2003 年版

72. 李爽：《会计信息失真的现状、成因与对策研究》，经济科学出版社 2002 年版

73. 孟凡利主编：《会计职业道德》，东北财经大学出版社 2003 年版

74. 叶陈刚、程新生、吕斐适编著：《会计伦理概论》，清华大学出版社 2005 年版

75. 张文贤：《管理伦理学》，复旦大学出版社 1995 年版

76. 贺卫:《寻租经济学》,中国发展出版社 1999 年版

77. 陈禹:《信息经济学教程》,清华大学出版社 1998 年版

78. 李雪松:《博弈论与经济转型》,社会科学文献出版社 1999 年版

79. 厉以宁:《经济学的伦理问题》,三联书店 1995 年版

80. 肖雪惠等主编:《守望良知——新伦理的文化视野》,辽宁人民出版社 1998 年版

81. 李凤鸣:《审计学原理》,中国审计出版社 2002 年版

82. [美]弗朗西斯·福山著:《信任——社会道德与繁荣的创造》,远方出版社 1998 年版

83. 张维迎著:《信息、信任与法律》,三联书店 2003 年版

84. 李敏等主编:《企业信用管理》,复旦大学出版社 2004 年版

85. 舒尔茨:《论人力资本投资》,北京经济学院出版社 1990 年版

86. 郑也夫:《信任三论》,中国社会科学出版社 2000 年版

87. 中国企业信用体系推荐蓝皮书:《企业信用管理实用手册》,清华大学出版社 2004 年版

88. 李权时、章山海:《经济人与道德人:市场经济与道德建设》,人民出版社 1995 年版

89. 周中之、高惠珠:《经济伦理学》,华东师范大学出版社 2002 年版

90. [英]迈克·费瑟斯通:《消费文化与后现代》,译林出版社 2000 年版

91. 万俊人:《义利之间》,团结出版社 2003 年版

92. [美]克利福德·G.克里斯蒂安:《媒体伦理学:案例与道德论据》,华夏出版社 2002 年版

93. 李小勤:《广告伦理学——面对难以躲避的诱导》,山东教育出版社 1998 年版

94. 陈绚:《广告道德与法律规范教程》,中国人民大学出版社 2002

年版

95. 张大镇、吕蓉:《现代广告管理》,复旦大学出版社1999年版

96. 王军:《广告管理与法规》,中国广播电视出版社2003年版

97. 杨同庆:《广告监督管理》,北京工业大学出版社2003年版

98. 陈培爱:《现代广告学概论》,首都经济贸易大学出版社2004年版

99. 宋玉书、王纯菲:《广告文化学》,中南大学出版社2004年版

100. 韩德昌、窦家瑜:《广告理论与实务》,天津大学出版社1996年版

101. 张金花、王新明:《广告道德研究》,中国物价出版社2003年版

102. 丹·海金司:《五位名家谈——广告写作的艺术》,中国友谊出版公司1993年版

103. [法]热拉尔·拉尼奥:《广告社会学》,商务印书馆1997年版

104. [美]大卫·奥格威:《一个广告人的自白》,中国物价出版社2003年版

105. 徐新平:《新闻伦理学新论》,湖南师范大学出版社2003年版

106. 陈光:《现代商业银行外部审订与风险监管》,中国发展出版社2001年版

107. 孟庆琳:《新千年的选择:生产力发展的绿色道路》,经济科学出版社2004年版

108. 孙智英:《信用问题的经济学分析》,中国城市出版社2002年版

109. 陈光焱等:《中国财政史》,中国社会科学出版社1984年版

110. 林钧跃:《社会信用体系原理》,北京中国方正出版社2003年版

111. [美]杰弗里·亚历山大,贾春增等译:《社会学十二讲》,华夏出版社2000年版

112. 查尔斯·汉普登-特纳等:《国家竞争力—创造财富的价值体系》，海南出版社 1997 年版

113. 刘敬鲁:《人社会文化——时代变革的思想之路》中国人民大学出版社 2002 年版

114. 亚当·斯密:《财产权利与制度变迁》，上海三联书店 1991 年版

115. 李朝鲜、陈志楣、李友元等著:《财政或有负债与财政风险研究》，人民出版社 2008 年版

116. 中国人民大学信托与基金研究所:《中国信托业发展报告(2007)》，中国经济出版社 2008 年版

117. 夏文贤著:《上市公司审计委员会制度研究》，大连出版社 2008 年版

118. [美]霍华德·西尔弗斯通、霍华德·R.达维亚著:《舞弊:侦察技巧与策略》(第二版)，东北财经大学出版社 2008 年版

119. 袁小勇等编著:《财务报告"窗户"——理论·方法·策略》，首都经济贸易大学出版社 2006 年版。

120. 王淑芹:《信用伦理研究》，中央编译出版社 2005 年版

论文:

1. 夏伟东:《安然现象与资本主义信用制度的本质》，《高校理论战线》2002 年第 12 期

2. 万俊人:《信用伦理及其现代解释》，《新华文摘》2003 年第 1 期

3. 焦国成:《诚信的制度保障》，《江海学刊》2003 年第 3 期

4. 雷光勇、李淑君:《审计师聘任机制改革与审计独立性保持》，《审计与经济研究》2005 年 5 期

5. 战颖:《股权融资市场中的信用问题研究》，《江苏社会科学》2005 年第 3 期

6. 江畅:《应用伦理学研究的深层关注及其旨趣》，《光明日报》2005 年 1 月 4 日

7. 战颖:《保荐代表人的执业水平、职业道德与证券市场风险》,《道德与文明》2005 年第 3 期

8. 俞吾金:《经济哲学的三个概念》,《中国社会科学》1999 年第 2 期

9. 高兆明:《经济信用危机的社会伦理解释》,《江海学刊》2004 年第 3 期

10. 宋希仁:《论信用与诚信》,《湘潭大学社会科学学报》2002 年第 5 期

11. 夏伟东:《论诚信与市场经济的关系》,《教学与研究》2003 年第 4 期

12. 韩东屏:《论道德建设的制度安排》,《浙江社会科学》2002 年第 2 期

13. 赵忠令、周荣华:《信用的道德蕴含与信用的创制》,《学海》2002 年第 2 期

14. 黄文华:《诚实·信用·诚信》,《光明日报》2003 年 8 月 12 日

15. 马尽举:《诚信系列概念研究》,《高校理论战线》2002 年第 4 期

16. 张凤阳:《契约伦理与诚信缺失》,《南京大学学报》2002 年第 6 期

17. 焦国成:《关于诚信的伦理学思考》,《中国人民大学学报》2002 年第 5 期

18. 华桂宏、王小锡:《四论道德资本》,《江苏社会科学》2004 年第 6 期

19. 石淑华、李建平:《论现代信用文化建设》,《福建论坛》2003 年第 1 期

20. 汪丁丁:《道德基础与经济学的现代化》,《战略与管理》1996 年第 6 期

21. 张维迎:《所有制、治理结构委托代理关系——兼评崔之元和周其

仁的一些观点》，《经济研究》1996 年第 9 期

22. 龙莺:《机会主义、信息不对称与道德风险》，《武汉金融》2000 年第 11 期

23. 韦革:《道德风险与经济发展》，《华中科技大学学报》2002 年第 3 期

24. 唐跃军:《论转轨经济中的内部人控制与道德风险》，《经济评论》2002 年第 6 期

25. 王善平:《独立审计的诚信问题》，《会计研究》2002 年第 7 期

26. 罗能生:《论产权伦理的内涵和构成》，《求索》2003 年第 2 期

27. 罗能生:《产权与伦理关系的理性思考》，《湖南大学学报》2003 年第 4 期

28. 陈国辉等:《上市公司信息披露体制中人文道德秩序的建构》，《会计研究》2003 年第 11 期

29. 郭建新:《信用制度建设的道德思考》，《经济经纬》2003 年第 6 期

30. 李旭辉、孙兴全:《论国有企业经营中的道德风险》，《江汉论坛》2004 年第 5 期

31. 吴刚:《中国上市公司信息披露的制度缺陷及治理对策》，《涪陵师范学院学报》2004 年第 4 期

32. 杜国强、于洁、梁媛:《上市公司信息披露制度研究》，《经济论坛》2004 年第 9 期

33. 刘燕:《经营者道德风险行为的分析》，《当代财经》2004 年第 10 期

34. 蔡京民:《我国国有商业银行的道德风险问题研究》，重庆大学硕士论文,2004 年

35. 郭建新、龚剑玲:《金融诚信与和谐社会》，《南京社会科学》2005 年第 8 期

36. 石连运:《上市公司虚假会计信息的成因及综合治理》，《财务与会

计》2002 年第 5 期

37. 魏明海:《法庭上的 CFO 和 CEO——前世通公司会计舞弊中高管的刑事责任》,《新理财》2005 年第 5 期

38. 孟菊香:《会计人员管理模式构想》,《财会通讯》(综合版)2005

39. 汤谷良、安娜·里奇:《借鉴美国经验建立中国会计职业道德体系》,《会计研究》1996 年第 3 期

40. 于增彪:《略论我国会计职业道德》,《会计研究》1996 年第 10 期

41. 劳秦汉:《会计道德的理性思考》,《会计研究》2003 年第 4 期

42. 陈国辉、崔刚、叶龙:《上市公司信息披露体制中人文道德秩序的建构》,《会计研究》2003 年第 11 期

43. 黄文鳞:《塑造企业诚信文化》,《经济管理》2002 年第 17 期

44. 杨雄胜:《会计诚信问题的理性思考》,《会计研究》2002 年第 3 期

45. 张学平、章成蓉:《会计诚信体系建设初探》,《四川大学学报》(哲学社会科学版)2003 年第 4 期

46. 陆晓禾:《从伦理经济走向经济伦理——中国经济行为的伦理特征及行为规则的演变》,《上海社会科学院学术季刊》,2000 年

47. 李良美:《用系统辩证的眼光看世界》,《系统辩证学学报》2005 年第 3 期

48. 王正平:《道德建设:市场经济的一种支持性资源》,《光明日报》,2001 年 6 月 14 日

49. 徐本林:《信用缺失的原因及其对我国经济的侵蚀》,《理论探索》2002 年第 6 期

50. 郭建新:《和谐社会的道德价值取向》,《光明日报》2005 年 4 月 5 日

51. 吴康宁:《教会选择:面向 21 世纪的我国学校道德教育的必由之路——基于社会学的反思》,《华东师范大学学报》(教育科学版) 1999 年第 3 期

后　记

　　《财经信用伦理研究》是南京审计学院郭建新教授主持的国家社科基金项目(04BZXO53)，课题组成员有：李玉琴、任德新、龚剑玲、许莉、郭宏之、朱明秀、李祥、许文蓓、张霄、郭晔、张露、张娟、张曦、陈红桂、金丹、张恒、高月兰。该项目的研究立足于剖析现代财经信用体系中所存在的问题，从经济伦理的视角对当代中国财经信用体系的伦理内涵和道德维度进行了系统化的论述，并充分结合大量的实证材料、调研报告和分析数据对构建出一套适合中国财经信用体系建设的伦理机制进行了对策性研究。

　　该项目的研究主要试图解决这样一个问题：从20世纪70年代以来，世界范围内频繁爆出的信用丑闻事件引起了社会各界对现代财经信用体系的广泛关注。对此，学界从多学科的研究视角进行了不同维度的分析和说明。然而问题是，在我们这个崇尚法制和制度建设的时代，为什么在如此繁冗和精细的法律条文与制度体系中，仍然会爆发如此大规模的信用危机呢？我们认为，仅仅把这些失信问题归咎于经济责任或道德责任都不是对此问题的对症式解答。问题的实质在于，信用问题并不是纯粹的经济问题，也不是仅仅靠道德批判就可以敷衍了事的,更不能把问题的本质放置于众多的学科知识当中而归于湮没。关键是,我们应该找到一种描述和刻画这类问题的一种正当性的价值立场与一套科学的知识理论,以对人类信用行为的复杂关系以及财经信用的制度体系进行本质性的澄明。通过我们的研究认为,经济伦理即是这样一种立场,经济伦理学可以提供这种知识资源。由此,正是在这个意义上,我们对该问题的解答也即该项目的研究目的就转化为这样四个方面:其一,通过对现代性的信用危机进行经济伦理式的解读,以期对财经信用体系中的失信、失范现象找到一种对症式的解释维度,以此来分析和说明现代信用危机的本质以及财经信用体系建设中的实质问题。其二,秉持着经济伦理的价值立场与知识资源,通过实证调研与数据分析,我们试图勾勒并规划出一套经济伦理式的运作机制是如何能够在现代财经信用体系中发挥作用的,以及说明这种作用机制的实现原则、方式与途径。其三,遵循着理论联系实际的原则,我们试图建议和提供一些具有对策性和可操作的思路。其目的在于优化和促进财经信用体系建设,完善实际中的财经信用工作。其四,中国的财经信用问题与世界范围内的财经信用问题有着一般与特殊的复杂关系。由此,我们试图针对现代信用危机在我国的特征体现及其呈现样式,集中关注当代中国财经信用体系的建设。

该项目遵循上述的研究目的,凸显出了如下之研究意义:一是把握和认清了现代信用危机的本质与实质,不仅有助于我们针对当下复杂多变的失信、失范现象找准问题的症结所在,同时也有助于我们分析和预测未来的信用发展状况。这对优化和完善财经信用体系的建设,规避失信风险来说具有重要的现实意义。二是把伦理机制引入财经信用体系建设,不仅契合和丰富了财经信用体系中的法制体系与制度规范体系,同时也弥补了在法律缺位与制度缺损的情况下,道德化的制度安排在节约交易成本和提高制度效率上所体现的优势与价值。三是对策性与操作性的研究有助于在具体的财经信用工作中为相关的从业人员提供一种可资借鉴的工作方式与工作思路。同时由于社会伦理道德充分彰显着人文价值关怀,这也使得财经信用体系的制度设计与安排能够更加富于人性化。

对财经领域中的伦理问题研究国内外都十分关注。从朱镕基为上海会计学院题写的:"不做假账"的校训,反映出我国会计账中存在严重的造假问题;到在美国曾列位第七的安然公司因虚报盈利和利用财务合作伙伴掩盖巨额债务等问题导致倒闭,并引出列位"国际五大"之一的安达信会计师事务所涉嫌监审不力、蓄意销毁文件的消息,使世界金融信用受到怀疑;再到由安然事件的反思引出的全球对财经道德问题的关注,面对财经技术运用中出现的信用困境、对工具与人的道德素质要求的重新审视,都对财经道德的研究予以了新的要求。如何遏制财务造假,从会计监审入手,发挥财经道德的特殊监督和调节作用,以完善信用机制为基本目标,提出有效规范金融市场的思路和要求,这既是国际性的难题,也是我国经济发展迫切需要解决的问题。根据国内外现阶段的研究状况,急需要从财经伦理与信用机制的契合点入手,进行理论与实践两方面的应用性和操作性研究,一方面需要从遏制财务造假的制度建设和提高其人员的道德素质入手,提出发挥财经道德特殊监督的思路和措施;另一方面需要从对会计的监审入手、提出完善信用机制为目标的有效规范财经市场的规范和要求;再一方面需要从提高财经工作者的道德素质入手,进行具体的制度建设和有效的教育,发挥财经制度和伦理调节在规避财经工作中道德风险的力度。

该项目是以伦理学尤其是以经济伦理学为价值立场和知识资源对财经信用体系展开研究的。本成果的研究题域几乎涉及了财经信用体系中的所有方面,不仅系统地论述了财经信用伦理一般及其历史沿革,同时也分类专门化地讨论了诸如金融伦理、会计伦理、财税伦理、审计伦理、企业伦理等具体的财经领域。该成果始终围绕着对现代信用危机和信用机制建设的关注,不仅对当前的理论热点问题如信用伦理、信用诚信、道德风险、广告伦理等进行了深入的探讨,同时在涉及具体的财经部门伦理的各章中,都对现代信用危机在该领域所呈现的特征与表现样式进行了分析和说明,并且展开了对策性的研究以及提供了可操作性的工作思路。该成果结合了大量的实证调研报告与分析数据,构筑了较为全面的信息资源平台,并以江苏省银行信用道德体系的调查报告为实例进行了个案研究。这里将从以下两大方面简介主要内容和重要观点:其一,对现代信用危机进行经济伦理式的解读,从而叙述说明经济信用、财经信用体系与信用伦理以及它们之间的相互关系;其二,分类介绍各财经领域中主要的信用伦理问题及其对策性研究。

本成果认为,现代信用危机实质上是经济关系及其价值与道德关系及其价值的一种失衡。现代市场经济本身存在着一种在场的趋利性,人的观念及其行为会产生某种偏执性的利益冲动。它不仅使人际交往的目的趋经济化,同时也把这种关系中所体现的经济价值强迫性的衍生到其他的社会领域。并且,由于经济系统在当今对社会结构、制度安排以及价值观念的型塑性极强,这不仅强化了人在一定社会中的趋利性,同时也弱化了其他社会系统对其实施有效的干预。这尤其体现在现代信用领域内经济与伦理关系的失衡中。信用从本质上说是经济关系与伦理关系的一种价值同构和规范互补。道德是信用不可或缺的价值依据与规范建构要素。然而,经济领域的制度化设计与安排由于偏重经济规则本身及其经济法权的单维度支撑,以至于在理性最大化的行为假设及其相应的法制规则强化中更加纵容了这样一种倾向,即信用关系由于缺乏道德关系的协调和道德价值精神的支撑而愈发走向单纯的趋利化路径。这在固化和内化经济行为方式及其价值的同时正在淡化和祛除其伦理关系及其价值。可是在事实上,由于单纯的经济规则的前提性假设及其制度规划并不能全面有效地覆盖经济生活领域,况且缺乏基于自由意志且协调权利义务关系的社会伦理道德的植入,经济本身将会失却制度责任的承诺,导致权责利的关系失衡。这种失衡从本质上讲是一种经济伦理关系的不协调。现代信用危机的症结实质就在于此。

以上对现代信用危机的诊断实质上也反映出了本成果看待经济信

用的立场,即现代信用是经济关系与道德关系相互博弈的一种历史性的均衡。信用作为一种市场经济的交易规则,是经济律与道德律在规范意义上的一种关系同构。两者各自植入自身的价值以支撑和维系信用的良性运作。由此,我们认为信用是一种经济伦理实体。完整的信用机制必须包括信用制度体系、信用价值体系与信用信息体系三个方面。信用机制的这三个方面都是与伦理相关的。在信用制度体系方面,道德是信用制度规范体系的构成要素,不仅信用制度当中体现着某种道德精神,同时道德也通过正式或非正式的制度规范在节约交易成本、提升制度效率方面起着重要的作用。在信用价值体系方面,信用交易所体现的原则需要道德价值的支撑与澄明。不同的时代有不同的信用价值原则,它协调着信用关系中权、责、利三者的统一。现代信用价值原则主要表现为诚信原则、平等互利原则与公正原则。在信用信息体系方面,道德能够针对交易过程中在信息不对称或是在不完全信息的条件下,通过规避一定程度上的道德风险而减小相应的利益损失。综上所述,信用是一种经济伦理式的信用。信用伦理是对信用中所存在的这种经济伦理特性的描述和刻画。伦理道德在信用一般中所体现的这种道德价值在信用机制中的质量及其含量决定着一个财经信用体系的完备情况与稳定程度。由此,财经信用体系中应该全方位地融入伦理机制,通过制度规范建设与制度文化环境建设把信用伦理价值衍生到各种信用活动中去,从而减少信用机制的失信、失真风险。

在具体的财经信用领域,本成果秉持着经济伦理的价值立场与研究视角,主要在金融信用、会计信用、财税信用、审计信用、企业信用方面进行伦理相关性分析。每一部分既涉及了该领域内的信用伦理特殊问题,同时也提出了一些相关的对策性建议。此外还对当前信用机制中的一个新兴领域——广告信用伦理进行了相关的探讨,并以江苏省银行信用道德体系的调研报告为个案对当前我国信用机制的建设状况进行了局部性的透视和对策性的建议。

本课题研究始终涉及我国著名伦理学家罗国杰教授的关注和支

持,并在最终成果成书出版时欣然为之题词,我们对罗先生深表敬意和谢意。该项目的研究过程中吸取了经济学、伦理学等学科研究的相关成果。我们对被应用到的研究成果的学者深表感谢! 本书的应用价值以及社会影响主要体现在以下两个方面:其一,在财经信用体系中引入伦理机制有助于优化和补充当前财经信用体系中的法律规范体系建设与制度规范的设计与安排;其二,对策性的研究不仅能够对系统化的财经信用体系建设提供可资借鉴的方法和途径,同时也可以对各具体的财经信用领域进行行业职业道德规范建设起到积极的促进作用。当然,我们的研究仅仅是初步的,还可能存在缺陷和不足的方面,我们不会停止深入的研究,敬请各个领域的专家学者提出宝贵意见不足,促使我们在财经信用伦理的研究领域不断开拓进取。

责任编辑:夏 青

图书在版编目(CIP)数据

财经信用伦理研究/郭建新 等著. -北京:人民出版社,2009.4
ISBN 978 - 7 - 01 - 007699 - 7

Ⅰ. 财… Ⅱ. 郭… Ⅲ. 经济学:伦理学-研究 Ⅳ. B82 - 053

中国版本图书馆 CIP 数据核字(2009)第 011805 号

财经信用伦理研究

CAIJING XINYONG LUNLI YANJIU

郭建新 等 著

人民出版社 出版发行
(100706 北京朝阳门内大街 166 号)

北京新魏印刷厂印刷 新华书店经销

2009 年 4 月第 1 版 2009 年 4 月北京第 1 次印刷
开本:710 毫米×1000 毫米 1/16 印张:29
字数:385 千字 印数:0,001 - 3,000 册

ISBN 978 - 7 - 01 - 007699 - 7 定价:48.00 元

邮购地址 100706 北京朝阳门内大街 166 号
人民东方图书销售中心 电话 (010)65250042 65289539